Atlas der Anatomie

Elke Lütjen-Drecoll
Johannes W. Rohen

Atlas der Anatomie

Die funktionellen Systeme des Menschen

Von
Elke Lütjen-Drecoll
und
Johannes W. Rohen

Mit 439 Abbildungen, 405 in Farbe

Schattauer Stuttgart New York

Prof. Dr. med. Elke Lütjen-Drecoll
Prof. Dr. med., Dr. med. h. c. Johannes W. Rohen
Anatomisches Institut II der
Universität Erlangen-Nürnberg
Universitätsstr. 19
91054 Erlangen

Die Deutsche Bibliothek – CIP-Einheitsaufnahme

Lütjen-Drecoll, Elke:
Atlas der Anatomie : die funktionellen Systeme des Menschen /
von Elke Lütjen-Drecoll und Johannes W. Rohen. – Stuttgart ;
New York : Schattauer, 1997
ISBN 3-7945-1770-9
NE: Rohen, Johannes W.:

Printed in Germany

Satz, Druck und Einband: Mayr Miesbach, Druckerei und Verlag GmbH, Am Windfeld 15,
D-83714 Miesbach

Gedruckt auf chlor- und säurefrei gebleichtem Papier.

ISBN 3-7945-1770-9

Vorwort

Nachdem von verschiedenen Seiten der Wunsch an uns herangetragen worden ist, zusätzlich zu unserem großen photographischen Atlas noch einen »Kleinen Atlas« für ärztliche Hilfsberufe und Nichtmediziner herauszugeben, haben wir uns entschlossen, diese Aufgabe aufzugreifen und Bilder zusammenzustellen, die für einen solchen Interessentenkreis wichtig sein könnten. Die Aufgabe war nicht ganz leicht, sind doch die Vorkenntnisse, die Interessen und Bedürfnisse dieser Lesergruppe sehr unterschiedlich. Auf keinen Fall wollten wir nur eine reduzierte Kopie des großen Atlas schaffen. Vielmehr sollten die funktionellen Systeme des Körpers den Schwerpunkt der Darstellung bilden. Wir wollten den Lesern in aller Kürze einen Einblick in die komplizierte Struktur der verschiedenen Funktionssysteme des menschlichen Organismus vermitteln. Die Abbildungsfolgen sollten aus sich heraus und nicht erst nach dem Studium eines umfangreichen Lehrbuches verständlich sein. Daher wurden an verschiedenen Stellen kurze, erläuternde Texte eingefügt. Selbstverständlich kann der Atlas kein Lehrbuch ersetzen, aber sicher ergänzen und den geschriebenen Text eines Buches verlebendigen.
Um das Verständnis der Funktionssysteme zu vertiefen, war es nötig, hier und da auch die histologische Dimension mit einzubeziehen. Auch die Dimension der modernen bildgebenden Verfahren durfte nicht unberücksichtigt bleiben. Die Darstellung mußte sich aber naturgemäß bei diesen zusätzlichen Dimensionen nur auf das Allerwesentlichste beschränken.
Die Beschäftigung mit den anatomischen Strukturen des Körpers zeigt nicht nur die unendliche Komplexität, sondern auch die wunderbare Schönheit und weisheitsvolle Größe dieser Strukturen, die ja letztlich auch die Grundlage unseres seelischen Erlebens darstellen.

Erlangen, Januar 1997

Elke Lütjen-Drecoll
Johannes W. Rohen

Danksagung

Der größte Teil der abgebildeten Präparate wurde neu erstellt. Dies wurde vor allem durch die erfreuliche Zusammenarbeit mit Prof. Dr. W. Neuhuber (Lehrstuhl I) und durch den unermüdlichen, stets hilfsbereiten Einsatz von Oberpräparator Tony Simpson ermöglicht. Mit großem Geschick und technischem Können wurden die neuen Präparate von Herrn Dr. Keishi Okamoto von der Kanazawa Universität, Japan, der als Gastdozent eineinhalb Jahre in unserem Institut gearbeitet hat, sowie von unserem Präparator, Herrn Jeff Bryant, in aufopferungsvoller Arbeit hergestellt. Die Makrophotos wurden wiederum mit hervorragendem technischen Können und großer Sorgfalt von Herrn Marco Gößwein, die Zeichnungen und das Layout in ausgezeichneter Weise und mit besonderem persönlichen Einsatz von Frau Annette Gack und Frau Heike Schmidt erstellt. Mit besonderer Sorgfalt und Liebe sowie großem sachlichen Können hat Frau Lisa Köhler das Manuskript geschrieben und am Layout mitgearbeitet.
Für die Überlassung von Bildmaterial sind wir auch den Professoren G. Rettinger, Ulm, A. H. Tulusan, Bayreuth, K. V. Hinrichsen, Bochum, und A. Heuck, München, sehr dankbar. Das natürliche menschliche Skelett hat uns dankenswerterweise Herr Hans Sommer, Inhaber der Firma SOMSO, Coburg, zur Verfügung gestellt.
Allen am Zustandekommen dieses kleinen Werkes Beteiligten möchten wir auch an dieser Stelle ganz herzlich für ihre Unterstützung und kompetente Mitarbeit danken. Nicht zuletzt möchten wir auch dem Schattauer Verlag, insbesondere Herrn D. Bergemann und Herrn Dr. W. Bertram sowie Herrn W. Krause, für die Anregung zu diesem Werk und die immer wieder stimulierende Unterstützung sehr herzlich danken.

Inhalt

Abkürzungen

A.	= Arteria (Arterie, Schlagader)
ant.	= anterior (vorne)
comm.	= communis (gemeinsam)
dext.	= dexter, dextra (rechts)
dors.	= dorsalis (dorsal, hinten, zum Rücken hin)
ext.	= externus, externa (außen)
For.	= Foramen (Loch)
Gl.	= Glandula (Drüse)
Ggl.	= Ganglion (Ansammlung von Nervenzellen)
inf.	= inferior, inferius (weiter unten gelegen)
int.	= internus, interna (weiter innen gelegen)
lat.	= lateralis (lateral, seitlich)
Lig.	= Ligamentum (Band)
M.	= Musculus (Muskel)
med.	= medialis (medial, zur Mitte hin)
medianus	= in der Mitte gelegen
N.	= Nervus (Nerv)
NS	= Nervensystem
palmar	= im Bereich der Handfläche
plantar	= im Bereich der Fußsohle
post.	= posterior (weiter hinten gelegen)
Proc.	= Processus (Fortsatz)
prof.	= profundus (mehr in der Tiefe gelegen)
R.	= Ramus (Ast)
sin.	= sinister, sinistra (links)
sup.	= superior (weiter oben gelegen)
superf.	= superficialis (mehr zur Oberfläche hin gelegen)
V.	= Vena (Vene, Blutgefäß)
ventr.	= ventralis (ventral, mehr zur Bauchseite hin gelegen)

Der Plural eines lateinischen Terminus wird durch Verdoppelung des letzten Buchstabens der Abkürzung ausgedrückt, also z. B.
Aa. = Arteriae, Gll. = Glandulae, Mm. = Musculi, Nn. = Nervi, Vv. = Venae.

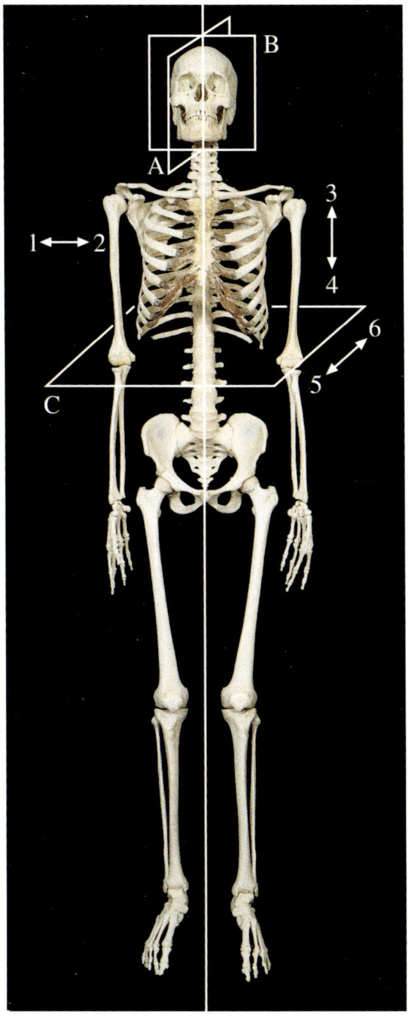

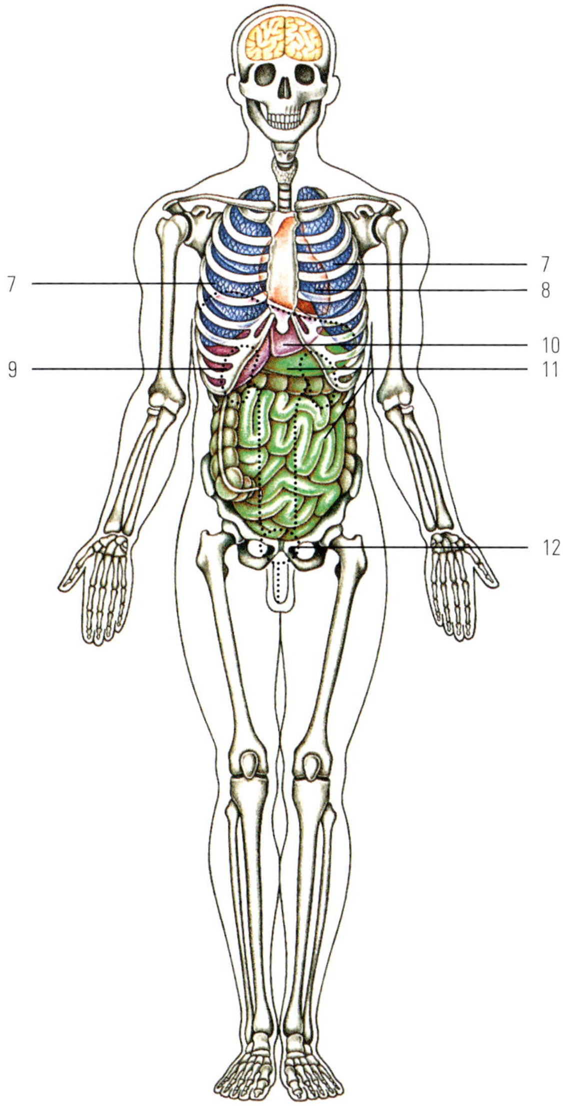

Ebenen des Körpers:
A sagittal (Längsschnitt durch die Körpermitte; Medianebene);
B frontal (Schnittrichtung parallel zur Stirnebene)
C horizontal oder transversal

Richtungen:
1 lateral (seitwärts)
2 medial (zur Mitte hin)
3 proximal (bei den Gliedmaßen zum Rumpf hin), kranial (zum Kopf hin)
4 distal (bei den Gliedmaßen nach peripher), kaudal (nach unten)
5 ventral (nach vorne, zum Bauch hin)
6 dorsal (nach hinten, zum Rücken hin)

Organe
7 Lunge
8 Herz
9 Niere
10 Leber
11 Magen-Darm-Kanal
12 Harnblase

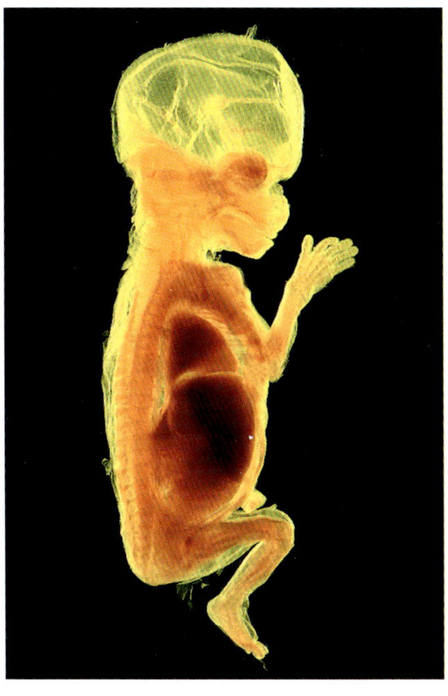

Menschlicher Fetus, aus den Eihüllen isoliert und in Formalin fixiert (Ende des 3. Monats). Der Embryo wird von Mitte des 3. Schwangerschaftsmonats an Fetus genannt.

Der **Körperbau** des Menschen zeigt drei charakteristische Gestaltprinzipien. Am Kopf dominiert eine kugelförmige (sphärische) Grundform, während bei den Gliedmaßen ein strahlenförmiges Prinzip (Radialprinzip oder Prinzip der Polarität) überwiegt (vertikale Dimension). In der Rechts-links-Dimension herrscht das Prinzip der spiegelbildlichen (bilateralen) Symmetrie vor. Im Rumpfbereich ist schließlich das Prinzip der Segmentation (abschnittsweise Unterteilung) gestaltbestimmend. Jeder Abschnitt (Segment) besitzt ein Skelett-, Muskel-, Gefäß- und Nervenelement in gleicher oder ähnlicher Ausprägung (z. B. Brustkorb, Vorne-hinten-Dimension). Die **Organsysteme** sind folgendermaßen in den Körper eingegliedert: Das Gehirn liegt in der Schädelhöhle; die rhythmisch arbeitenden Zentralorgane des Kreislauf- und Atmungssystems sind in der Brusthöhle und die Stoffwechsel- und Ausscheidungsorgane (Darmsystem, Leber, Nieren) in der Bauchhöhle untergebracht.
Diese funktionale Grundgliederung wird beim **Embryo** schon sehr früh angelegt. In der 4. Woche sind bereits alle Organsysteme veranlagt und die Elemente der Körpergrundgestalt erkennbar. Embryo wird das Kind während der ersten zwei Schwangerschaftsmonate, Fetus von Mitte des 3. Monats bis zur Geburt genannt.
Methoden. Außer durch anatomische Zergliederung kann die Struktur des Körpers heute auch direkt am Lebenden untersucht werden (sog. bildgebende Verfahren). Neben dem Röntgenverfahren ermöglicht die Computertomographie (CT) durch Verwendung von Röntgenstrahlen und die Kernspintomographie oder Magnetresonanztomographie (MR) mit Hilfe von Magnetfeldern die Herstellung von Schnittbildern am Lebenden. Die Ultraschalldiagnostik verwendet das Prinzip der Reflexion von Ultraschallwellen an Strukturen unterschiedlicher Dichte.

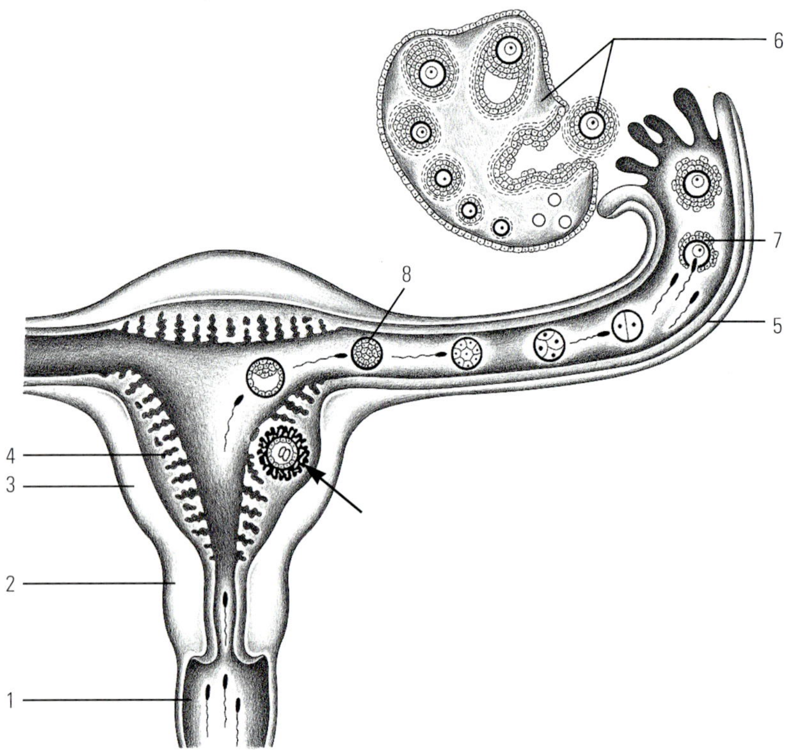

Weibliche Geschlechtsorgane. Schematische Darstellung der ersten Entwicklungsvorgänge. Nach dem Eisprung (zwischen dem 12. und 14. Tag nach der Menstruation) gelangt die Eizelle in den Eileiter, wo die Befruchtung stattfindet. Die befruchtete Eizelle (Zygote) beginnt sich sofort zu teilen (Furchungsteilungen) und bildet einen mehrzelligen Keim (Morula, Blastozyste), der zur Gebärmutter wandert, wo er sich am 6. Tag nach der Befruchtung in die Schleimhaut einbettet (Implantation).
Pfeil: Keim (etwa 12. Tag), beginnende Entwicklung der Keimblätter.

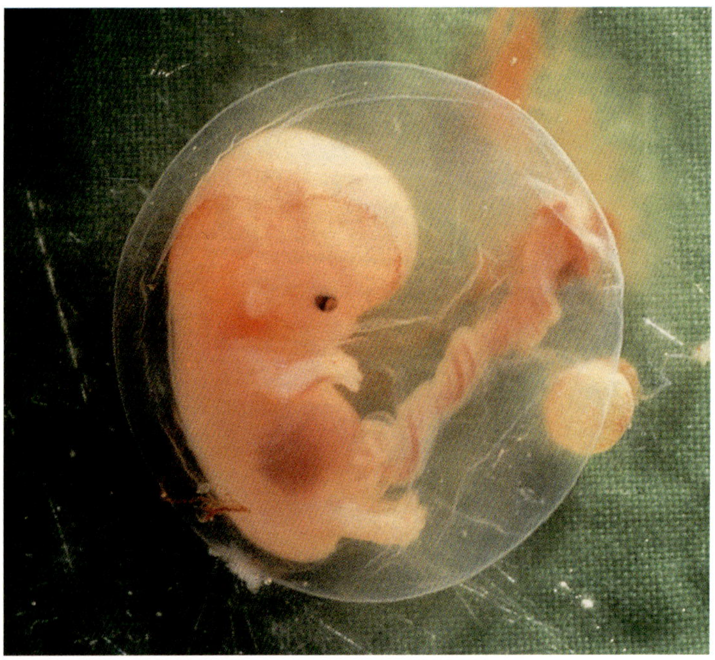

Menschlicher Embryo (27 mm, 54. Tag; Ende der Embryonalperiode). Der Embryo schwimmt, am Nabelstrang hängend, in der geschlossenen Fruchtblase (aus K. V. Hinrichsen, Humanembryologie, Springer Verlag, Berlin, 1990).

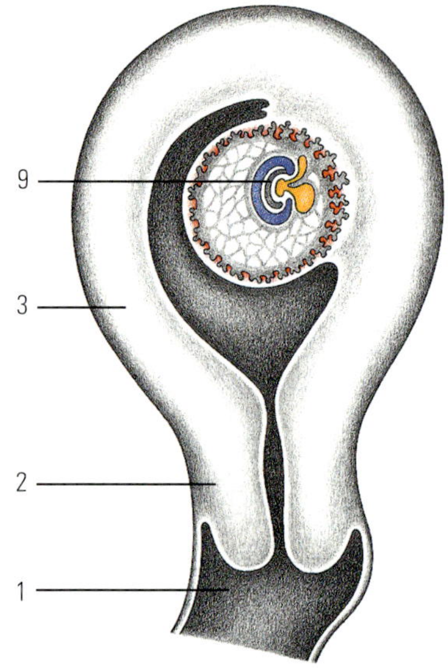

Uterus mit Keim, der noch kranzförmig von der Zottenhaut (Chorion, mittlere der drei Eihäute, die später die Fruchtblase umschließen) umgeben ist (etwa 21. Tag).

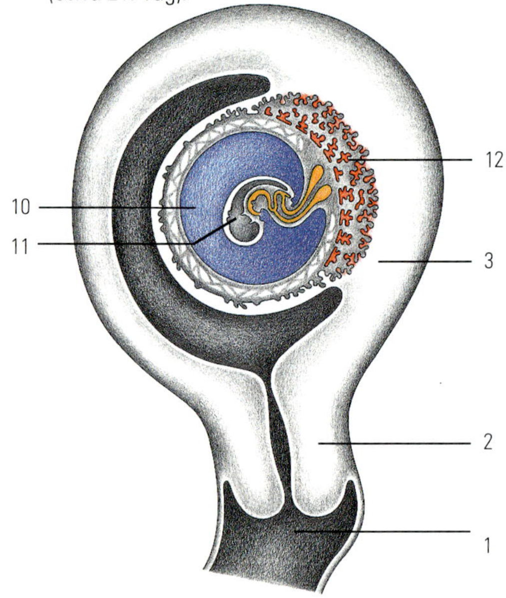

Uterus mit Embryo (etwa 4. Woche), der in der Fruchtblase schwimmt und durch den Nabelstrang mit der Plazenta verbunden ist (Körpergrundgestalt voll angelegt).

1 Scheide (Vagina)
2 Gebärmutterhals (Cervix)
3 Gebärmutter (Uterus)
4 Gebärmutterschleimhaut mit Drüsen
5 Eileiter (Tuba uterina)
6 Eierstock (Ovar) mit einer befruchtungsfähigen Eizelle, die beim Eisprung ausgestoßen wird
7 **Befruchtung** (Vereinigung von Ei- und Samenzelle) im oberen Eileiter
8 Keim (Morula)
9 Keimscheibe (Bildung des Nervenrohres)
10 Fruchtblase (auch Amnionblase oder Amnionhöhle genannt, nach der Amnion- oder Schafhaut, der inneren der drei Eihäute)
11 Anlage des Nervensystems
12 Mutterkuchen (**Plazenta**)

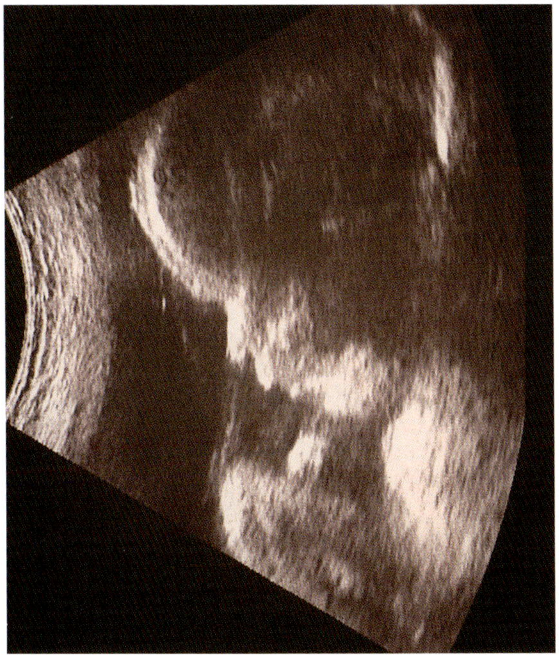

Ultraschallaufnahme eines Fetus (5. Monat). Man erkennt Gesicht, Schulter und Hände (Aufnahme Prof. Tulusan, Bayreuth).

Der Kopf eilt in der Embryonalentwicklung voraus. Schon in der 8. Woche nimmt das Gesicht menschliche Züge an. Ab der 9. Woche ist das Gehirn soweit ausgereift, daß zuckende Bewegungen und Reflexe auftreten.

Stadien der kindlichen Entwicklung im Mutterleib	
1. Tag	– Befruchtung, Furchungsteilungen im Eileiter
6. Tag	– Beginn der Implantation in die Uterusschleimhaut
12.–14. Tag	– Erstes Ausbleiben der Periode
17. Tag	– Beginnende Entwicklung der Keimblätter
21. Tag	– Anlage des Nervensystems
22. Tag	– Herz beginnt zu schlagen
26. Tag	– Anlage von Arm- und Beinknospen
28. Tag	– Embryonalkörper 4 mm SSL (Scheitel-Steiß-Länge)
35. Tag	– Embryonalkörper 8 mm SSL (Scheitel-Steiß-Länge)
ab 9. Woche	– Beginnende Fetalperiode, Auftreten von Bewegungen, Lutschreflexe
38. Woche (266.–280. Tag)	– Geburt

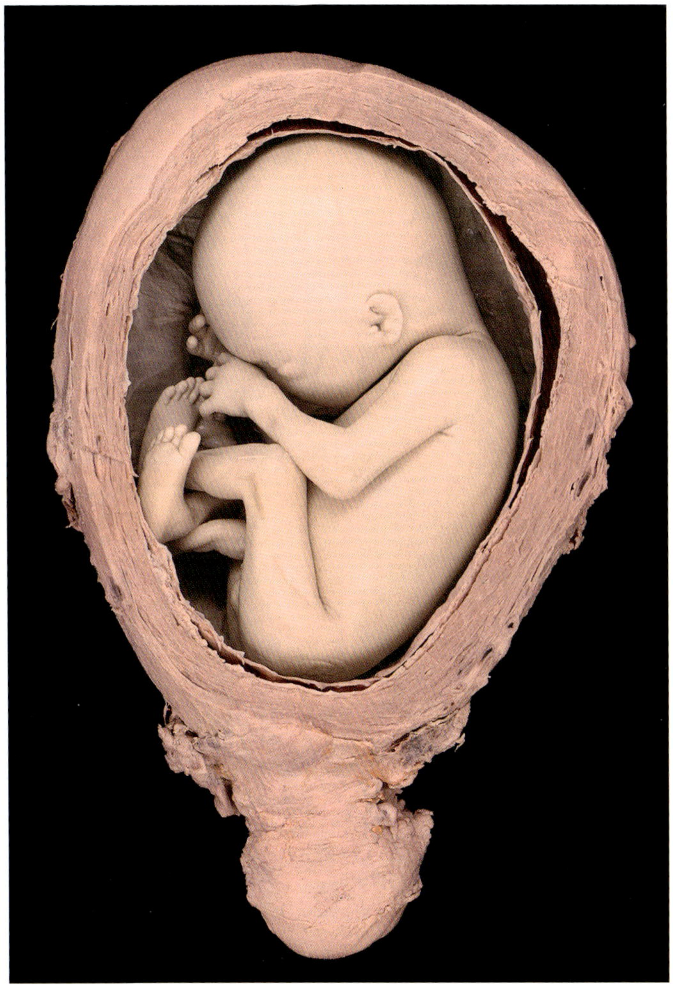

Menschlicher Fetus in der Gebärmutter (5. Monat). Der Gebärmutterhals ist geschlossen.

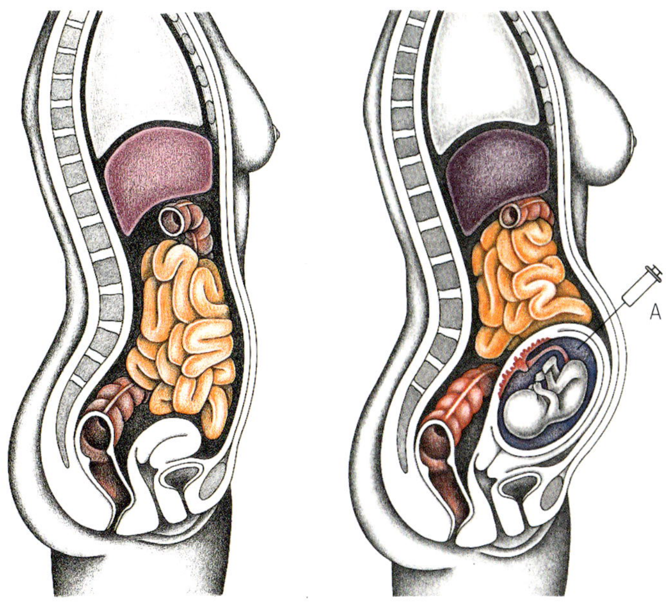

Längsschnitte durch den Körper einer nichtschwangeren (links) **und einer schwangeren Frau** (rechts). Man beachte die Verdrängung der Eingeweide nach oben. A = Punktion der Fruchtblase oder Amnionhöhle (Amniozentese).

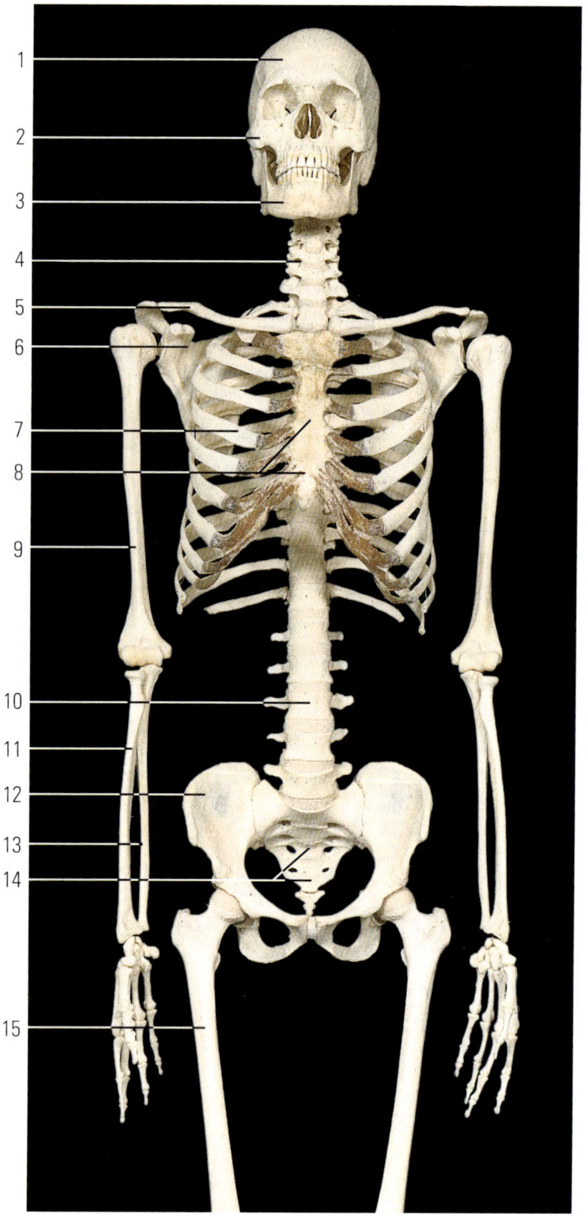

Menschliches Skelett (von vorne). Man beachte die segmentale (rhythmische) Gliederung des Rumpfes, besonders im Brustbereich, und die strahlenförmige (radiäre) Struktur der Gliedmaßenelemente. Im Gegensatz dazu besitzt der Schädel eine fast kugelförmige Gestalt.

1 Schädeldach (Calvaria)
2 Oberkiefer (Maxilla)
3 Unterkiefer (Mandibula)
4 Halswirbel (Vertebra cervicalis)
5 Schlüsselbein (Clavicula)
6 Schulterblatt (Scapula)
7 Brustkorb (Thorax)
8 Brustbein (Sternum)
9 Oberarmknochen (Humerus)
10 Lendenwirbel (Vertebra lumbalis)
11 Speiche (Radius)
12 Becken (Pelvis)
13 Elle (Ulna)
14 Kreuzbein (Os sacrum)
15 Oberschenkelknochen (Femur)
16 Kopfdreher (M. sternocleidomastoideus)

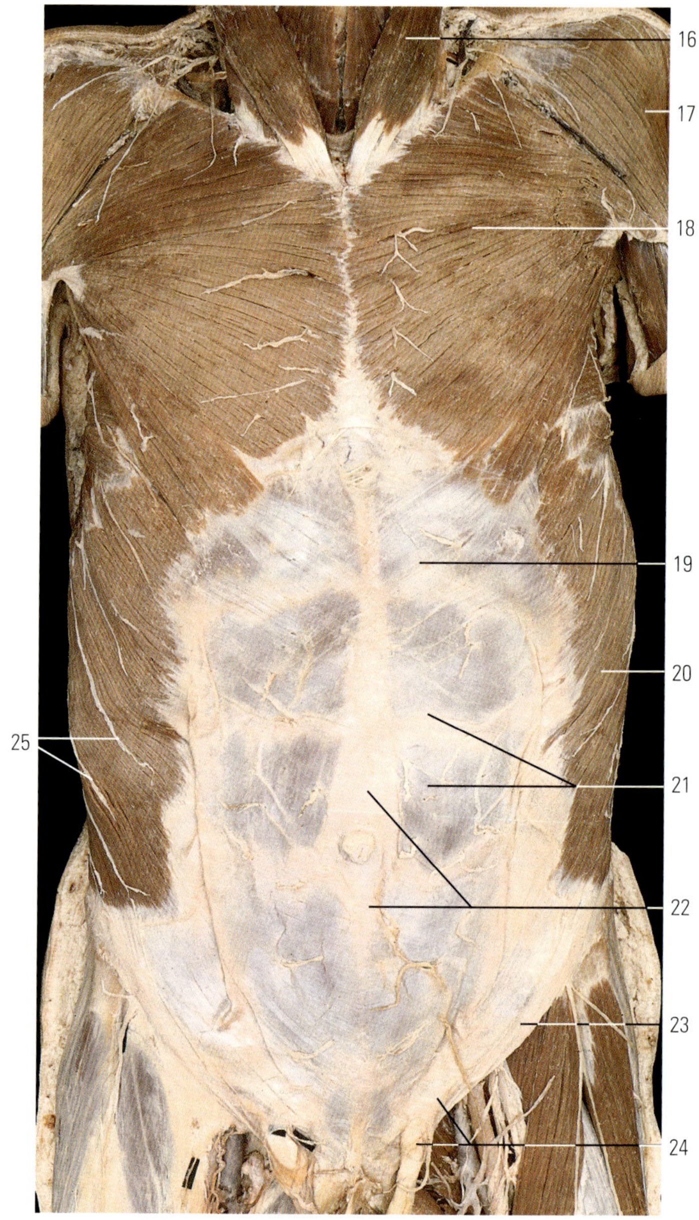

Muskeln und Nerven der vorderen (ventralen) Körperwand, oberflächliche Schicht. Man beachte die kräftige Sehnenplatte (Rektusscheide) und die streng segmental angeordneten Hautnerven (vgl. Schema S. 9).

17 Deltamuskel (M. deltoideus)
18 **Großer Brustmuskel (M. pectoralis major)**
19 Vorderes Blatt der Sehnenplatte (Rektusscheide)
20 **Äußerer schräger Bauchmuskel (M. obliquus ext. abdominis)**
21 **Gerader Bauchmuskel** mit Zwischensehne **(M. rectus abdominis)**
22 Weiße Linie (Linea alba) und Verankerung der Sehnenplatte (Rektusscheide) in der Mittellinie
23 Leistenband (Lig. inguinale)
24 Samenstrang, Leistenkanal (Canalis inguinalis)
25 Hautnerven
26 Äußerer Zwischenrippenmuskel (M. intercostalis ext.)
27 Innerer Zwischenrippenmuskel (M. intercostalis int.)
28 **Querer Bauchmuskel (M. transversus abdominis)**
29 Vorderes Blatt der Sehnenplatte (Rektusscheide)
30 Samenstrang (Funiculus spermaticus)

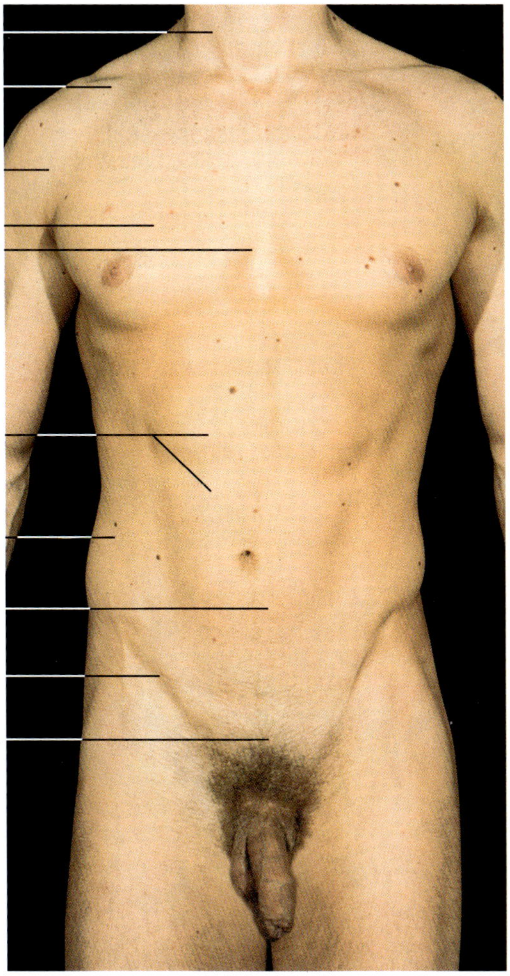

Aktphoto von der Vorderseite des Rumpfes. Der gerade Bauchmuskel (M. rectus abdominis) ist angespannt.

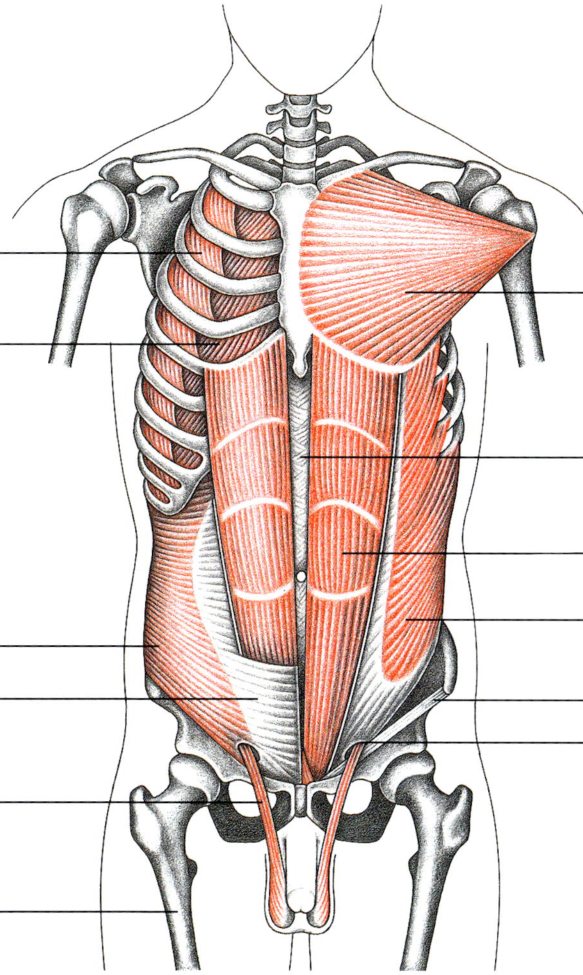

Muskeln der vorderen (ventralen) **Körperwand** (links – oberflächliche, rechts – tiefere Schichten). Die Sehnenplatte (Rektusscheide) wurde nur unten rechts dargestellt.

Die Brustwand besteht aus knöchernen (Rippen) und muskulösen Segmenten (Zwischenrippenmuskeln, die sich synchron bei der Atmung bewegen). Der Brustkorb dient aber auch der Brust- und Schultermuskulatur als Ursprung, so daß diese auch als Hilfsatemmuskulatur dienen kann. In der Bauchwand fehlen knöcherne Elemente. Die Muskelsegmente sind zu großen flächenhaften Platten (Mm. obliqui) zusammengeflossen. Sie werden vorne durch das System des geraden Bauchmuskels (Rektussystem) verspannt. Funktionell bildet sich ein doppelspiraliges Gurtungssystem, da die Sehnen des äußeren schrägen Bauchmuskels durch die weiße Linie (Linea alba) hindurch in die Sehnen der gegenüberliegenden inneren schrägen Bauchmuskeln übergehen (s. S. 9). Die zugehörigen Sehnenplatten bilden die Rektusscheide. In der Nabel- und Leistenregion entstehen in diesem Spannungssystem Schwachstellen, die zu Bruchpforten werden können. Im Gegensatz zu den Muskeln behalten die aus dem Rückenmark kommenden Nerven ihre segmentale Anordnung bei. Sie verlaufen zwischen dem queren und dem inneren schrägen Bauchmuskel (M. transversus und M. obliquus int.) (s. Schema S. 8).

Bereich	Körperwandung	Hauptsächlicher Inhalt	Fähigkeit zur Wiederherstellung (regenerative Kapazität)
Kopfbereich (Schädelhöhle)	geschlossene unbewegliche Knochenwandung	Gehirn und Sinnesorgane	gering
Brustbereich (Brusthöhle)	halbgeschlossene, durch Zwischenrippenmuskeln rhythmisch bewegte Körperwandung	Herz und Lungen	gering
Bauchbereich (Bauchhöhle)	keine knöcherne Umgrenzung, Beweglichkeit durch Bauchmuskulatur	Stoffwechselorgane, Darmkanal, Nieren	sehr hoch
Beckenbereich (Beckenhöhle)	knöchernes Becken und muskulöser Beckenboden, keine größere Beweglichkeit	Fortpflanzungs- und Ausscheidungssystem	Bildung von Keimzellen

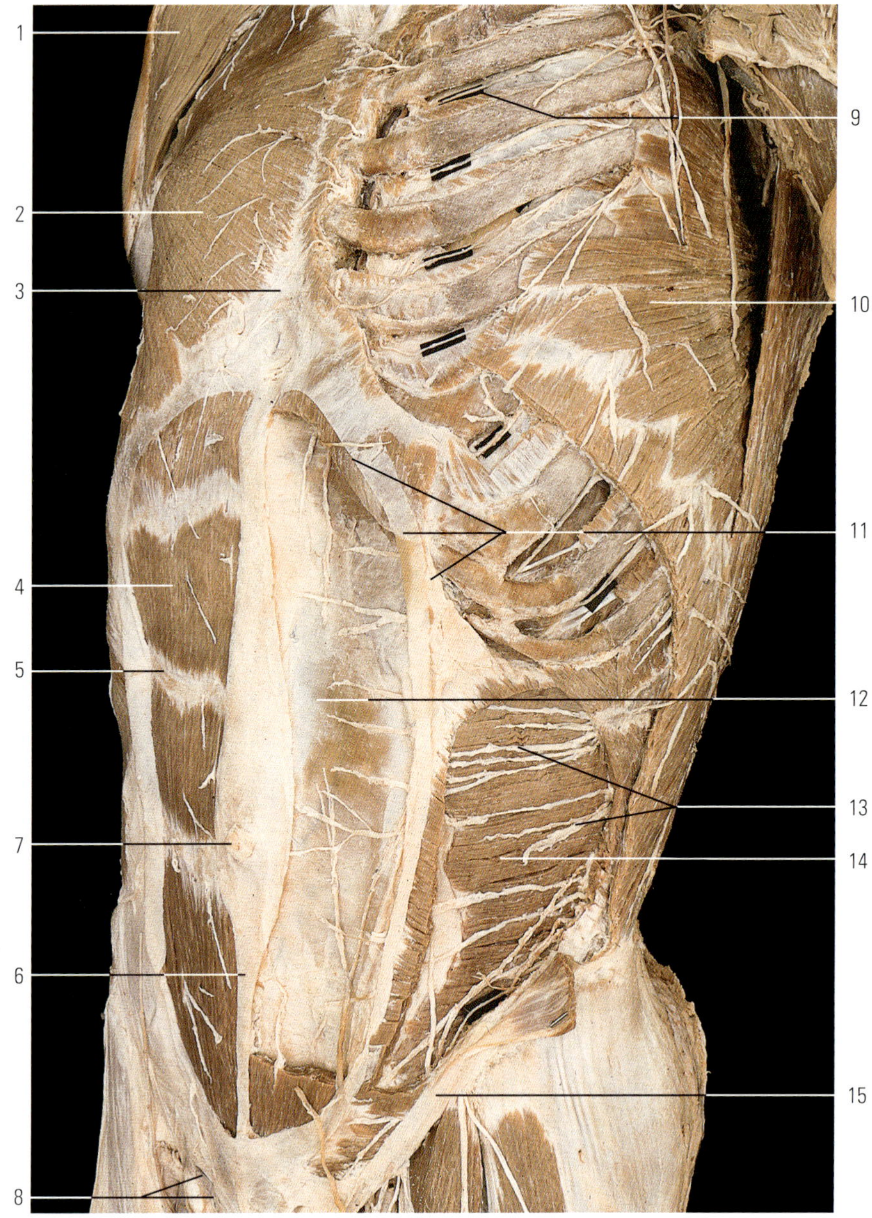

Vordere Körperwand mit Nerven (rechts – oberflächliche Schicht; links – tiefere Schichten).

1 Deltamuskel (M. deltoideus)
2 Großer Brustmuskel (M. pectoralis major)
3 Brustbein (Sternum)
4 **Gerader Bauchmuskel (M. rectus abdominis, Rektusmuskel)**
5 Zwischensehne des Rektusmuskels
6 Weiße Linie (Linea alba)
7 Nabel (Umbilicus)
8 Leistenkanal (Canalis inguinalis)
9 **Zwischenrippennerven (Nn. intercostales)** – verlaufen am Unterrand der Rippen
10 Sägemuskel (M. serratus ant.)
11 Rippenbogen (Arcus costalis)
12 Hinteres Blatt der Sehnenplatte (Rektusscheide)
13 **Interkostalnerven** im Bereich der Bauchwand
14 **Querer Bauchmuskel (M. transversus abdominis)**
15 Leistenband (Lig. inguinale)
16 **Innerer schräger Bauchmuskel (M. obliquus int. abdominis)**
17 **Äußerer schräger Bauchmuskel (M. obliquus ext. abdominis)**
18 Vorderes Blatt der Rektusscheide
19 Kopfnicker- oder Kopfdreher (M. sternocleidomastoideus)
20 Kleiner Brustmuskel (M. pectoralis minor)
21 Hodenheber (M. cremaster)
22 **Herz** (Cor)
23 Leber (Hepar)
24 Rückenmark im Wirbelkanal
25 **Luftröhre (Trachea)**
26 Brustwirbelsäule

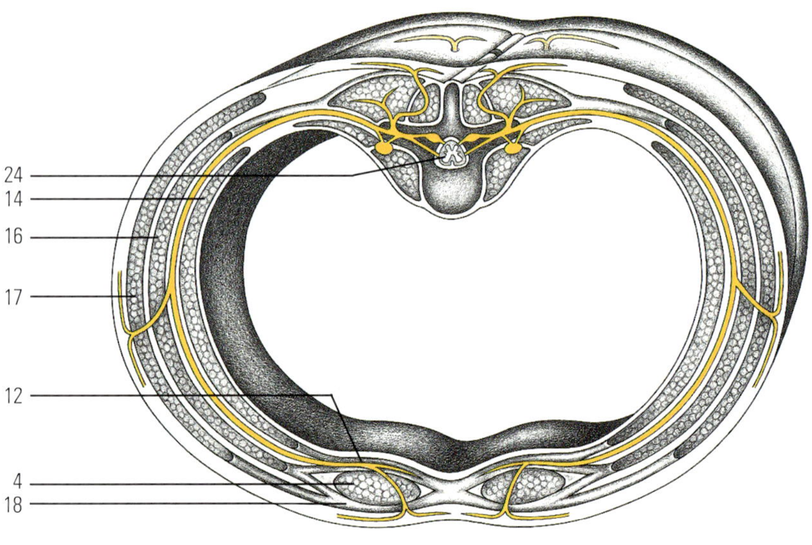

◁ **Querschnitt durch Rücken- und Bauchwand** zur Darstellung der Schichtengliederung der Muskulatur und der segmentalen Rückenmarknervenäste (Nn. spinales; gelb).

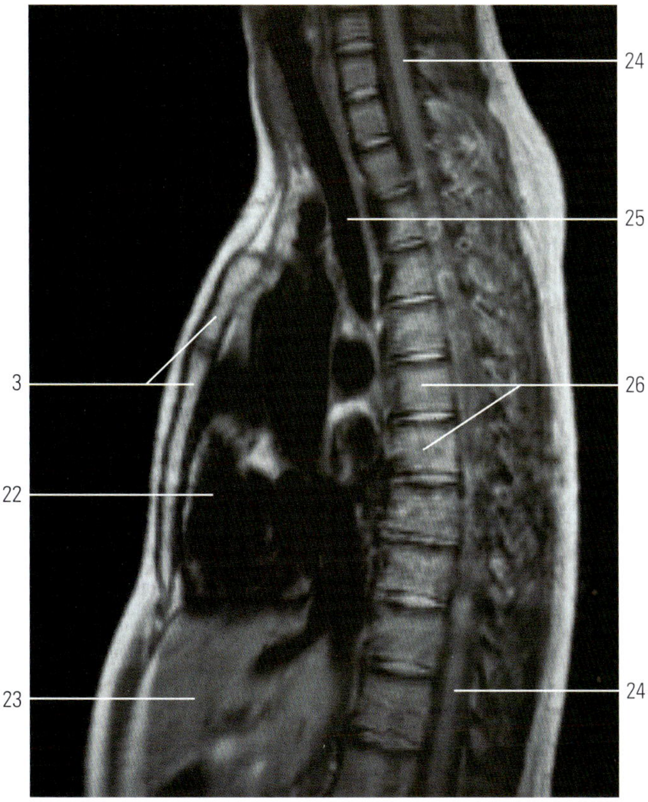

Längsschnitt durch die Mitte des Rumpfes (MR-Aufnahme). In der Brusthöhle liegt das Herz mit den großen Gefäßen. Im Wirbelkanal erkennt man das Rückenmark (24). Vom Hals kommt die Luftröhre, die (hinter dem Herzen) in die Bronchien übergeht (25).

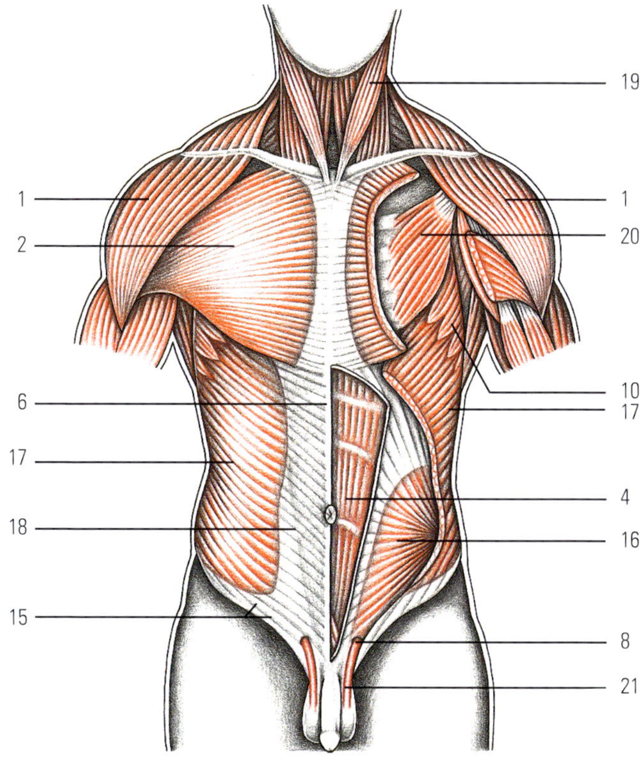

Muskeln der vorderen Rumpfwand; rechts – oberflächliche Schicht; links – tiefere Schichten. Vom inneren schrägen Bauchmuskel gehen Muskelfasern durch den Leistenkanal auf den Hoden über (M. cremaster).

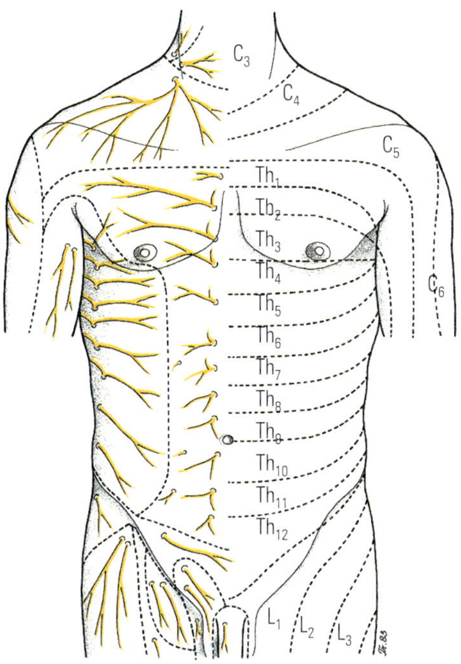

Segmentale Anordnung der Hautnerven mit ihren Austrittstellen an der vorderen Körperwand.
C_3–C_5 = Halssegmente; Th_1–Th_{12} = Brustsegmente;
L_1–L_3 = Lendensegmente.

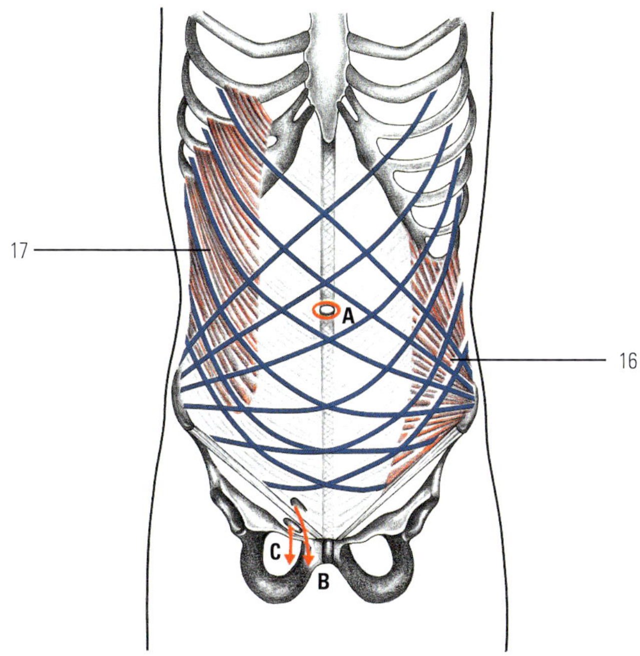

Verspannung der Fasersysteme der flächenhaften Sehnen (Aponeurosen) der beiden (gegenläufigen) schrägen Bauchmuskeln innerhalb der Sehnenplatte (Rektusscheide).
Rot = Lokalisation der Bruchpforten; A = Nabelbrüche;
B = Leistenbrüche (über dem Leistenband);
C = Schenkelbrüche (unter dem Leistenband).

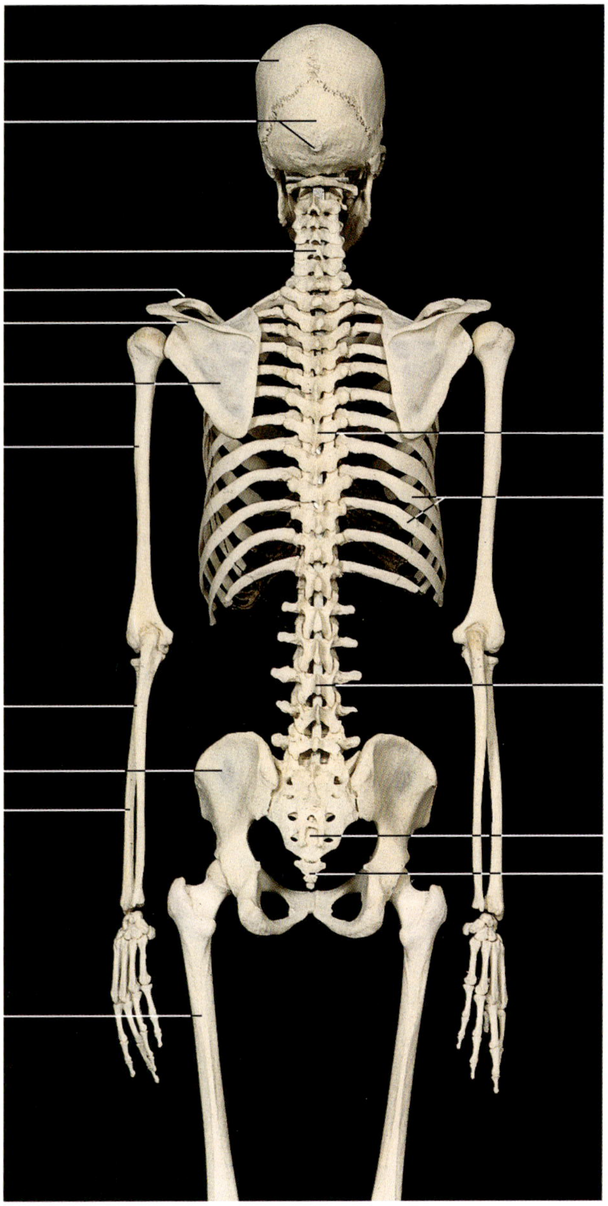

Menschliches Skelett in der Ansicht von hinten (Rückenseite = Dorsalseite). Die Querfortsätze der Lendenwirbel sind verkümmerte Rippen.

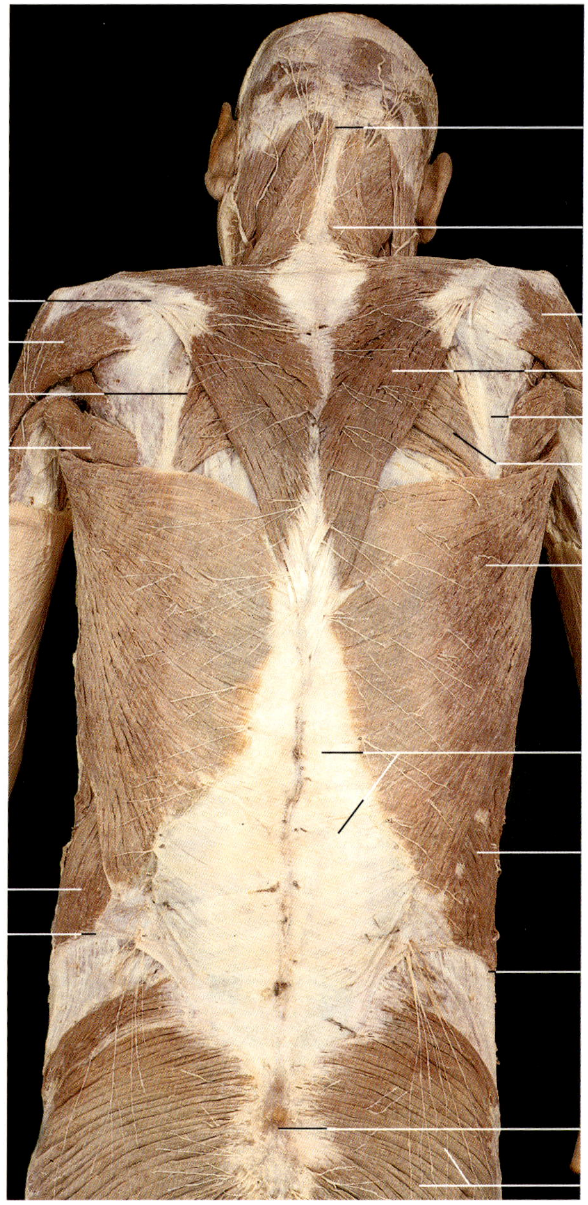

Rückenmuskulatur mit Hautnerven (von hinten). Die segmentale Anordnung der Hautnerven ist zu erkennen.

1 Schädeldach (Scheitelbein, Os parietale)
2 Hinterhauptbein (Os occipitale) mit Knochenfortsatz (Protuberantia occipitalis ext.)
3 Halswirbelsäule (7 Halswirbel, Vertebrae cervicales)
4 Schlüsselbein (Clavicula)
5 Schultergräte (Spina scapulae)
6 Schulterblatt (Scapula)
7 Oberarmknochen (Humerus)
8 Brustwirbelsäule (12 Brustwirbel, Vertebrae thoracicae)
9 Rippen (12 Rippen, Costae)
10 Lendenwirbelsäule (5 Lendenwirbel, Vertebrae lumbales)
11 Elle (Ulna)
12 Beckenschaufel (Os ilii)
13 Speiche (Radius)
14 Kreuzbein (Os sacrum)
15 Steißbein (Os coccygis)
16 Oberschenkelknochen (Femur)
17 **Trapezmuskel (M. trapezius)**
18 Deltamuskel (M. deltoideus)
19 Hinterrand des Schulterblattes (Scapula)
20 Großer rautenförmiger Muskel (M. rhomboideus major)
21 **Großer runder Schultermuskel (M. teres major)**
22 **Großer breiter Rückenmuskel (M. latissimus dorsi)**
23 Große Rückensehne (Fascia thoracolumbalis) – feste Scheide für die tiefen Rückenmuskeln
24 Äußerer schräger Bauchmuskel (M. obliquus ext. abdominis)
25 Beckenkamm (Crista iliaca)
26 Kreuzbein (Os sacrum)
27 **Großer Gesäßmuskel (M. glutaeus maximus)**
28 Pflasterförmiger Kopfmuskel (M. splenius capitis)
29 Kopfdreher (M. sternocleidomastoideus)
30 Kleiner rhombenförmiger Schultermuskel (M. rhomboideus minor)
31 Schulterblattheber (M. levator scapulae)
32 Hinterer Sägemuskel (M. serratus post.inf.)

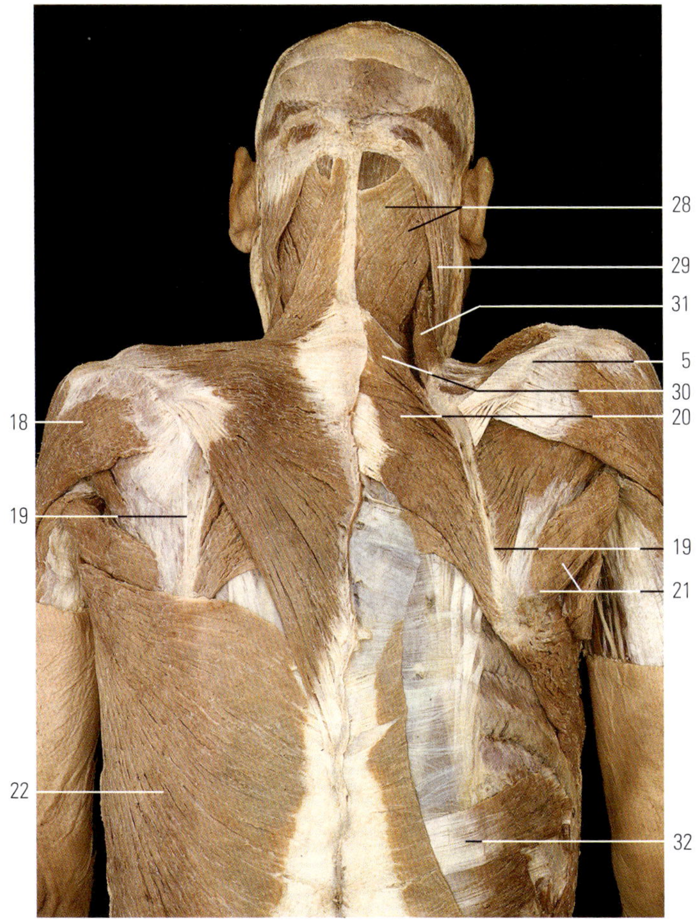

Rückenmuskulatur (links: oberflächliche Schicht; rechts wurden der Trapezmuskel und der große breite Rückenmuskel entfernt).

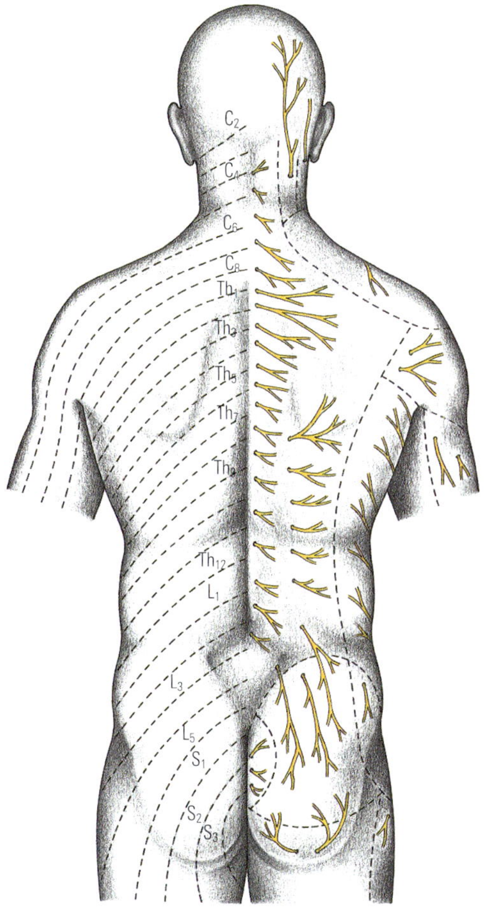

Hautnerven des Rückens (schematisch). Man beachte die regelmäßige segmentale Anordnung der Nerven (hintere bzw. dorsale Äste der Rückenmarknerven).

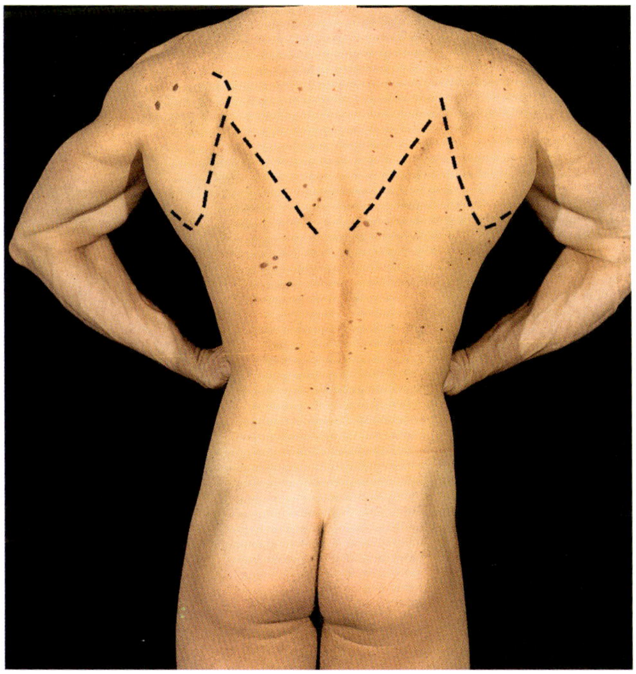

Aktphoto von Rücken und Schulterregion. Der Trapezmuskel (Unterrand markiert) ist stark kontrahiert, der Schultergürtel nach vorne gezogen (hinterer Rand des Schulterblattes markiert).

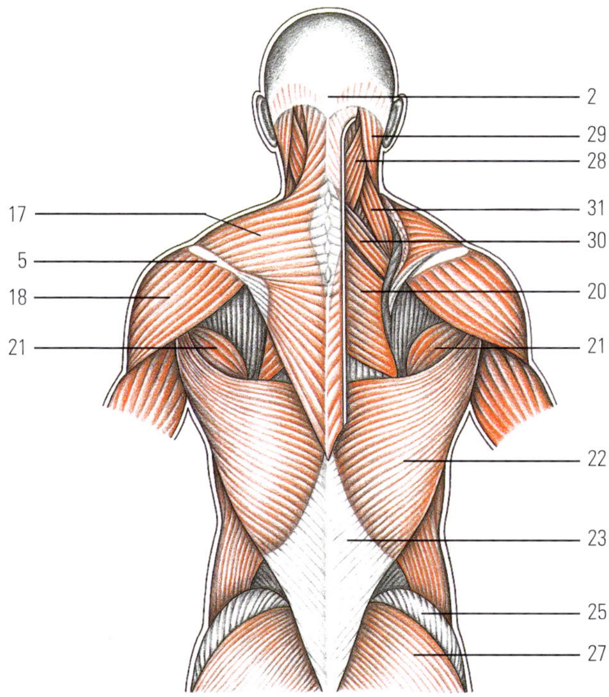

Muskeln der hinteren (dorsalen) Rumpfwand. Linke Seite: oberflächliche Muskelschicht; rechte Seite: tiefere Schicht nach Durchtrennung des Trapezmuskels.

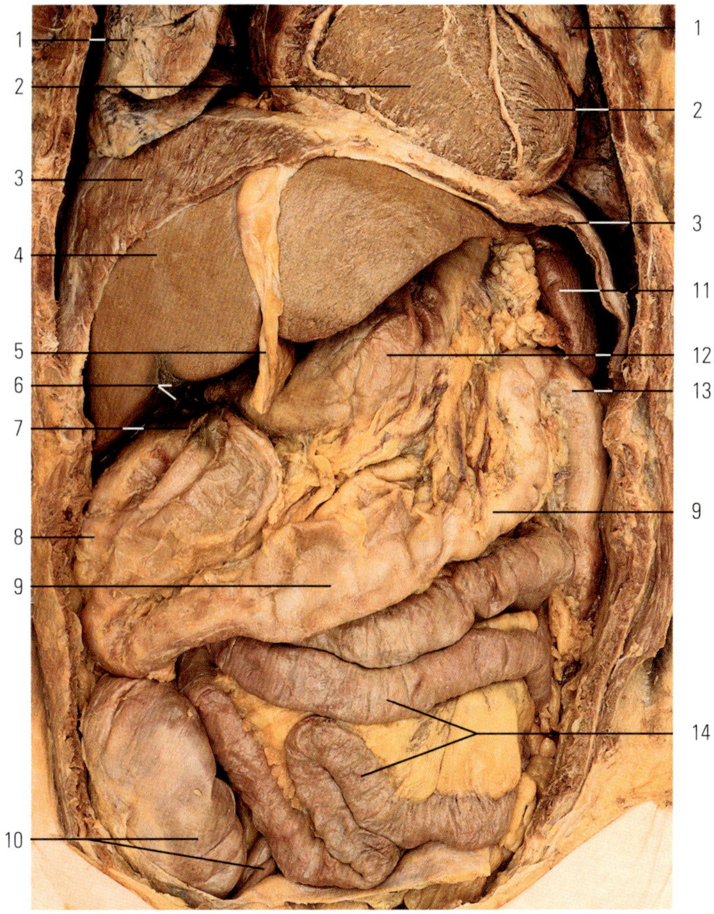

Lage der Bauchorgane (von vorne). Das große Netz (Omentum majus) wurde entfernt, so daß die Darmschlingen, Magen, Dickdarm und Leber zu erkennen sind.

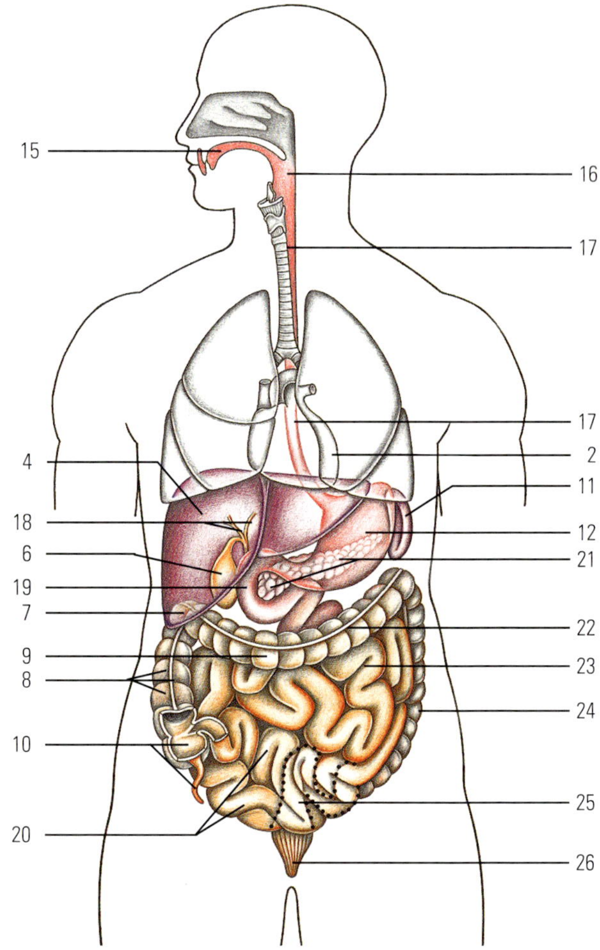

Übersicht über die Verdauungsorgane (Mundhöhle, Speiseröhre, Magen-Darm-Kanal mit Leber, Bauchspeicheldrüse und Gallenblase).

Digestionstrakt	Funktionen
1. Mundhöhle mit Speicheldrüsen	Zerkleinern, Kauen, Einspeichelung, Schmecken, Einleitung der Kohlenhydratverdauung
2. Speiseröhre	Weiterleitung der Nahrungsteile
3. Magen	Speicherung, Einleitung der Eiweißverdauung
Dünndarm	
4. Zwölffingerdarm mit Bauchspeicheldrüse u. Leber	Eiweißverdauung Kohlenhydratverdauung Fettverdauung
5. Leerdarm (Jejunum)	Resorption von Nahrungsstoffen, Rückresorption körpereigener Stoffe
6. Krummdarm (Ileum)	Resorption, immunologische Abwehr
Dickdarm (Colon)	
7. Blinddarm und Wurmfortsatz	Rückresorption, Eindickung von Resten, immunologische Abwehr
8. Aufsteigender Dickdarm Querer Dickdarm Absteigender Dickdarm S-förmiger Dickdarm	Rückresorption, Stuhlbildung (Stuhl = Faeces)
9. Mast- oder Enddarm	Zurückhaltung von Stuhl
10. After- oder Analkanal	Ausscheidung des Stuhls

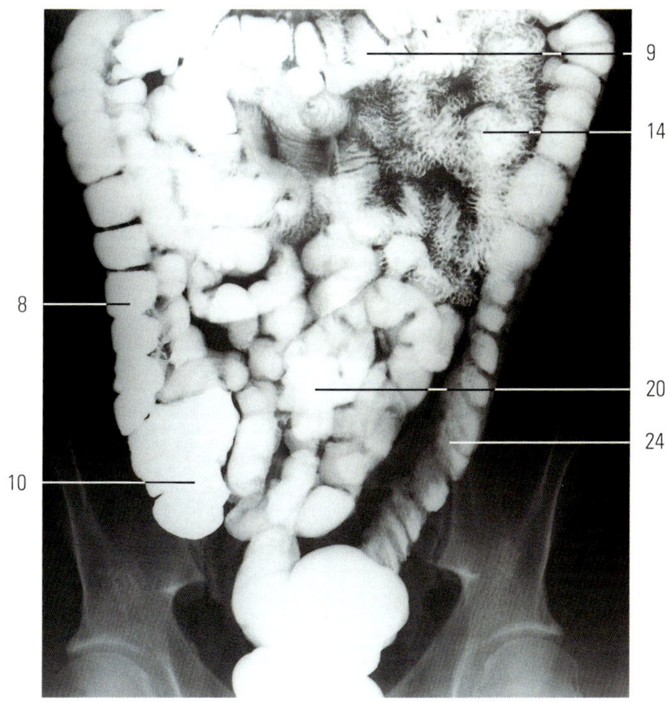

Röntgenaufnahme des Dünn- und Dickdarms nach Kontrastmittelfüllung.

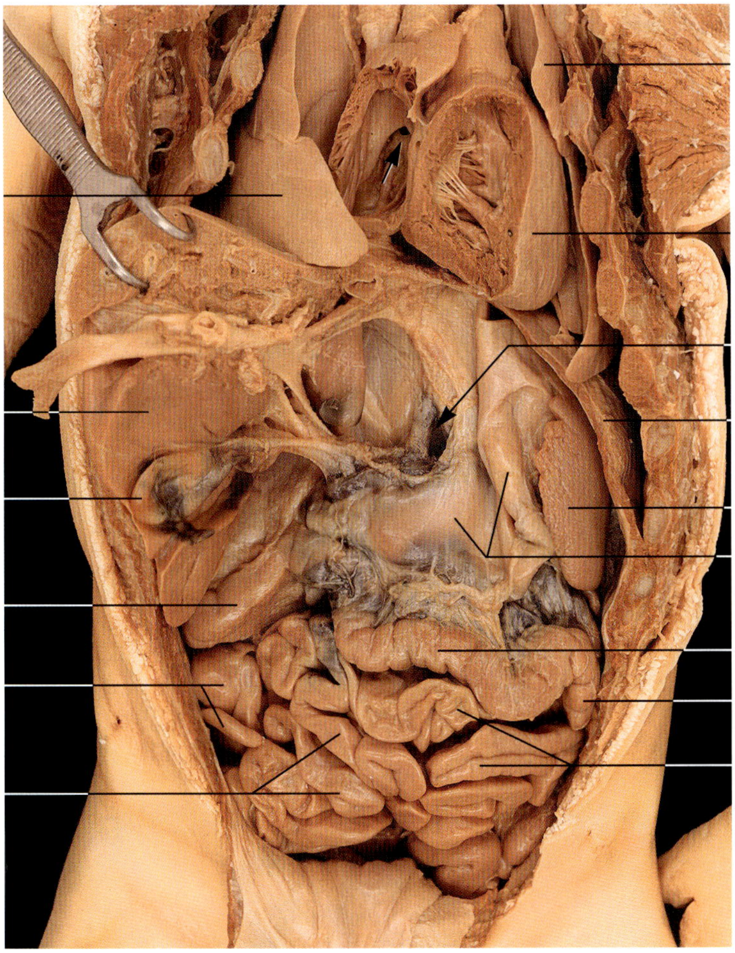

Bauchorgane eines Fetus. Leber halbiert und nach oben gezogen. Großes und kleines Netz entfernt. Pfeil = ovales Loch (Foramen ovale).

1 Lunge (Pulmo)
2 Herz (Cor)
3 Zwerchfell (Diaphragma)
4 **Leber (Hepar)**
5 Leberband (Lig.falciforme und Lig.teres hepatis)
6 **Gallenblase** (Vesica fellea oder biliaris)
7 Rechte Dickdarmbiegung (Kolonflexur)
8 **Aufsteigender Dickdarm (Colon ascendens)**
9 **Querverlaufender Dickdarm (Querkolon** oder **Colon transversum)**
10 **Blinddarm (Caecum)** mit Wurmfortsatz (Appendix vermiformis)
11 **Milz (Lien** oder **Splen)**
12 **Magen (Ventriculus)**
13 Linke Dickdarmbiegung (Kolonflexur)
14 Dünndarmschlingen
15 Mundhöhle (Cavum oris)
16 Schlund (Pharynx)
17 Speiseröhre (Oesophagus)
18 Gallengänge
19 **Zwölffingerdarm – oberer Dünndarmabschnitt (Duodenum)**
20 **Unterer Dünndarmabschnitt (Ileum)**
21 **Bauchspeicheldrüse (Pancreas)**
22 Dickdarmband (Taenia coli)
23 **Mittlerer Dünndarmabschnitt (Jejunum)**
24 **Absteigender Dickdarm (Colon descendens)**
25 **S-förmiger Dickdarm (Colon sigmoideum)**
26 **Mast- oder Enddarm (Rectum)**
27 Kleines Netz (Omentum minus)
28 Großes Netz (Omentum majus)
29 Gebärmutter (Uterus) und Scheide (Vagina)
30 **Netzbeutel (Bursa omentalis)**
31 Gekrösestiel (Mesenterium)

Das **Verdauungssystem** ist hauptsächlich in der Bauchhöhle untergebracht. Leber, Magen und Bauchspeicheldrüse liegen im oberen Bauchraum, der noch vom Brustkorb schützend umhüllt wird. Der Magen geht am Pförtner (Pylorus) in den U-förmigen Zwölffingerdarm (Duodenum) über, der an der hinteren Bauchwand fixiert ist. Hier münden die zwei Ausführungsgänge der Bauchspeicheldrüse und der Gallengang (Ductus choledochus). Der übrige Dünndarm (Jejunum und Ileum) ist innerhalb der Bauchhöhle verschieblich und nur durch den Gekrösestiel (Mesenterium) an der hinteren Bauchwand fixiert. Der Dickdarm bildet eine Art Girlande um den Dünndarmknäuel (Dünndarmkonvolut) und ist nur im Bereich des Querkolons durch einen Gekrösestiel beweglich aufgehängt. Der Dickdarm geht im kleinen Becken in den Mastdarm über und endet im Afterkanal am After (Anus).

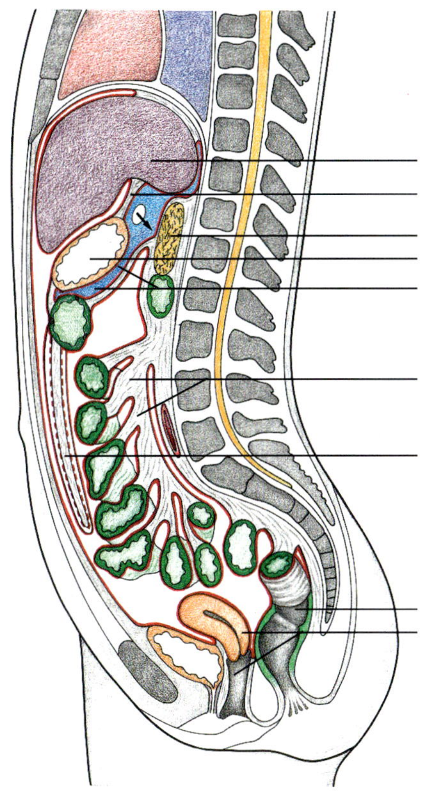

Längsschnitt durch die Bauchhöhle. Der Dünndarm ist am Gekrösestiel ▶ (Mesenterium) aufgehängt, aber insgesamt beweglich. Vom Magen und Querkolon geht das große Netz aus (Omentum majus), das wie ein Tuch die Darmschlingen überdeckt. Das kleine Netz (Omentum minus) ist die Gekröseverbindung zwischen Magen und Leber. Dahinter liegt der Netzbeutel. Rot = Bauchfell (Peritoneum).

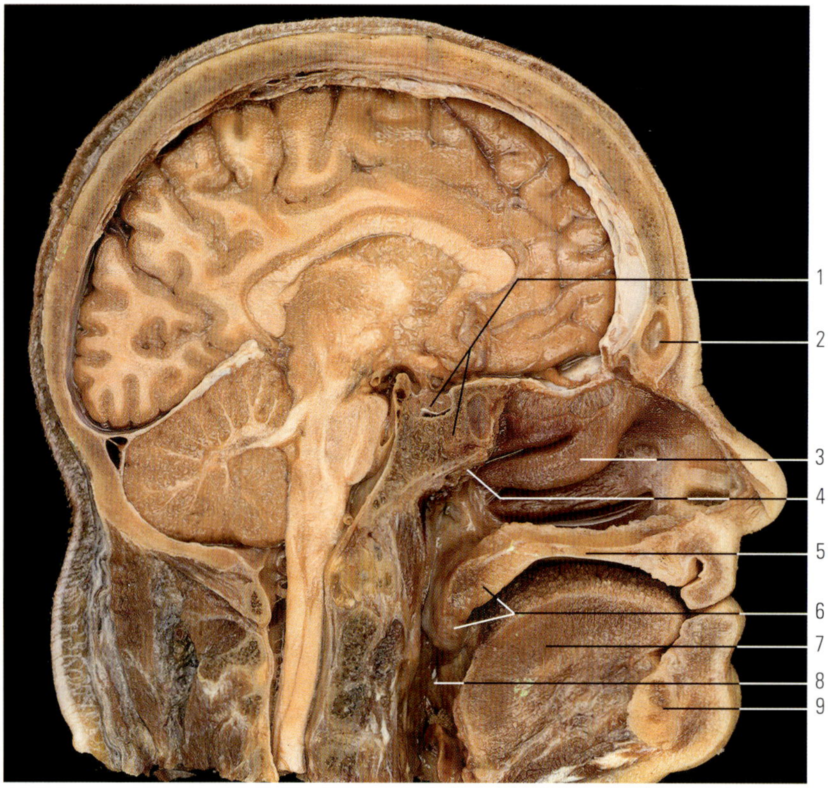

Medianschnitt durch den Kopf. Mund- und Nasenhöhle werden durch den harten und weichen Gaumen getrennt. Die Schädelbasis ist in Höhe des Türkensattels und der Hirnanhangsdrüse abgeknickt (sog. Klivuswinkel; Clivus = Abhang an der Schädelbasis). Der Rachen verbindet Mund- und Nasenhöhle (Überkreuzung von Luft- und Speiseweg).

1 Türkensattel (Sella turcica) mit Hirnanhangsdrüse (Hypophyse)
2 Stirnhöhle und Stirnbein
3 Mittlere Nasenmuschel
4 Rachenmandel (Tonsilla pharyngealis)
5 **Harter Gaumen** (Palatum durum)
6 **Weicher Gaumen und Zäpfchen** (Palatum molle und Uvula)
7 Zunge (Lingua)
8 **Rachen** (Pharynx)
9 Unterkiefer (Mandibula)
10 **Gaumenmandel (Tonsilla palatina)**
11 Ohrtrompete und Ohrtrompetenmandel (Tube und Tonsilla tubaria)
12 **Kehldeckel (Epiglottis)**
13 Kehlkopf (Stimmband)
14 Speiseröhre (Oesophagus)
15 **Vorraum der Mundhöhle (Vestibulum oris)**
16 Zungenwurzel mit Zungenmandel (Tonsilla lingualis)
17 Zungenbein (Os hyoideum)
18 **Wallpapillen* (Papillae vallatae)**
19 Stellknorpel des Kehlkopfes (Aryknorpel) und Stimmritzenschließer (M. arytenoideus)
20 Ringknorpel und Stimmritzenöffner (M. cricoarytenoideus post.)
21 Luftröhre (Trachea)
22 Fadenpapillen* (Papillae filiformes)
23 Pilzpapillen* (Papillae fungiformes)
24 Blattpapillen* am Zungenrand (Papillae foliatae)
25 **Geschmacksknospen** mit Nerven

* Papillen = warzenartige Erhebungen

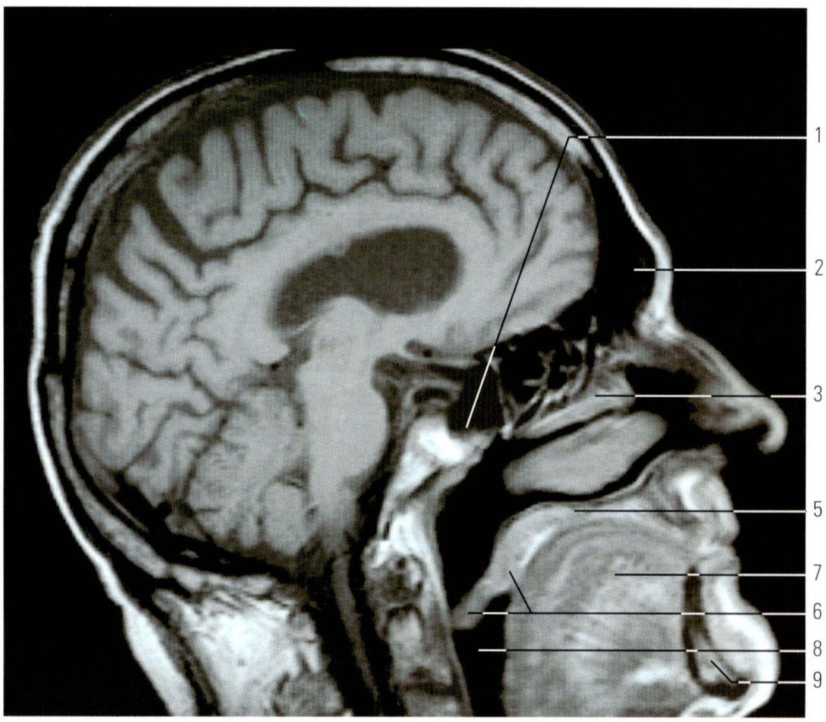

Schnitt durch die Mitte des Kopfes (MR-Aufnahme). Mund-, Nasen- und Schädelhöhle liegen etagenförmig übereinander.

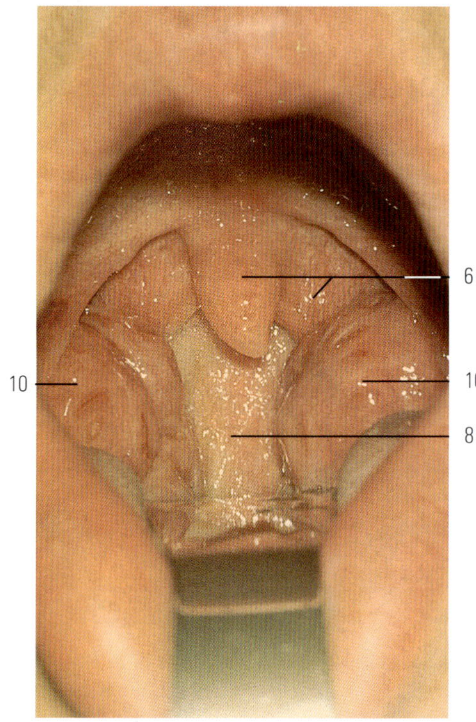

Hinterer Abschnitt der Mundhöhle am Lebenden (11jähr. Kind). Zäpfchen und Gaumenmandeln sind zu erkennen.

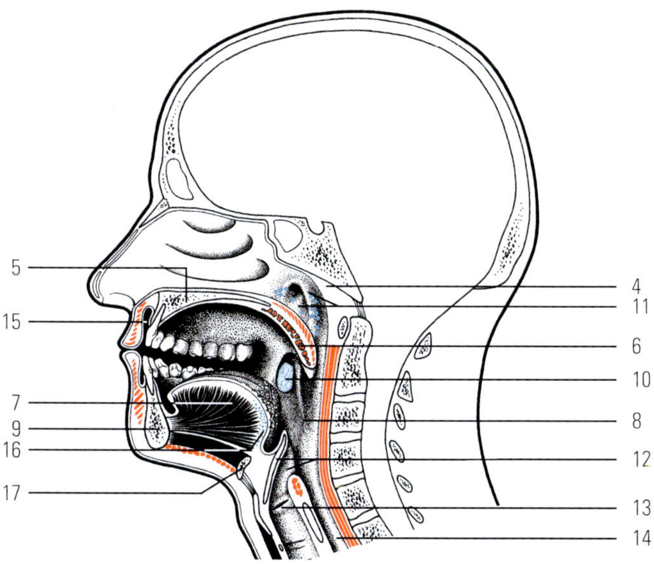

Gliederung der Mundhöhle (Medianschnitt, schematisch). Am Übergang zum Rachen liegen die lymphatischen Organe (Mandeln = Tonsillen) des sog. Waldeyer-Rachenrings (blau).

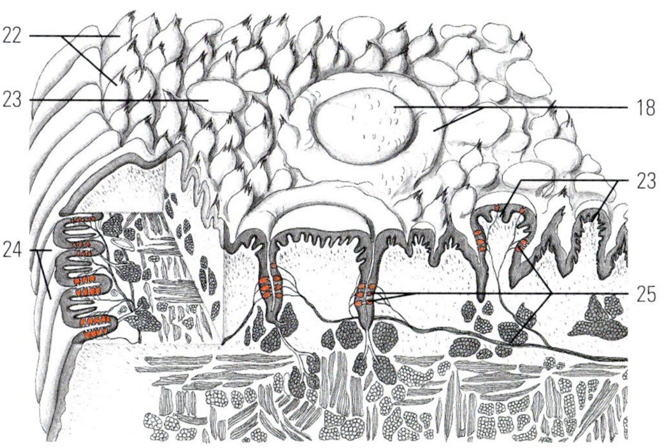

Zungenschleimhaut mit Wall- und Blattpapillen (Schema). Im Epithel (Deckgewebe von Haut und Schleimhaut) liegen zahlreiche Geschmacksknospen (rot).

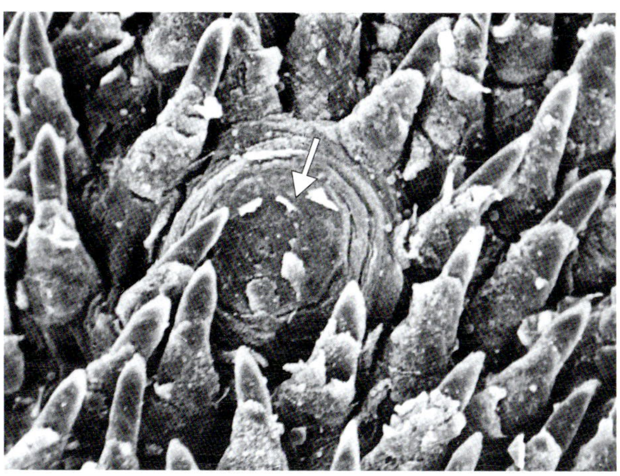

Rasterelektronenmikroskopische Aufnahme von der Zungenoberfläche (30×). Zahlreiche Fadenpapillen und eine Pilzpapille (Pfeil) sind zu sehen.

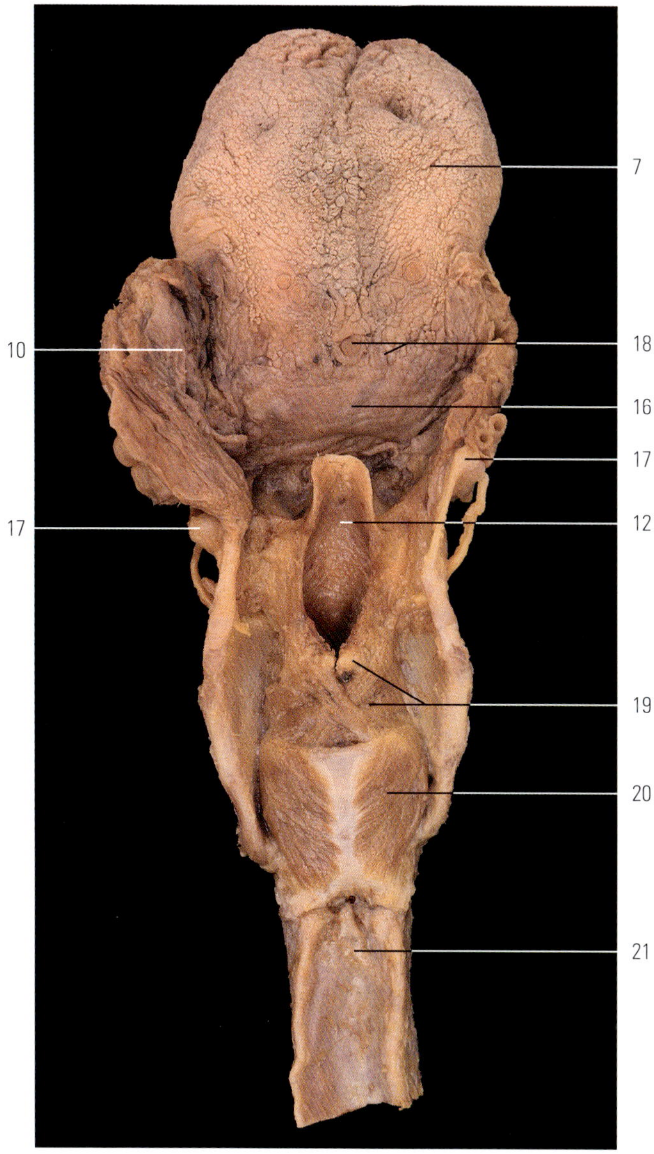

Zunge und Kehlkopf mit Kehldeckel (von hinten). Der Rachen wurde eröffnet und aufgeklappt, die Schleimhaut entfernt.

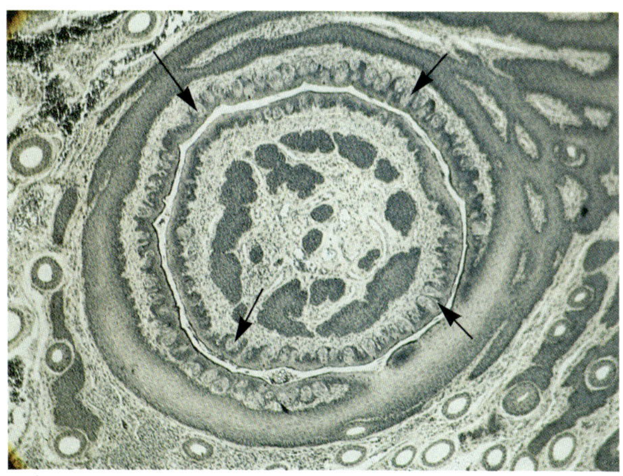

Mikroskopischer Querschnitt durch eine Wallpapille (38×). Im Bereich der Wallgräben liegen zahlreiche Geschmacksknospen (Pfeile).

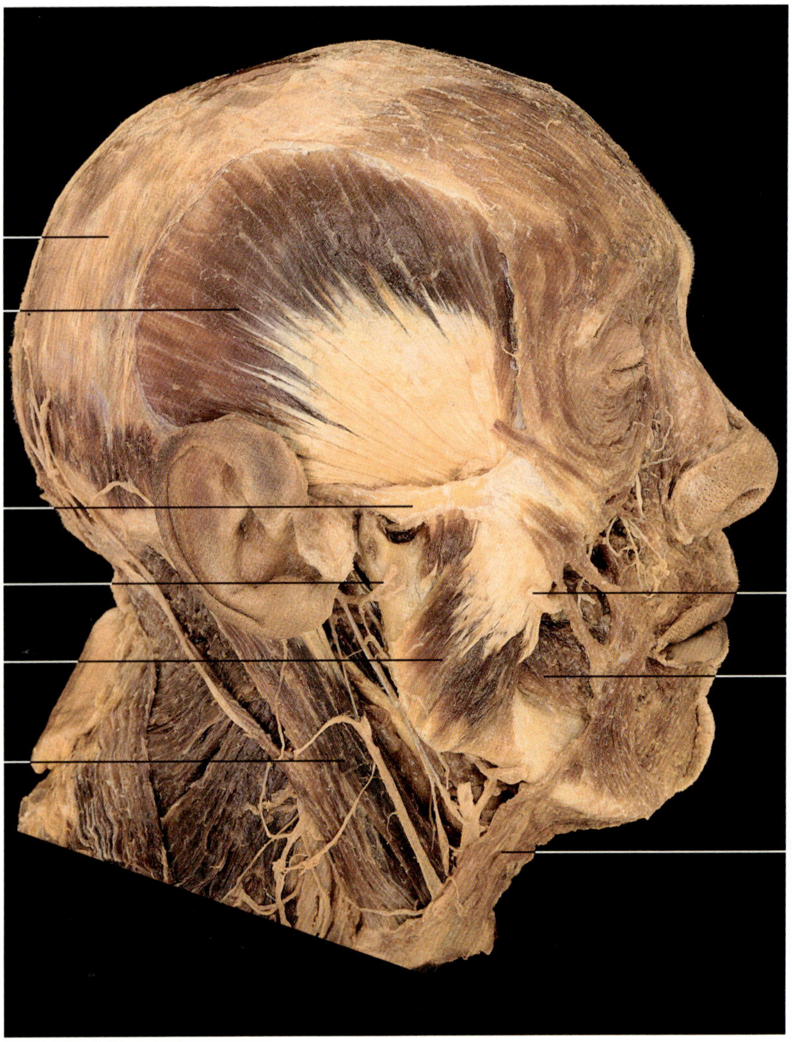

Äußere Kaumuskeln (M. temporalis und M. masseter) (von der Seite). Der Jochbogen wurde freigelegt, die Ohrspeicheldrüse entfernt

1 Kopfschwarte (Galea aponeurotica)
2 Schläfenmuskel **(M. temporalis)**
3 Jochbogen (Arcus zygomaticus)
4 Gesichtsnerv (N. facialis)
5 Kaumuskel **(M. masseter)**
6 Ausführungsgang der Ohrspeicheldrüse (Parotis)
7 Wangenmuskel (M. buccinator)
8 Kopfnicker oder -dreher (M. sternocleidomastoideus)
9 Flacher Muskel unter der Haut des Halses (Platysma)
10 Kiefergelenk (Articulatio temporomandibularis)
11 Kieferköpfchen (Caput mandibulae)
12 Äußerer Gehörgang
13 Unterkiefer (Mandibula)
14 Oberkiefer (Maxilla)
15 Muskelfortsatz (Proc. coronoideus) des Unterkiefers
16 Knorpelscheibe im Kiefergelenk (Discus articularis)
17 Wangennerv (N. buccalis)
18 **Seitlicher Flügelgaumenmuskel** (M. pterygoideus lat.)
19 Kieferarterie (A. maxillaris)
20 **Mittlerer Flügelgaumenmuskel** (M. pterygoideus med.)
21 Zungennerv (N. lingualis)
22 Unterkieferzähnenerv (N. alveolaris inf.) mit Gefäßen im Unterkieferkanal
23 Zahnfleisch (Gingiva)
24 Zement (Substantia ossea)
25 Zahnbein (Dentin)
26 Zahnpulpa (weiche Gefäß- und Nervenmasse)
27 Wurzelhaut (Desmodont)
28 Lamellenartiger Knochen im Zahnbereich (Alveolarknochen)
29 Zahnfleischtasche
30 Hautnerven (Endäste des N. infraorbitalis)

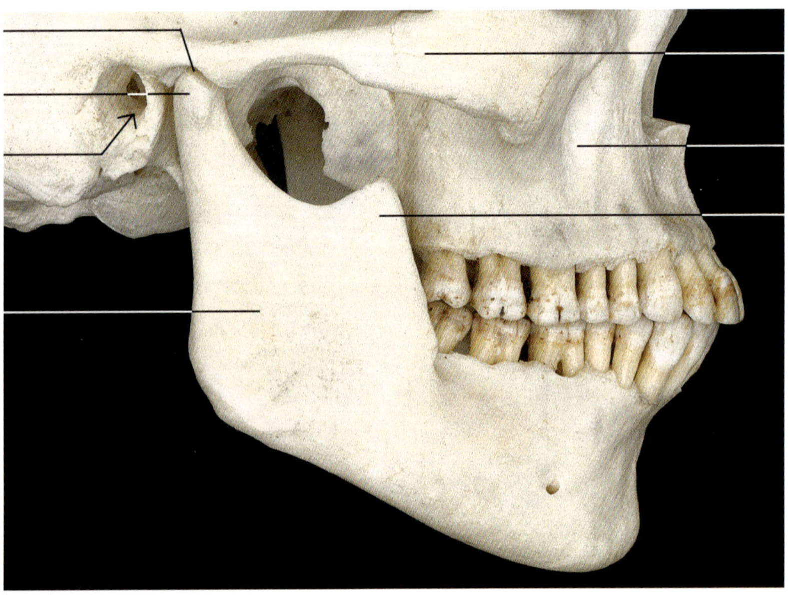

Gesichtsschädel mit Zähnen (von der Seite). Das Gebiß zeigt hier ein leichtes Vorstehen des Oberkiefers (Prognathie).

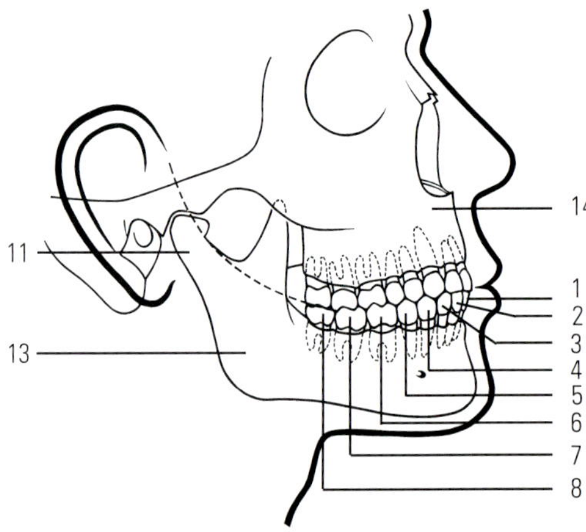

Erwachsenengebiß (von der Seite).
1 Erster Schneidezahn (1. Incisivus)
2 Zweiter Schneidezahn (2. Incisivus)
3 Eckzahn (Caninus)
4 Erster Backenzahn (1. Praemolar)
5 Zweiter Backenzahn (2. Praemolar)
6 Erster Mahlzahn (1. Molar)
7 Zweiter Mahlzahn (2. Molar)
8 Dritter Mahlzahn (3. Molar)

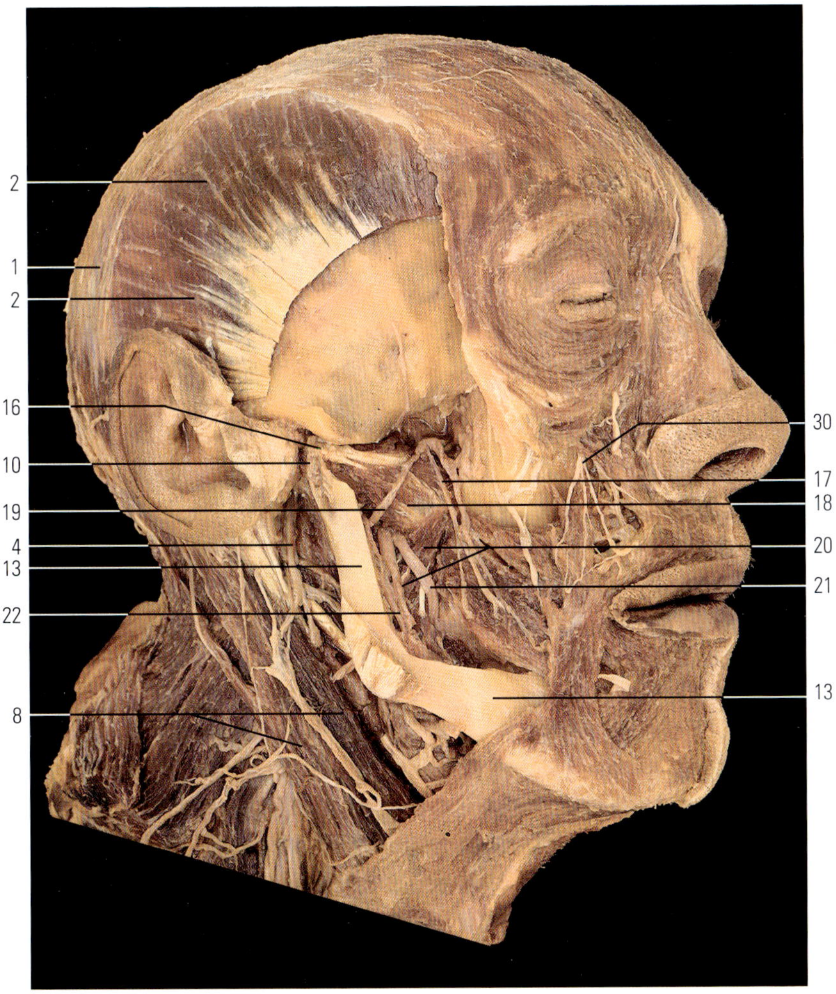

Tiefe Kaumuskeln (Mm. pterygoidei) und Kiefergelenk (eröffnet) (rechte Seite). Der äußere Flügelgaumenmuskel (M. pterygoideus lat.) strahlt mit einer Sehne in die Faserknorpelscheibe (Discus) des Kiefergelenkes ein.

Kaumuskeln

1 Schläfenmuskel (M. temporalis)
2 Äußerer Flügelgaumenmuskel (M. pterygoideus lat.)
3 Innerer Flügelgaumenmuskel (M. pterygoideus med.)
4 Kaumuskel (M. masseter)

Mundboden- und Zungenbeinmuskeln

5 Kiefer-Zungenbein-Muskel (M. mylohyoideus)
6 Brustbein-Zungenbein-Muskel (M. sternohyoideus)
7 Schildknorpel-Zungenbein-Muskel (M. thyrohyoideus)
8 Brustbein-Schildknorpel-Muskel (M. sternothyroideus)

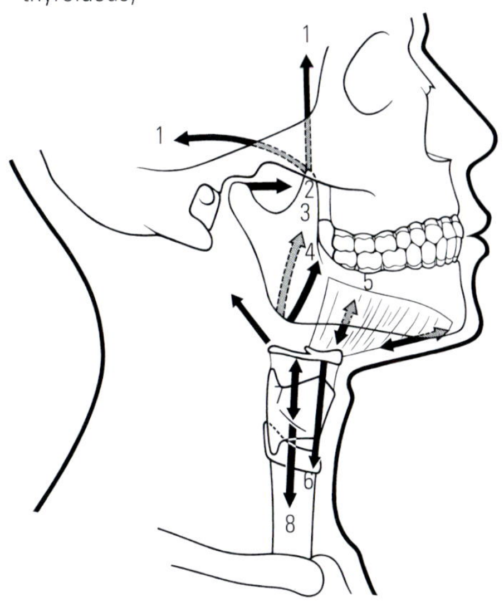

Ansatz und Wirkung der Kaumuskeln sowie der zugehörigen Mundboden- und Halsmuskeln.

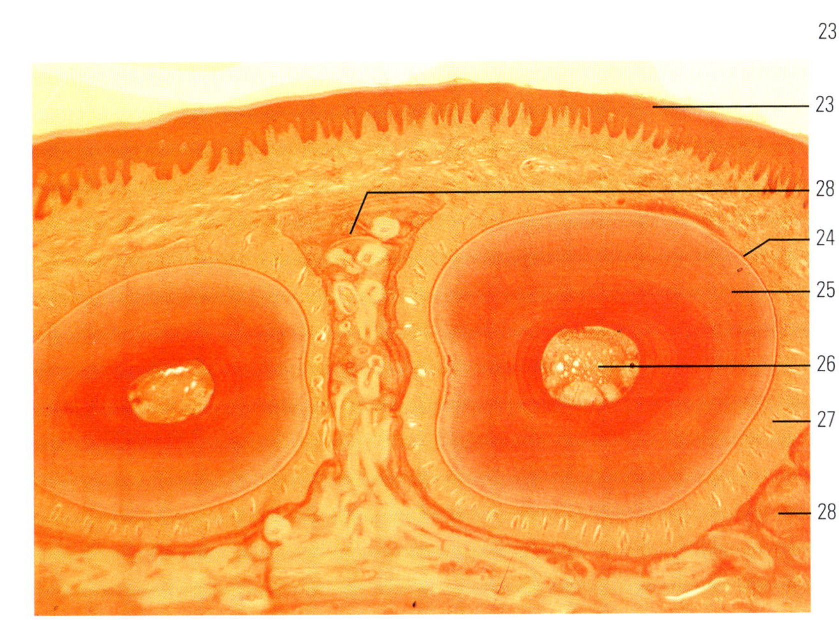

Mikroskopischer Schnitt durch den Unterkiefer (17x). Zwei Zahnwurzeln sind quergeschnitten.

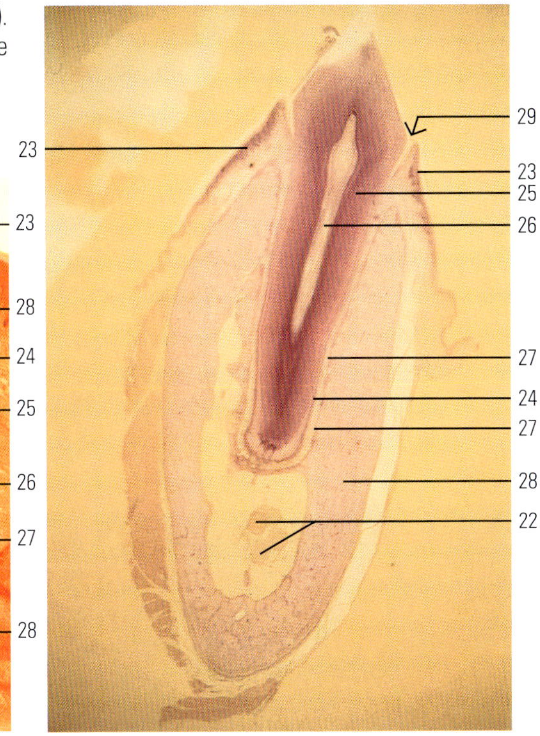

Mikroskopischer Längsschnitt durch einen Schneidezahn (4,5x). Bei der Entkalkung wurde der Schmelz (Substantia adamantina) aufgelöst.

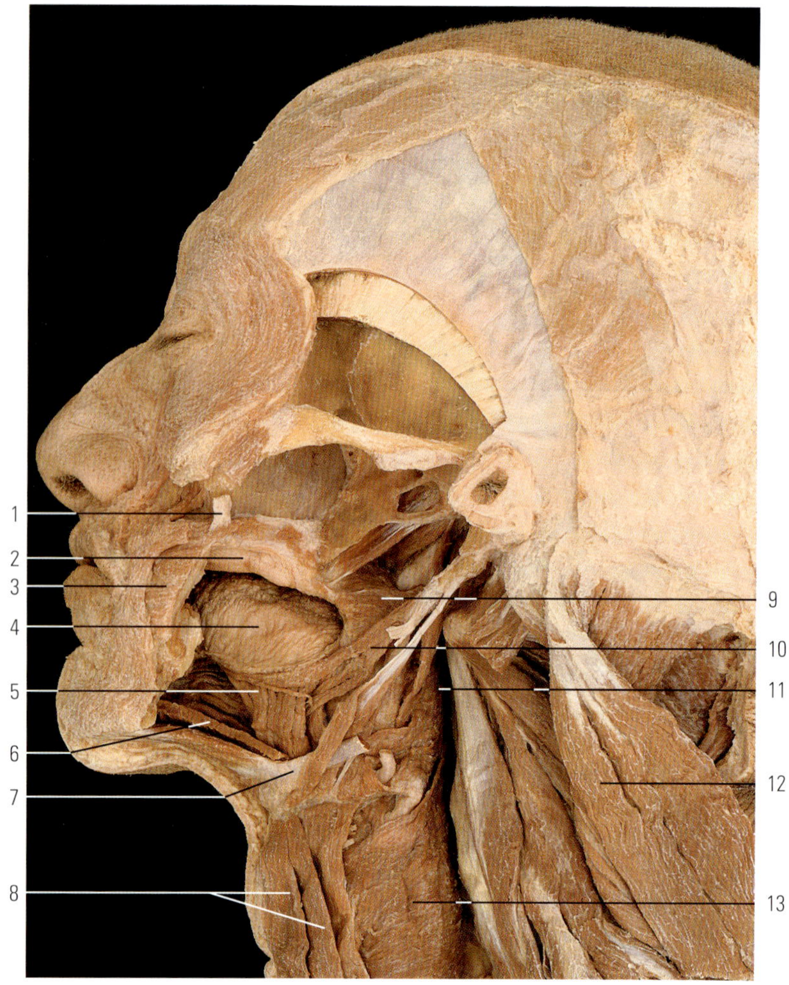

Übergang der Mundhöhle in den Pharynx. Unterkiefer und Wangenmuskulatur (M. buccinator) wurden teilweise entfernt. Der Kopfnicker oder Kopfdreher (12) wurde zur Seite geklappt.

1 Ausführungsgang der Ohrspeicheldrüse
2 Oberkiefer (zahnlos)
3 Wangenmuskel (M. buccinator)
4 Zunge
5 Zungenbein-Zungen-Muskel (M. hyoglossus)
6 Mundbodenmuskel (M. mylohyoideus)
7 Zungenbein (Os hyoideum)
8 Untere Zungenbeinmuskeln
9 Oberer Rachenmuskel (M. constrictor sup.)
10 Griffelfortsatz-Zungen-Muskel (M. styloglossus)
11 Mittlerer Rachenmuskel (M. constrictor medius)
12 Kopfnicker oder -dreher (M. sternocleidomastoideus)
13 Unterer Rachenmuskel (Übergang in die Speiseröhre)
14 **Ohrspeicheldrüse (Gl. parotidea)**
15 Unterzungenpapille (Caruncula sublingualis)
16 Unterzungendrüse (Gl. sublingualis)
17 Unterkieferdrüse (Gl. submandibularis)
18 Kaumuskel (M. masseter)
19 Unterkieferast (Mandibula)
20 Halswirbel
21 Schläfenmuskel (M. temporalis)
22 Große Halsschlagader (A. carotis communis)
23 **N. vagus** (X. Hirnnerv, größter Brust- und Baucheingeweidenerv)
24 Luftröhre (Trachea)
25 Aortenbogen (Arcus aortae)
26 **Speiseröhre (Oesophagus)**
27 Magen, Anfangsteil (Cardia)
28 **Sonnengeflecht (Plexus solaris;** Nervengeflecht**)**
29 Grenzstrang des Sympathikus
30 Zwerchfell (Diaphragma)
31 Leber (Hepar)
32 Bauchspeicheldrüse (Pancreas)
33 Vegetatives Magengeflecht (Nervengeflecht)
34 Zäpfchen (Uvula)

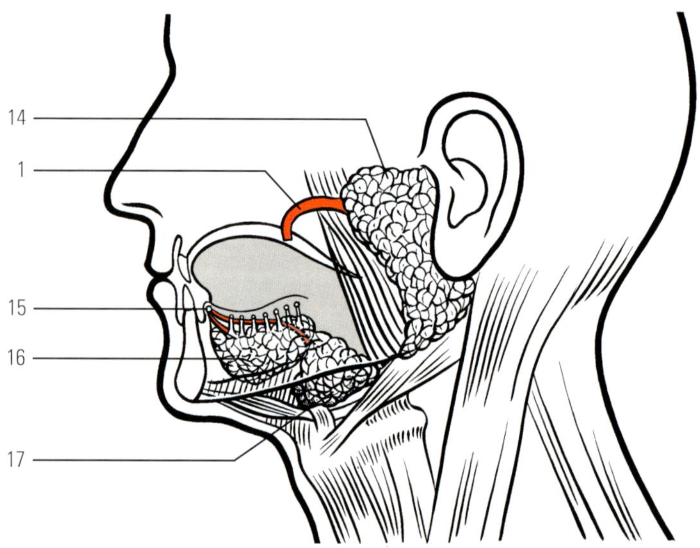

Verteilung der großen Speicheldrüsen. Der Ausführungsgang der Ohrspeicheldrüse endet gegenüber dem zweiten oberen Mahlzahn im Mundhöhlenvorhof. Die großen Ausführungsgänge der Unterzungen- und Unterkieferdrüse enden vorne unterhalb der Zunge auf der Unterzungenpapille, die kleinen Ausführungsgänge auf der Schleimhautfalte.

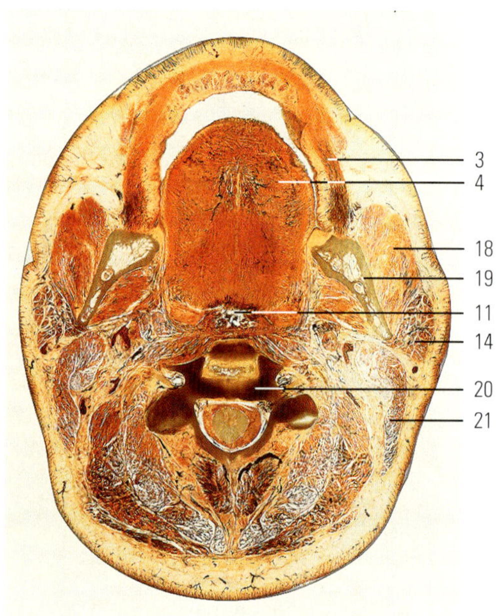

Horizontalschnitt durch Mundhöhle, Rachen und Hals in Höhe des aufsteigenden Unterkieferastes.

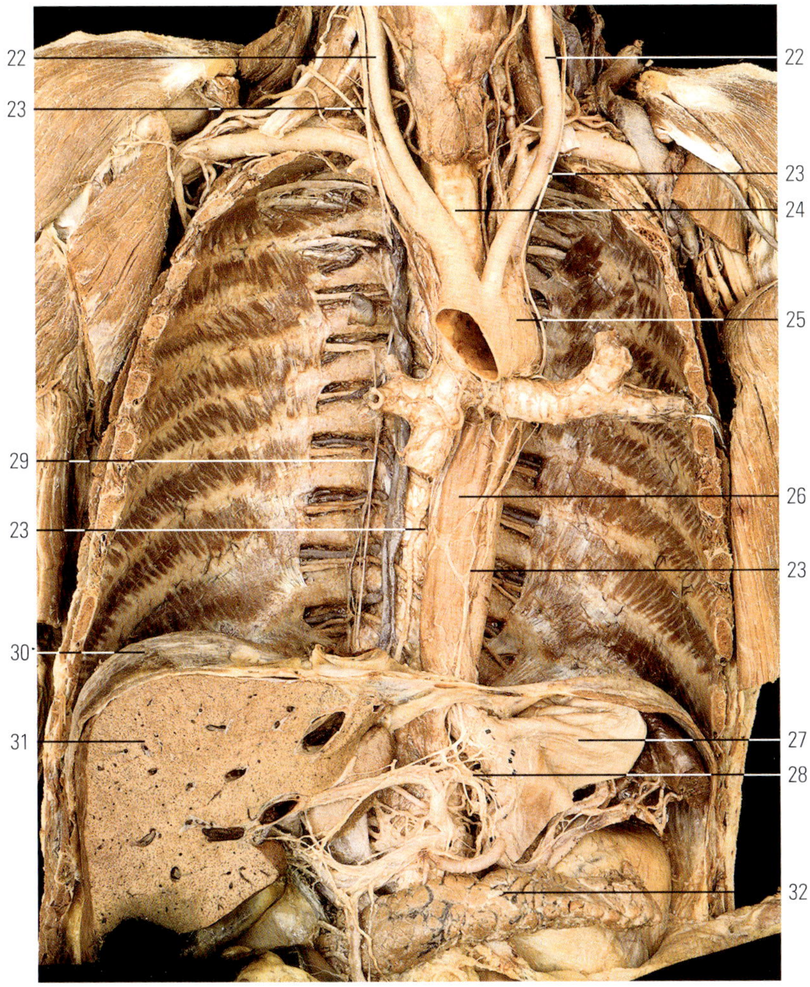

Speiseröhre mit Vagusnerven im Brustbereich. Durchtritt durch Zwerchfell und Übergang in den Magen (weitgehend entfernt) sowie in das Sonnengeflecht wurden dargestellt.

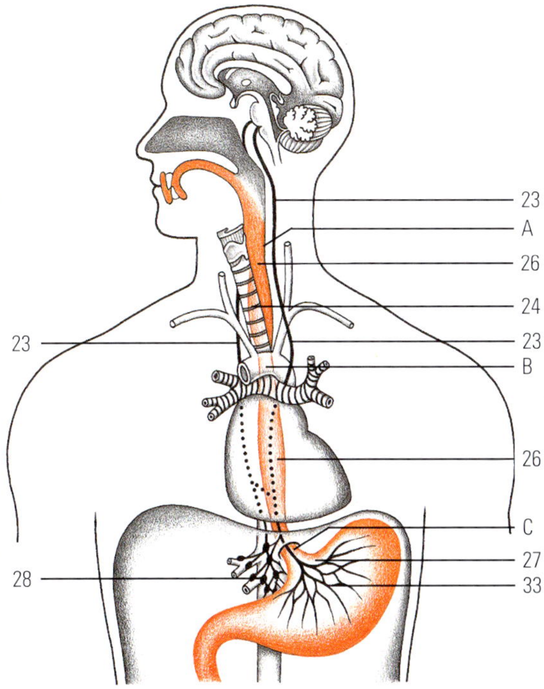

Verlauf der Speiseröhre im Anschluß an den Rachen. Die Vagusnerven (Lungen-Magen-Nerven), die mit der Speiseröhre verlaufen, gehen in Nervengeflechte, vorne in das vegetative Magengeflecht bzw. hinten in das Sonnengeflecht (Plexus solaris), über.

Speiseröhrenengen:

A = Speiseröhrenmund hinter dem Kehlkopf;
B = mittlere Speiseröhrenenge in Höhe des Aortenbogens;
C = dritte Enge beim Zwerchfelldurchtritt.

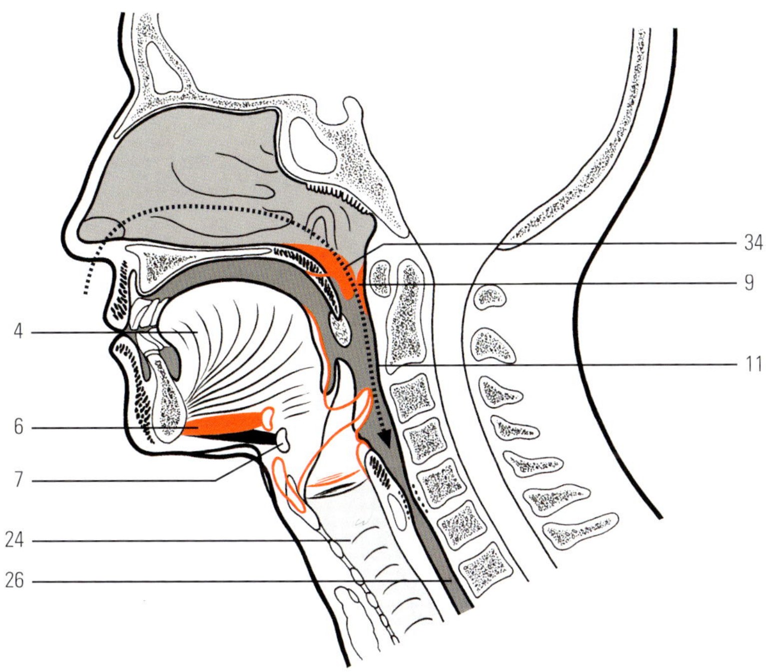

Lageveränderungen von Zunge, Gaumen und Kehlkopf beim Schluckakt.

Der **Schluckakt** erfolgt in drei Phasen:

1. Heben des Gaumensegels und Abschluß der Mundhöhle gegenüber der Nasenhöhle.
2. Schluckreflex mit Hoch- und Vorziehen des Kehlkopfes (verhindert den gefährlichen Übertritt von Nahrungsbrocken in die Atemwege).
3. Öffnung des Speiseröhrenmundes (Pfeil) und Schlucken des Bissens (Bolus).

In Notfällen oder nach Operationen kann eine **künstliche Ernährung** auch durch eine Nasensonde (punktierte Linie) erfolgen.

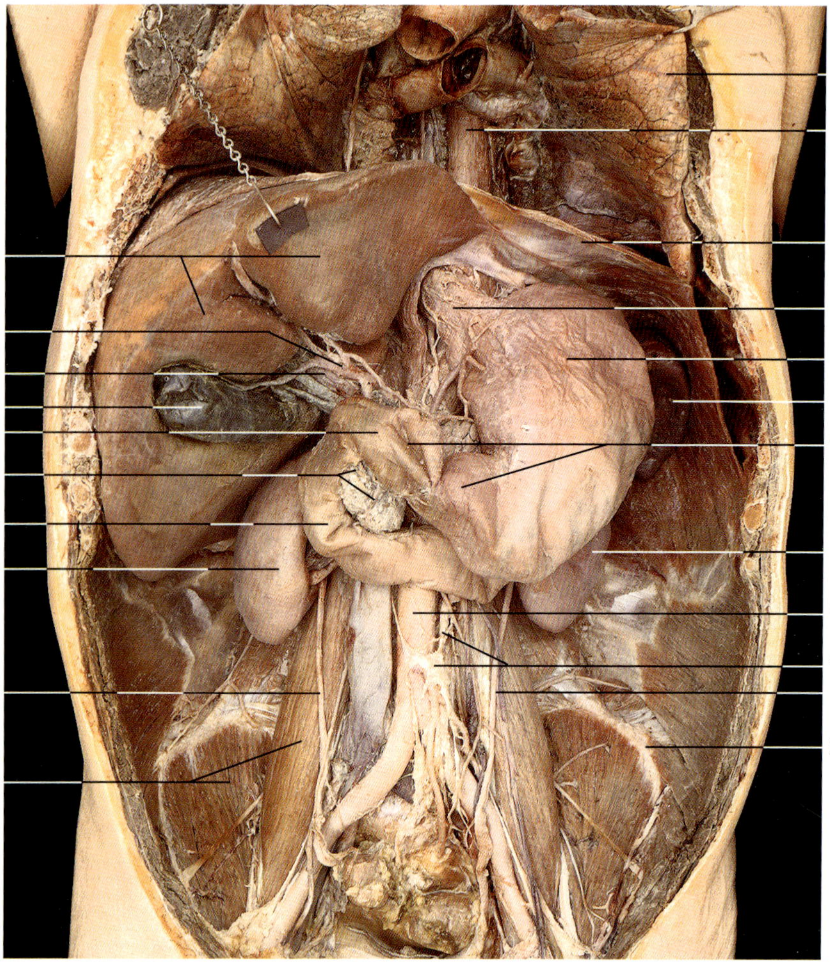

Oberbauchorgane (von vorne). Der Magen liegt hauptsächlich links, die Leber rechts von der Mittellinie unterhalb des Zwerchfells. Der Zwölffingerdarm (Duodenum) umgibt mit einer U-förmigen Schlinge die Bauchspeicheldrüse und überlagert rechts etwas die Niere. Hinten oben lagert sich die Milz dem Magenfundus an. Die übrigen Abschnitte vom Dünndarm und der gesamte Dickdarm wurden entfernt.

1 Leber (Hepar)
2 Leberarterie (A. hepatica propria)
3 Pfortader (V. portae)
4 Gallenblase (Vesica biliaris oder fellea)
5 Magenpförtner (Pylorus)
6 Bauchspeicheldrüse (Pancreas)
7 Zwölffingerdarm (Duodenum)
8 Niere (Ren)
9 Harnleiter (Ureter)
10 Hüft-Lenden-Muskel (M. iliopsoas)
11 Lunge (Pulmo)
12 Speiseröhre (Oesophagus)
13 Zwerchfell (Diaphragma)
14 Übergang von der Speiseröhre in die Kardia (Mageneingang) mit Vagusnervengeflecht
15 Magengewölbe (Fundus)
16 Milz (Lien oder Splen)
17 Magenpförtner (Pylorus) und Antrum (Abschnitt vor dem Magenpförtner)
18 Bauchschlagader (Bauchaorta)
19 Grenzstrang des Sympathikus (vor der Wirbelsäule gelagerter Nervenstrang des autonomen Nervensystems) und oberes autonomes Beckengeflecht (Plexus hypogastricus sup.)
20 Beckenkamm
21 Magendrüsen der Magenschleimhaut
22 Magenblase (Luft)
23 Magenkörper (mit Kontrastmittel gefüllt)
24 Zwölffingerdarmpapille (Mündung des Hauptausführungsganges der Bauchspeicheldrüse zusammen mit dem Gallengang [Ductus choledochus])
25 Milz (Lien oder Splen)
26 Muskelschicht der Magenschleimhaut (Lamina muscularis mucosae)

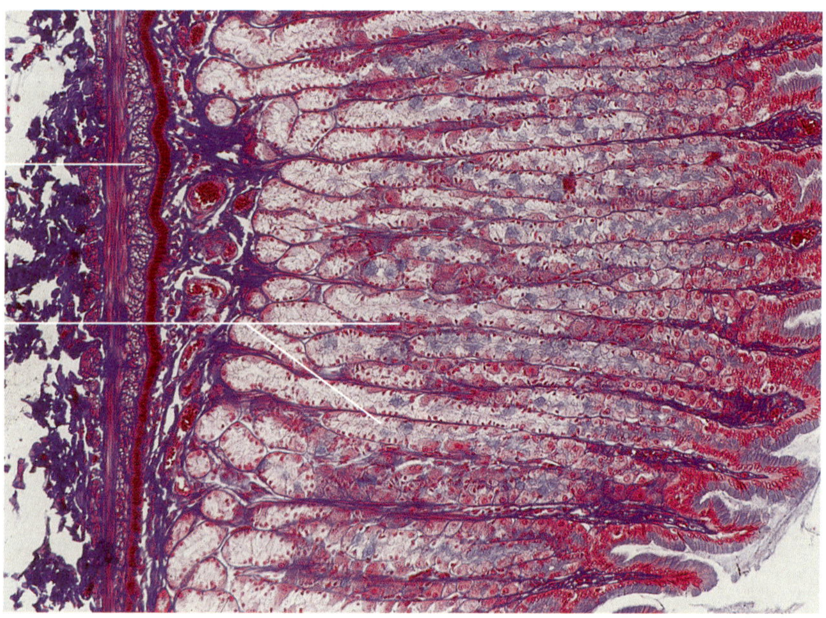

Mikroskopische Aufnahme der Magenschleimhaut im Fundusbereich (30x). Die Schleimhaut enthält, dicht gedrängt, zahlreiche schlauchförmige Drüsen, die den Magensaft (Schleim, eiweißspaltende Enzyme und Salzsäure) absondern. Rot = Salzsäure-produzierende Zellen, blau = Pepsin-bildende Zellen (Pepsin = eiweißspaltendes Enzym).

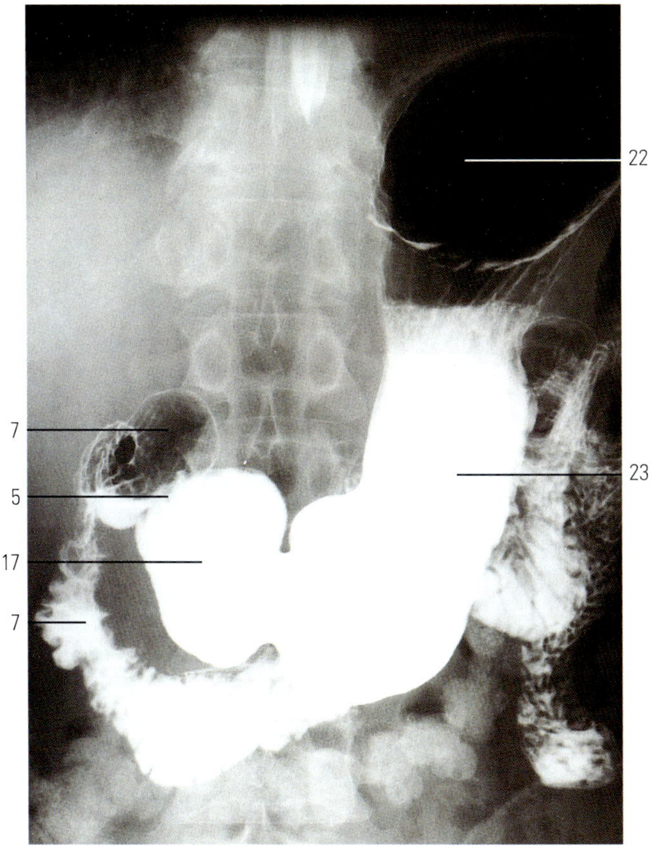

Röntgenaufnahme vom Magen (nach Kontrastmittelfüllung). Der Kontrastbrei ist teilweise schon in den Zwölffingerdarm und den anschließenden Dünndarmabschnitt weiterbefördert worden.

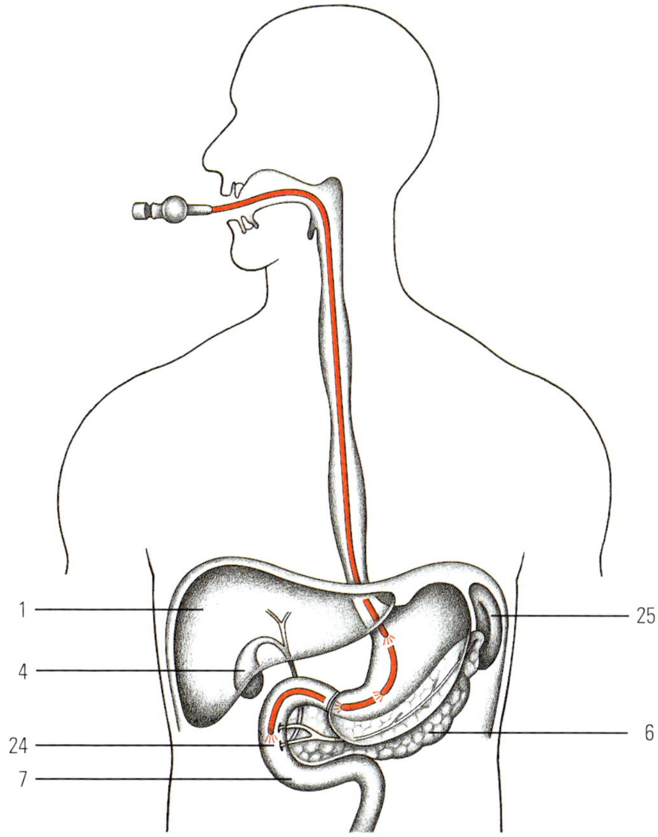

Endoskopie (»Spiegeln«) von Magen und Duodenum (Gastroskopie bzw. Duodenoskopie). Die Sonde kann durch die Speiseröhre in den Magen und weiter bis in den Zwölffingerdarm zur Papille (24), wo der Hauptausführungsgang der Bauchspeicheldrüse und der große Gallengang münden, vorgeschoben werden.

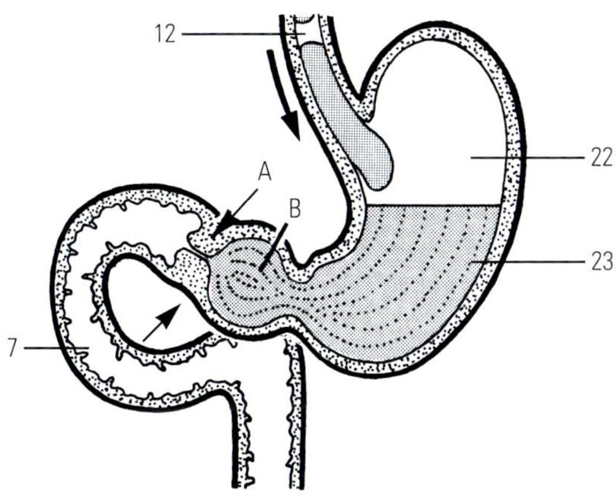

Magen im Zustand der Nahrungsaufnahme. Der Magenpförtner (A) ist geschlossen. Der Speisebrei schichtet sich von innen nach außen (punktierte Linien) im Magenkörper und Antrum (B) an, wobei sich der Magen nach und nach weiter ausdehnt.

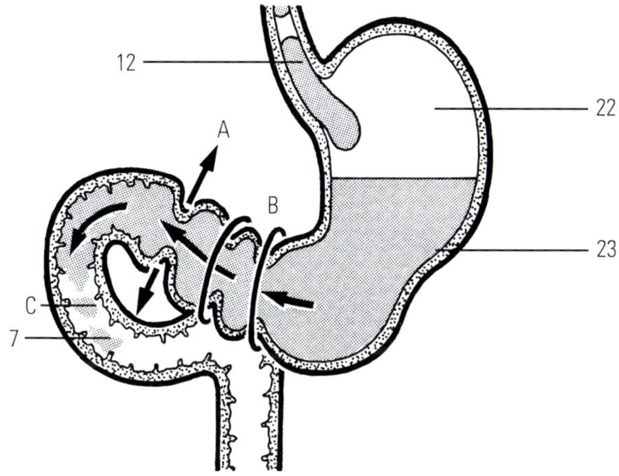

Magen bei der Entleerung. Der Magenpförtner (A) wird geöffnet. Die Muskulatur des Antrums (Abschnitt vor dem Magenpförtner) befördert durch peristaltische Wellen (wurmförmige, fortschreitende Bewegungen) den Mageninhalt in den Zwölffingerdarm (C).

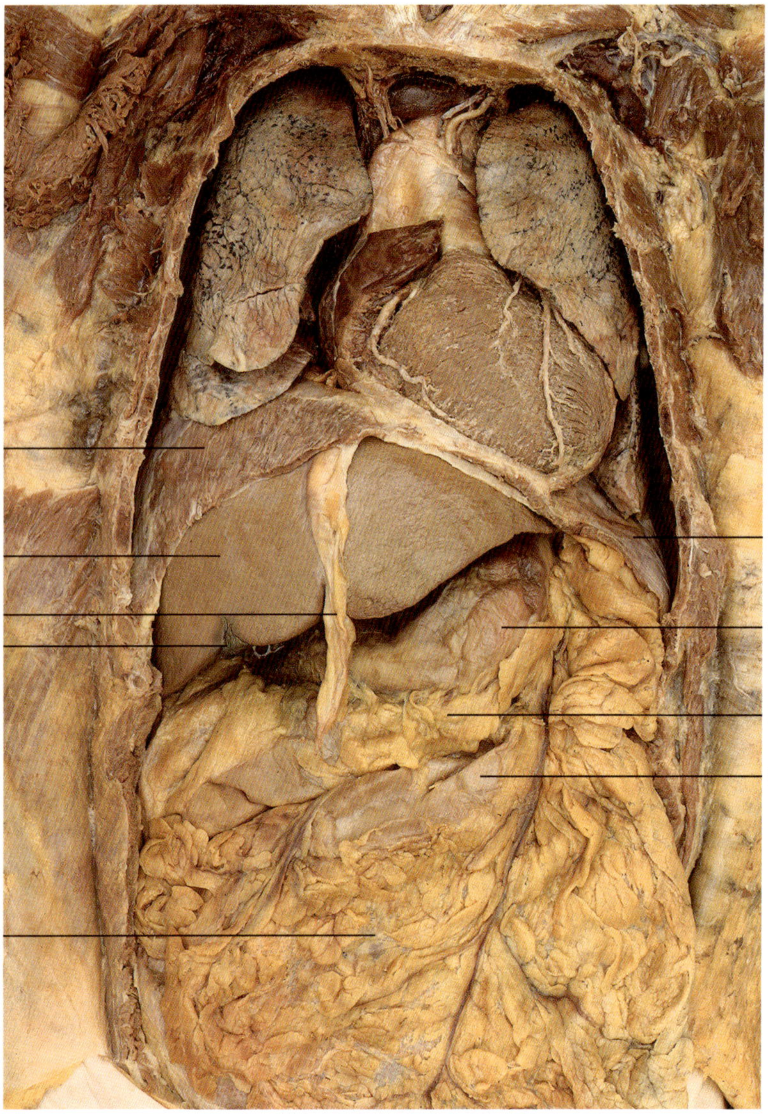

Leber (von vorne). Bauchwand entfernt, Zwerchfell durchtrennt. Die Leber füllt einen großen Teil der Oberbauchregion aus.

1 Zwerchfell (Diaphragma)
2 **Leber** (Hepar)
3 Leberband (Lig.falciforme und Lig. teres hepatis)
4 **Gallenblase** (Vesica biliaris oder fellea)
5 Großes Netz (Omentum majus)
6 Magen (Ventriculus)
7 Magen-Dickdarm-Band (Lig. gastrocolicum)
8 Querer Dickdarm (Querkolon/Colon transversum)
9 Leberläppchen (nur Gallenkapillaren dargestellt)
10 Leberläppchen (nur Blutgefäße, Sinusoide, sind dargestellt)
11 Zentralvene des Leberläppchens **(V. centralis)**
12 Pfortaderast (V. interlobularis)
13 Arterienast (A. interlobularis)
14 Gallengang (Ductus biliferus)
15 **Pfortader (V. portae)**
16 **Leberarterie** (A. hepatica propria)
17 **Großer Gallengang (Ductus choledochus)**
18 Arterieller Gefäßstamm (Truncus coeliacus)
19 Milzarterie (A. lienalis oder A. splenica)
20 **Bauchspeicheldrüse (Pancreas)**
21 **Dünndarmvenen** (Äste der V. mesenterica sup.) – **Abfluß zur Pfortader**
22 Dünndarmschlingen
23 Schwanzförmiger Lappen (Lobus caudatus) der Leber
24 Linker Leberlappen (Lobus sin.)
25 Quadratischer Lappen (Lobus quadratus) der Leber
26 Untere Hohlvene (V. cava inf.)
27 Rechter Leberlappen (Lobus dext.)
28 **Lebervenen** (Vv. hepaticae) – Abfluß zur Hohlvene
29 Lebergallengang (Ductus hepaticus comm.) – Abfluß zum großen Gallengang und weiter in den Zwölffingerdarm
30 Aorta
31 Milz (Splen)
32 Abführende Lebervene (V. sublobularis)
33 Lunge (Pulmo)
34 Herz (Cor)

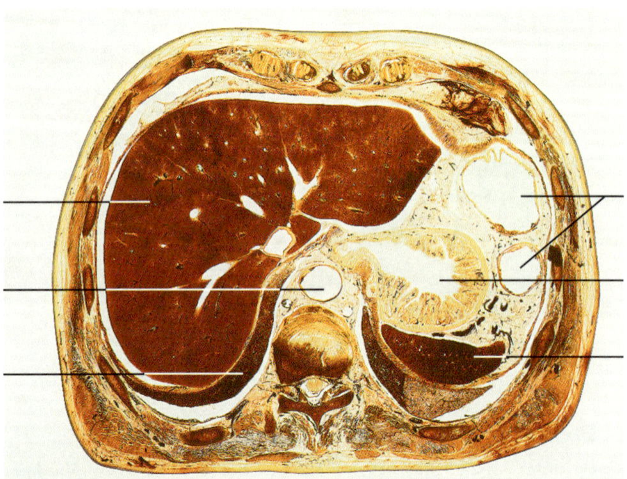

Horizontalschnitt durch den Oberbauch in Höhe des 12. Brustwirbels (von unten).

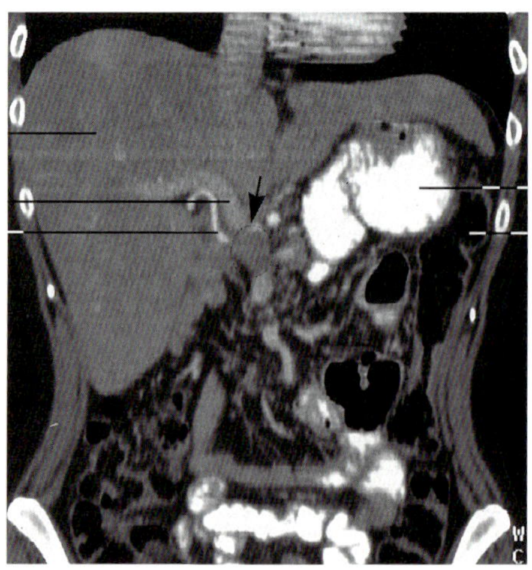

Frontalschnitt durch die Oberbauchorgane mit Leber und Magen (MR-Aufnahme). Im Bereich der Leberpforte liegt ein kleiner Tumor (Pfeil).

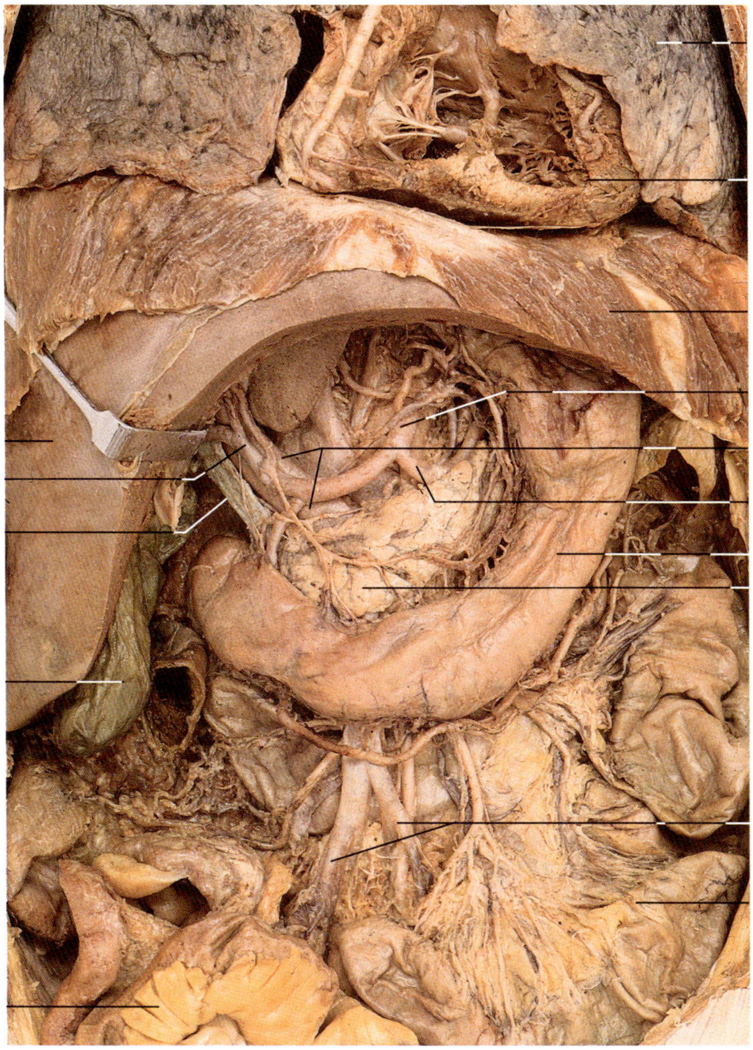

Lage der Leberarterien und Pfortader im Bereich der hinteren Bauchwand. Der vordere Teil der Leber wurde entfernt. Die Pfortader sammelt das Blut aus dem Magen-Darm-Kanal und führt es der Leber zu.

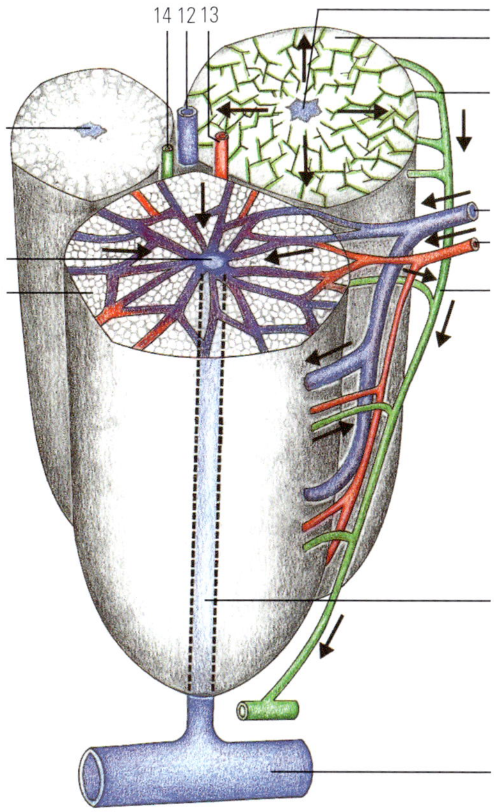

Mikroskopische Struktur der Leberläppchen. Die von den Leberzellen gebildete Galle fließt von zentral nach peripher (Pfeile) zu den Gallengängen hin ab (rechts oben dargestellt). Das Pfortaderblut strömt dagegen von peripher nach zentral durch die Leberläppchen (im vorderen Läppchen dargestellt; s. Pfeile).

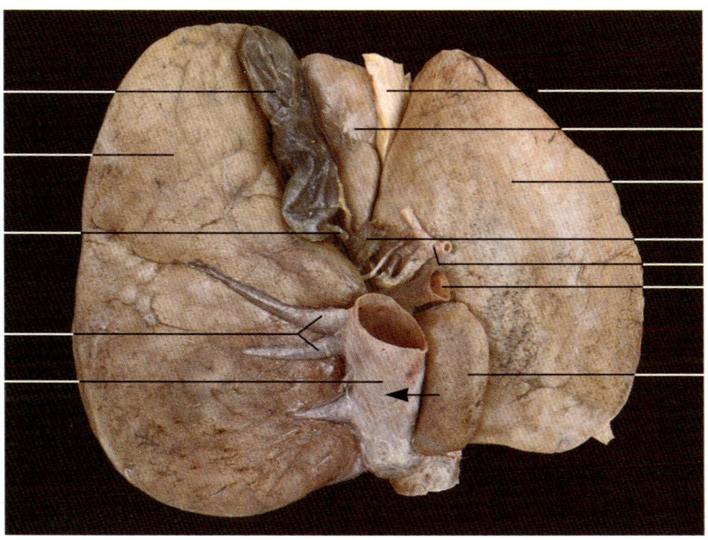

Leber (von unten). Aufsicht auf die Leberpforte. Pfeil = untere Hohlvene (V. cava inf.)

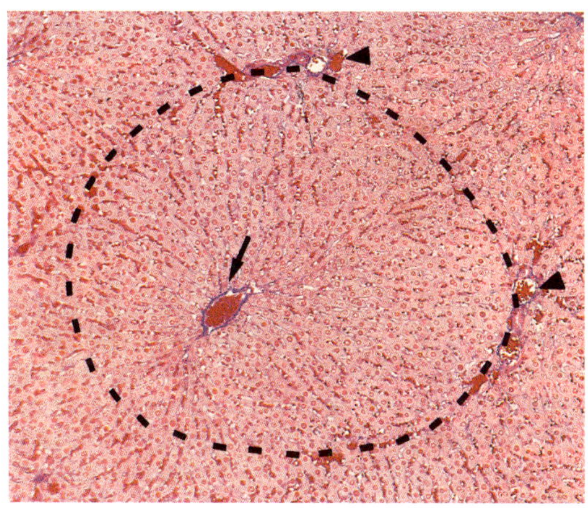

Mikroskopischer Schnitt durch die Leber (80x). Gestrichelte Linie: Grenze des Leberläppchens; Pfeil: Zentralvene; Dreiecke: jeweils Pfortaderast, Gallengang und Arterie (Trias hepatis).

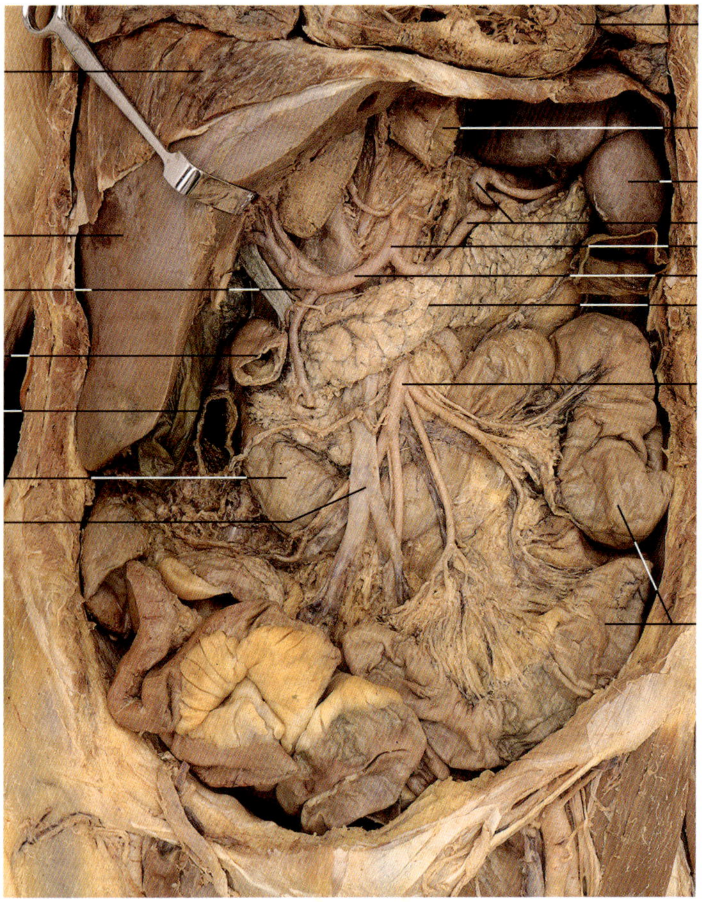

Darstellung der Darmgefäße (Pfortadersystem), der **Bauchspeicheldrüse (Pancreas),** der **Leber** und der **Milz** in ihrer natürlichen Lage. Die linke Hälfte der Leber wurde entfernt, um die **Pfortader (V. portae),** die Leberarterie (A. hepatica) und den großen Gallengang (Ductus choledochus) an der Leberpforte zu zeigen.

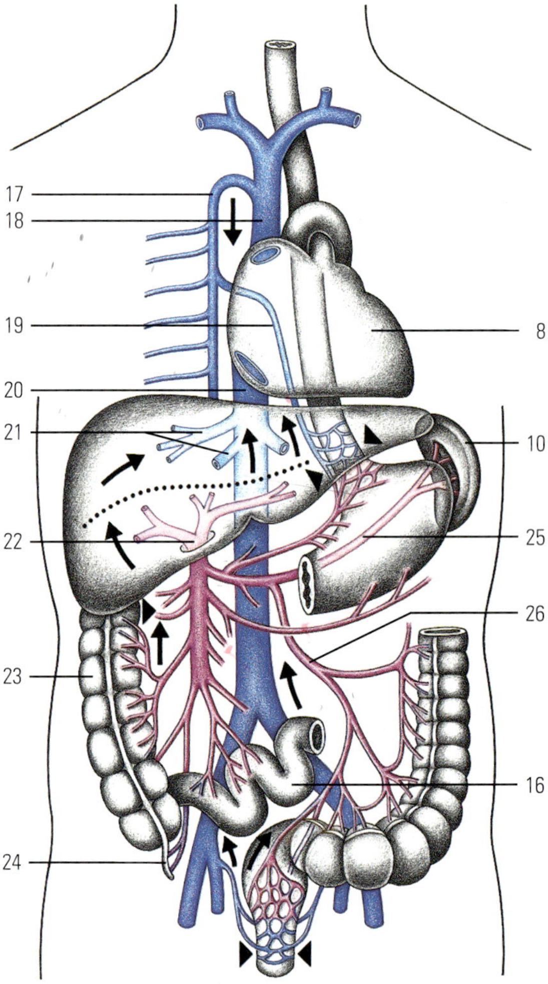

Pfortadersystem (violett) **im Verhältnis zum Hohlvenensystem** (Kavasystem; blau). Pfeile = Stromrichtungen des Blutes. Pfeilköpfe: Verbindungen zwischen Pfortader- und Hohlvenensystem (portokavale Anastomosen).

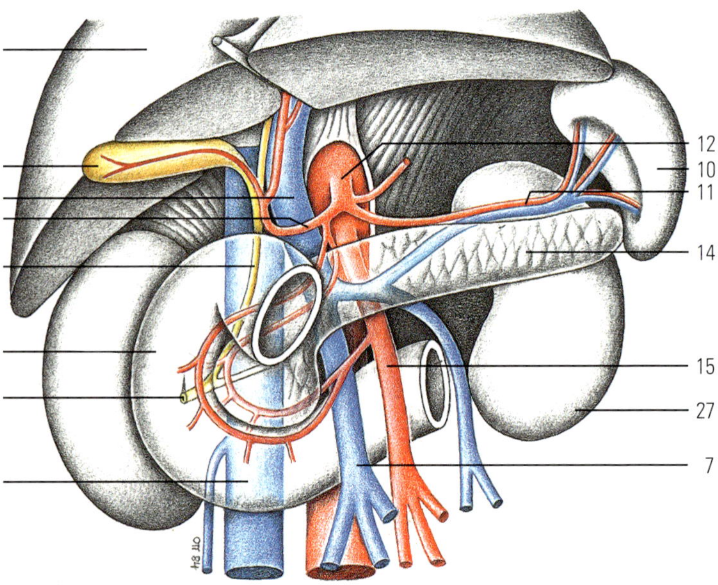

Lageverhältnisse der Oberbauchorgane, der Pfortadergefäße und der Gallenwege (schematisch). Der Magen wurde entfernt.

Die **Pfortader (V. portae)** sammelt das Blut aus dem Dünn- und Dickdarm, der Milz, dem Magen und der Bauchspeicheldrüse und führt es über die Leberpforte (Porta hepatis) zur Leber. Die Lebervenen liegen am oberen Leberpol und münden in der unteren Hohlvene (V. cava inf.). Im Bereich der unteren Speiseröhre, des Afterkanals und der Bauchwand bestehen Verbindungen (Pfeilköpfe) mit den Venen des Körperkreislaufes (Hohlvenensystem: V. cava sup. und inf.). Bei Stauungen im Pfortadersystem (z.B. Leberzirrhose bei Alkoholikern) kommt es zu Speiseröhrenkrampfadern (Ösophagusvarizen), Hämorrhoiden oder Venenstauungen an der Bauchwand (Caput Medusae).

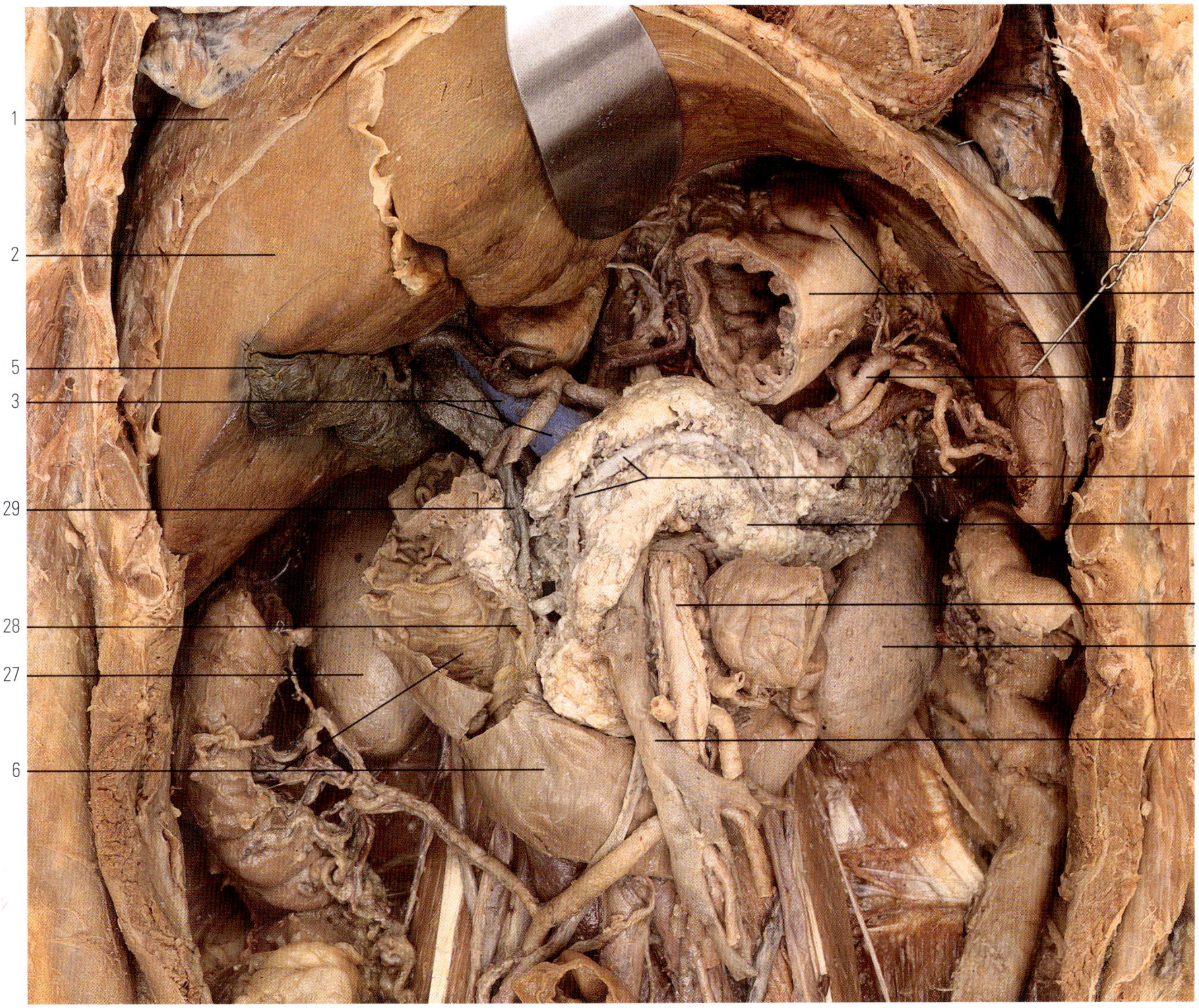

Bauchspeicheldrüse, Leber und Nieren in der Oberbauchregion. Der Hauptausführungsgang des Pankreas wurde dargestellt, und der Zwölffingerdarm gefenstert, um die Zwölffingerdarmpapille (gemeinsame Mündung des großen Bauchspeicheldrüsenganges und des großen Gallenganges [Ductus choledochus]) zu zeigen. Magen und Dünndarm sowie das Querkolon wurden entfernt.

1 Zwerchfell (Diaphragma)
2 Leber (Hepar)
3 **Pfortader (V. portae)**
4 Magenpförtner (Pylorus)
5 Gallenblase (Vesica fellea oder biliaris)
6 **Zwölffingerdarm (Duodenum)**
7 Obere Darmvene (V. mesenterica sup.) – Fortsetzung in die Pfortader
8 Herz (Cor)
9 Speiseröhrenende, Übergang in Magen
10 **Milz (Lien)**
11 Milzarterie (A. lienalis oder splenica)
12 Gefäßstamm für die Oberbauchorgane (Truncus coeliacus)
13 Allgemeine Leberarterie (A. hepatica communis)
14 **Bauchspeicheldrüse (Pancreas)**
15 Obere Darmarterie (A. mesenterica sup.)
16 Dünndarm
17 Unpaare rechte Längsvene (Azygosvene, V. azygos)
18 **Obere Hohlvene (V. cava sup.)**
19 Halbunpaare linke Längsvene (V. hemiazygos)
20 Untere Hohlvene (V. cava inf.)
21 Lebervenen (Vv. hepaticae)
22 **Pfortader (V. portae)** in Verlängerung der oberen Dünndarmvene (V. mesenterica sup.)
23 Aufsteigender Dickdarm (Colon ascendens)
24 Wurmfortsatz (Appendix vermiformis)
25 **Milzvene (V. lienalis** oder **splenica)**
26 Untere Dünndarmvene (V. mesenterica inf.)
27 Niere (Ren)
28 Pankreasgang (Ductus pancreaticus) mündet auf der Zwölffingerdarmpapille zusammen mit 29
29 **Großer Gallengang (Ductus choledochus)**

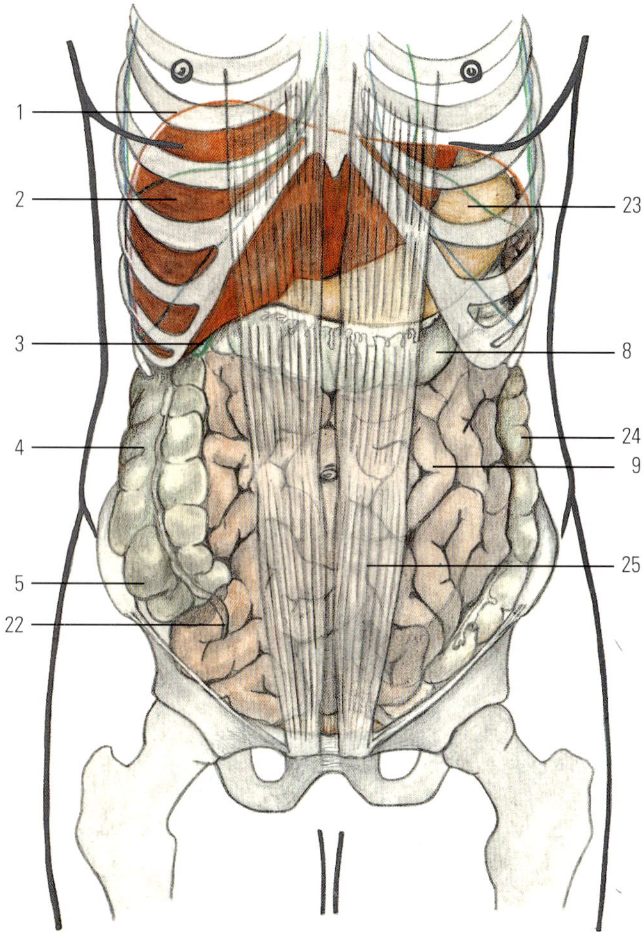

Lageverhältnisse von Dünn- und Dickdarm (schematisch). Der Dickdarm umgibt das Dünndarmknäuel (Dünndarmkonvolut) wie eine Girlande. Der gerade Bauchmuskel (M. rectus abdominis) (25) ist durchsichtig gezeichnet.

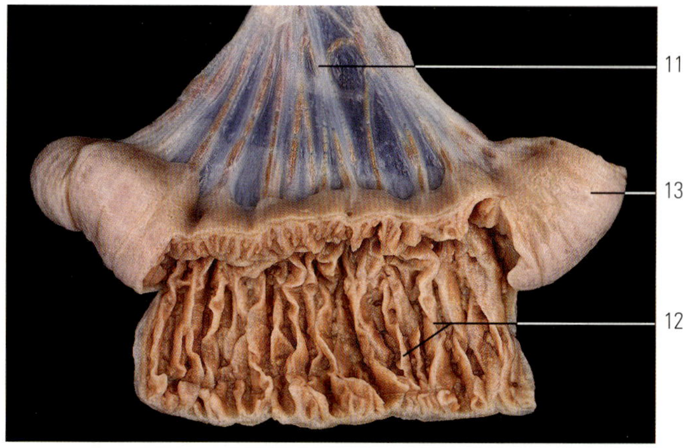

Oberflächenrelief der Zwölffingerdarmschleimhaut.

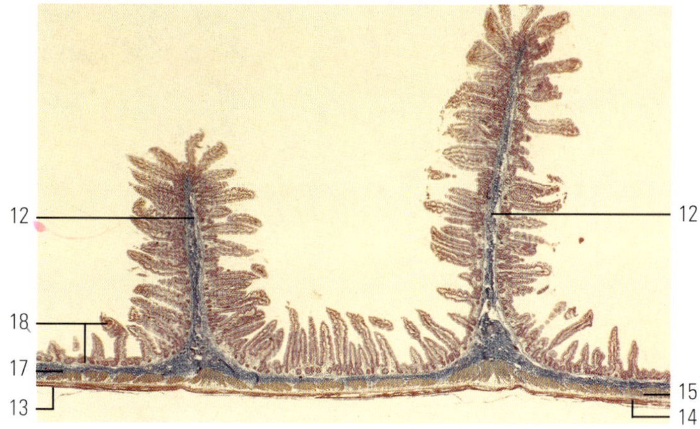

Mikroskopischer Schnitt durch den Dünndarm (12x). Zwei Kerckring-Falten sind angeschnitten.

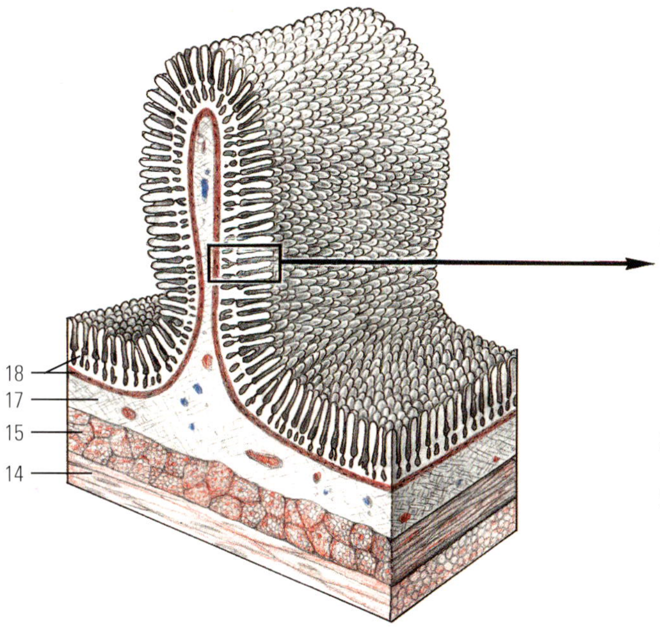

Schleimhautfalte des Zwölffingerdarms (Kerckring-Falte) mit zahlreichen fingerförmigen Zotten (Schema). Die Ausschnittvergrößerung (rechts) zeigt **Dünndarmzotten** mit Blut- und Lymphgefäßen.

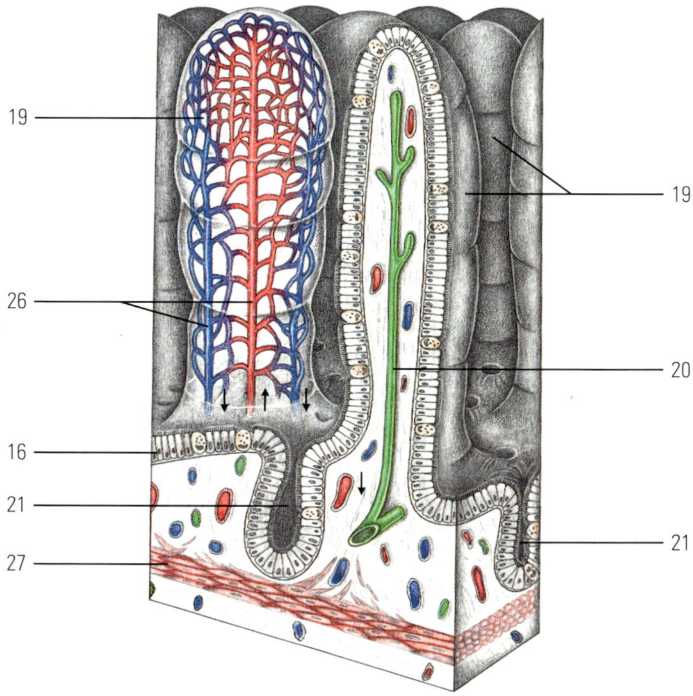

Die resorbierten Fette gelangen über das zentrale Chylusgefäß (grün) in die Lymphbahnen (Lymphknoten usw.), die übrigen Nahrungsstoffe über die Venen (blau) in die Pfortader und damit in die Leber. Pfeile = Strömungsrichtungen.

Dünndarmknäuel innerhalb der Bauchhöhle. Das große Netz (Omentum majus) wurde nach oben geklappt.

1 Zwerchfell (Diaphragma)
2 Leber (Hepar)
3 Gallenblase (Vesica fellea oder biliaris)
4 **Aufsteigender Dickdarm** (Colon ascendens)
5 **Blinddarm** (Caecum)
6 Unterer Dünndarm (Ileum)
7 **Großes Netz** (Omentum majus) – hängt am Querkolon (hochgeklappt)
8 **Querkolon** (querer Dickdarm, Colon transversum) mit freiem Dickdarmband (Taenia libera)
9 Oberer Dünndarm (Jejunum)
10 **S-förmiger Dickdarm** (Colon sigmoideum)
11 Gekröse (Mesenterium mit Gefäßen und Nerven)
12 **Kerckring-Falten** (Plicae circulares)
13 Bauchfell (Peritoneum)
14 Längsmuskelschicht (außen)
15 Ringmuskelschicht (innen)
16 Darmzellen (einschichtiges Epithel mit Schleim- oder Becherzellen)
17 Submukosa (unter der Schleimhaut liegende Schicht) mit innerem Nervengeflecht (Meissner-Plexus) und Gefäßen
18 Schleimhaut (Mukosa) mit Zotten, Krypten (verborgene Gruben) und eigener Muskelschicht (Muscularis mucosae)
19 Zotten (Villi intestinales)
20 **Zentrales Chylusgefäß** (Lymphweg)
21 Krypte oder Lieberkühn-Drüse (Darmsaftdrüse)
22 Wurmfortsatz (Appendix vermiformis)
23 Magen (Ventriculus)
24 **Absteigender Dickdarm** (Colon descendens)
25 Gerader Bauchmuskel (M. rectus abdominis)
26 Blutgefäße der Darmzotte: Venen (blau) fließen zur Pfortader; Arterien (rot)
27 Muskelschicht der Schleimhaut (Lamina muscularis mucosae)

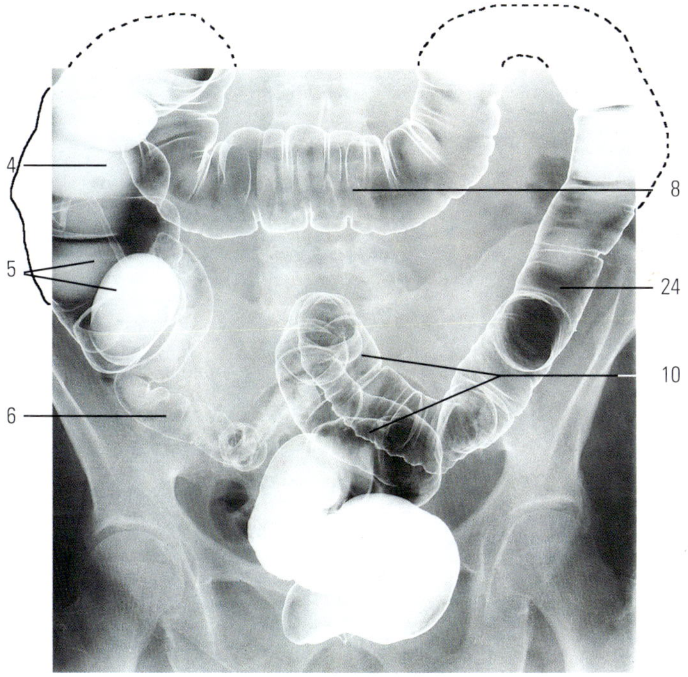

Dickdarmgirlande (Röntgenaufnahme nach Kontrastmitteleinlauf).

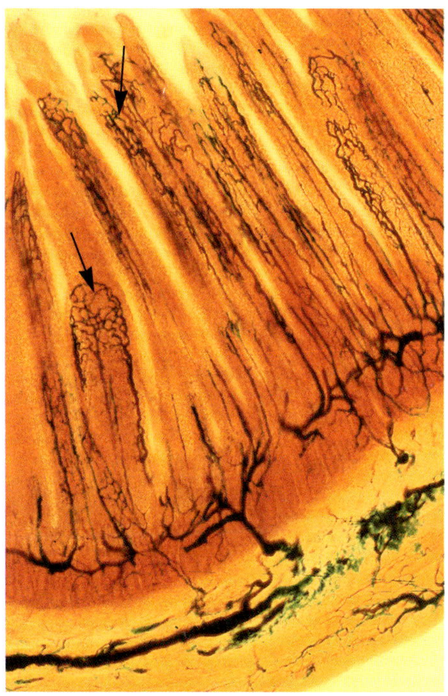

Dünndarmzotten (30x). Das dichte Blutgefäßnetz (Kapillarnetz) der Zotten (Pfeile) ist nach Einspritzen von Farbstoff erkennbar.

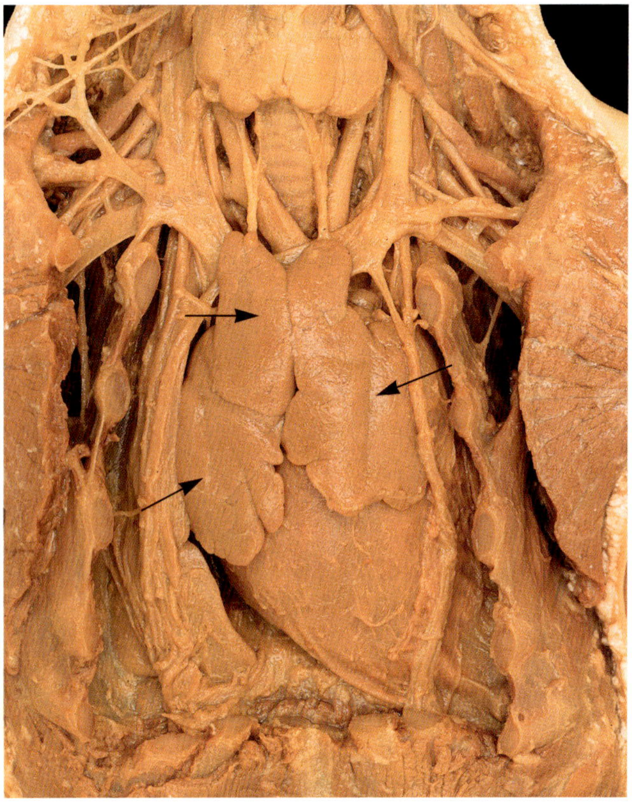

Brustorgane eines Neugeborenen (von vorne). Man erkennt die Thymusdrüse (innere Brustdrüse, beim Tier Bries; Pfeile) auf dem Herzen liegend.

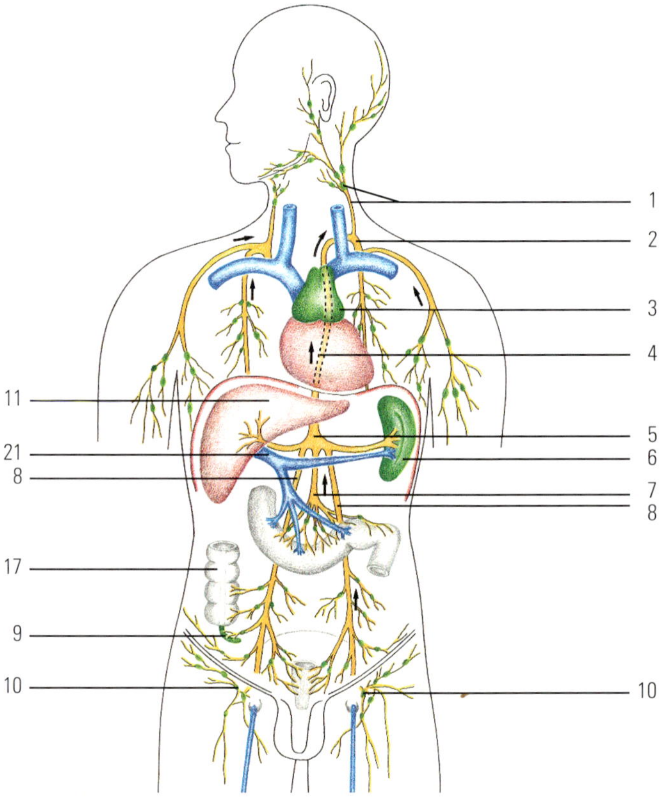

Lymphgefäßsystem und **lymphatische Organe** (schematisch). In die Lymphbahnen sind überall Lymphknoten eingeschaltet.

Das **Immunsystem** dient der Abwehr körperfremder Substanzen. Vom Darm oder anderen Stellen (Haut) gelangen solche »Antigene« zuerst in die »regionären« Lymphknoten, wo sie durch Antikörper unschädlich gemacht werden. Dringen sie bis ins Blut vor, werden sie in der Milz abgewehrt. Tumorzellen breiten sich bevorzugt auf dem Lymphweg im Körper aus.

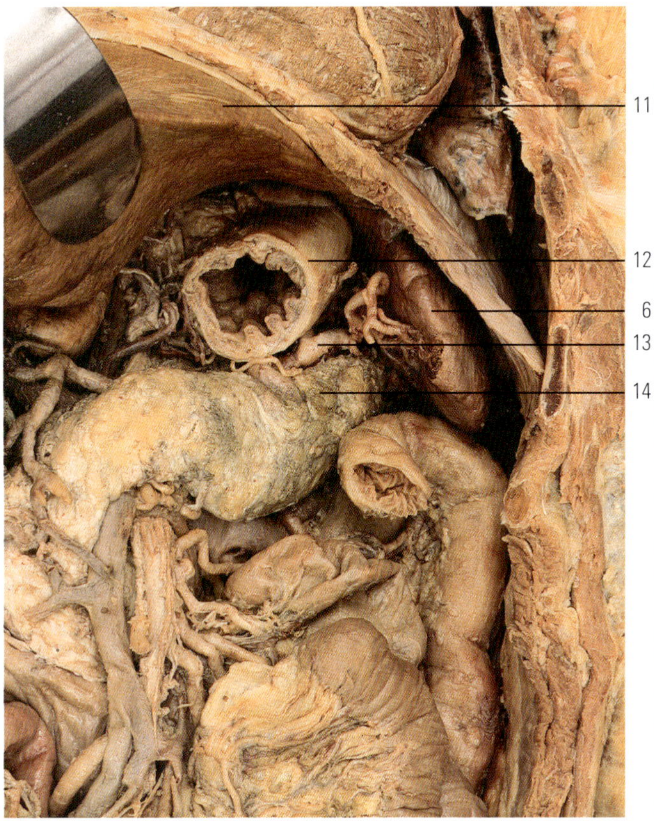

Lage der Milz links zwischen Magen und Zwerchfell (Milznische). Unten liegt die linke Dickdarmbiegung (Kolonflexur).

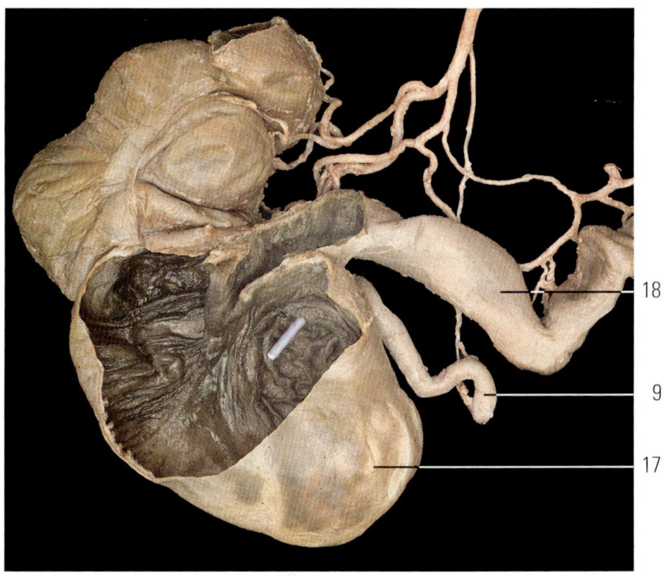

Blinddarm (Caecum) mit Wurmfortsatz (Appendix). Einmündung des unteren Dünndarmabschnitts (Ileum) in den Blinddarm (Caecum) (eröffnet).

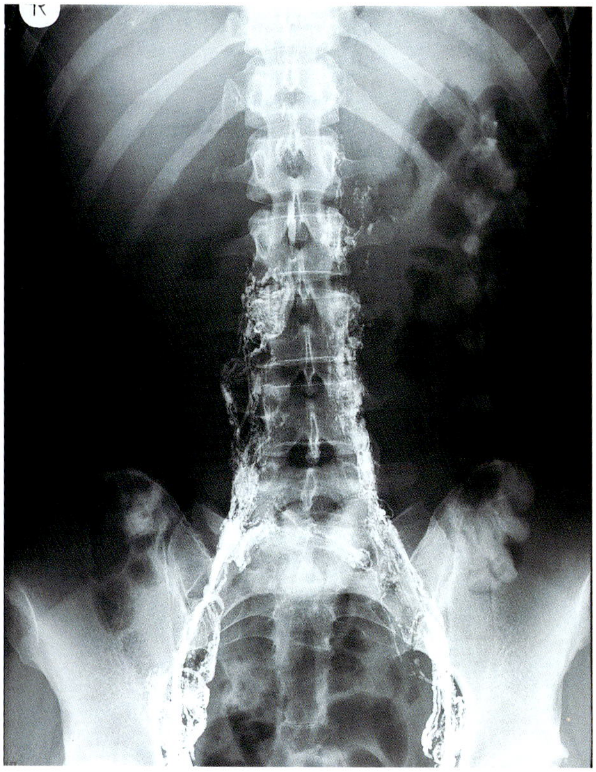

Röntgenologische Darstellung der Lymphgefäße von Becken und Bein (sog. Lymphangiogramm, 30jährige Frau).

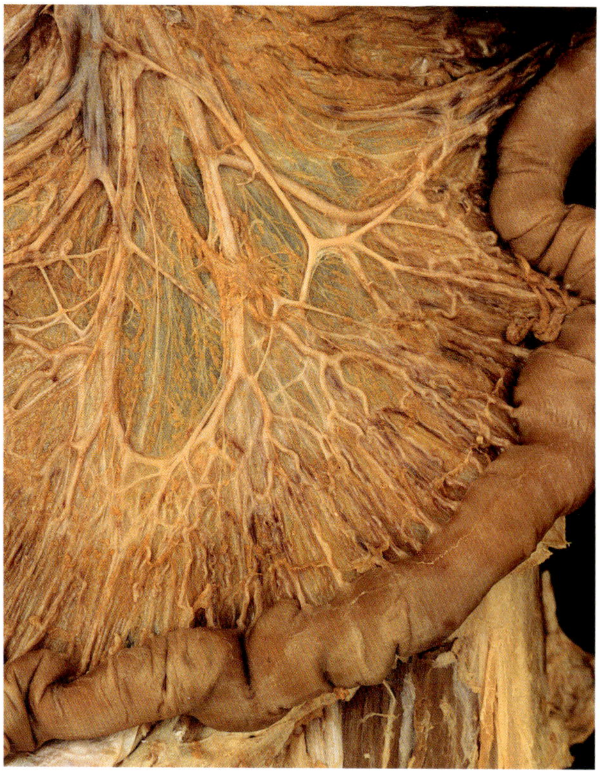

Dünndarmschlinge mit den versorgenden Lymph- und Blutgefäßen des Gekröses (Mesenteriums).

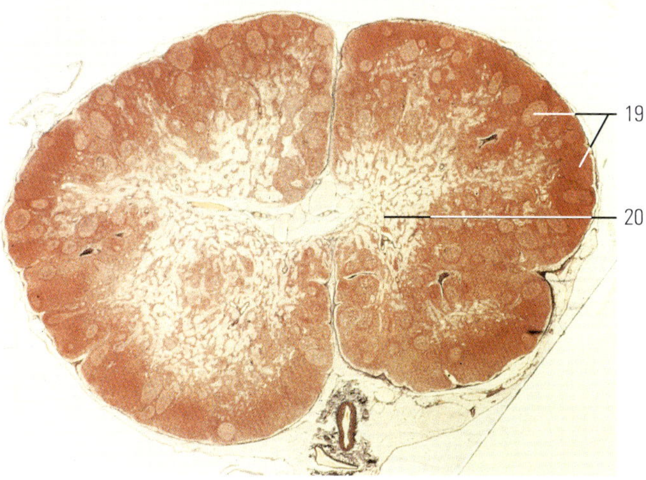

Mikroskopischer Schnitt durch einen Lymphknoten (6x).

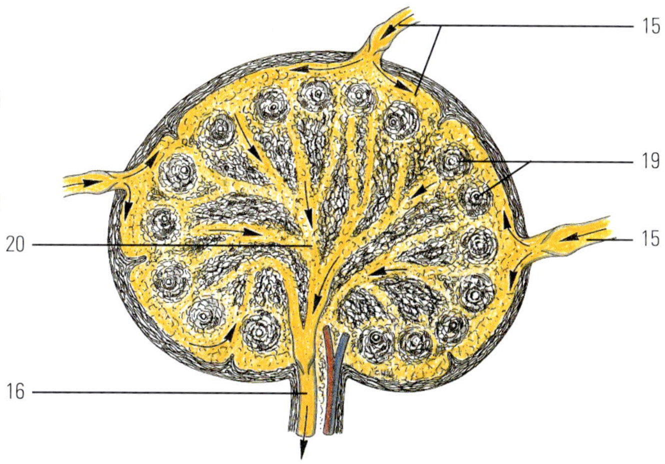

Drainagesystem eines Lymphknotens (Schema). Die Lymphe (gelb) wird von peripher nach zentral zum Hilum (Organeinziehung im Bereich des Gefäß- und Nervenstrangs) filtriert (Pfeile).

1 Halslymphgang (Truncus jugularis) mit Halslymphknoten
2 Linker Venenwinkel, Einmündung des Brustlymphganges in das Venensystem
3 **Thymus** (innere Brustdrüse, beim Tier Bries)
4 **Brustlymphgang (Ductus thoracicus)**
5 **Sammelzisterne (Cisterna chyli)**
6 **Milz (Lien)**
7 Darmlymphgang (Truncus intestinalis) – Abfluß der Darmlymphe
8 Beckenlymphgang (Truncus lumbalis) – Abfluß der Lymphe aus Bein und Becken
9 **Wurmfortsatz (Appendix vermiformis)**
10 Leistenlymphknoten (Lymphonodi inguinales)
11 Leber (Hepar)
12 Magen (nur Kardia, Mageneingang)
13 Milzarterie (A. lienalis oder splenica)
14 Bauchspeicheldrüse (Pancreas)
15 Zuführende Lymphgefäße (Vasa afferentia) und Randsinus (Lymphbahnen unter der Kapsel)
16 Abführende Lymphgefäße im Hilum des Lymphknotens
17 Blinddarm (Caecum)
18 Dünndarm (Ileum), Übergang in den Blinddarm
19 Rinde des Lymphknotens mit Lymphfollikeln (Lymphknötchen)
20 Mark mit Marksinus (Lymphbahnen im Lymphknotenmark)
21 Pfortader (V. portae)

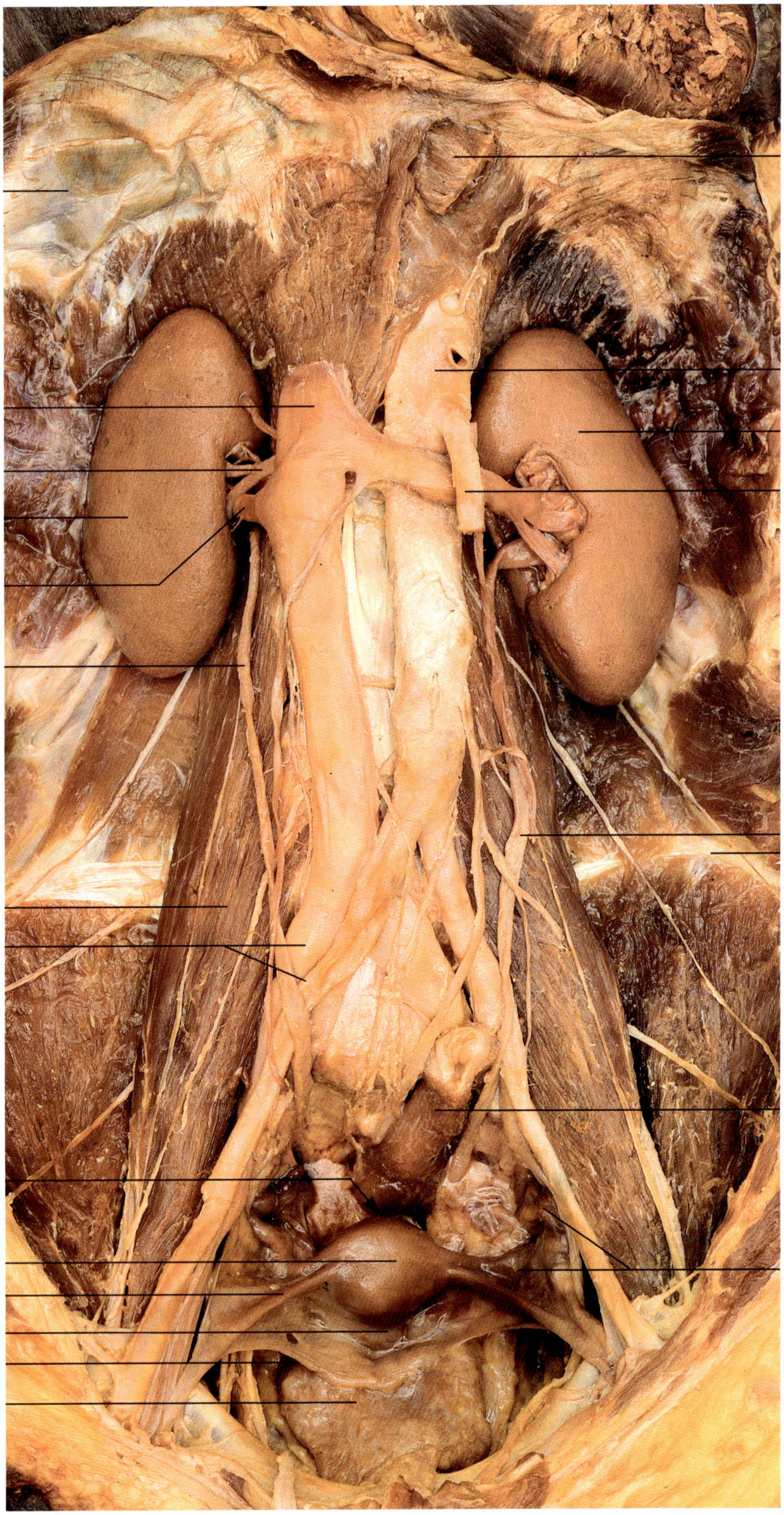

Lage der Nieren und der großen Gefäße hinter dem Bauchfell (retroperitoneal) bei der Frau. Darm, Leber, Pankreas, Milz und Nebennieren wurden entfernt. Der Harnleiter (Ureter) überkreuzt die Darmbein-(Iliakal-)Gefäße und endet im kleinen Becken in der Harnblase.

1 Zwerchfell mit Sehnenplatte
2 Untere Hohlvene (V. cava inf.)
3 Nierenarterie (A. renalis)
4 **Niere (Ren)**
5 Nierenvene (V. renalis)
6 Harnleiter (Ureter)
7 Großer Lendenmuskel (M. psoas major)
8 Schlagader und Vene der Hüfte (A. und V. iliaca comm.)
9 **Douglas-Raum** (Excavatio recto-uterina)
10 **Gebärmutter (Uterus)**
11 Rundes Mutterband (Lig. teres uteri)
12 Vordere Bauchfelltasche (Excavatio vesico-uterina)
13 Bauchfell (Peritoneum, Schnittrand)
14 **Harnblase** (Vesica urinaria)
15 Übergang Speiseröhre (Oesophagus) in Magen (Cardia)
16 Hauptschlagader **(Aorta)**
17 Obere Gekröseschlagader (A. mesenterica sup.)
18 Beckenkamm
19 Übergang Dickdarm (Colon sigmoideum) in Enddarm (Rectum)
20 Eileiter (Tuba uterina) und Ovar
21 Nebenniere (Gl. suprarenalis)
22 **Nierenkelche (Calices renales)**
23 **Nierenbecken (Pelvis renalis)**
24 Viereckiger Lendenmuskel (M. quadratus lumborum)
25 Enddarm (Rectum)
26 Samenleiter (Ductus deferens)
27 **Harnröhre (Urethra)** im Penis
28 Hoden mit Nebenhoden (Testis mit Epididymis)
29 Hodengefäße (A. und V. testicularis)
30 Leistenband (Lig. inguinale)
31 Lendenwirbel (Vertebra lumbalis)
32 Leber (Hepar)
33 Milz (Lien)
34 Dünndarmschlingen
35 Bauchspeicheldrüse (Pancreas)

Die rechte Niere liegt etwa eine halbe Wirbelhöhe tiefer als die linke, so daß der rechte obere Nierenpol die 12., der linke die 11. Rippe berührt. Jede Niere ist von einer derben Bindegewebshülle (Faszie) umgeben, die ein ausgedehntes Fettpolster umschließt. Dieser Fasziensack ist medial und unten offen, so daß die Nieren etwas verschieblich sind und z. B. die Atemexkursionen mitmachen. Unter pathologischen Bedingungen können sie auch nach unten wandern (Wandernieren, Beckennieren).

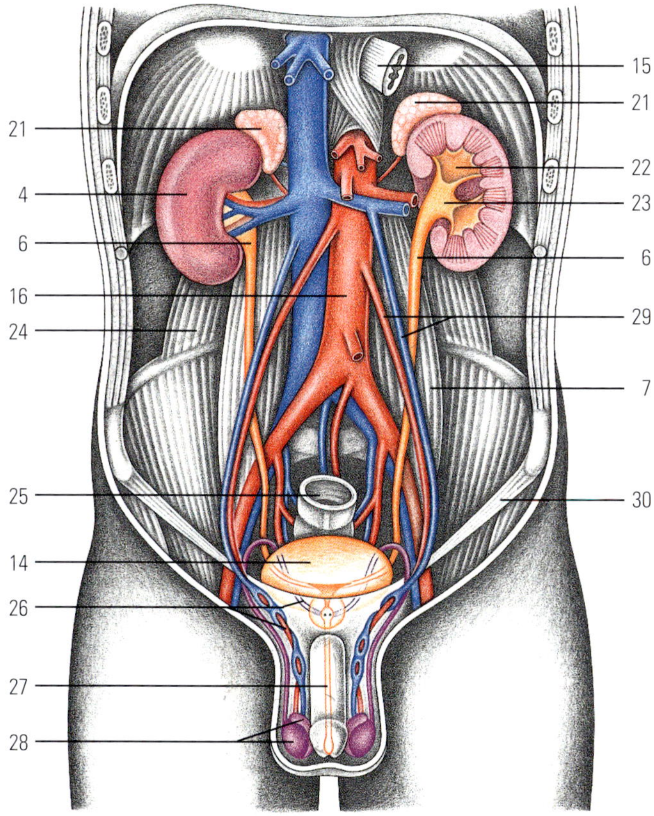

Lage der Nieren und ableitenden Harnwege an der hinteren Bauchwand (schematisch).

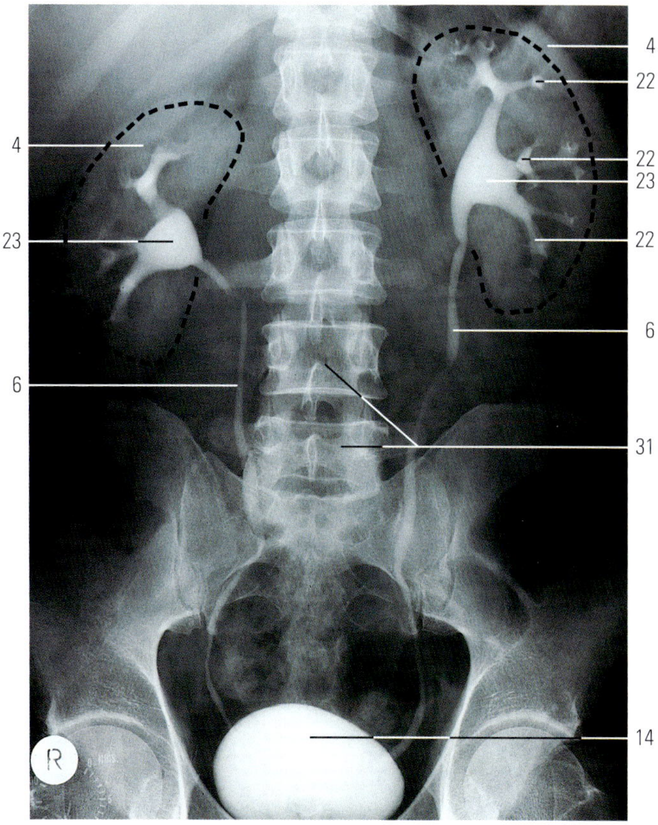

Röntgenaufnahme der ableitenden Harnwege (Ausscheidungsurogramm, 20 Min. nach Einführung [Infusion] eines Kontrastmittels). Konturen der Nieren durch gestrichelte Linien markiert. Man beachte die unterschiedliche Form und Anordnung der Nierenkelche (22).

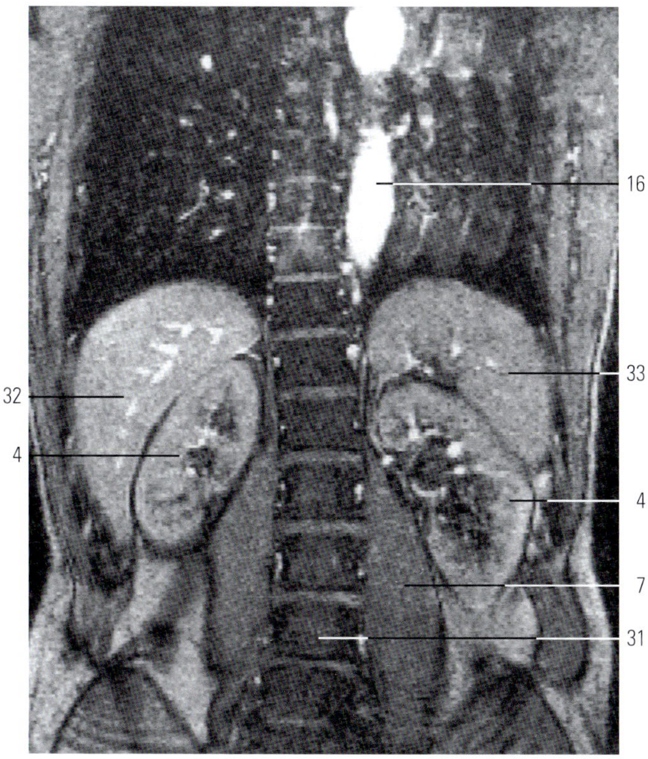

MR-Aufnahme vom Raum hinter dem Bauchfell (Retroperitonealraum, Frontalschnitt) mit Leber, Nieren, Milz, Magengrund (Magenfundus) und Bauchschlagader (Bauchaorta).

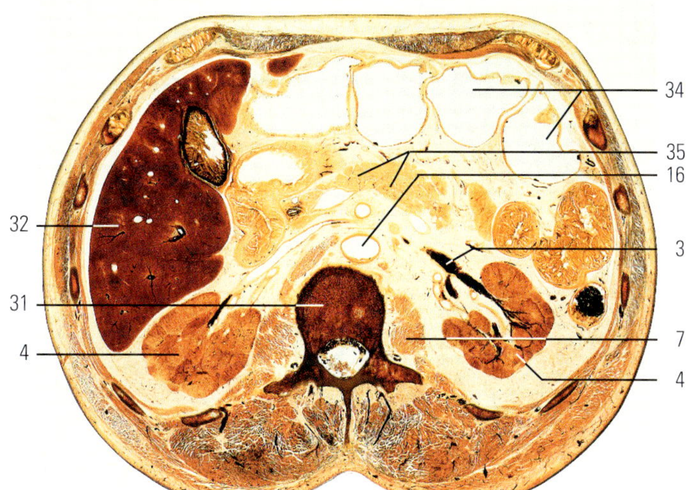

Querschnitt durch den menschlichen Körper in Höhe des Nierenlagers (von unten).

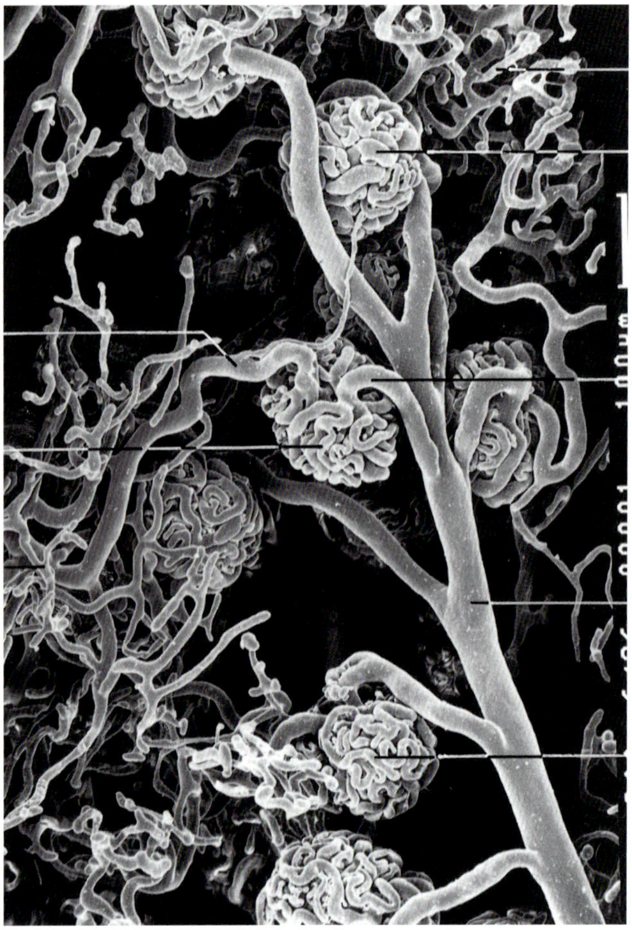

Nierenrinde. Kunststoffausguß der Nierengefäße und Nierenkörperchen (Glomeruli).

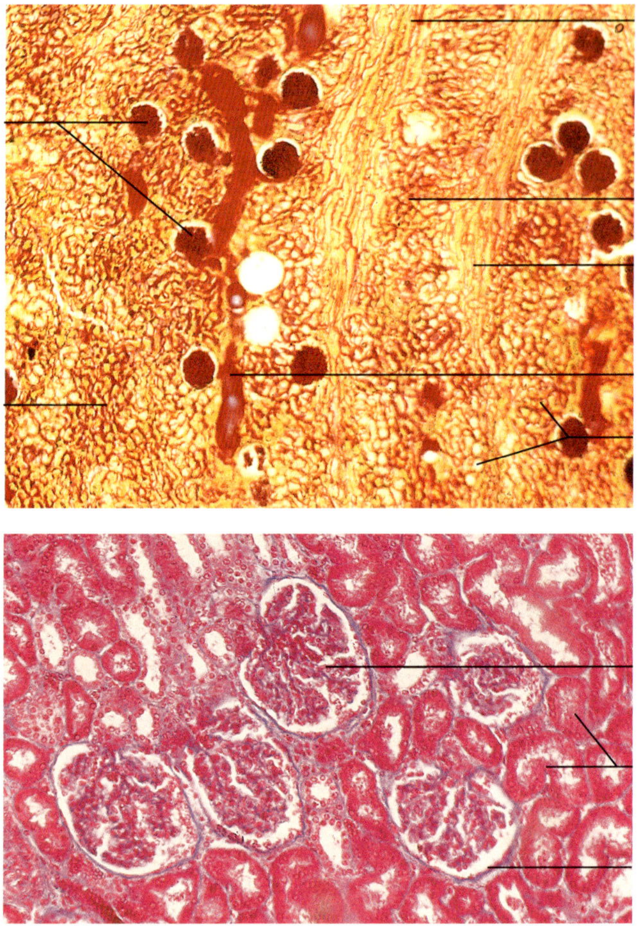

Mikroskopische Schnitte von der Nierenrinde mit zahlreichen Nierenkörperchen (Glomeruli). Oben: Übersicht (10x), unten: stärkere Vergr. (64x).

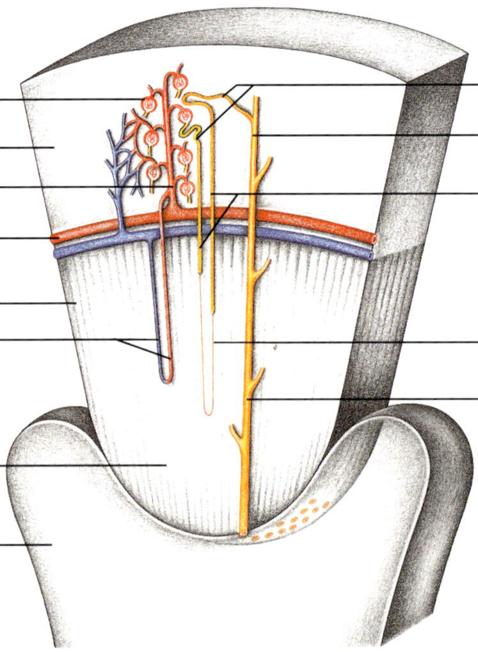

Struktur der Niere. Die Rinde beherbergt die Nierenkörperchen (Glomeruli) und die gewundenen Nierenkanälchen, das Mark die geraden Abschnitte der Kanälchen (Tubuli), die Henle-Schleifen und die Sammelrohre.

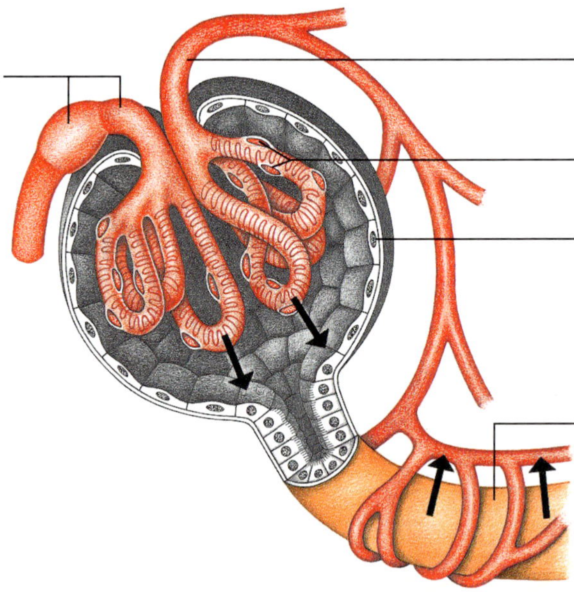

Struktur eines Nierenkörperchens. Die Kapillaren der Nierenkörperchen (Glomeruluskapillaren) sondern ein Ultrafiltrat in den Kapselraum ab (Pfeile), das von den Nierenkanälchen (Tubulussystem) größtenteils ins Blut rückresorbiert wird (Pfeile).

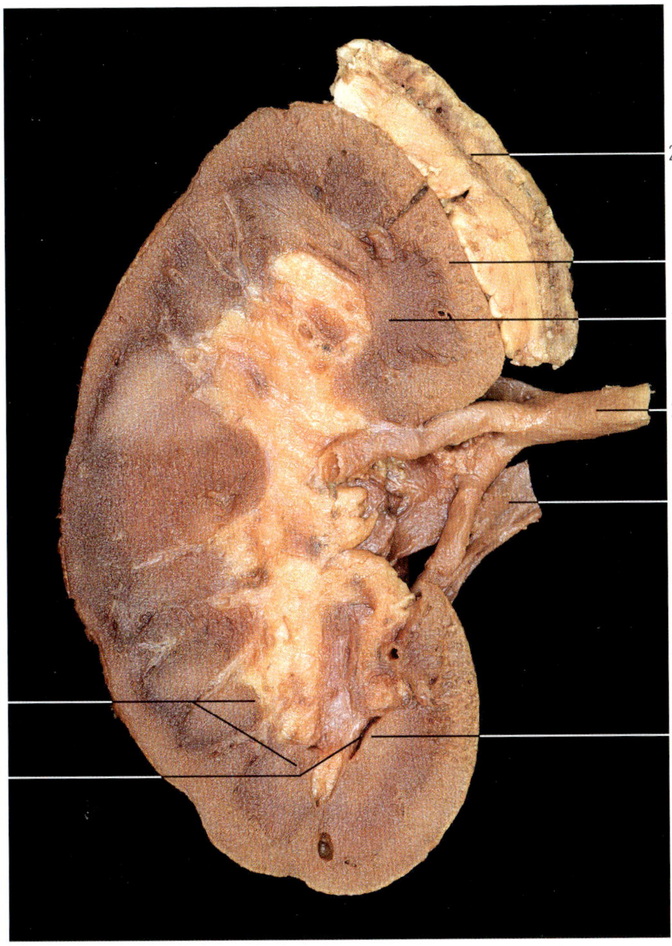

Längsschnitt durch die menschliche Niere. Am oberen Pol liegt die Nebenniere. Die Rinde ist stärker durchblutet und enthält die Nierenkörperchen, das Mark, die geraden Kanälchen und Sammelrohre. Die Nierenkelche umfassen becherartig die Nierenpapillen.

1 **Malpighi-Nierenkörperchen** (Glomerulus)
2 Aus dem Nierenkörperchen austretendes Gefäß **(Vas efferens)**
3 Feinste Verzweigungen der Nierenkanälchen (Nierentubuli)
4 In ein Nierenkörperchen eintretendes Gefäß **(Vas afferens)**
5 Arterie der Nierenrinde (A. interlobularis), an der die Nierenkörperchen hängen
6 Markstrahlen der Nierenrinde
7 Nierenkanälchen, quergeschnitten
8 Nierenrinde (Cortex)
9 Bogenförmige Gefäße (A. und V. arcuata) an der Grenze zwischen Nierenmark und -rinde
10 **Nierenmark** (Medulla renalis)
11 Markgefäße (Vasa recta)
12 Gewundene Abschnitte der Nierenkanälchen in der Rinde
13 Sammelrohr im Markstrahl
14 Gerade Abschnitte der Nierenkanälchen
15 **Henle-Schleife** im Mark
16 Sammelrohr in der Nierenpapille
17 **Kleiner Nierenkelch (Calyx minor)**
18 Bowman-Kapsel des Nierenkörperchens
19 Proximales Nierenkanälchen
20 Nebenniere (Gl. suprarenalis)
21 **Nierenarterie** (A. renalis)
22 **Nierenbecken (Pelvis renalis),** Übergang in den Ureter
23 **Nierenpapille (Papilla renalis)**
24 **Harnleiter (Ureter)**

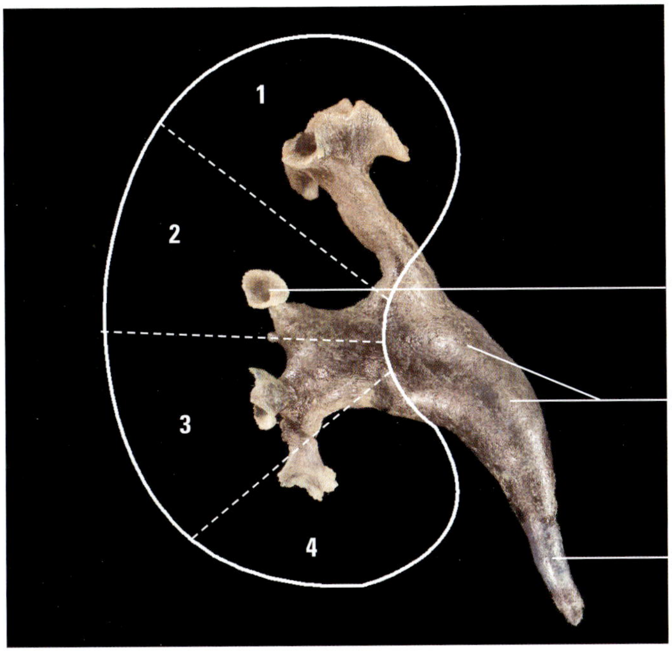

Ausgußpräparat vom Nierenbecken mit Nierenkelchen und Harnleiter. Die vorderen Nierensegmente sind gekennzeichnet.

Die **Nieren** regulieren den Flüssigkeits- und Mineralhaushalt des Körpers und scheiden die Stoffwechselendprodukte (z. B. Harnstoff) aus. Beide Nieren beherbergen in der Rinde rund 2,5 Mio. Nierenkörperchen, durch die pro Tag rund 1700 l Blut hindurchströmen (1,2 l/Min.). Von den feinen Gefäßen der Nierenkörperchen (Glomeruluskapillaren) werden pro Tag etwa 180 l Ultrafiltrat (Primärharn) in den Bowman-Kapselraum abgesondert, von dem aber im anschließenden **Kanälchensystem** 99% wieder ins Blut rückresorbiert werden. Im Nierenmark (Henle-Schleifen, Sammelrohre) wird dann die verbleibende Flüssigkeit konzentriert und von den Papillen in die Nierenkelche abgegeben. Vom Nierenbecken gelangt der Harn durch den Harnleiter in die Harnblase und von dort durch die Harnröhre nach außen (Endharn etwa 1,5 l/Tag). Bei Nierenversagen kann die Filtration des Blutes auch außerhalb des Körpers durch einen Dialysator, der an die Unterarmgefäße angeschlossen wird, vorgenommen werden (Dialyse-Behandlung).

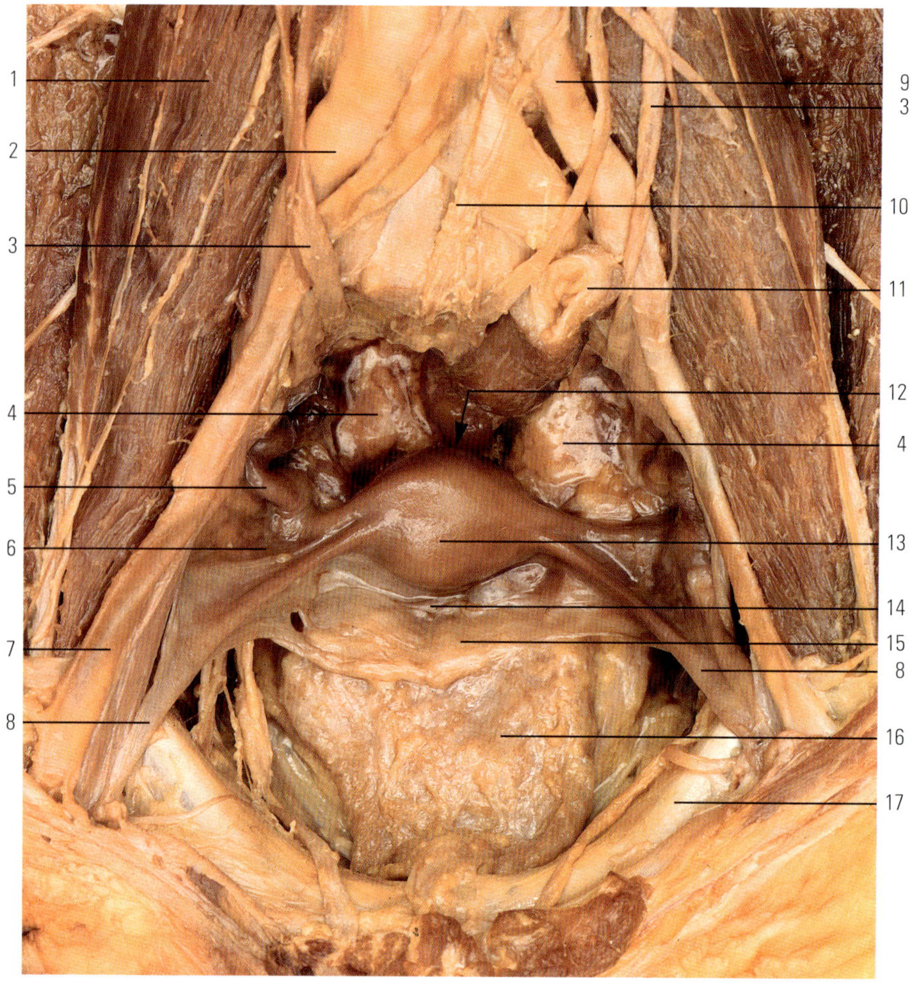

Innere Geschlechtsorgane der Frau. Einblick in das weibliche Becken (von oben).

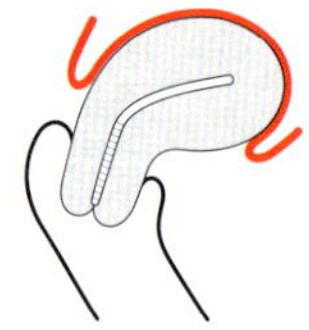

Vorwärtsneigung und Abknickung nach vorne (normale Lage)

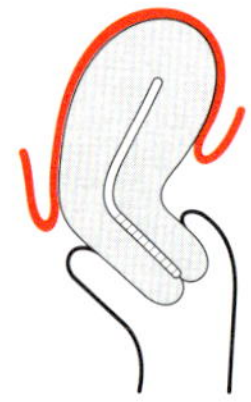

Rückwärtsneigung und Abknickung nach vorne (Retroversio-Anteflexio)

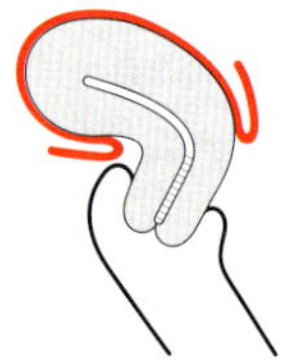

Vorwärtsneigung und Abknickung nach hinten (Anteversio-Retroflexio)

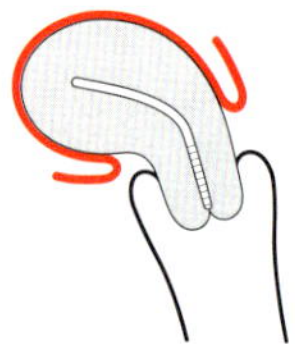

Rückwärtsneigung und Abknickung nach hinten (Retroversio-Retroflexio)

Häufigste Lagevariationen der Gebärmutter (des Uterus). Versio bezeichnet die Neigung der Gebärmutter, Flexio die Abwinkelung des Gebärmutterkörpers gegenüber dem Gebärmutterhals.

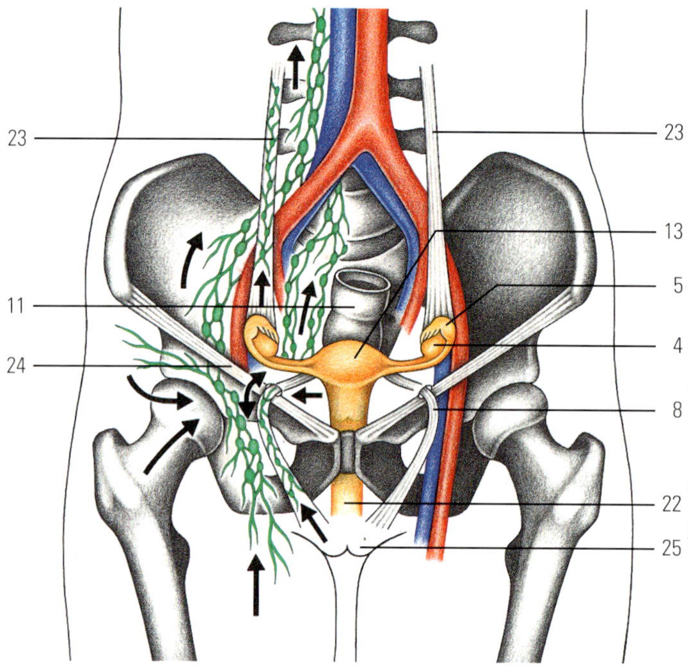

Lage der inneren Geschlechtsorgane bei der Frau und deren wichtigste **Lymphabflüsse** (von vorne oben). Pfeile = Strömungsrichtung der Lymphe.

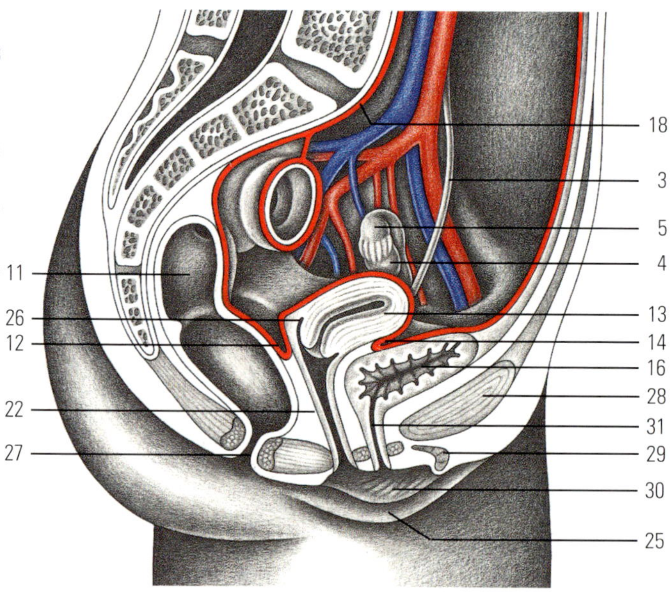

Lage der inneren Geschlechtsorgane bei der Frau (Medianschnitt durch das Becken). Man beachte die Bauchfelltaschen vor und hinter der Gebärmutter (Bauchfell = rot) sowie ihre Knickungen.

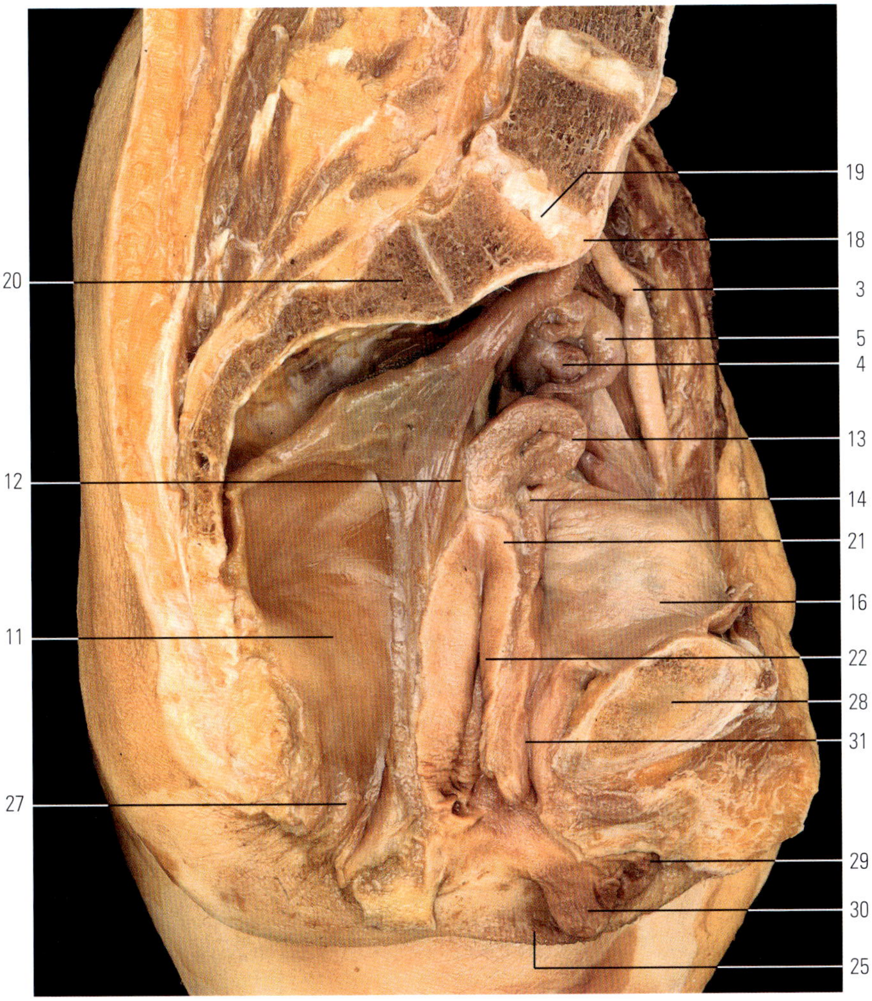

Schnitt durch das weibliche Becken einer 72jährigen Frau. Harnblase und Enddarm (Rectum) wurden teilweise entfernt.

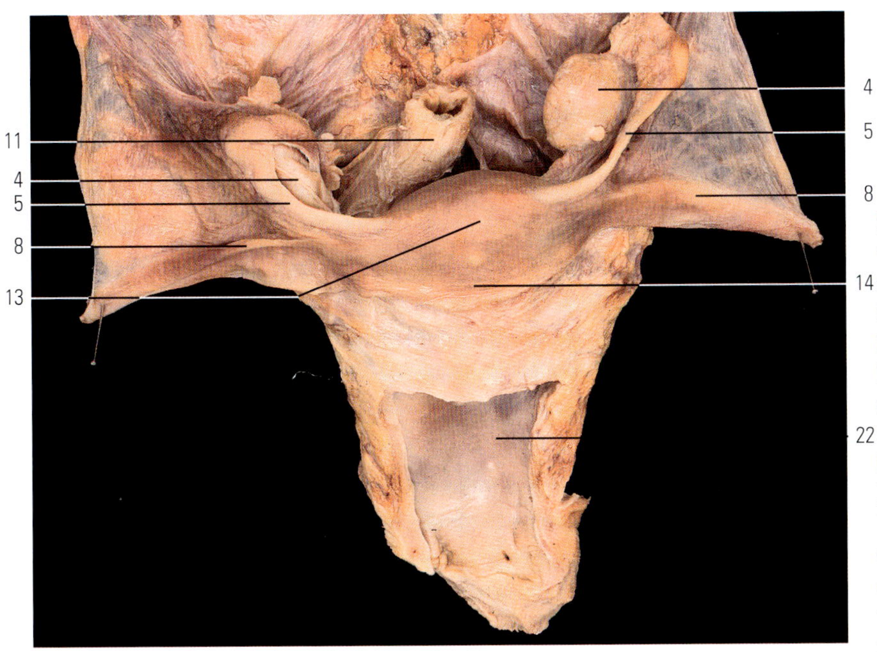

Innere Geschlechtsorgane der Frau (isoliert). Die Vorderwand der Scheide (Vagina) wurde entfernt. Der linke Eierstock (Ovar) ist vergrößert (Tumor).

1 Großer Lendenmuskel (M. psoas major)
2 Gemeinsame Hüftvene (V. iliaca communis)
3 Harnleiter (Ureter)
4 **Eierstock (Ovarium)**
5 **Eileiter (Tuba uterina)**
6 Beckenbindegewebe (Parametrium)
7 Äußere Hüftarterie (A. iliaca ext.), zum Bein führend
8 Rundes Band der Gebärmutter (Lig. teres uteri), zum Leistenkanal führend
9 Gemeinsame Hüftarterie (A. iliaca communis)
10 Autonomes Nervengeflecht (Plexus hypogastricus sup.)
11 Mastdarm (Rectum)
12 Bauchfelltasche zwischen Mastdarm und Gebärmutter (Douglas-Raum)
13 **Gebärmutter (Uterus)**
14 Bauchfelltasche zwischen Harnblase und Gebärmutter (Excavatio vesico-uterina)
15 Bauchfell (Peritoneum) über der Harnblase
16 **Harnblase** (Vesica urinaria)
17 Beckenkamm
18 Vorsprung des Kreuzbeins (Promontorium)
19 Bandscheibe (Zwischenwirbelscheibe, Discus intervertebralis) mit Gallertkern (Nucleus pulposus)
20 Kreuzbein (Os sacrum)
21 Teil des Gebärmutterhalses, der in die Scheide hineinragt (Portio vaginalis uteri)
22 **Scheide (Vagina)**
23 Halteband für den Eierstock (Lig. suspensorium ovarii) mit Lymphgefäßen
24 Leistenband (Lig. inguinale)
25 Große Schamlippe (Labium majus)
26 Hinteres Scheidengewölbe (Fornix post.)
27 Analkanal
28 Symphyse
29 Klitoris
30 Kleine Schamlippe (Labium minus)
31 **Harnröhre (Urethra)**

Normalerweise ist die Gebärmutter (Uterus) nach vorne abgeknickt, so daß der in die Scheide hineinragende Teil (die Portio vaginalis) auf das hintere Scheidengewölbe schaut (Anteversio-Anteflexio). Lagevariationen sind jedoch häufig. Der **Douglas-Raum** ist die tiefste Stelle des bauchfellausgekleideten Beckenraumes. Er liegt in Höhe des hinteren Scheidengewölbes. Verletzungen (z. B. bei Abtreibungsversuchen) können daher lebensgefährliche Bauchfellentzündungen hervorrufen.

Uterushals und **Portio vaginalis** sind häufig Ursprungsorte von Tumoren. Tochtergeschwülste (Metastasen) werden primär auf den Lymphwegen verschleppt. Die regionären Lymphknoten der inneren Genitalorgane liegen im kleinen Becken vor dem Kreuzbein und in der Leistenregion (inguinale Lymphknotengruppen).

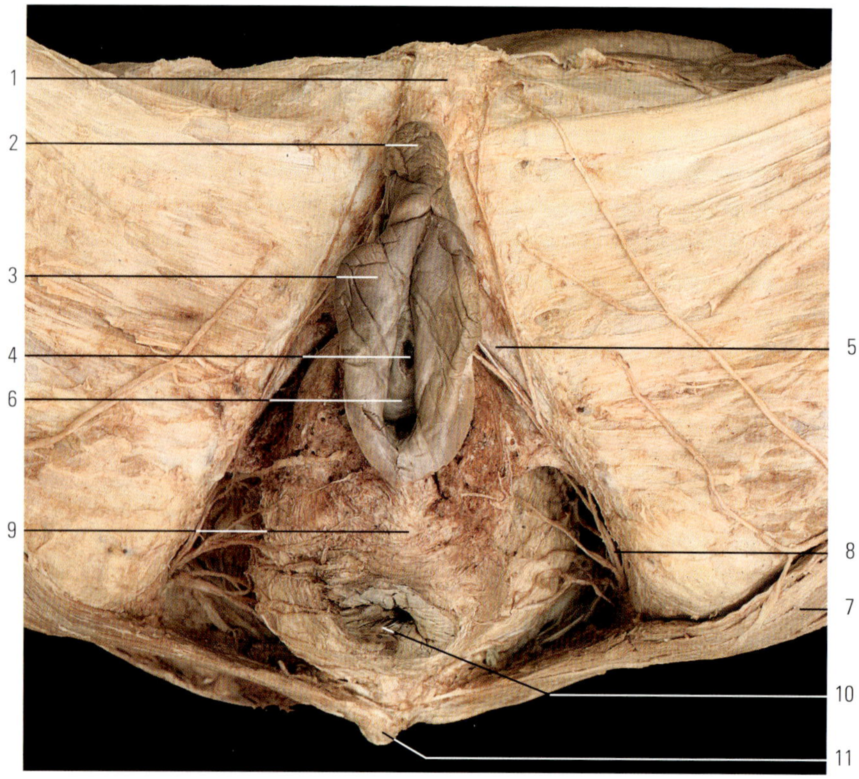

Beckenboden und äußere Geschlechtsorgane bei der Frau (von unten). Große Schamlippen wurden entfernt.

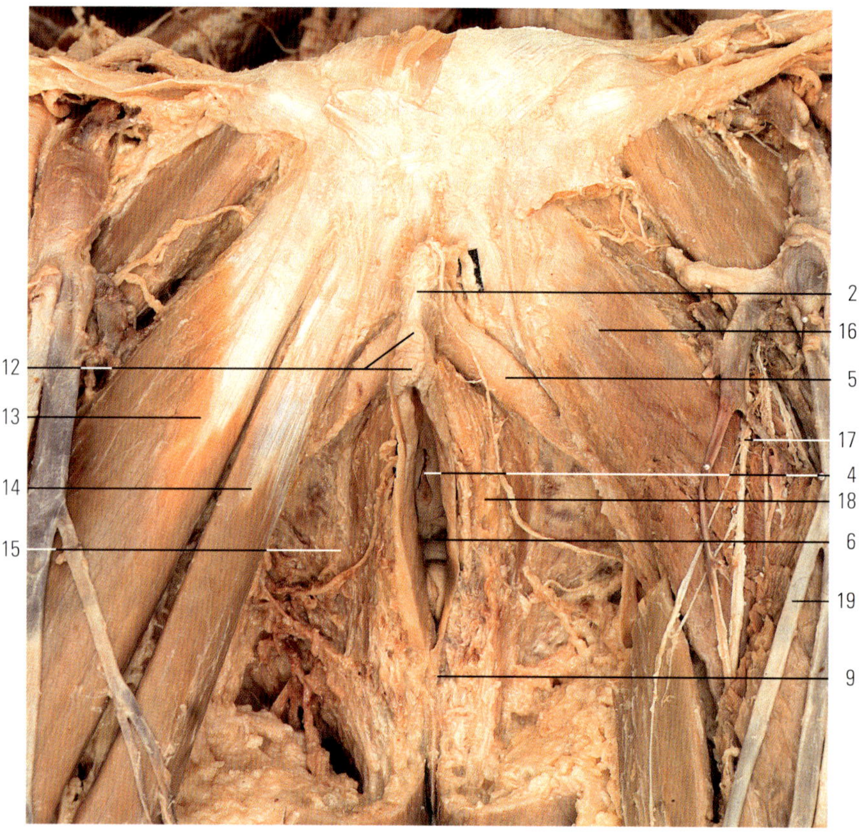

Äußere weibliche Geschlechtsorgane (von vorne unten). Darstellung der Klitoris und des Scheidenvorhofes.

1 Schamhügel (Mons pubis)
2 **Klitoris**
3 **Kleine Schamlippe** (Labium minus)
4 Äußere Öffnung der Harnröhre (Ostium urethrae ext.)
5 **Klitorisschenkel** (Corpus cavernosum clitoridis) - am Schambein befestigt. Der umgebende Muskel (M. ischiocavernosus) wurde entfernt.
6 **Scheidenvorhof (Vestibulum vaginae)**
7 Großer Gesäßmuskel (M. glutaeus maximus)
8 **Schamnerv (N. pudendus)**
9 Damm (Perineum)
10 After (Anus)
11 Steißbeinspitze
12 Vorderer Teil der Klitoris (Glans clitoridis) mit Vorhaut (Präputium)
13 Langer Schenkelanzieher (M. adductor longus)
14 Schlanker Muskel (M. gracilis) an der Innenseite des Oberschenkels
15 Querer Dammuskel (M. transversus perinei prof.)
16 Kurzer Schenkelanzieher (M. adductor brevis)
17 Hautast des Hüftlochnervs (N. obturatorius)
18 **Schwellkörper des Scheidenvorhofs** (Bulbus vestibuli) mit umgebendem Muskel (M. bulbocavernosus)
19 Vene von der Unterschenkelinnenseite zur Leistenbeuge (V. saphena magna)
20 Schambein (Os pubis)
21 Oberflächlicher Dammuskel (M. transversus perinei superf.)
22 Beckenbodenmuskel (M. levator ani)
23 Schließmuskel des After (M. sphincter ani ext.)
24 **Harnleiter (Ureter)**
25 Enddarm (Rectum)
26 Tubenampulle
27 **Eierstock (Ovarium)**
28 **Eileiter (Tuba uterina)**
29 **Gebärmutter (Uterus)**
30 Harnblase (Vesica urinaria)
31 Vordere Bauchfelltasche (Excavatio vesico-uterina)
32 Bauchfell (Peritoneum)
33 **Douglas-Raum (Excavatio recto-uterina)**
34 Hinteres Scheidengewölbe und Portio vaginalis
35 **Scheide (Vagina)**
36 **Große Schamlippe (Labium majus)**
37 Jungfernhäutchen (Hymen)
38 Scheidenöffnung (Ostium vaginae)

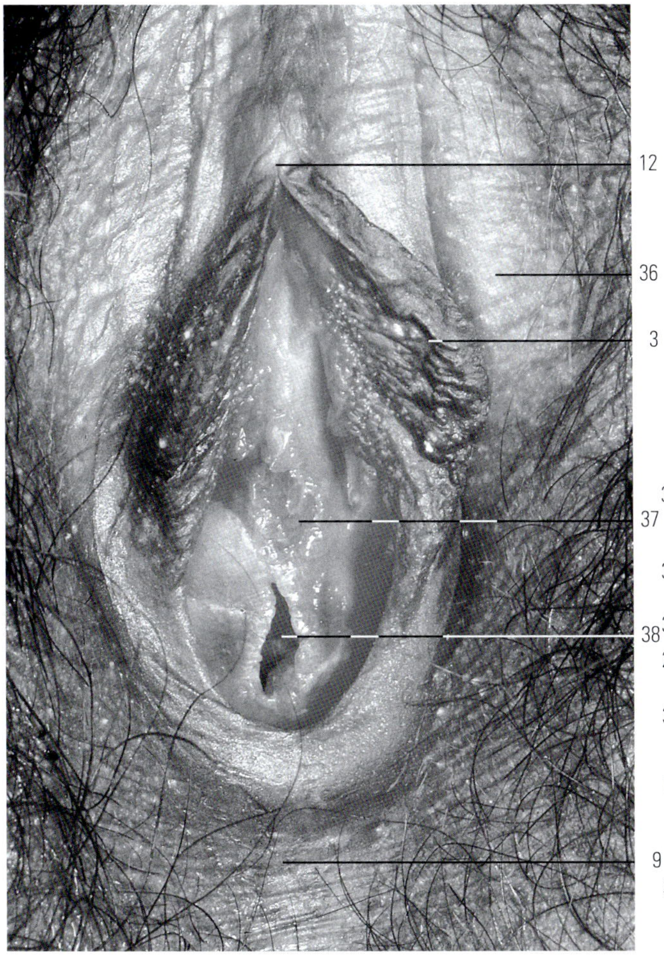

Äußere weibliche Geschlechtsorgane (von vorne unten), jungfräulicher Zustand.

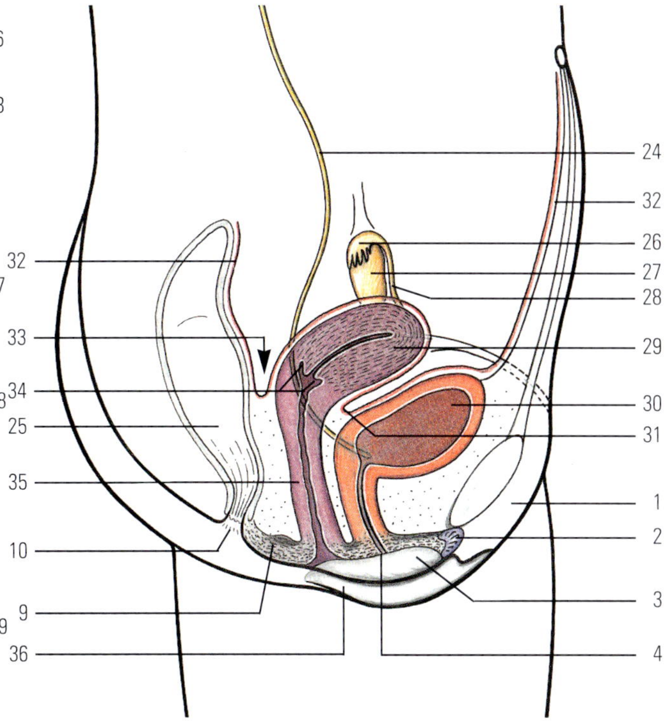

Lageverhältnisse der weiblichen Geschlechtsorgane und deren Beziehungen zu den Harnorganen (schematisch).

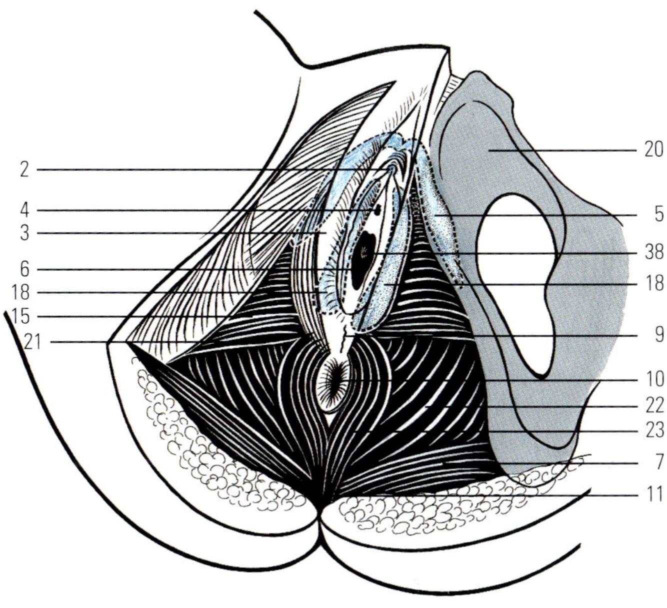

Äußere Geschlechtsorgane der Frau mit Gefäßen und Nerven (von unten vorne) (schematisch). Blau = Schwellkörper.

Der **Scheidenvorhof** (Vestibulum vaginae) (6) wird von einem Schwellkörper (Bulbus vestibuli) (18) umgeben, der sich bei der geschlechtlichen Erregung mit Blut füllt, das nach dem Geschlechtsverkehr (Koitus) durch den umgebenden Muskel (M. bulbocavernosus) wieder ausgepreßt werden kann. In den Scheidenvorhof münden unten die Ausführungsgänge der Bartholin-Drüsen, die die Scheidenöffnung durch ihr schleimiges Sekret gleitfähig machen. Im oberen Drittel des Scheidenvorhofs liegt die Öffnung der Harnröhre (Urethra) (4). Von oben ragt die **Klitoris** (2) in den Vorhof hinein. Sie ist durch einen Schwellkörper, der mit zwei länglichen Schenkeln an den Schambeinen fixiert und von Muskeln umgeben ist, erektionsfähig.

In das hintere Ende der **Vagina** ragt der Uterushals hinein (Portio vaginalis) (34). Dadurch entsteht das Scheidengewölbe (Fornix). Das hintere Scheidengewölbe liegt in Höhe des Douglas-Raumes, der tiefsten Stelle des mit Bauchfell ausgekleideten Bauchraumes. Bei Abtreibungsversuchen kann, da der Uterus meist nach vorne geneigt ist, der Douglas-Raum angestochen und dadurch eine lebensgefährliche Bauchfellentzündung (Peritonitis) ausgelöst werden.

Weibliche Brustdrüse (rechte Seite, von vorne). Dargestellt sind nur der Drüsenkörper und die Brustwarze (Papilla mammae).

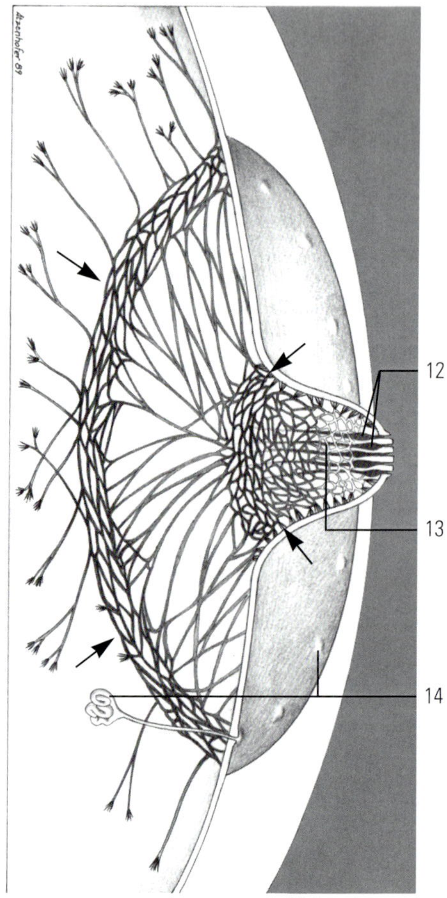

Muskelapparat der Brustwarze und Drüsenausführungsgänge. Die Muskelringe (Pfeile) bewirken die Erektion der Mamille.

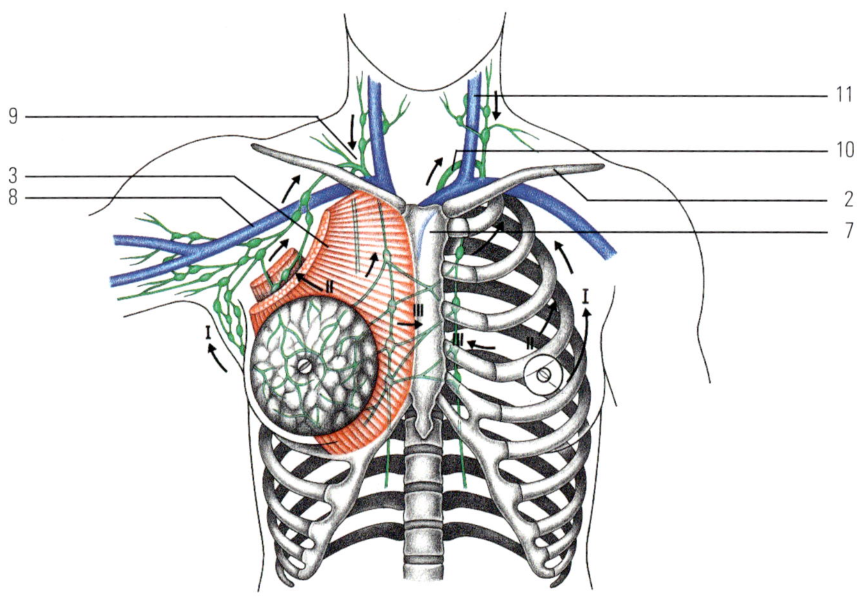

Lymphabflußwege der Brustdrüse. I = Hauptabflußweg zu den Lymphknoten der Achselhöhle; II = Abfluß zwischen den Brustmuskeln zur Achselhöhle; III = Abflüsse zu den Lymphknoten neben dem Brustbein oder zum vorderen Mittelfell des Thoraxinnenraumes (Mediastinum).

1 Kopfnicker (M. sternocleidomastoideus)
2 Schlüsselbein (Clavicula)
3 Großer Brustmuskel (M. pectoralis major)
4 Achselhöhle mit Fettgewebe
5 **Brustdrüse (Mamma)**
6 **Brustwarze (Papilla mammae)**
7 Brustbein (Sternum)
8 Achselvene (V. axillaris), Fortsetzung in V. subclavia
9 Rechter Lymphgang (Ductus lymphaticus dexter)
10 Milchbrustgang (Ductus thoracicus)
11 Große Halsvene (V. jugularis int.)
12 Erweiterungen der Milchgänge (Sinus lactiferi)
13 **Drüsenausführungsgänge (Ductus lactiferi)**
14 Montgomery-Drüsen (Glandulae areolares)

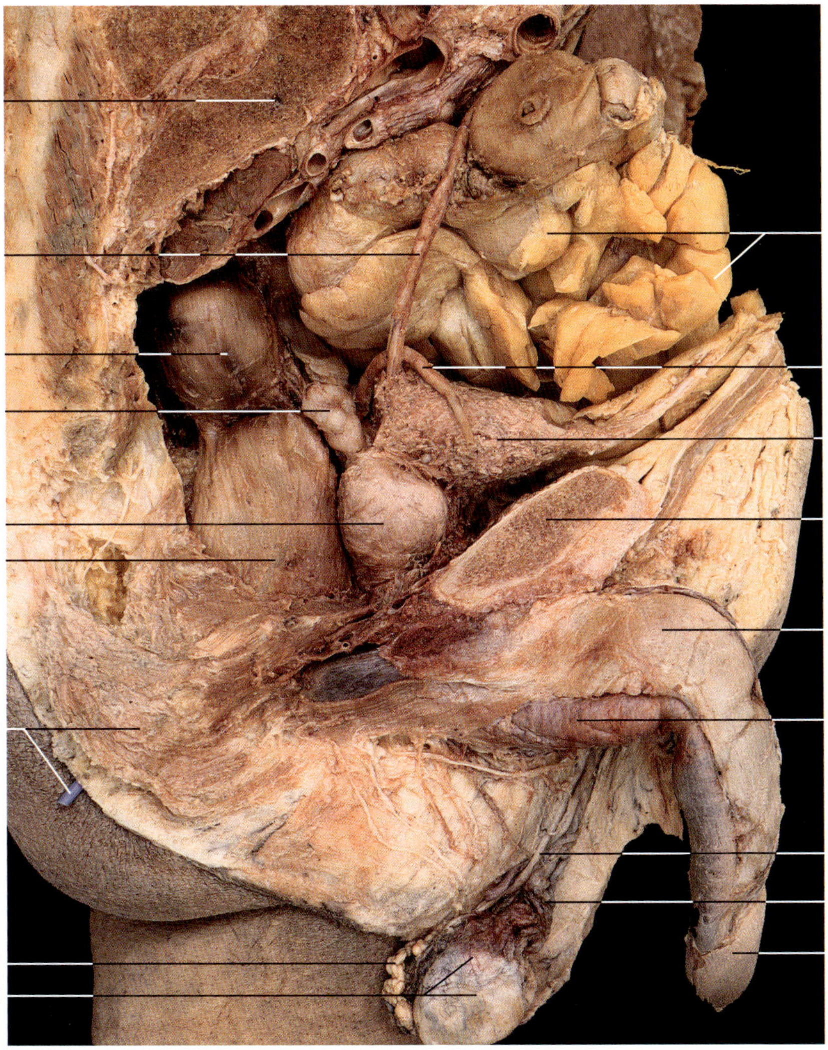

Lage der inneren und äußeren Geschlechtsorgane beim Mann (von der Seite). Der Schnitt liegt etwas rechts von der Mittellinie.

1 Kreuzbein (Os sacrum)
2 **Harnleiter (Ureter)**
3 **Enddarm (Rectum)**
4 **Samenbläschen (Vesicula seminalis)**
5 **Vorsteherdrüse (Prostata)**
6 Schließmuskel (M. sphincter ani ext.) und Anus (Sonde)
7 Nebenhodengang (Ductus epididymidis)
8 **Hoden (Testis) und Nebenhoden (Epididymis)**
9 Dünndarmschlingen
10 **Samenleiter (Ductus deferens)**
11 **Harnblase (Vesica urinaria),** kontrahiert
12 Schambein (Os pubis)
13 Penisschwellkörper (Corpus cavernosum penis)
14 Harnröhrenschwellkörper (Corpus spongiosum penis)
15 Venöses Rankengeflecht (Plexus pampiniformis), Abfluß in Hodenvene (V. testicularis)
16 Eichel (Glans penis)
17 Blasendreieck (Einmündung der Harnleiter in die Blase)
18 Prostataabschnitt der Harnröhre
19 **Harnröhre (Urethra)** im Penis
20 Cowper-Drüse (Gl. bulbourethralis)
21 Erweiterung der Harnröhre in der Penisspitze (Fossa navicularis)

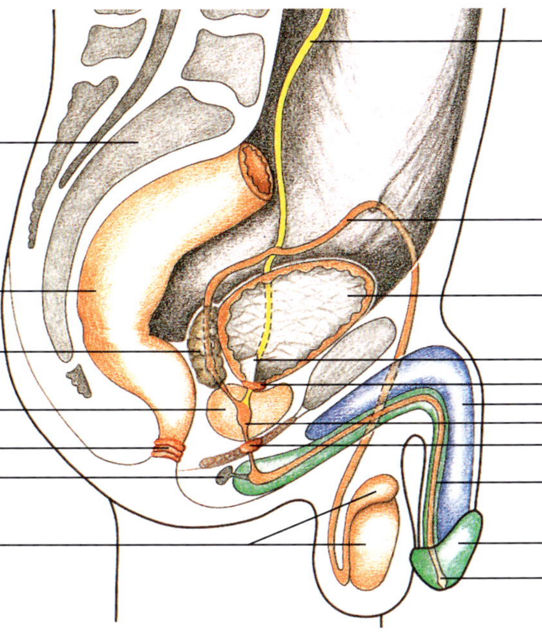

Lagebezeichnungen der männlichen Geschlechts- und Harnorgane (schematisch). I = Harnblasenschließmuskel; II = Beckenbodenschließmuskel.

Der **Samenleiter** (Ductus deferens) zieht vom Nebenhoden durch den Leistenkanal zur Harnröhre in der Prostata, wobei er den Harnleiter überkreuzt. Beim Mann ist die Harnröhre zugleich Samenweg. Zwei Muskelringe **(Sphinktermuskeln)** verschließen die Harnröhre: 1. am Blasengrund ein unwillkürlicher (glattmuskulärer) Sphinkter (Teil der Blasenmuskulatur); 2. im Beckenboden ein willkürlicher Sphinkter (aus Skelettmuskelfasern bestehend), der aus der Beckenbodenmuskulatur hervorgeht. Die nervöse (relativ komplizierte) Steuerung dieser beiden Muskelsysteme muß das Kind nach der Geburt langsam erlernen. Bettnässen **(Enuresis)** ist die Folge mangelnder nervöser Korrelationen.

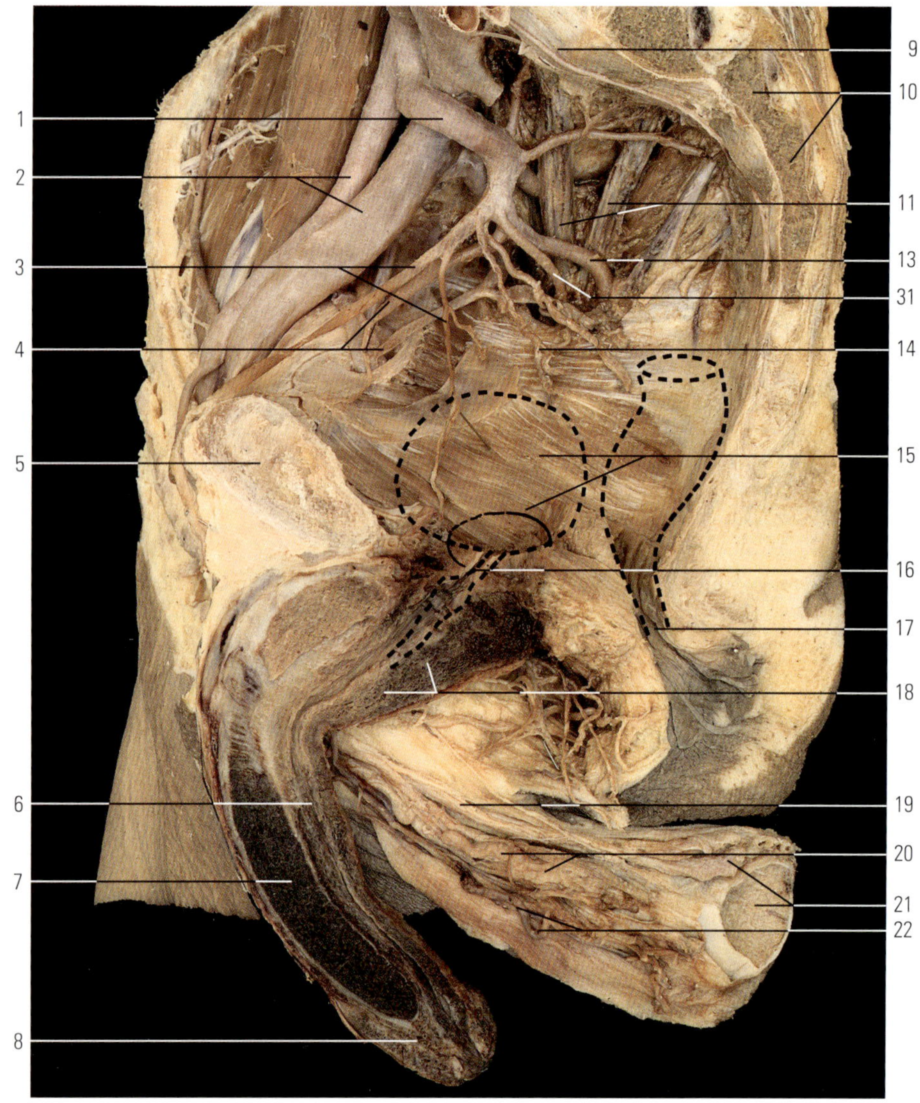

Längsschnitt durch das männliche Becken. Organe des kleinen Beckens entfernt. Punktierte Linie = Lokalisation von Harnblase, Prostata und Rektum.

1 Innere Beckenarterie (A. iliaca int.) für Beckenorgane
2 Äußere Beckenarterie und Vene (A. und V. iliaca ext.) für Bein und Bauchwand
3 Nabelarterie, verkümmert, und obere Blasenarterie (A. vesicalis sup.)
4 Hüftlochgefäße (A. und V. obturatoria)
5 Schambeinfuge, Symphyse (Symphysis pubica)
6 **Harnröhre (Urethra)**
7 Penisschwellkörper (Corpus cavernosum penis)
8 Eichel (Glans penis)
9 Vorsprung des Kreuzbeins (Promontorium)
10 Kreuzbein (Os sacrum)
11 Nervengeflecht am Kreuzbein (Plexus sacralis)
12 Obere Gesäßarterie (A. glutealis sup.)
13 Untere Gesäßarterie (A. glutealis inf.)
14 Untere Blasenarterie (A. vesicalis inf.)
15 Beckenbodenmuskel (M. levator ani)
16 Prostataabschnitt der Harnröhre
17 Analkanal
18 **Harnröhrenschwellkörper (Corpus spongiosum penis)**
19 **Samenleiter (Ductus deferens)**
20 Venengeflecht des Hodens (Plexus pampiniformis)
21 **Hoden** (Testis) mit **Nebenhoden** (Epididymis)
22 Hodenarterie (A. testicularis)
23 Samenstrang (Funiculus spermaticus)
24 **Harnblase (Vesica urinalis)**
25 **Harnleiter (Ureter)**
26 **Samenbläschen (Vesica seminalis)**
27 **Vorsteherdrüse (Prostata)**
28 Beckenkamm (Crista iliaca)
29 Darmschlingen
30 Cowper-Drüse (Gl. bulbourethralis)
31 Schamarterie (A. pudenda int.)
32 Penisschwellkörpermuskel (M. ischiocavernosus)
33 Tiefliegender, querer Dammuskel (M. transversus perinei prof.)
34 Penisschwellkörpermuskel (M. bulbocavernosus) (halbiert)

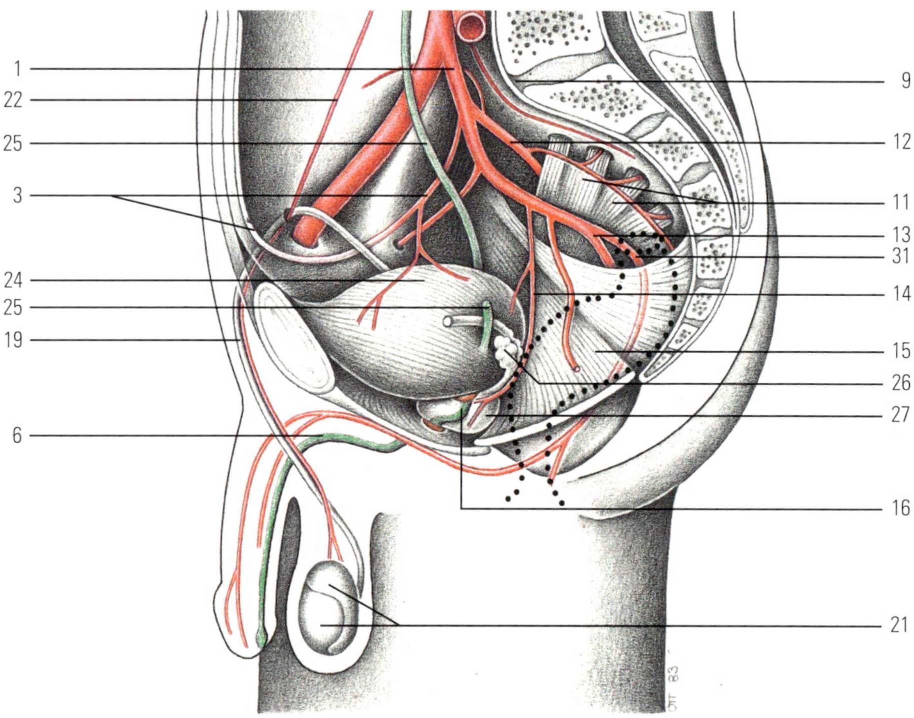

Lagebeziehungen und Gefäßversorgung der äußeren und inneren Geschlechtsorgane beim Mann. Punktierte Linie: Rektum und Analkanal. Grün = Harnwege. Innerer und äußerer Schließmuskel der Harnröhre oberhalb bzw. unterhalb der Prostata (rot).

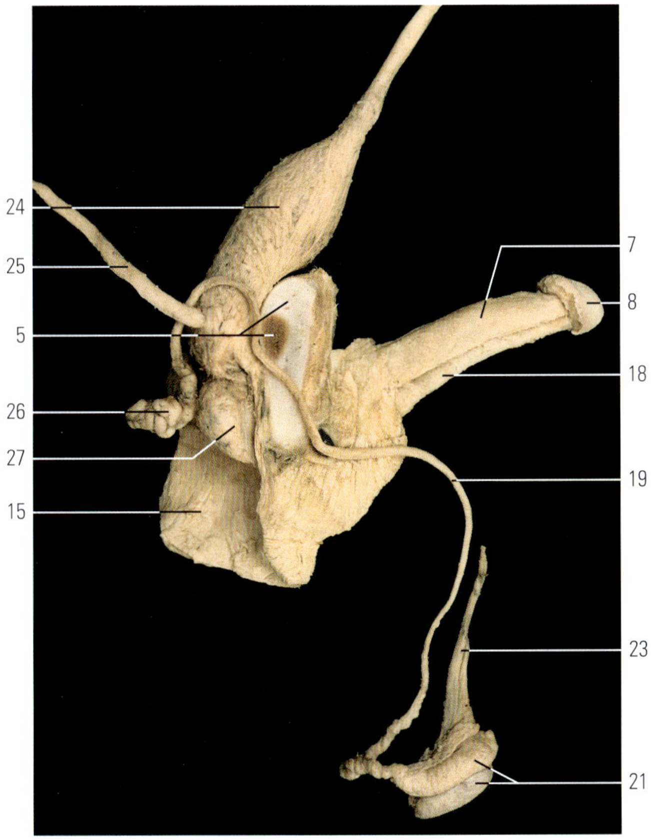

Männliche Geschlechtsorgane (isoliert, von der Seite). Penis erigiert, Harnblase (24) kontrahiert.

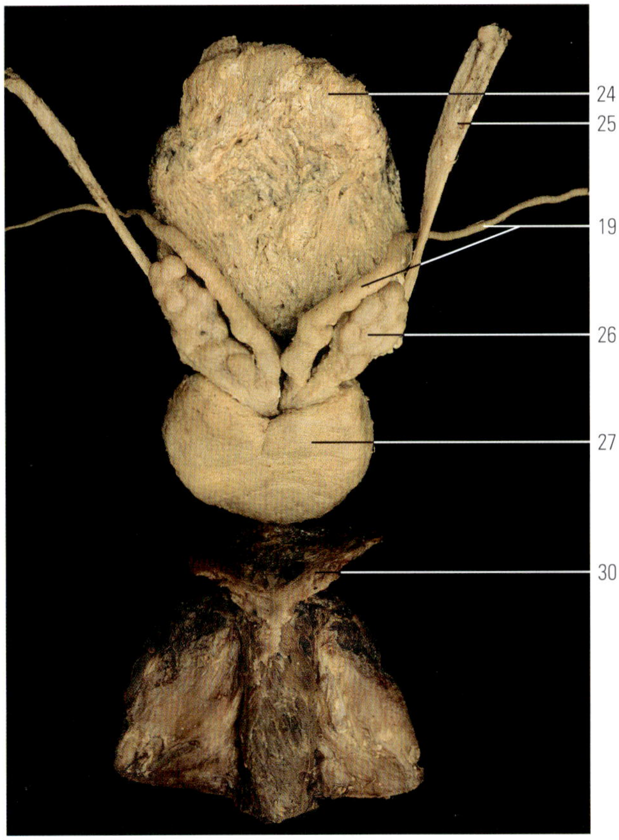

Akzessorische Geschlechtsdrüsen (isoliert, von hinten). Prostata (27) und Samenbläschen (26).

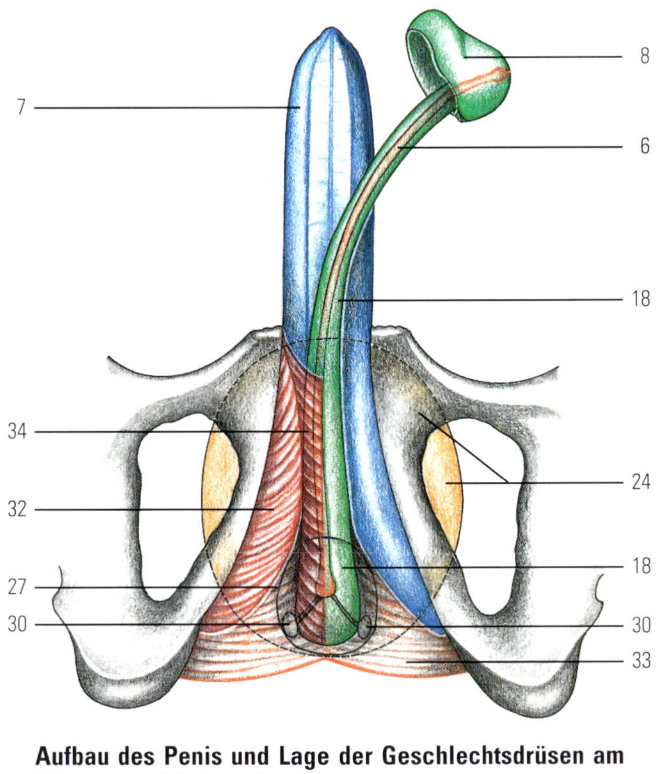

Aufbau des Penis und Lage der Geschlechtsdrüsen am Blasengrund (schematisch).

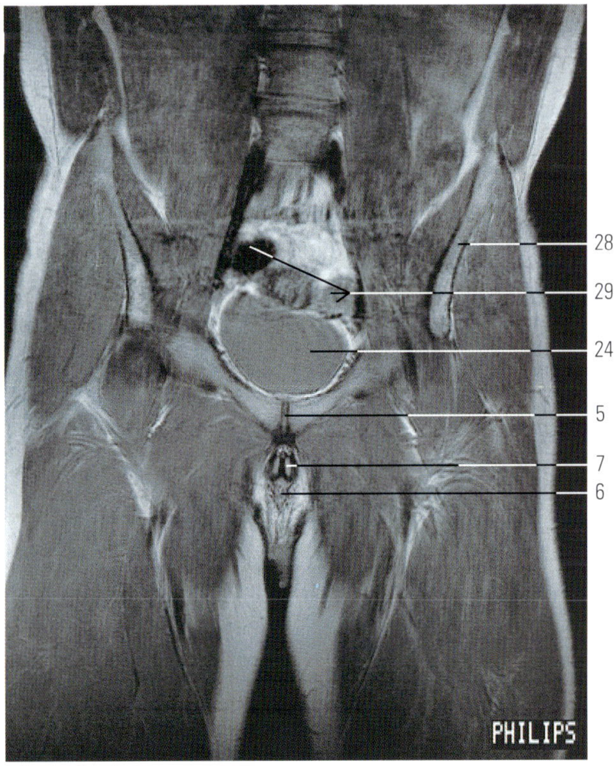

MR-Aufnahme vom Becken und Oberschenkel (Frontale Schnittebene in Höhe der Harnblase) (24).

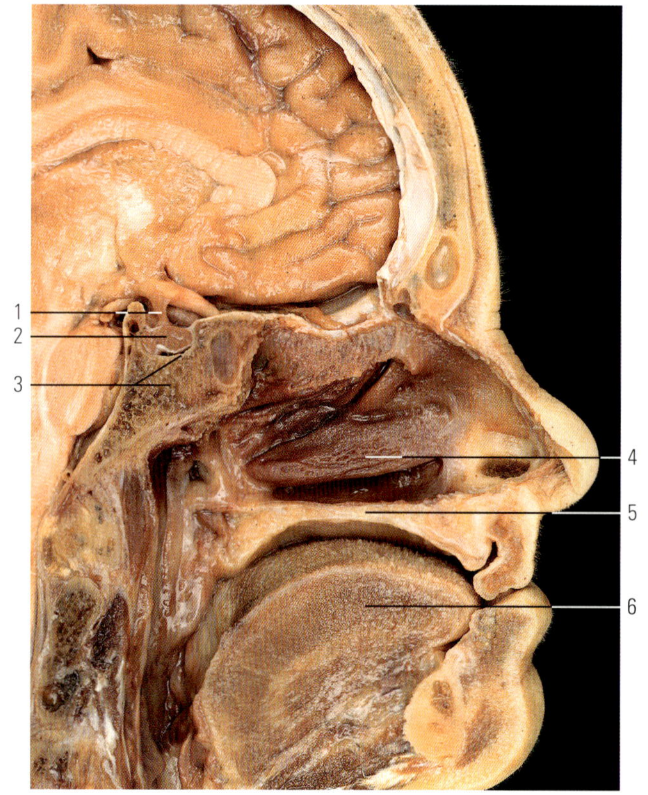

Medianschnitt durch den Kopf. Lage der Hirnanhangsdrüse **(Hypophyse)** im Türkensattel (Sella turcica).

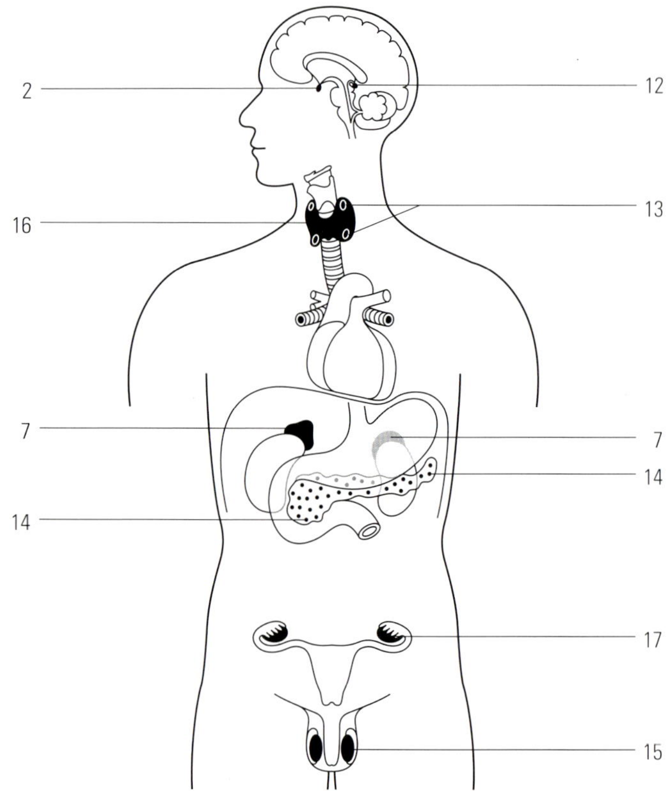

Lokalisation der Hormondrüsen (endokrinen Organe) im Körper (schematisch). Die Langerhans-Inseln sind unregelmäßig in der Bauchspeicheldrüse (Pankreas) verteilt.

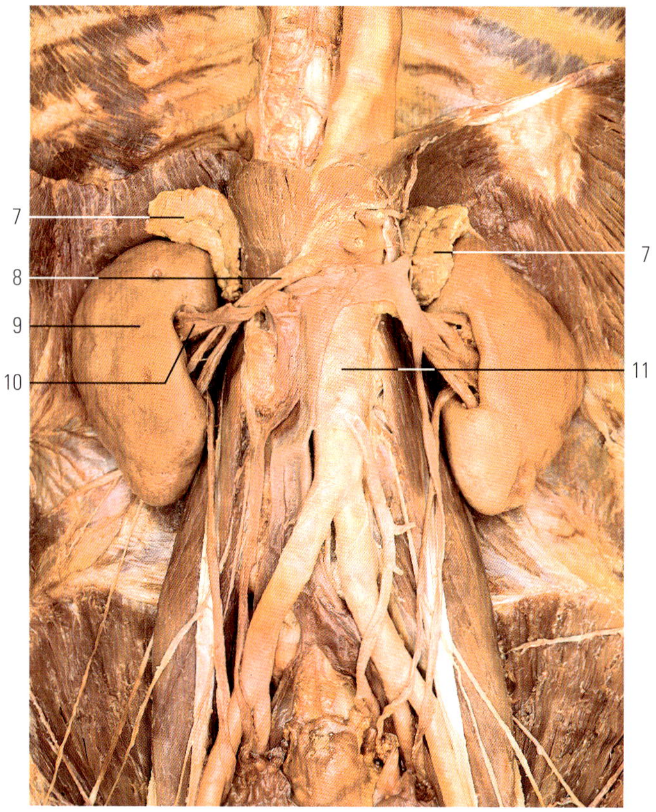

Nierenregion (von vorne). **Lage der Nebennieren** am oberen Pol der Nieren, unterhalb des Zwerchfells.

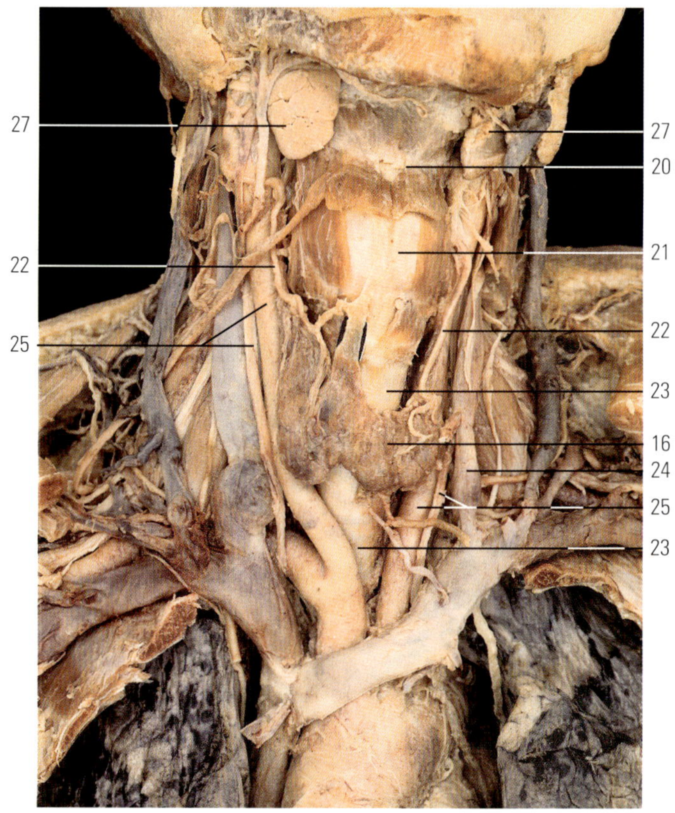

Lokalisation der Schilddrüse (Gl. thyroidea) am Hals unterhalb des Kehlkopfes vor der Luftröhre (Trachea).

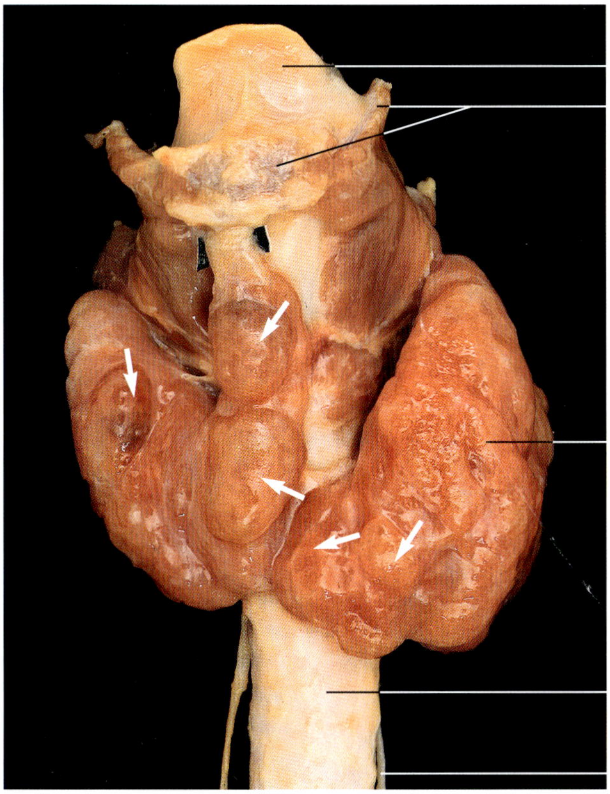

Kehlkopf und Schilddrüse (von vorne). Die Schilddrüse zeigt kropfartige Veränderungen und Zysten (Pfeile)

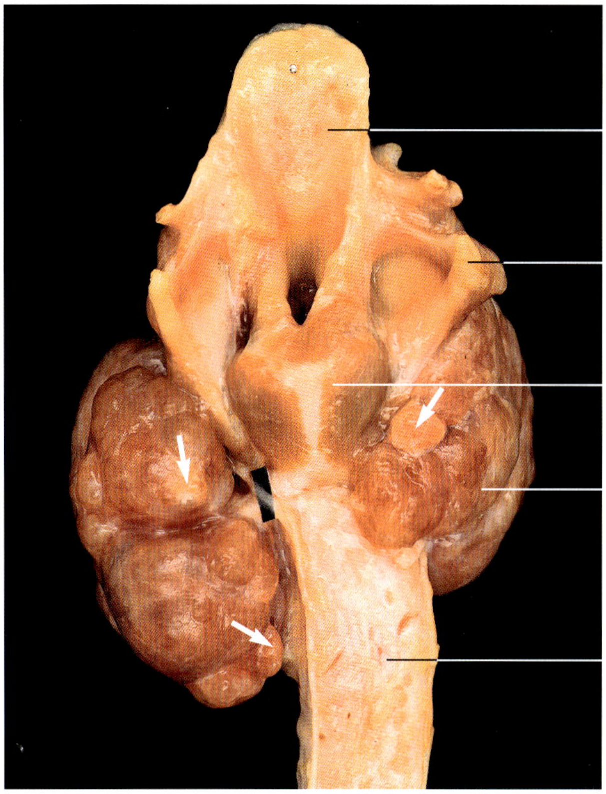

Kehlkopf, Luftröhre und Schilddrüse (von hinten). Darstellung der **Nebenschilddrüsen (Gll. parathyroideae,** Pfeile).

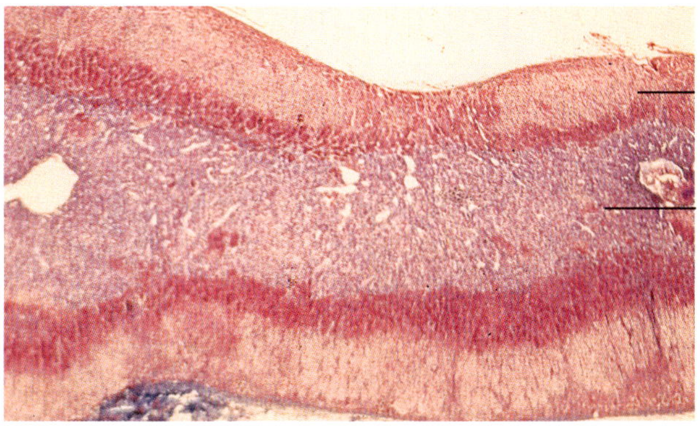

Mikroskopischer Schnitt durch die Nebenniere. Man erkennt die unterschiedliche Struktur von Rinde und Mark.

Endokrine Organe und ihre Hormone (Funktion)	
Hirnanhangsdrüse Vorderlappen	Glandotrope Hormone (Steuerung der endokrinen Organe), Wachstumshormon, Prolaktin
Hinterlappen	Adiuretin (Wasserhaushalt), Oxytocin (Gefäße, Wehen)
Schilddrüse	Thyroxin (Grundumsatz)
Nebenschilddrüse	Parathormon (Ca/P-Spiegel des Blutes)
Bauchspeicheldrüse	Insulin, Glukagon (Zuckerhaushalt)
Nebennierenrinde	Kortikoide (Stoffwechsel)
Nebennierenmark	Adrenalin, Noradrenalin (Sympathikusstimulation)
Eierstock/Hoden	Geschlechtshormone wie z.B. Östrogene, Gestagene, Testosteron

1 Stiel der Hirnanhangsdrüse (Infundibulum)
2 **Hirnanhangsdrüse (Hypophyse, Hypophysis cerebri)**
3 Keilbeinkörper mit Türkensattel
4 Untere Nasenmuschel (Concha nasalis inf.)
5 Harter Gaumen (Palatum durum)
6 Zunge (Lingua)
7 **Nebenniere (Gl. suprarenalis)**
8 Nierenarterie (A. renalis)
9 Niere (Ren)
10 Nierenvene (V. renalis)
11 Bauchaorta (Aorta abdominalis)
12 **Zirbeldrüse (Epiphyse,** Corpus pineale)
13 **Nebenschilddrüsen (Gll. parathyroideae)**
14 **Bauchspeicheldrüse (Pankreas) mit Langerhans-Inseln**
15 **Hoden (Testis)**
16 **Schilddrüse (Gl. thyroidea)**
17 **Eierstock (Ovarium)**
18 Nebennierenrinde, dreischichtig
19 Nebennierenmark
20 Zungenbein (Os hyoideum)
21 Kehlkopf (Larynx)
22 Obere Schilddrüsenarterie (A. thyroidea sup.)
23 Luftröhre (Trachea)
24 Halsvene (V. jugularis int.)
25 Eingeweidenerv (N. vagus, X. Hirnnerv) und gemeinsame Halsschlagader (A. carotis communis)
26 Kehldeckel (Epiglottis)
27 Unterkieferdrüse (Gl. submandibularis)
28 Kehlkopfnerv (N. laryngealis recurrens)

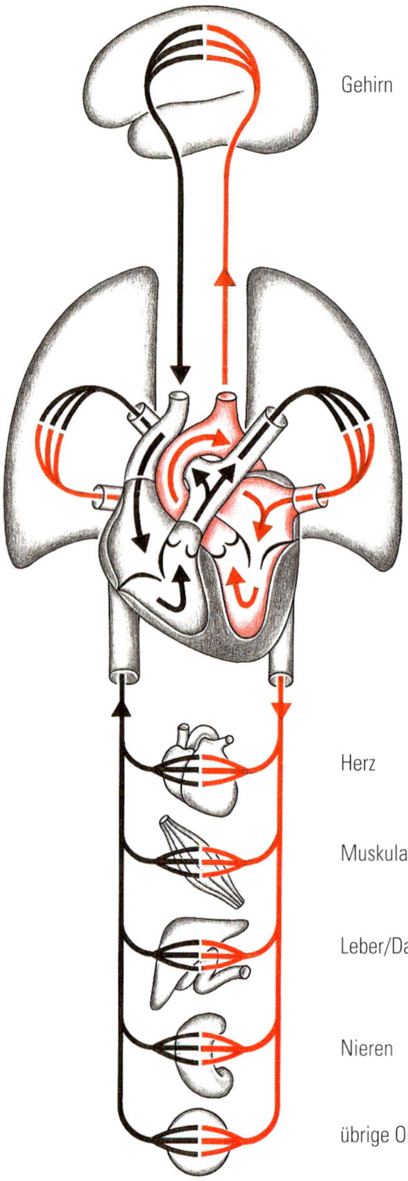

Übersicht über die Gliederung des Kreislaufsystems (Pfeile = Richtung des Blutstromes).

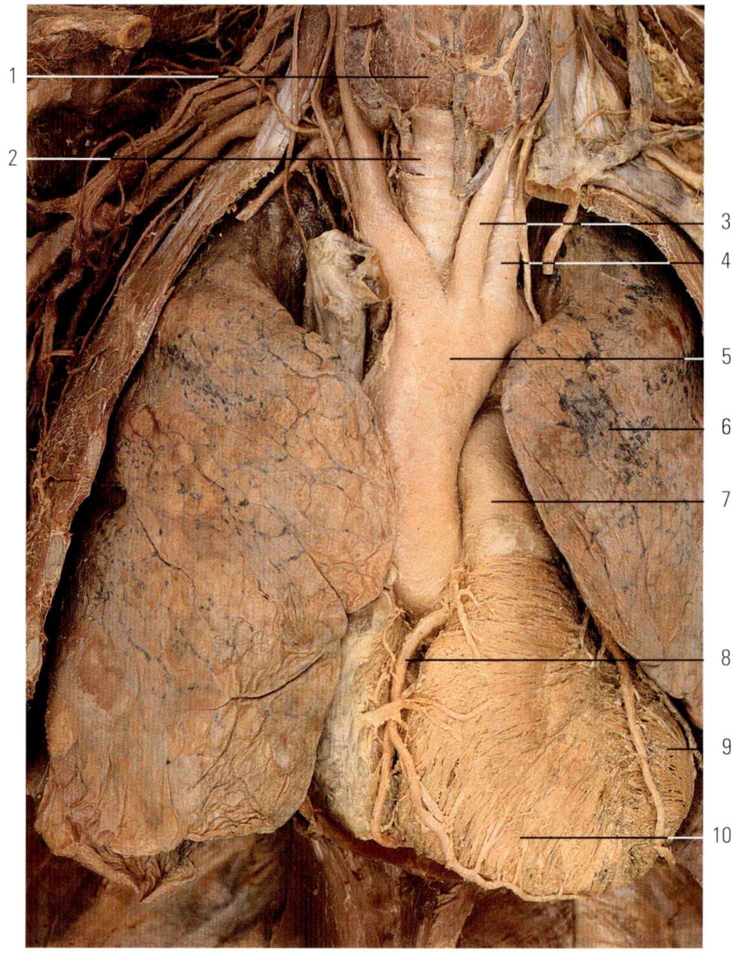

Brustorgane mit Herz und Lungen (von vorne). Brustwand und Herzbeutel wurden entfernt. Die rechte Kranzarterie (8) wurde dargestellt.

Durchblutung in Prozent des Herzzeitvolumens[1]

Organ	in Ruhe	bei Arbeit
Gehirn	13	4–6
Lungen	100	100
Herz	4–5	3–4
Muskulatur	21	80-85
Leber und Darm	24	3–5
Nieren	20	2–3
andere Organe	18	10

[1] Herzzeitvolumen: Die pro Zeiteinheit vom Herzen ausgeworfene Blutmenge (in Ruhe 5 l/min, bei starker Arbeit 25–35 l/min).

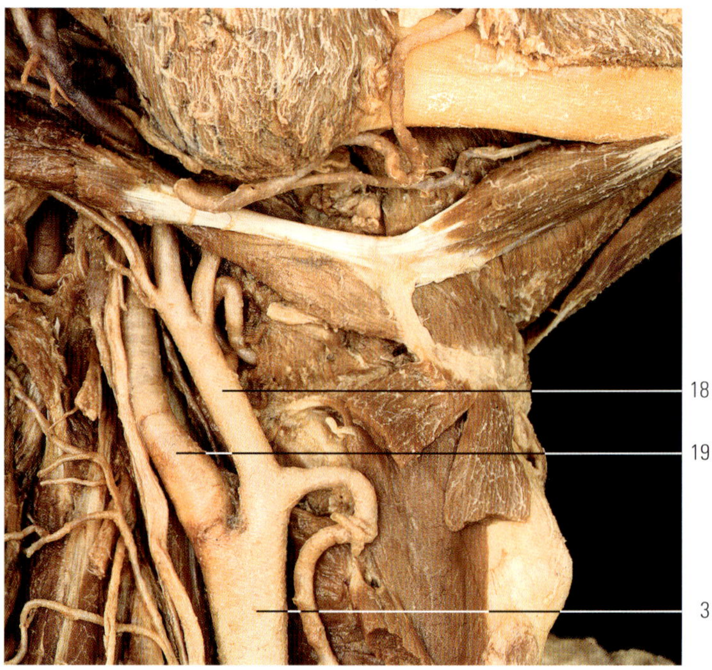

Aufteilung der großen Halsschlagader (A. carotis communis) in die äußere (A. carotis ext.) für Kopf und Hals (18) und innere Schlagader (A. carotis int.) für das Gehirn (19).

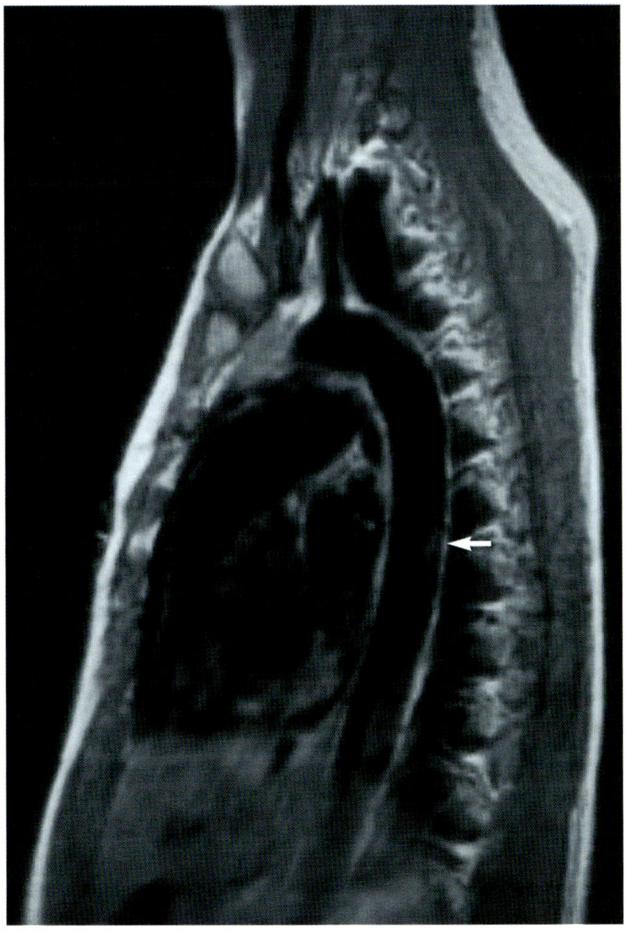

Medianschnitt durch die Brusthöhle in Höhe der Hauptschlagader (Aorta) (MR-Aufnahme). Pfeil: Brustaorta.

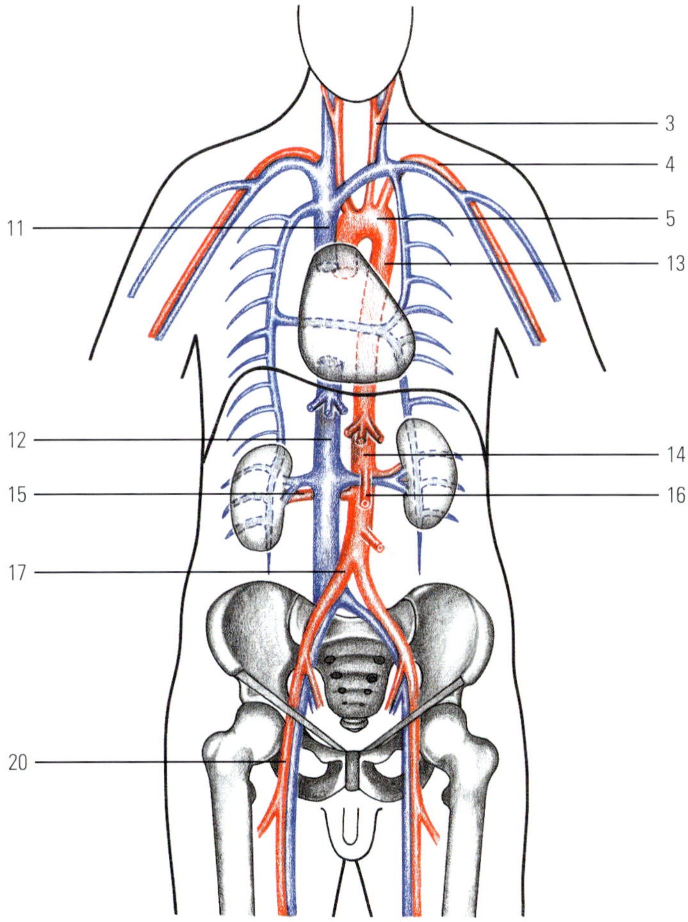

Schema der großen Körpergefäße. Das Venenblut fließt über die großen Hohlvenen (Vv. cavae sup. und inf.) zum Herzen zurück. Das arterielle Blut fließt durch die Aorta zum Kopf (A. carotis comm.), zum Arm (A. subclavia), zu den Eingeweiden (Truncus coeliacus, Aa. mesentericae und Aa. renales) und zum Bein (A. femoralis).

Kreislaufsystem:

Funktionell unterscheidet man drei große Kreislaufgebiete: Körperkreislauf (großer Kreislauf), Lungenkreislauf (kleiner Kreislauf) und Gehirnkreislauf. Arterien bringen das Blut unter hohem Druck (80–120 mmHg) vom Herzen peripherwärts zu den Organen, Venen (bei niedrigerem Druck: 0–20 mmHg), von den Organen zum Herzen zurück. Innerhalb der Organe teilen sich die kleinen Arterien (Arteriolen) in dünnwandige Haargefäße (Kapillaren) auf, durch deren Wand der Stoffaustausch mit den Körpergeweben erfolgt.

Lungenkreislauf: Rechte Herzkammer → Lungenarterien (Aa. pulmonales) → Lungenkapillaren → Lungenvenen (Vv. pulmonales) → linker Herzvorhof.

Körperkreislauf: Linke Herzkammer → Aorta → Arterien des Körpers (z. B. Nierenarterie, Darmarterien, Beinarterie usw.) → Kapillarnetze der Organe → Venen des Körpers → untere Hohlvene (V. cava inf.) → rechter Vorhof.

Kopf- und Gehirnkreislauf: Linke Herzkammer → Aorta → Halsschlagader (A. carotis comm.) → Kapillarnetze von Kopf und Gehirn → Jugularvene (V. jugularis int.) → obere Hohlvene (V. cava sup.) → rechter Vorhof.

1 Schilddrüse (Gl. thyroidea)
2 Luftröhre (Trachea)
3 **Gemeinsame Halsschlagader (A. carotis communis)**
4 Schlüsselbeinschlagader (A. subclavia)
5 Aortenbogen (Arcus aortae)
6 Lunge (Pulmo)
7 Lungenarterienstamm (Truncus pulmonalis)
8 **Rechte Kranzarterie (A. coronaria dext.)**
9 Linke Herzkammer (linker Ventrikel)
10 Rechte Herzkammer (rechter Ventrikel)
11 **Obere Hohlvene (V. cava sup.)**
12 **Untere Hohlvene (V. cava inf.)**
13 **Brustaorta** (Aorta, pars thoracica)
14 **Bauchaorta** (Aorta, pars abdominalis)
15 Nierenarterie (A. renalis)
16 Darmarterie (A. mesenterica sup.)
17 Hüftschlagader (A. iliaca communis)
18 **Äußere Halsschlagader (A. carotis ext.)**
19 **Innere Halsschlagader (A. carotis int.)**
20 Oberschenkelarterie (A. femoralis)

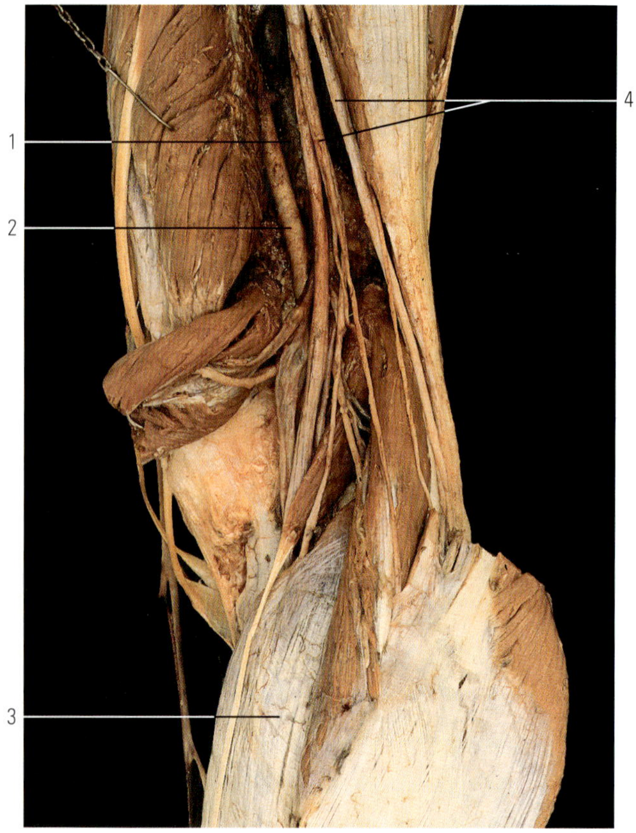

Blutgefäße in der Kniekehle (von hinten). Arterien, Venen und Nerven liegen meist zusammen. Die Venen sind weitlumiger und zahlreicher als die Arterien.

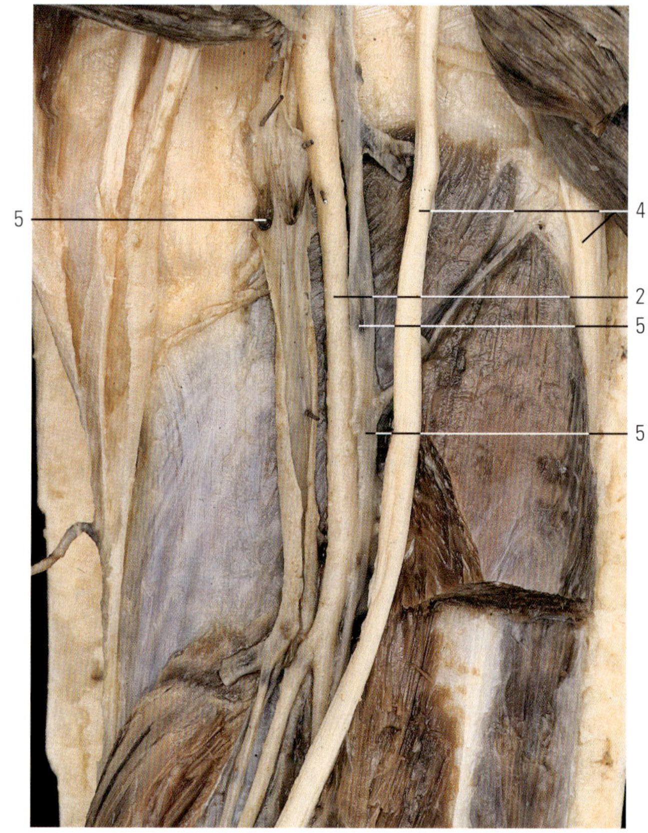

Venen des Beines (von hinten). Die Arterie wird von zwei Venen begleitet. Die linke wurde aufgeschnitten, um die Venenklappen zu zeigen.

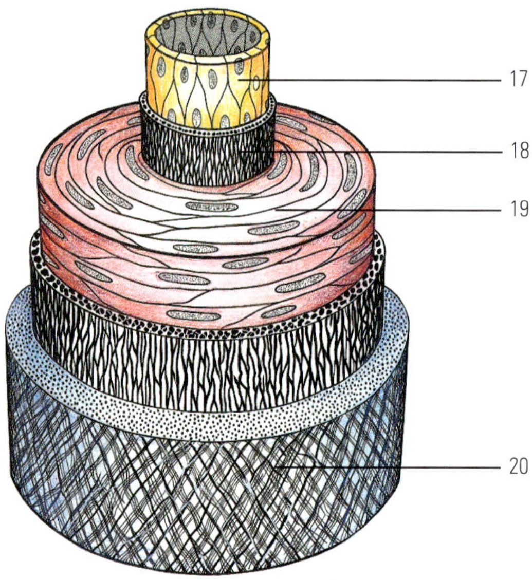

Aufbau einer Arterie (Schema). Die Muskelschicht (Media) wird beiderseits von einer elastischen Faserlamelle begrenzt.

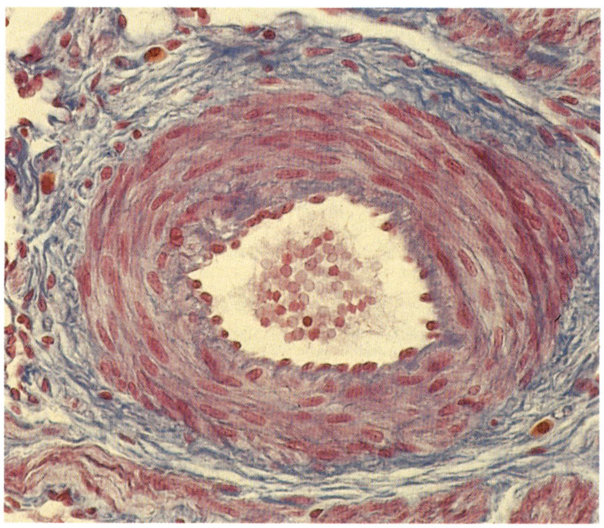

Mikroskopischer Schnitt durch eine Arterie (50 ×). Rot = Muskelschicht (Media), blau = Adventitia.

1 Kniekehlenvene (V. poplitea)
2 Kniekehlenarterie (A. poplitea)
3 Schollenmuskel (M. soleus)
4 Beinnerven (N. tibialis und N. peronaeus communis)
5 Venenklappen
6 Nierenbecken (Pelvis renalis)
7 Obere Gekröseschlagader (Mesenterialarterie, A. mesenterica sup.)
8 Dünndarmarterien (Aa. jejunales)
9 Katheter in der Aorta
10 Harnleiter (Ureter)
11 Lendenwirbelsäule

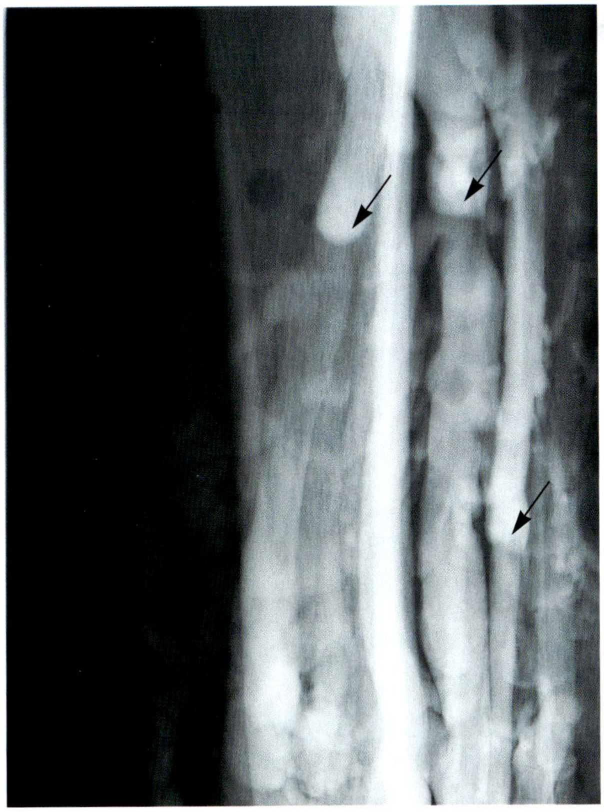

Unterschenkelvenen mit Klappen (Pfeile). (Röntgenaufnahme, Darstellung der Venen durch Injektion von Kontrastmitteln).

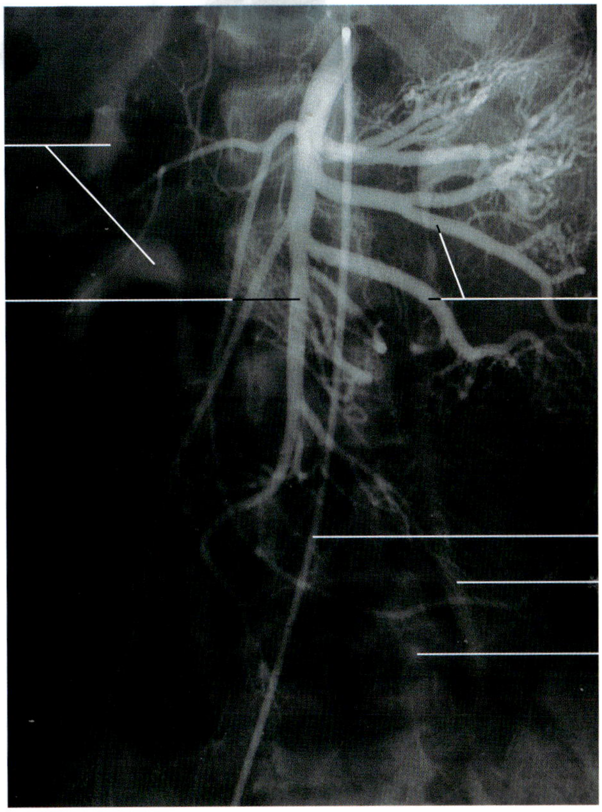

Röntgenologische Darstellung der Oberbaucharterien. Angiographie der Eingeweideschlagader (Truncus coeliacus) und der Mesenterialarterien mit Hilfe eines Katheters (9).

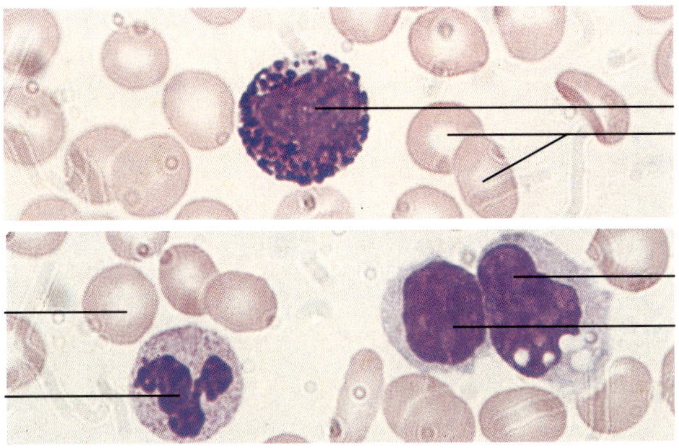

Menschliches Blutbild (Blutausstrich, Giemsa-Färbung). Zwischen den roten Blutkörperchen (Erythrozyten) liegen vereinzelt weiße Blutkörperchen (Leukozyten).

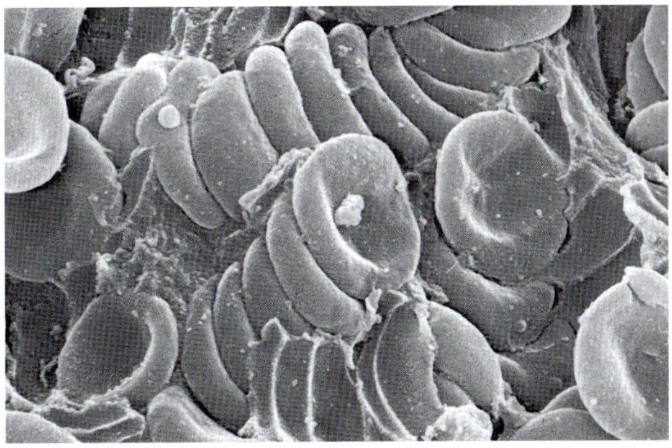

Rasterelektronenmikroskopische Aufnahme von roten Blutkörperchen (Erythrozyten). Die eingedellte Scheibenform der Zellen sowie die Geldrollenanordnung wird erkennbar.

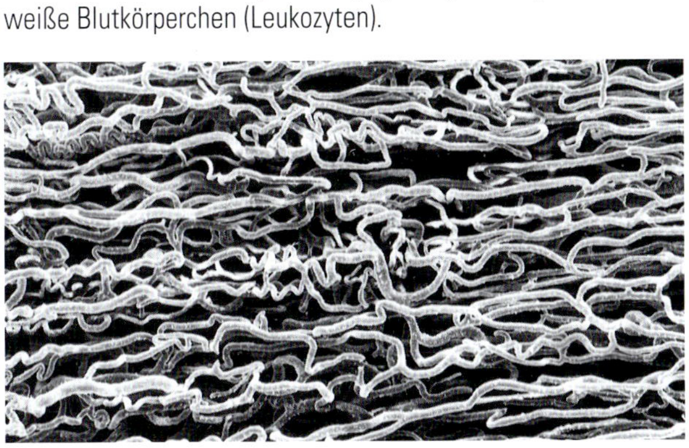

Kapillarnetz eines Skelettmuskels. Kunststoffausguß, rasterelektronenmikroskopische Aufnahme.

Blutzellen

12 Weißes Blutkörperchen, mit Eosin anfärbbar (eosinophiler Leukozyt)
13 Segmentkerniges weißes Blutkörperchen (Leukozyt, neutrophiler Granulozyt)
14 Rote Blutkörperchen (Erythrozyten)
15 Weißes Blutkörperchen mit einfachem Zellkern (Monozyt)
16 Weißes Blutkörperchen für die spezifische Immunabwehr (Lymphozyt)

Gefäßwand

17 Gefäßinnenauskleidung (Endothelium)
18 Elastikaschicht (Membrana elastica int.)
19 Muskelschicht (Tunica muscularis media)
20 Äußere Bindegewebsschicht (Adventitia)

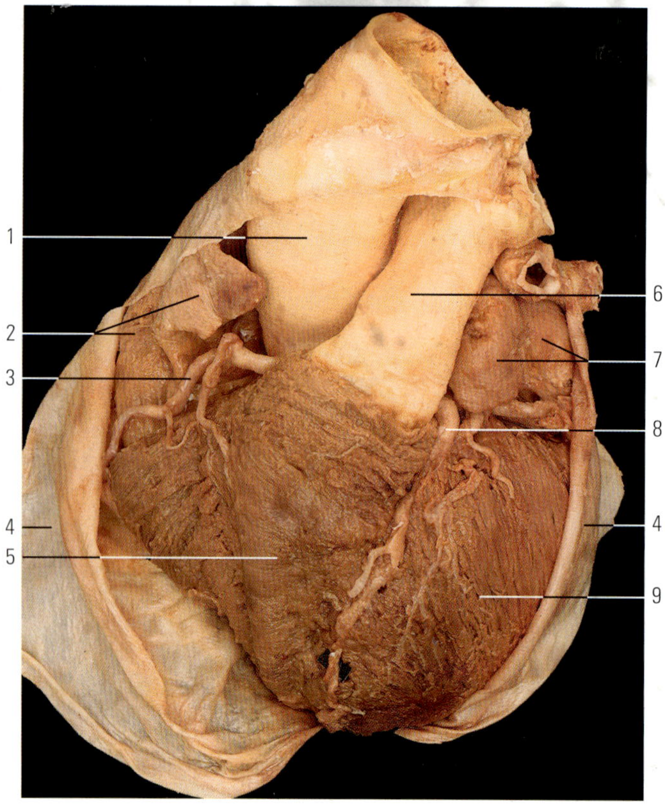

Menschliches Herz mit Herzbeutel (von vorne). Muskulatur und Kranzgefäße sind dargestellt. Der Herzbeutel (Perikard) wurde aufgeschnitten und zur Seite verlagert.

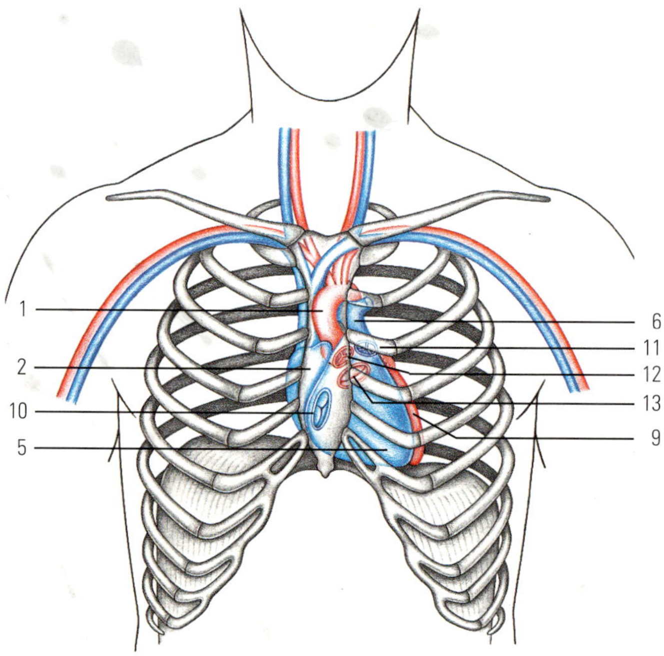

Lage von Herz und Herzklappen im Brustkorb. Die Herzspitze projiziert sich auf den 5. Zwischenrippenraum.

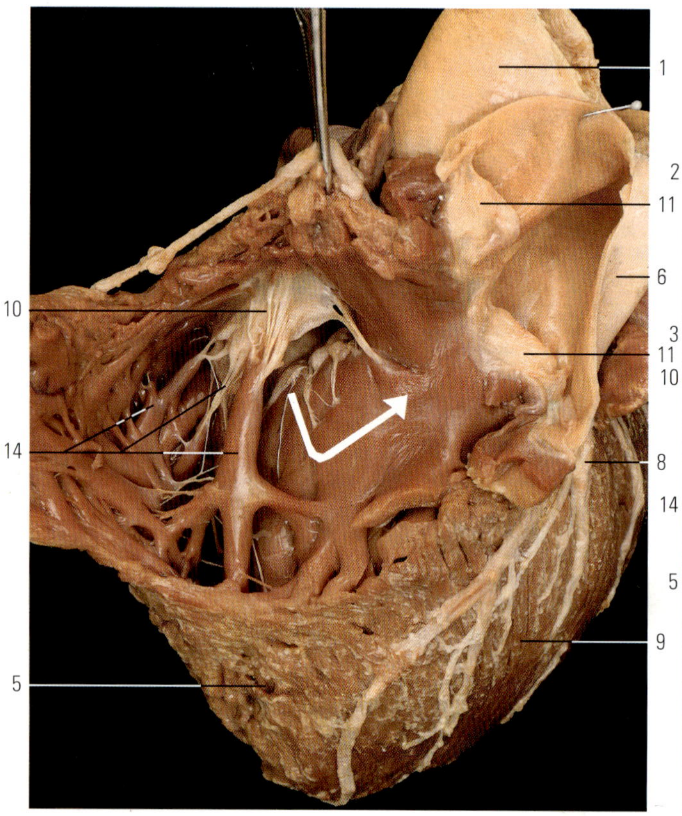

Rechte Herzkammer (eröffnet). Die Segelklappe wird durch Papillarmuskeln fixiert. Pfeil: Richtung des Blutstromes.

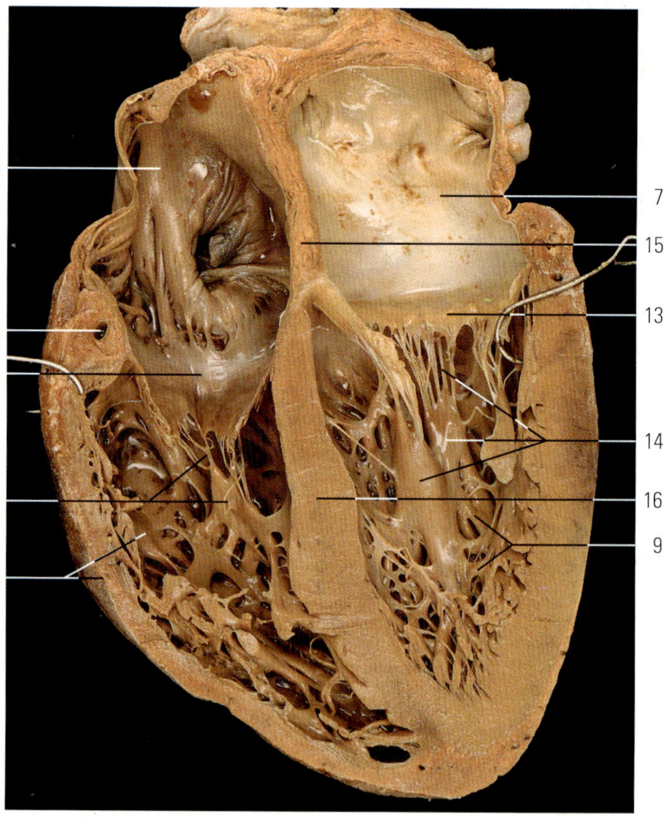

Längsschnitt durch das Herz mit den beiden Segelklappen. Die linke Kammerwand ist wesentlich dicker als die rechte.

1 Aufsteigende Aorta (Aorta ascendens)
2 Rechter Vorhof (Atrium dextrum)
3 **Rechte Kranzarterie (A. coronaria dextra)**
4 Herzbeutel (Perikard)
5 Rechte Herzkammer (Ventriculus dext.)
6 Lungenarterienstamm (Truncus pulmonalis)
7 Linker Vorhof mit Herzohr (Atrium sinistrum mit Auricula atrii)
8 **Linke Kranzarterie (A. coronaria sinistra)**
9 Linke Herzkammer (Ventriculus sin.)
10 **Rechte Atrioventrikularklappe (Valva tricuspidalis)** – Segelklappe
11 **Pulmonalklappe (Valva trunci pulmonalis)** – Taschenklappe
12 **Aortenklappe (Valva aortae)** – Taschenklappe
13 **Linke Atrioventrikularklappe (Valva bicuspidalis) – Mitralklappe**
14 Papillarmuskeln mit Sehnenfäden (Chordae tendineae)
15 Vorhofscheidewand (Septum interatriale)
16 Kammerscheidewand (Septum interventriculare)
17 Zwerchfell (Diaphragma)
18 Obere Hohlvene (V. cava sup.) und Zwerchfellnerv (N. phrenicus)
19 Lunge (Pulmo)

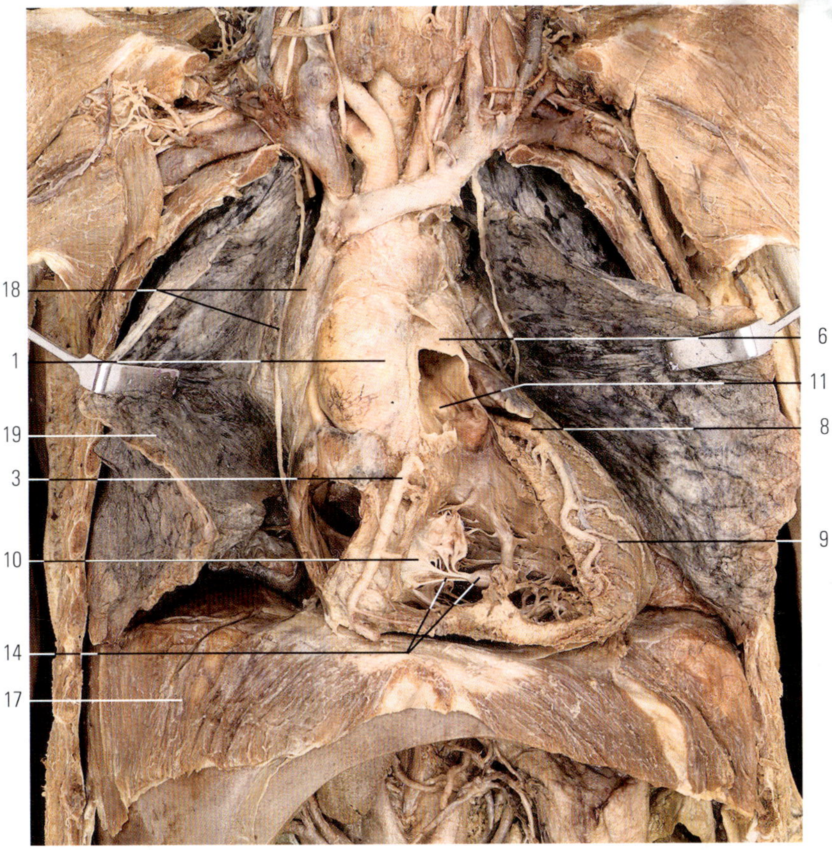

Herz im Brustraum (von vorne). Rechtes Herz und Lungenarterienstamm wurden gefenstert. Man beachte die Lage der Herzklappen.

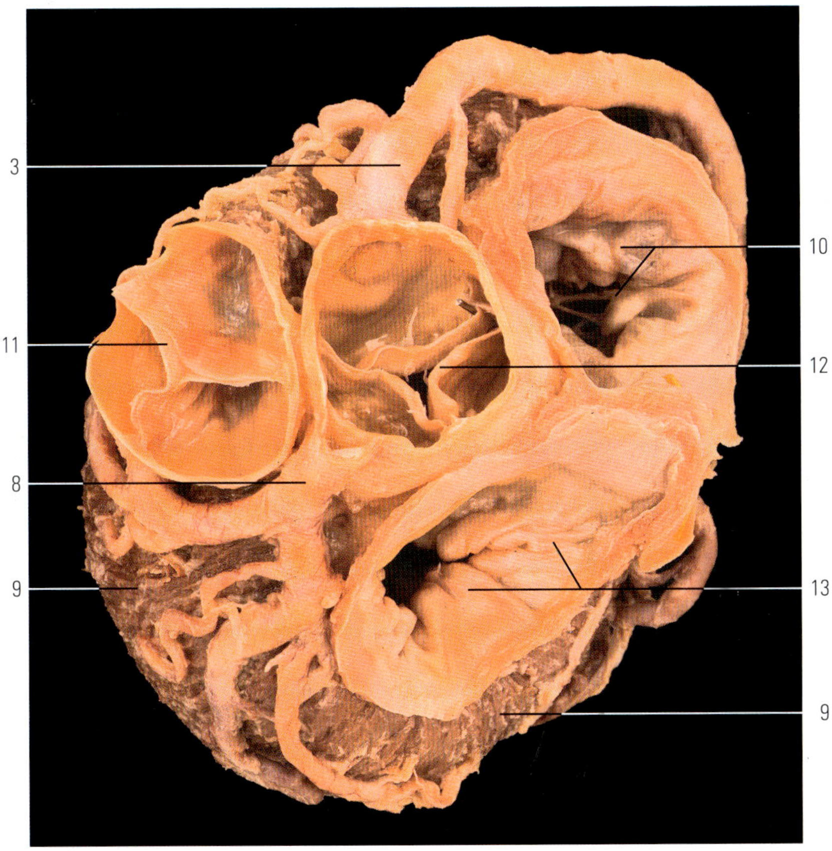

Aufsicht auf die Ventilebene des Herzens mit Herzklappen und Kranzarterien. Herzvorderwand zeigt zum oberen Bildrand.

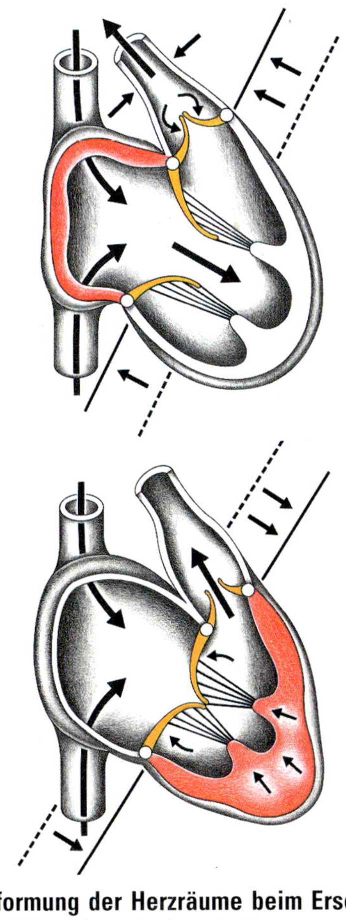

Verformung der Herzräume beim Erschlaffen (**Diastole,** oben) und Zusammenziehen (**Systole,** unten) des Herzmuskels. Pfeile: Richtung der Blutströme. Man beachte die Verschiebung der Ventilebene (Querstrich).

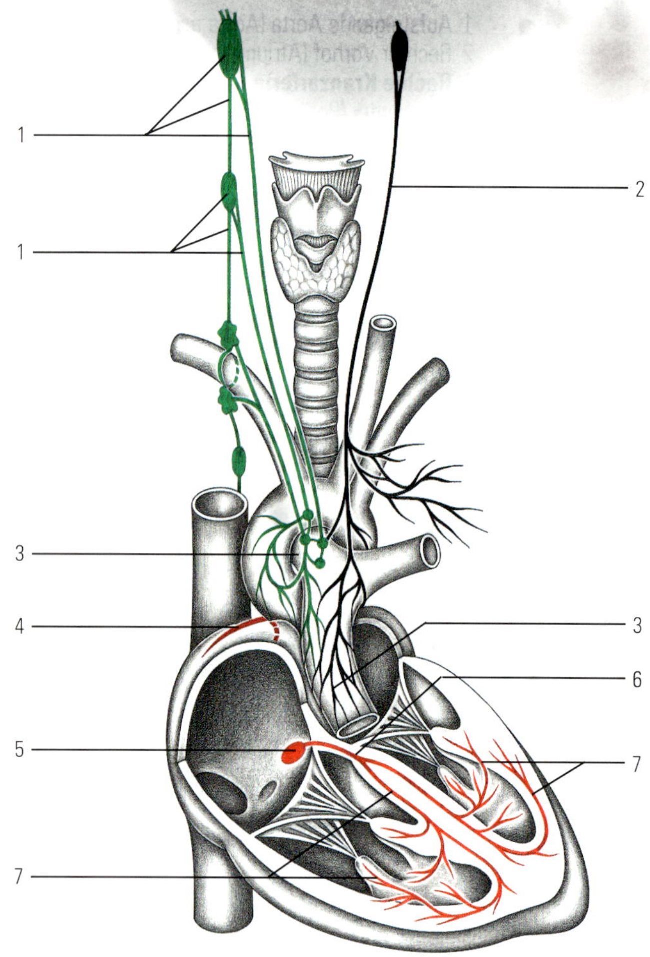

Innervation des Herzens. Reizleitungssystem (RLS) (rot). Sympathikus (nur re.) = grün; Parasympathikus (nur li.) = schwarz.

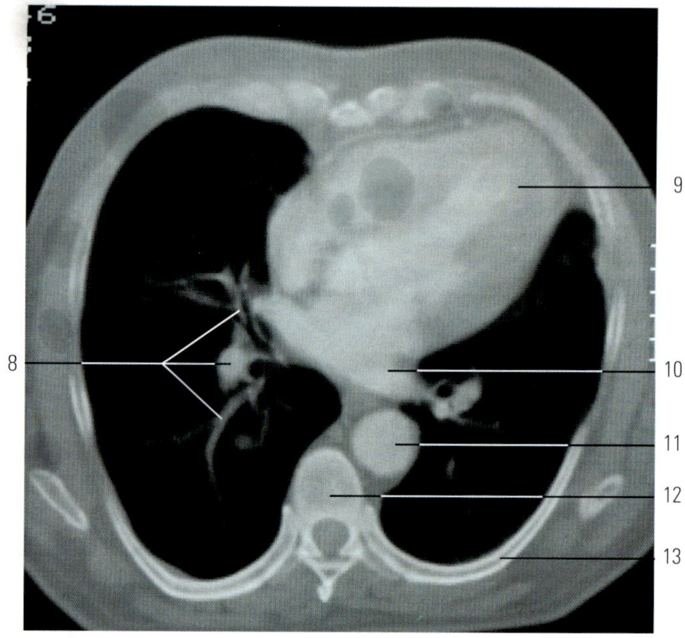

Computertomogramm vom Herzen innerhalb der Brusthöhle (Horizontalschnitt, Ansicht von unten).

Das **Reizleitungssystem** steuert die funktionelle Autonomie des Herzens. Der Sinusknoten (Schrittmacher) arbeitet mit einer Frequenz von 80-90/Min., der Atrioventrikularknoten mit einer von 40-50/Min. Die Endverzweigungen verlaufen im Herzmuskel (Purkinje-Fasern) (7). Die **Kranzgefäße** liegen in Höhe der Ventilebene. Die rechte Kranzarterie versorgt das rechte Herz und die Hinterwand, die linke das linke Herz und die Vorderwand. Die Kranzvenen fließen zur Sammelvene der Herzvenen (Sinus coronarius) (16), die hinten in den linken Vorhof einmündet.

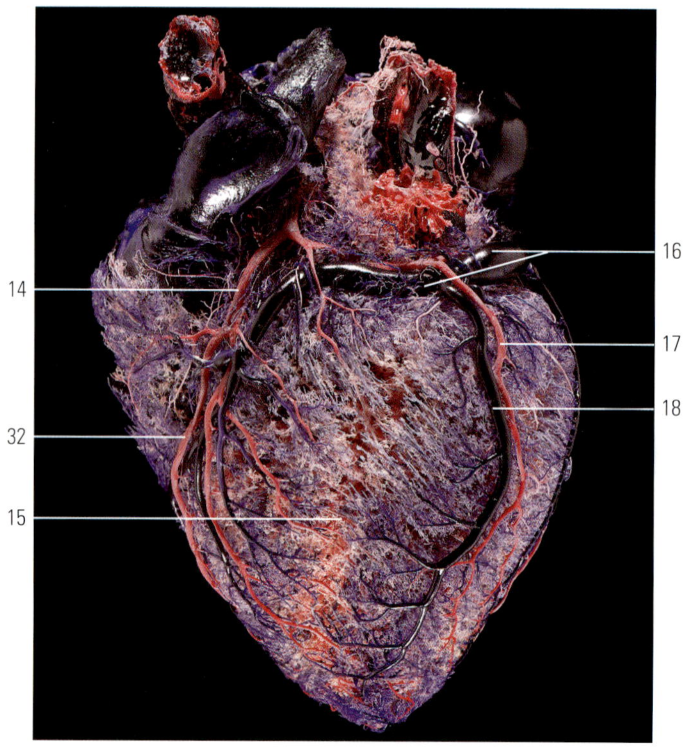

Kunststoffausguß der Gefäße des Herzens (schräg von hinten).

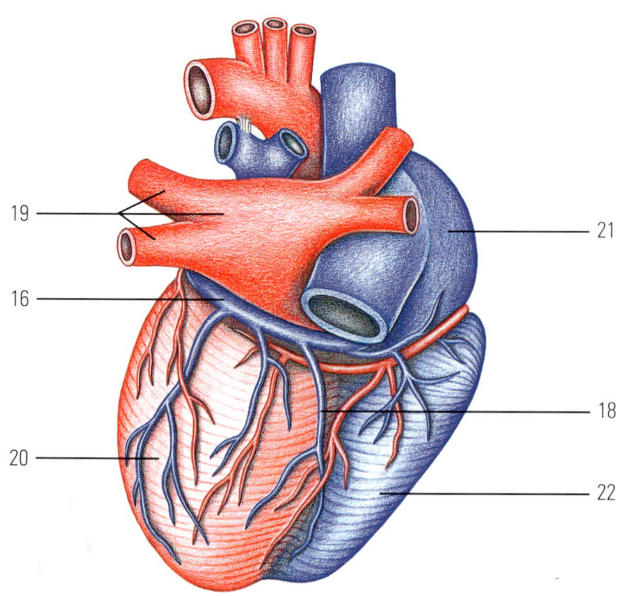

Herzkranzgefäße mit Sinus coronarius (von hinten) (Schema).

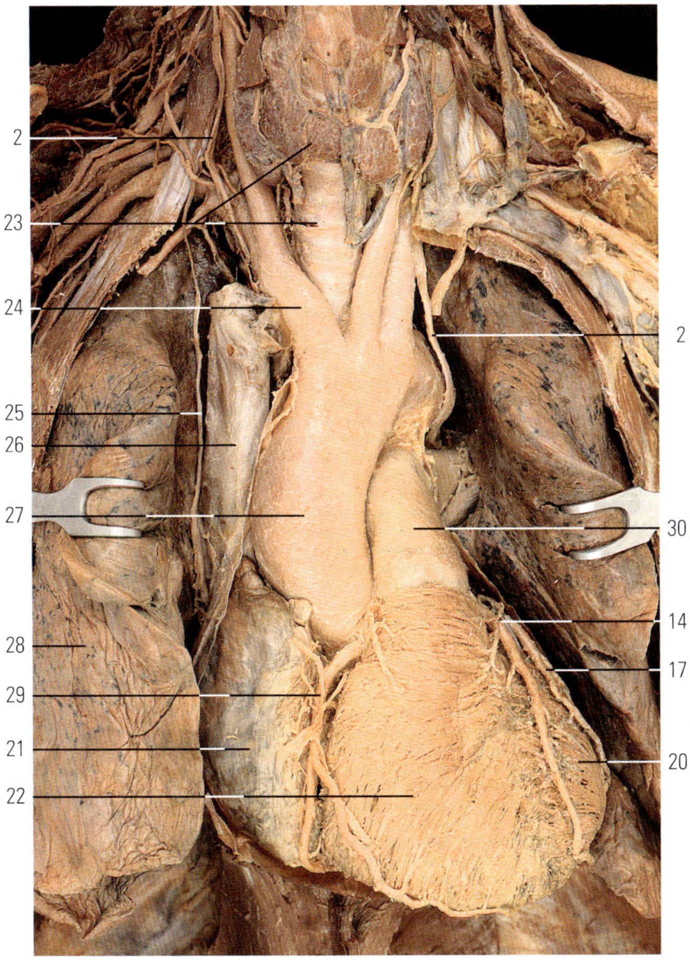

Herz mit Kranzgefäßen innerhalb der Brusthöhle (von vorne). Die Lungen wurden zur Seite gezogen.

1 **Grenzstrang des Sympathikus** mit sympathischen Herznerven
2 **Eingeweidenerv (N. vagus, X. Hirnnerv)** mit parasympathischen Herznerven
3 Autonomes Herzgeflecht mit Nervenzellen
4 **Sinusknoten** (Nodus sinuatrialis, Keith-Flack-Knoten)
5 **Vorhof-Kammer-Knoten (Atrioventrikularknoten,** Aschoff-Tawara-Knoten)
6 **His-Bündel** (Fasciculus atrioventricularis)
7 Endverzweigungen des RLS (Purkinje-Fasern)
8 Lungenwurzel, Äste der rechten Lungenarterie (Radix pulmonis, A. pulmonalis dext.)
9 **Herz (Cor)**
10 Linke Lungenvene (V. pulmonalis sin.)
11 Brustaorta
12 Brustwirbel
13 Rippe (Costa)
14 **Linke Kranzarterie** (A. coronaria sin.)
15 Kapillarnetz der rechten Herzkammer
16 **Sammelvene der Herzvenen (Sinus coronarius)**
17 Herumlaufender Ast (Ramus circumflexus) der linken Kranzarterie
18 Hintere Vene (V. interventricularis post.)
19 Linker Vorhof (Atrium sin.) mit Lungenvenen
20 Linke Herzkammer (Ventriculus sin.)
21 Rechter Vorhof (Atrium dext.)
22 Rechte Herzkammer (Ventriculus dext.)
23 Luftröhre (Trachea) und Schilddrüse (Gl. thyroidea)
24 Arterienstamm für rechte Kopfhälfte und Arm (Truncus brachiocephalicus)
25 Zwerchfellnerv (N. phrenicus)
26 Obere Hohlvene (V. cava sup.)
27 Aufsteigende Aorta (Aorta ascendens)
28 Lunge (Pulmo)
29 **Rechte Kranzarterie** (A. coronaria dextra)
30 Lungenarterienstamm (Truncus pulmonalis)
31 Abdruck der Pulmonalklappe (Valva trunci pulmonalis)
32 Vorderwandgefäße (A. und V. interventricularis ant.)
33 Aortenbogen (Arcus aortae)

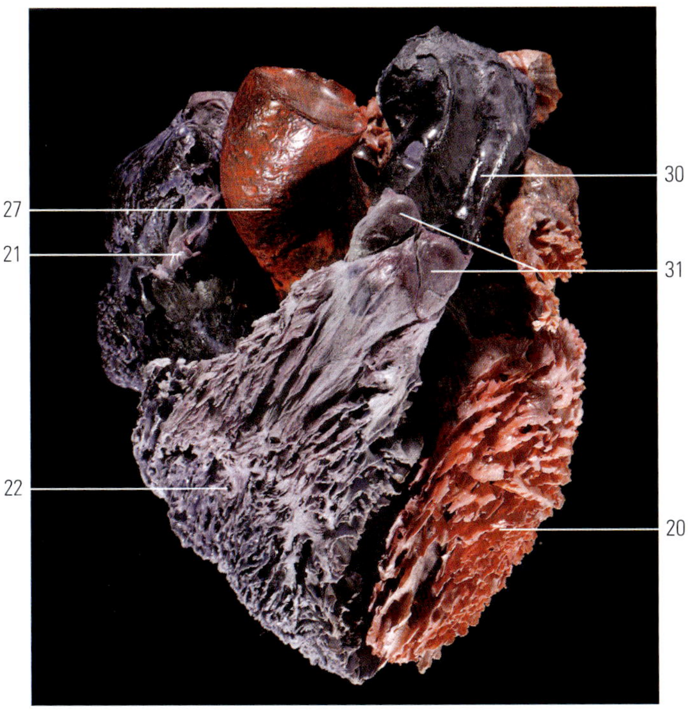

Ausgußpräparat von den Innenräumen des Herzens (rechtes Herz blau, linkes Herz rot).

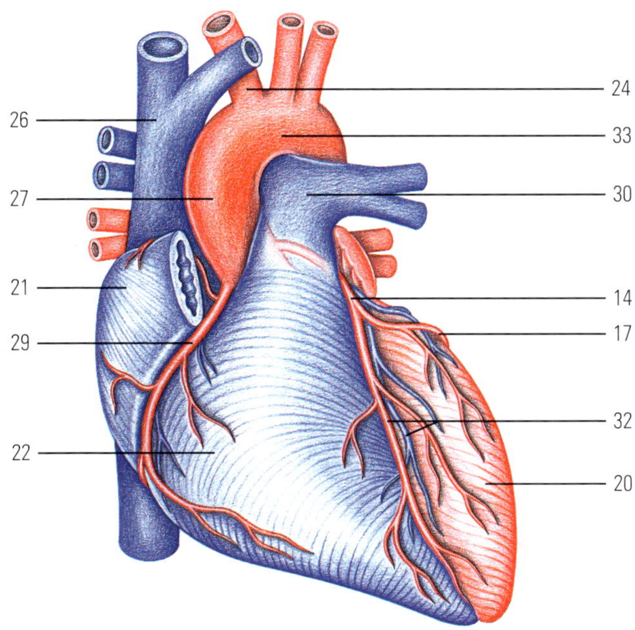

Herzkranzgefäße (von vorne). Das rechte Herzohr wurde abgetrennt (Schema).

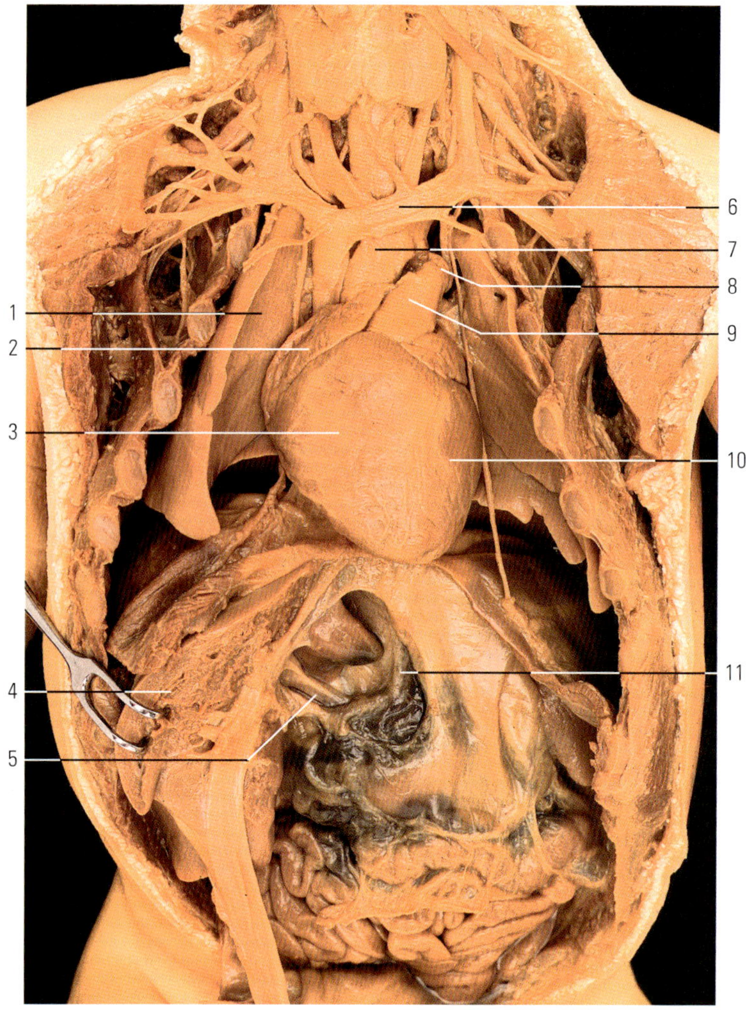

Brust- und Bauchansicht eines Feten (10. Monat) (von vorne). Man beachte die beiden Gefäßkurzschlüsse (Ductus arteriosus und venosus). Linker Leberlappen entfernt.

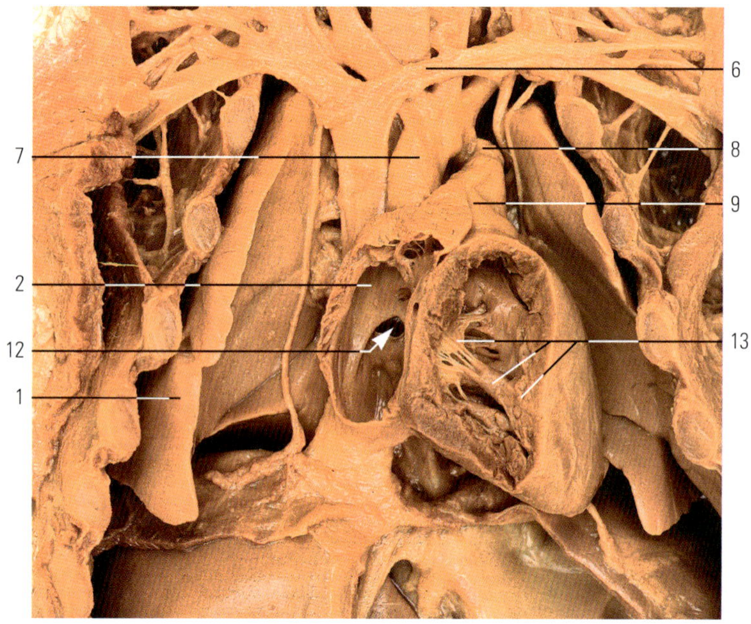

Herz eines Feten (10. Monat). Vorhof und Kammer des rechten Herzens wurden eröffnet. Man sieht das Foramen ovale (12).

1 Lunge (Pulmo)
2 Rechter Vorhof (Atrium dext.)
3 Rechte Herzkammer (Ventriculus dext.)
4 Leber (Hepar)
5 **Pfortader (V. portae)**
6 Sammelvene (V. brachiocephalica sin.) – Übergang in obere Hohlvene (V. cava sup.)
7 Aufsteigende Aorta (Aorta ascendens)
8 **Arterieller Kurzschluß (Ductus arteriosus, Ductus Botalli)**
9 Lungenvenenstamm (Truncus pulmonalis)
10 Linke Herzkammer (Ventriculus sin.)
11 **Venöser Kurzschluß (Ductus venosus, Ductus Arantii)**
12 Ovales Loch **(Foramen ovale)** – Verbindung zwischen rechtem und linkem Vorhof
13 Rechte Herzkammer mit dreizipfeliger Segelklappe (Valva tricuspidalis)
14 **Nabelvene (V. umbilicalis)**
15 Nabelarterien (Aa. umbilicales)
16 Nabelstrang und Mutterkuchen (Placenta)
17 Untere Hohlvene (V. cava inf.)

● Ductus arteriosus – (Botalli) (8)	Umgehung des Lungenkreislaufs
● Ductus venosus – (Arantii) (11)	Umgehung des Leberkreislaufs
● Foramen ovale – (12)	Umgehung des Lungenkreislaufs – Kurzschluß vom rechten zum linken Vorhof

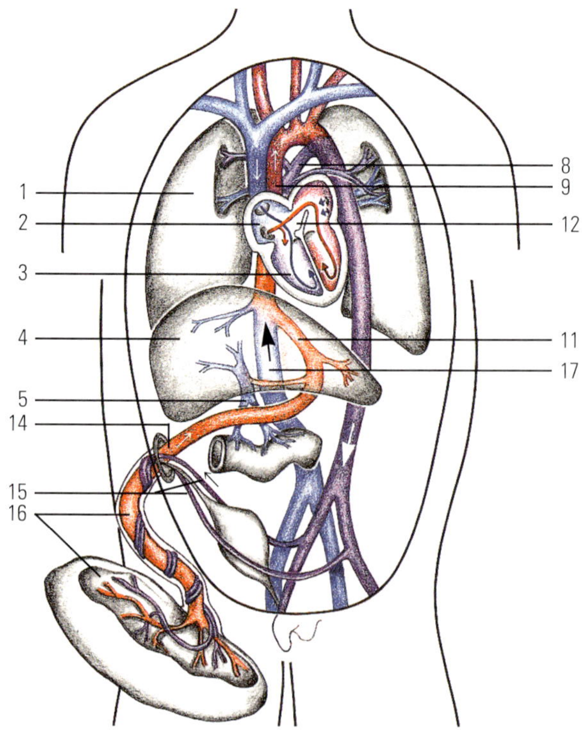

Schema des Fetalkreislaufs. Man beachte die Gefäßkurzschlüsse sowie das Foramen ovale zwischen rechtem und linkem Vorhof.

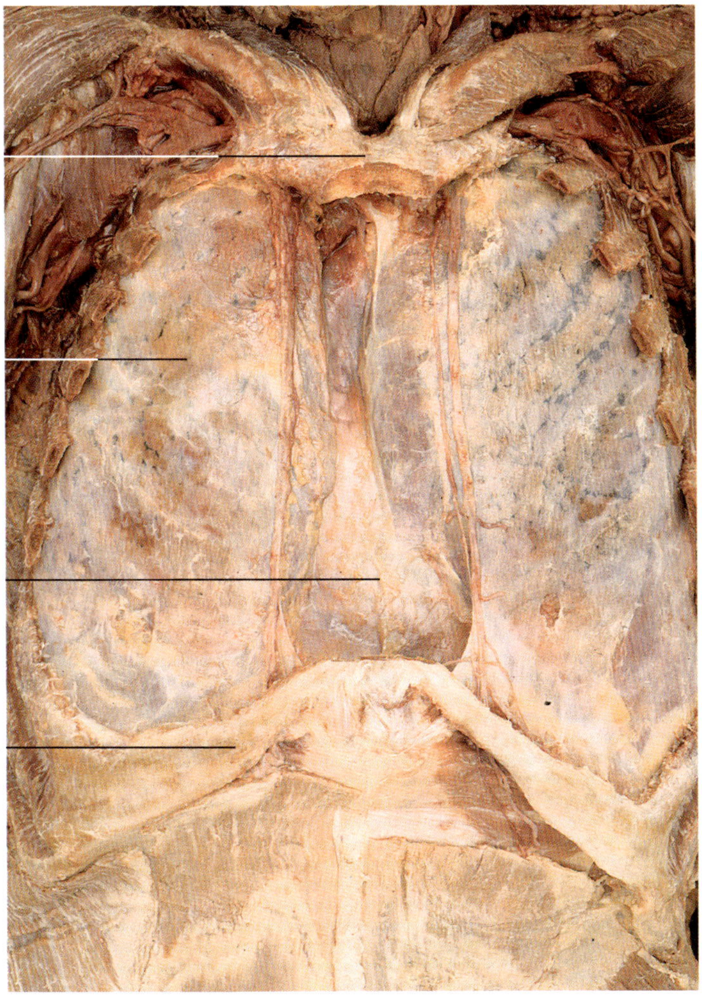

Lungen im Pleurasack (von vorne). Zwischen beiden Lungen befinden sich das Mediastinum mit dem Herzen und seinen Gefäßen sowie Trachea, Oesophagus und Nerven.

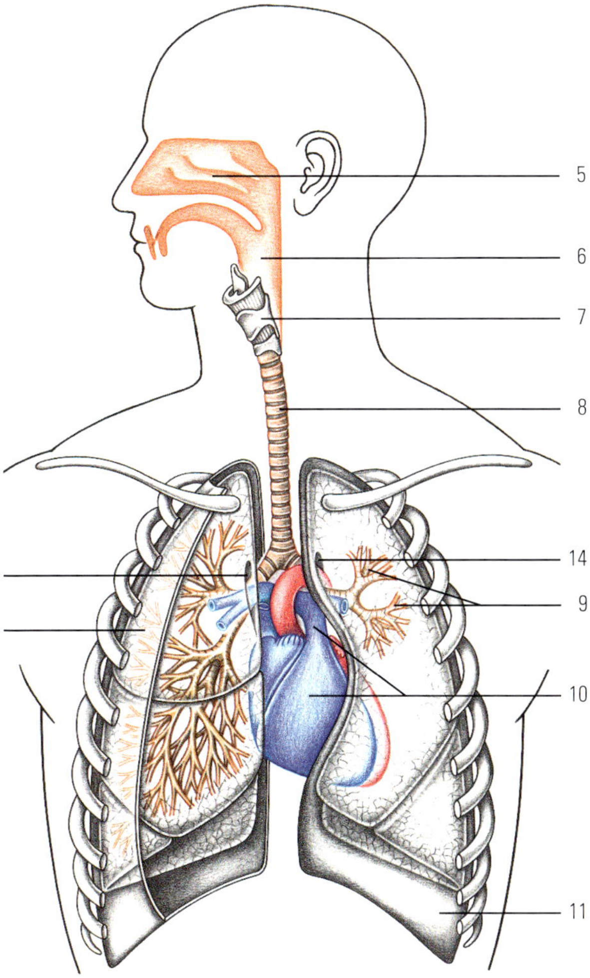

Aufbau des Atmungssystems (Respirationssystems). Rechts wurden Brustfell und Lunge teilweise entfernt und der Bronchialbaum dargestellt.

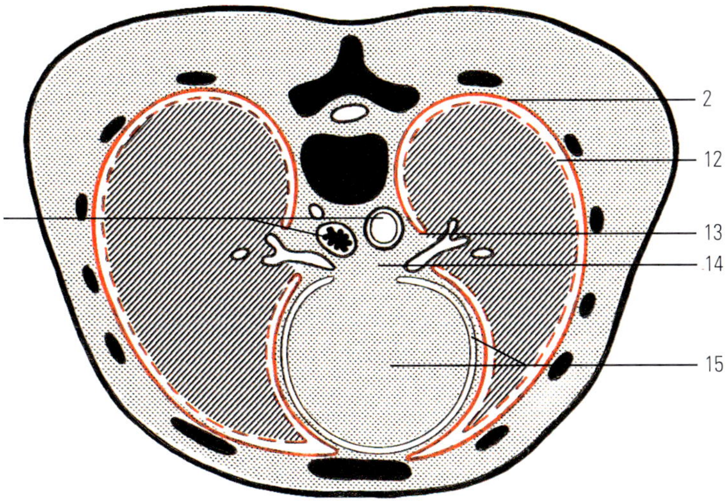

Horizontalschnitt durch den Brustkorb zur Darstellung der Pleuraverhältnisse. Zwischen beiden Lungen liegt das Mittelfell (Mediastinum) (14).

1 Brustbein (Sternum) (durchtrennt)
2 **Brustfell (Pleura costalis)**
3 Herz mit Herzbeutel (Perikard)
4 Rippenbogen (Arcus costalis)
5 Nasenhöhle (Cavitas nasi)
6 Schlund (Pharynx)
7 Kehlkopf (Larynx)
8 **Luftröhre (Trachea)**
9 Bronchialbaum
10 Rechte Herzkammer und Lungenarterienstamm (Truncus pulmonalis)
11 Pleurasack (Recessus costodiaphragmaticus)
12 **Lungenfell (Pleura pulmonalis)**
13 Lungenhilum (Umschlag von Lungen- in Brustfell)
14 **Mittelfell (Mediastinum)**
15 Herzhöhle mit Herzbeutel (Perikard) und dem inneren Blatt des Perikards (Epikard)
16 Aorta und Speiseröhre (Oesophagus) im Mediastinum

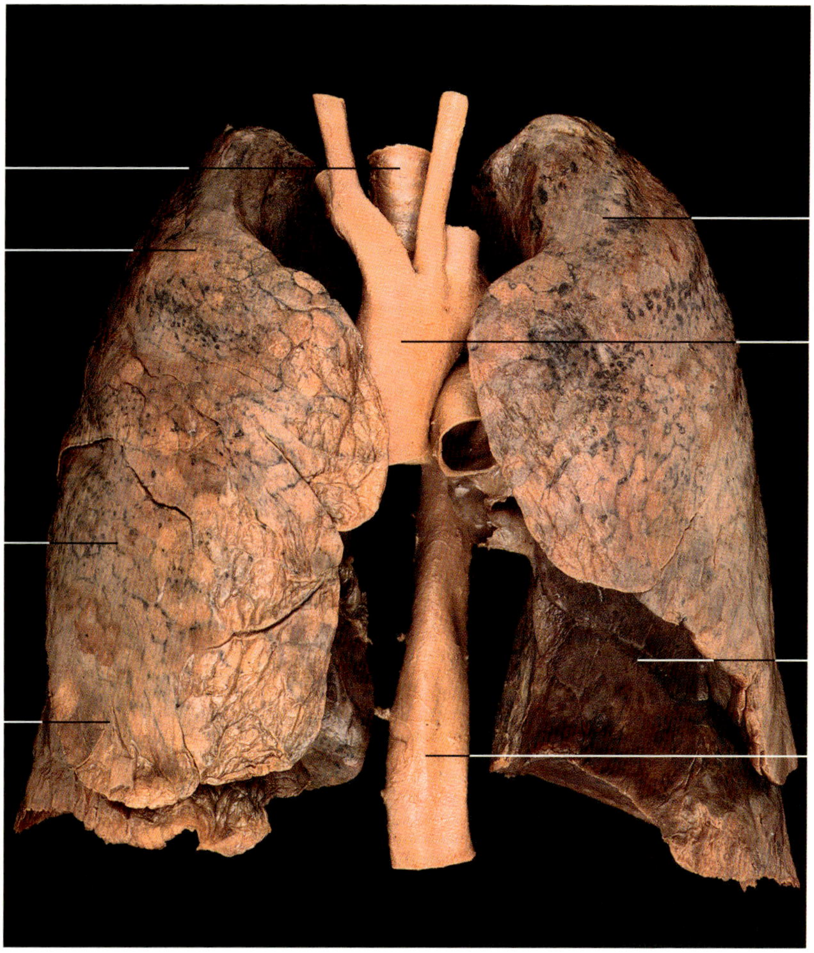

Lungen mit Trachea und Aorta (isoliert, von vorne). Die rechte Lunge besitzt drei, die linke nur zwei Lappen. Zwischen beiden Lungen liegt das Mediastinum.

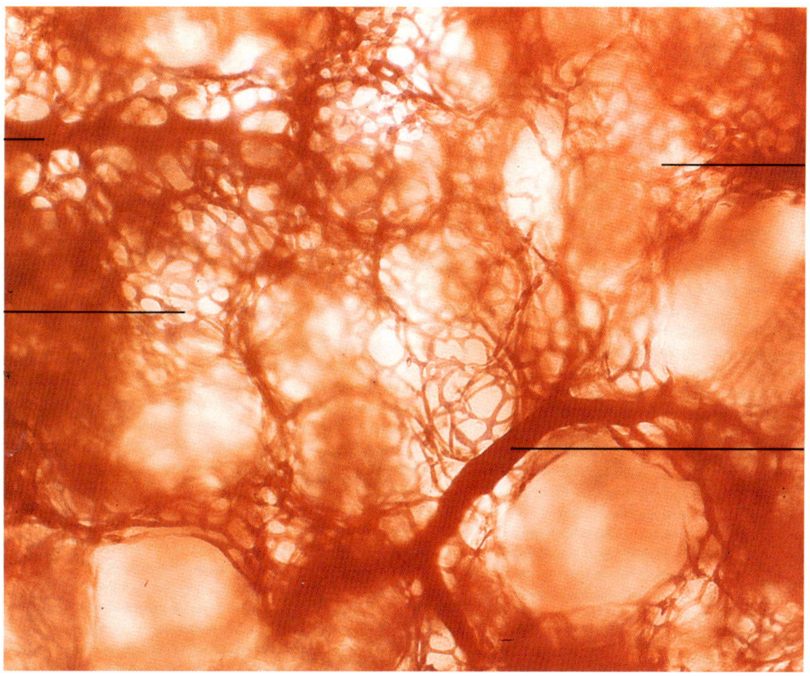

Mikroskopische Aufnahme vom Gefäßsystem der Lunge. Die Gefäße sind mit rotem Kunststoff gefüllt. Die engmaschigen Kapillarkörbe um die Lungenalveolen sind deutlich erkennbar.

1 **Luftröhre (Trachea)**
2 **Oberlappen** (rechte Lunge)
3 **Mittellappen** (rechte Lunge)
4 **Unterlappen** (rechte Lunge)
5 Aorta
6 **Oberlappen** (linke Lunge)
7 **Unterlappen** (linke Lunge)
8 Ast einer Lungenarterie
9 Ast einer Lungenvene
10 Kapillarkörbe von Lungenbläschen (Alveolen)
11 Rechter Hauptast der Luftröhre (Bronchus)
12 **Teilung der Luftröhre (Bifurcatio tracheae)** in Höhe des 4. Brustwirbels
13 Linker Hauptast der Luftröhre (Bronchus)
14 Brustbein (Sternum)
15 Brustkorb (Thorax) und Rippenbogen (Arcus costalis)
16 Kehlkopf (Larynx)
17 Schilddrüse (Gl. thyreoidea)
18 **Lungenbläschen (Alveoli)**
19 Ast einer Lungenvene (V. pulmonalis) mit arterialisiertem Blut
20 Ast einer Lungenarterie (A. pulmonalis) mit venösem Blut
21 **Verzweigung des Luftröhrenhauptastes (Bronchiolus)** mit Muskelbündeln und eigenem Gefäßnetz (Bronchialgefäßsystem)
22 Alveolarsäckchen
23 **Zellschicht der Atemwege (Respirationsepithel)** mit Flimmerhaaren und gemischten Drüsen
24 Schleimfilm mit grenzflächenaktiver Substanz (Surfactant)
25 Alveolarepithelzelle (Typ I)
26 Haargefäße (Kapillare) an der Alveolarwand
27 Surfactant-bildende Alveolarepithelzelle (Pneumozyt, Typ II)
28 Unterer Schlundabschnitt (Pharynx) und Speiseröhre (Oesophagus)

Struktur der Lunge. Die terminalen Bronchiolen bilden Säckchen mit zahlreichen **Lungenbläschen (Alveolen)**, die von dichten Kapillarnetzen umgeben sind. Die Bronchien werden durch Knorpelplättchen versteift und durch eine drüsenreiche Schleimhaut befeuchtet. Die Schleimhaut trägt bewegliche Flimmerhaare, die den Schleimfilm (mit Schmutzpartikeln etc.) kehlkopfwärts verschieben (Selbstreinigung der Lunge). Der **Gasaustausch** erfolgt durch die Wand dieser Alveolen und der angrenzenden Blutkapillaren. Die Gesamtoberfläche der etwa 300 Mio. Alveolen, die für den Gasaustausch (O_2-Aufnahme, CO_2-Abgabe) zur Verfügung steht, beträgt rund 140 m².

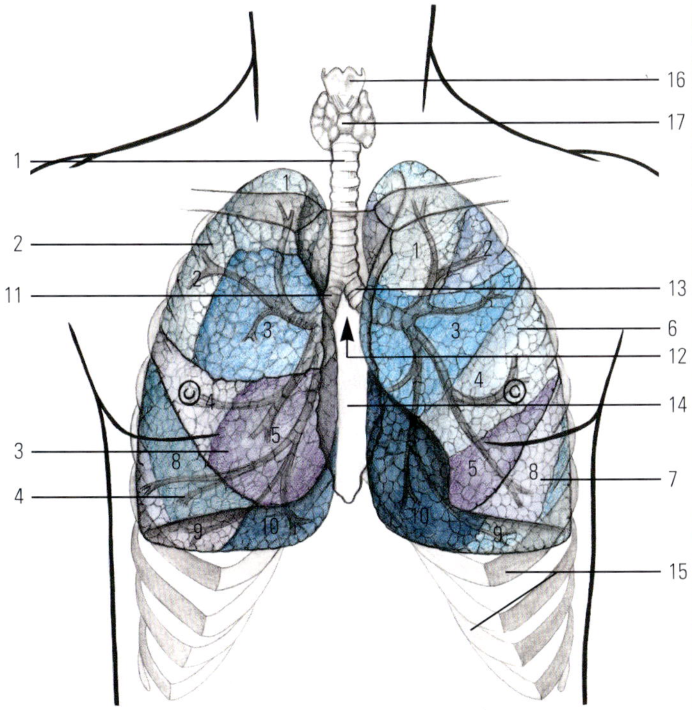

Gliederung der Lungen in Lappen und Segmente (Schema). Die Segmente sind durch Nummern (1-10) gekennzeichnet. Rechts sind 10, links nur 9 Segmente vorhanden, da die linke Lunge durch die Ausdehnung des Herzens weniger Raum einnimmt. In der Vorderansicht sind nicht alle Segmente zu erkennen.

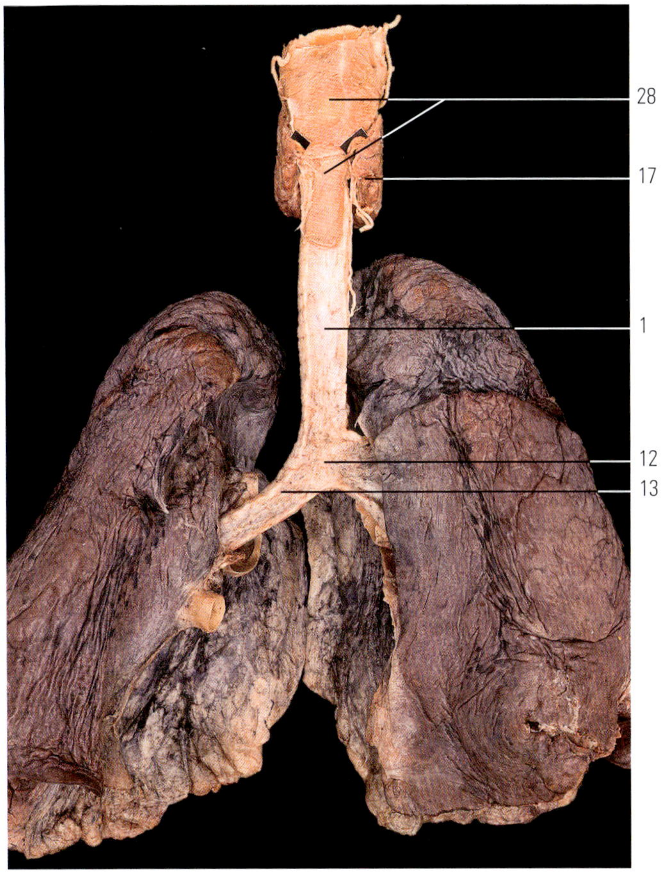

Luftröhre (Trachea) und Lungen (von hinten). Der rechte Hauptbronchus verläuft etwas steiler als der linke.

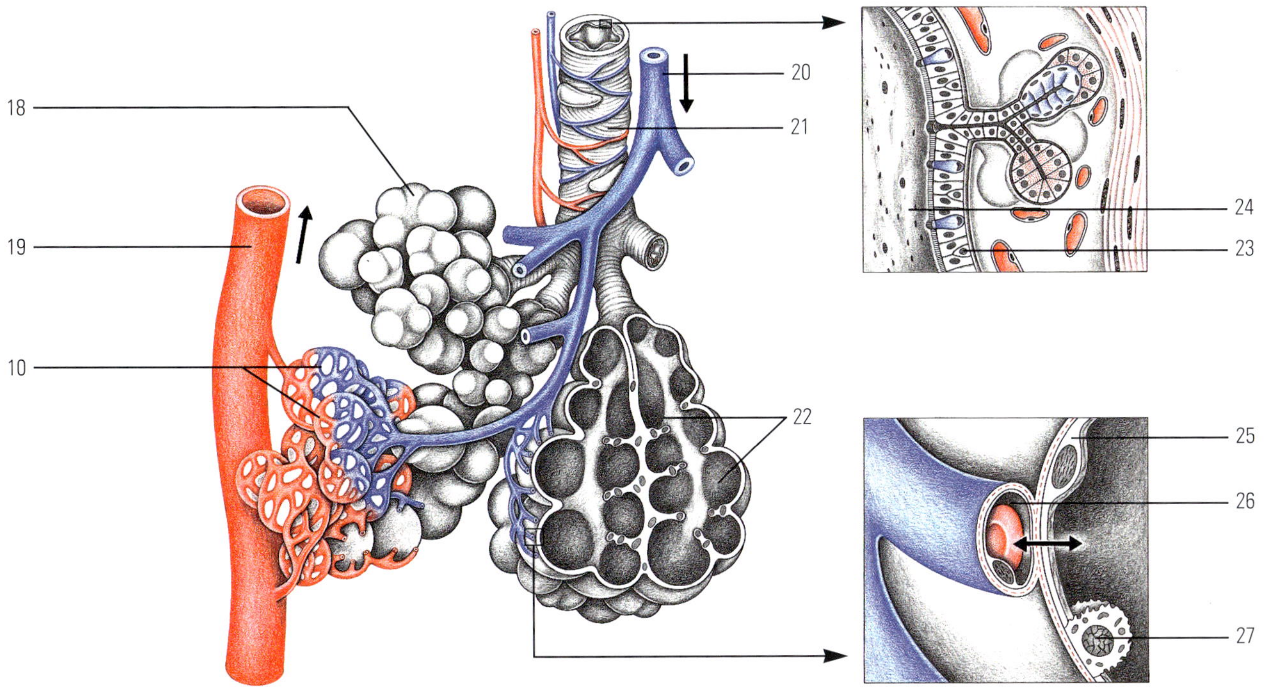

Feinstruktur der Lunge (Schema). Alveolarsäckchen mit ihren Gefäßkörben sind dargestellt. Ausschnittvergrößerung: rechts unten = Alveolarwand mit Blutkapillare (Pfeil: Luft-Blut-Schranke); rechts oben = histologischer Aufbau der Bronchialschleimhaut.

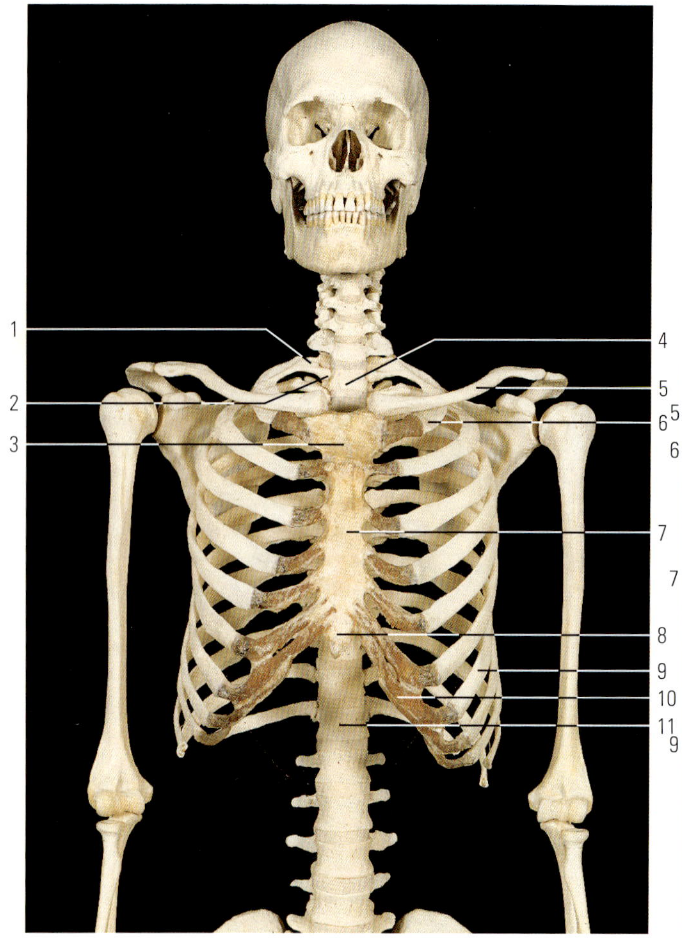

Brustkorb (Thorax) (von vorne). Die knorpeligen Anteile der Rippen erscheinen bräunlich.

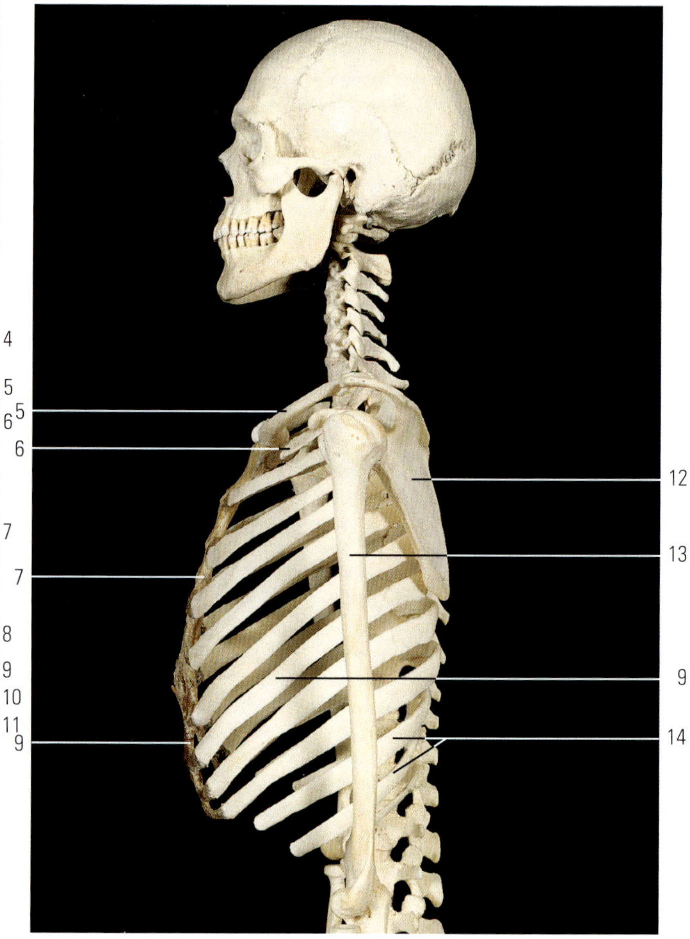

Brustkorb (Thorax) (von der Seite). Die Rippen verlaufen beim Erwachsenen schräg nach vorne-unten.

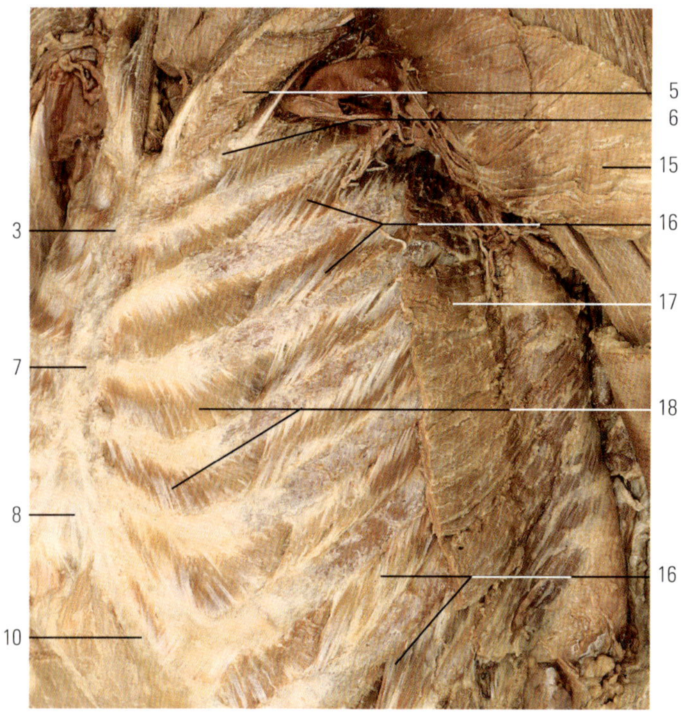

Burstkorb (schräg von der Seite). Darstellung der **Zwischenrippenmuskeln (Mm. intercostales).**

Der **Thorax** besteht aus 12 Rippenpaaren. Die 7 oberen (wahren) Rippen sind direkt, die unteren 5 nur indirekt über den Rippenbogen oder gar nicht (11. und 12. Rippe) mit dem Brustbein verbunden. Die Rippenköpfchen bilden mit den Wirbelkörpern, die Rippenwülste mit den Querfortsätzen der Wirbel je ein Gelenk mit einer gemeinsamen, schräg verlaufenden Achse.

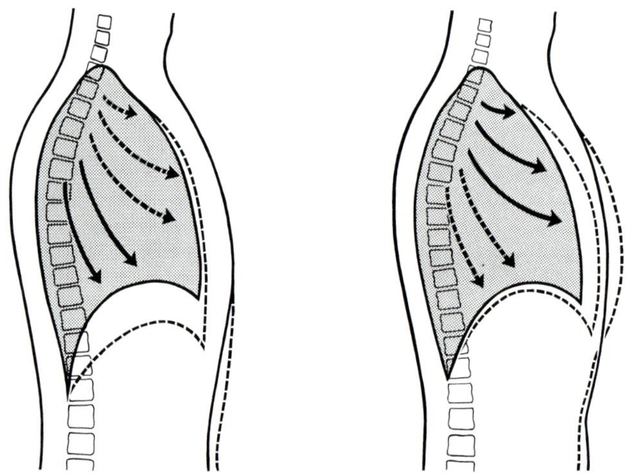

Atembewegungen von Brustkorb und Zwerchfell.
Rechts = Brustatmung; links = Bauchatmung (Zwerchfellatmung).

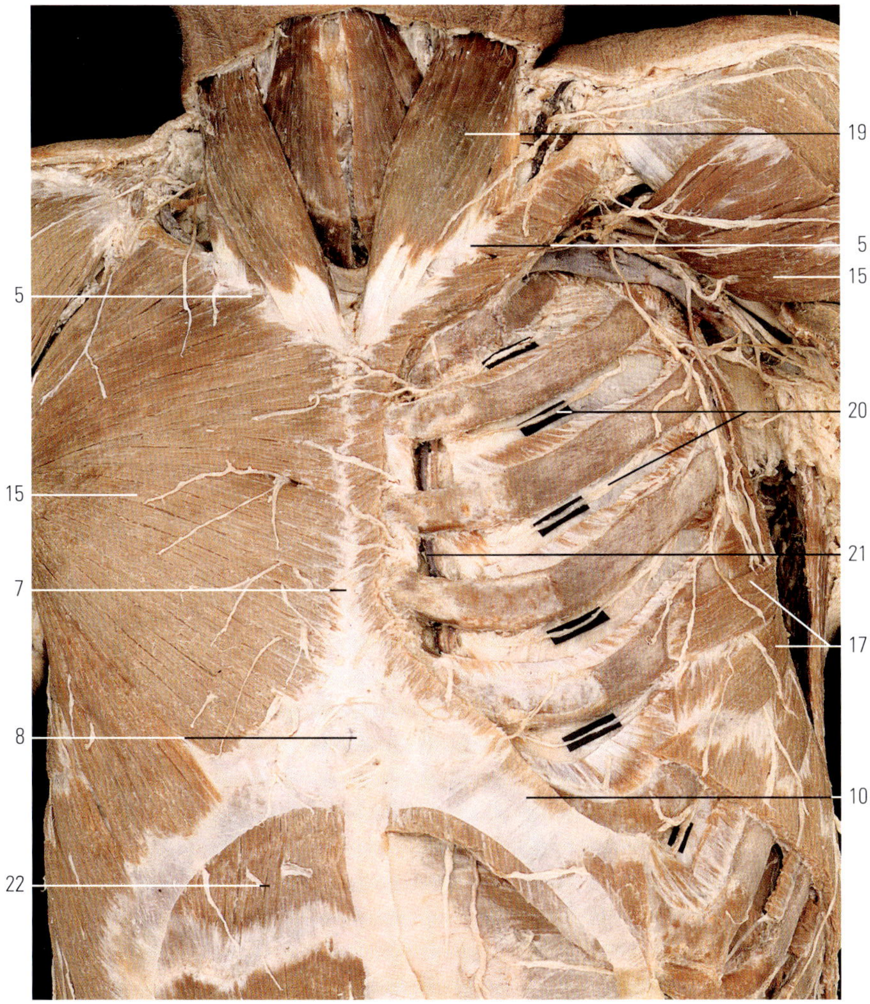

1 **Querfortsatzgelenk** (Articulatio costotransversaria)
2 **Rippenköpfchengelenk** (Articulatio capitis costae)
3 Griff des Brustbeins (Manubrium sterni)
4 Erster Brustwirbel (Vertebra thoracica I)
5 Schlüsselbein (Clavicula)
6 Erste Rippe (Costa I)
7 Körper des Brustbeins (Corpus sterni)
8 Schwertfortsatz des Brustbeins (Processus xiphoideus)
9 Siebte Rippe (letzte wahre Rippe)
10 Rippenbogen (knorpelig) (Arcus costalis)
11 Zwölfter Brustwirbel
12 Schulterblatt (Scapula)
13 Oberarmknochen (Humerus)
14 Elfte und zwölfte Rippe (freie Rippen)
15 Großer Brustmuskel (M. pectoralis major)
16 Äußere Zwischenrippenmuskeln (Mm. intercostales ext.)
17 Vorderer Sägemuskel (M. serratus ant.) (durchtrennt)
18 Innere Zwischenrippenmuskeln (Mm. intercostales int.)
19 Kopfwender (M. sternocleidomastoideus)
20 **Zwischenrippennerven (Interkostalnerven)** (jeweils am Unterrand der Rippen)
21 Brustwandarterie (A. thoracica int.) – verläuft abwärts zur Bauchwand
22 Gerader Bauchmuskel (M. rectus abdominis)

Muskulatur der vorderen Brustwand (rechts – oberflächliche, links – tiefere Schicht). Gefäße und Nerven verlaufen jeweils am Unterrand der Rippen.

Atemmechanismen. Bei der **Brustatmung** (sternokostale Atmung) werden die Rippen durch die äußeren Zwischenrippenmuskeln (Mm. intercostales ext.) nach oben gezogen, so daß sich der Brustkorb nach vorne und seitwärts vergrößert (Einatmung oder Inspiration). Ausatmung (Exspiration) wird durch Rippensenkung mit Hilfe der Mm. intercostales int. bewirkt. Bei der **Bauchatmung** (kostodiaphragmale Atmung) kontrahiert sich das Zwerchfell und vergrößert den Brustraum nach unten (Einatmung). Daran wirken die unteren Rippen mit.

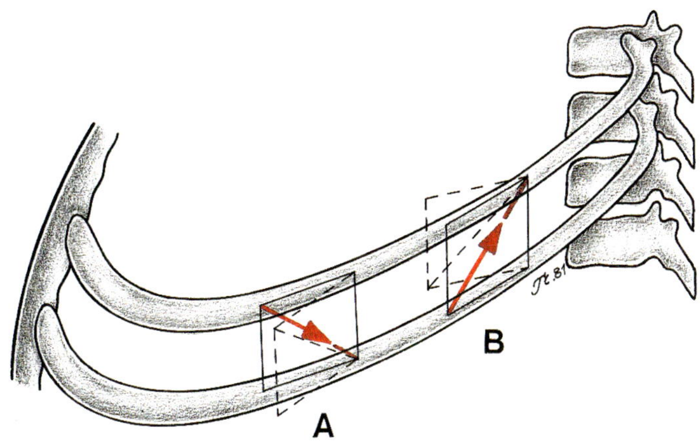

Verlauf und Wirkungsweise der Zwischenrippenmuskeln. A = Wirkung der Mm. intercostales interni (Exspiration); B = Wirkung der Mm.intercostales externi (Inpiration) (Schema).

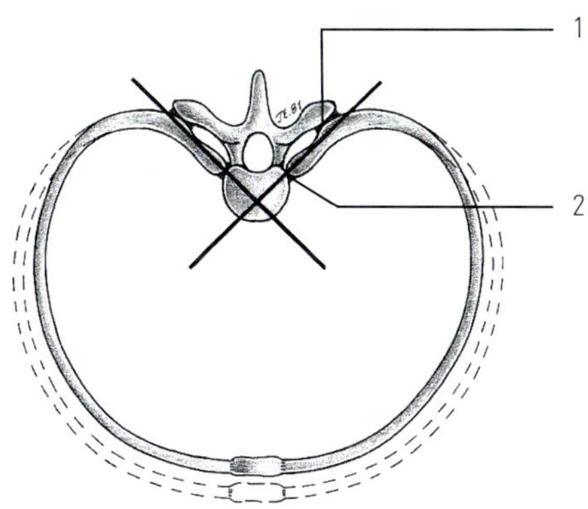

Lokalisation der beiden Rippengelenke und ihrer Achsen (Schema).

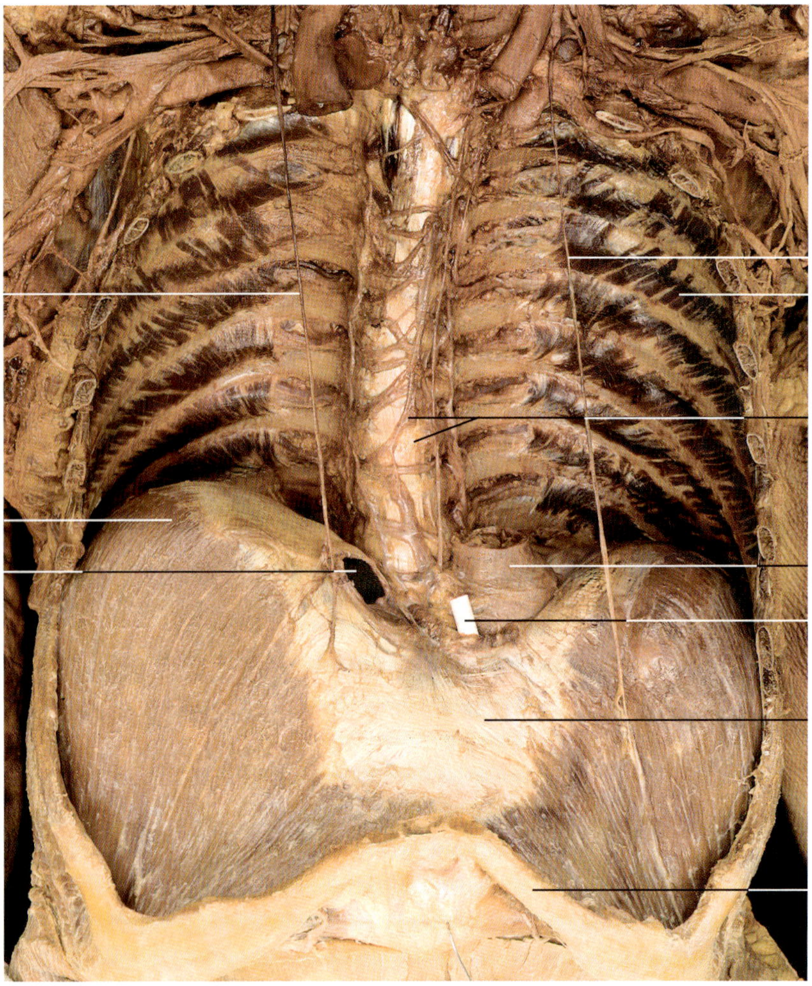

◀ Zwerchfell (Diaphragma) (von vorne-oben). Die Organe der Brusthöhle wurden entfernt. Auf der Sehnenplatte des Zwerchfells (Centrum tendineum) (8) liegt das Herz. Die innervierenden Nerven für das Zwerchfell (Nn. phrenici) (1) kommen aus dem Plexus cervicalis des Halses (C4).

1 Zwerchfellnerv (N. phrenicus, C4)
2 **Zwerchfell (Diaphragma)**
3 Untere Hohlvene (V. cava inf.)
4 Innere Zwischenrippenmuskeln (Mm. intercostales int.)
5 Brustwirbelsäule mit Venengeflecht
6 Hauptschlagader (Aorta)
7 Durchtritt der Speiseröhre (Oesophagus) durch das Zwerchfell (Sonde)
8 **Sehnenplatte (Centrum tendineum)**
9 Rippenbogen (Arcus costalis)
10 Öffnung für Speiseröhre (Oesophagus)
11 Lendenteil des Zwerchfells (Pars lumbalis)
12 Sehnenbögen des Zwerchfells (Psoas- und Quadratusarkade)
13 Luftröhre (Trachea)
14 Rechte Herzkammer (Ventriculus dexter)
15 Rippenfell (Pleura costalis)
16 **Komplementärraum (Recessus costodiaphragmaticus)**
17 Lungenfell (Pleura pulmonalis)

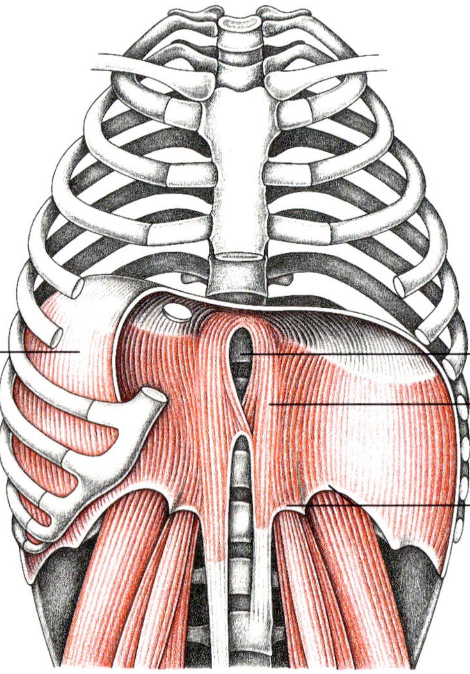

Lage und Abschnitte des Zwerchfells (Schema). Durchtrittsstellen für V. cava inf. und Oesophagus (10) sind erkennbar.

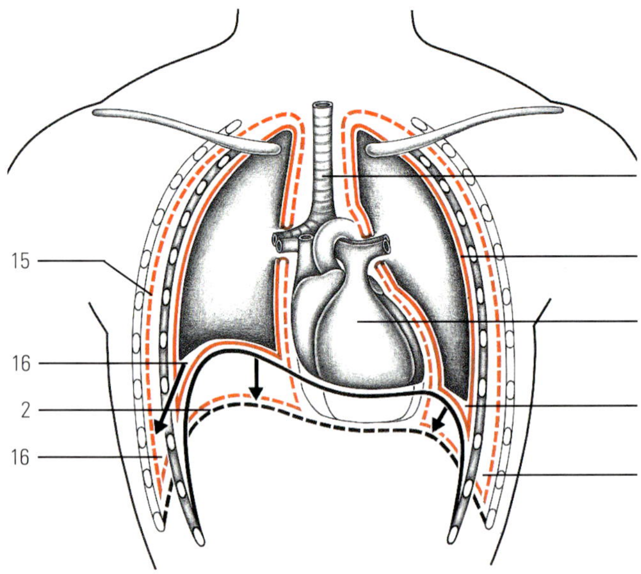

Lageveränderungen von Zwerchfell und Herz bei der Atmung. Durch die Senkung des Zwerchfells erweitert sich der Brustraum und der Recessus costodiaphragmaticus (16), so daß sich die Lungen entfalten können.

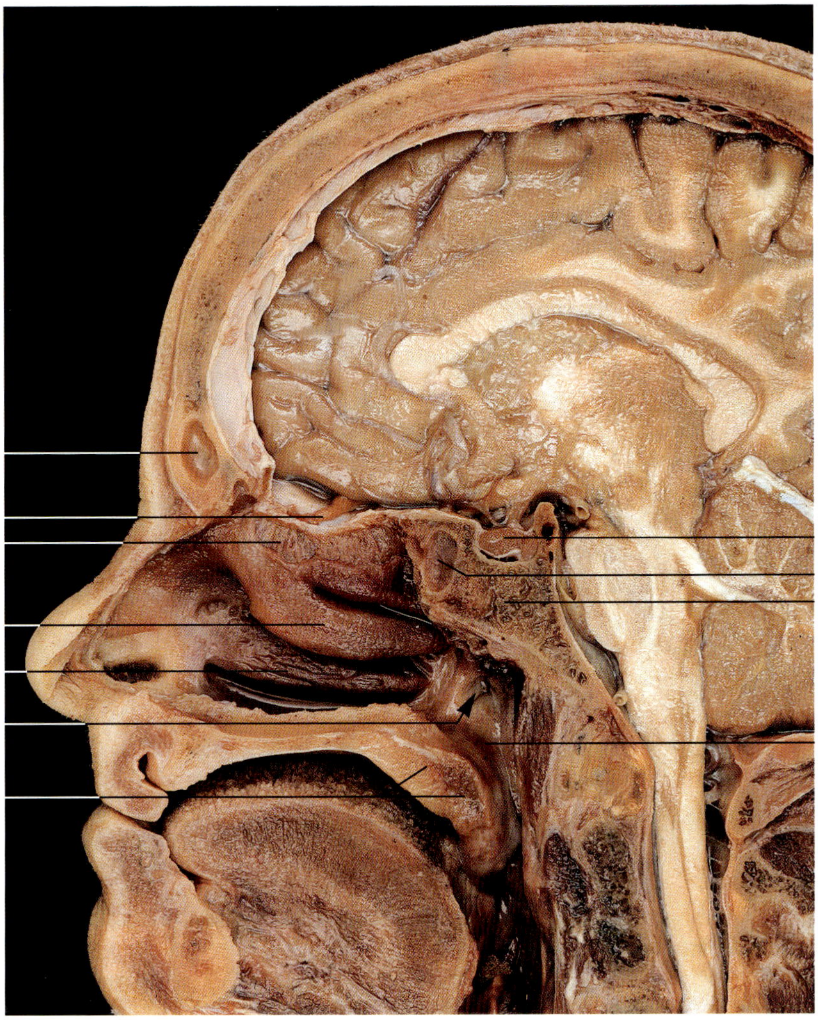

◄ **Nasenhöhle und ihre Beziehungen zur Schädel- und Mundhöhle** (Sagittalschnitt durch den Kopf).

1 Hirnanhangsdrüse (Hypophyse)
2 Keilbeinhöhle (Sinus sphenoidalis)
3 Schädelbasis (Keilbeinkörper)
4 Nasenabschnitt des Rachens (Pharynx)
5 Stirnhöhle (Sinus frontalis)
6 Riechlappen (Bulbus olfactorius)
7 **Riechregion der Nase (Regio olfactoria)**
8 Mittlere Nasenmuschel (Concha nasalis media)
9 Untere Nasenmuschel (Concha nasalis inf.)
10 Öffnung der Ohrtrompete (Eustachi-Röhre, Tuba auditiva)
11 Weicher Gaumen mit Zäpfchen (Uvula)
12 Riechbahn (Tractus olfactorius)
13 Riechzentren im Bereich des Temporallappens
14 **Riechzellen** (Sinneszellen des Riechsystems)
15 Bowman-Drüsen (bilden Schleim für die Riechschleimhaut)
16 **Riechnerven (Fila olfactoria)**
17 Hirngewölbe (Fornix) und Längswulstformation (Hippokampus) im Schläfenlappen (Temporallappen) (limbisches System)

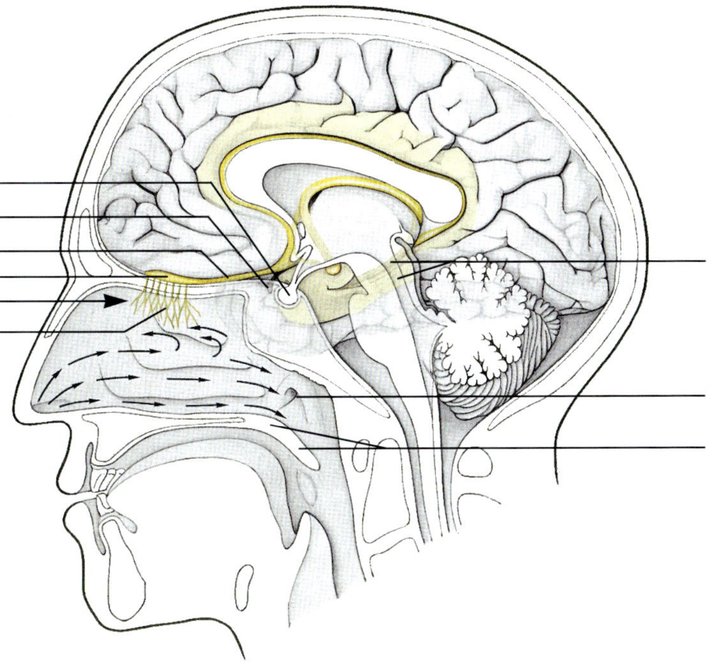

Nasenhöhle und Riechsystem sowie dessen Verbindungen mit dem limbischen System (gelb) (Schema). Dünne Pfeile = Strömung der Luft durch die Nasenhöhle.

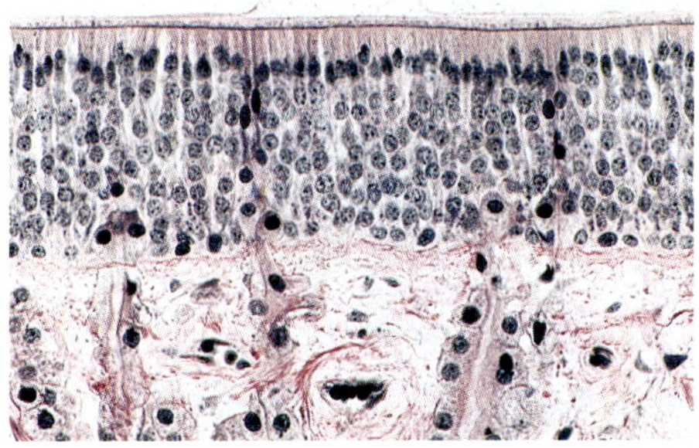

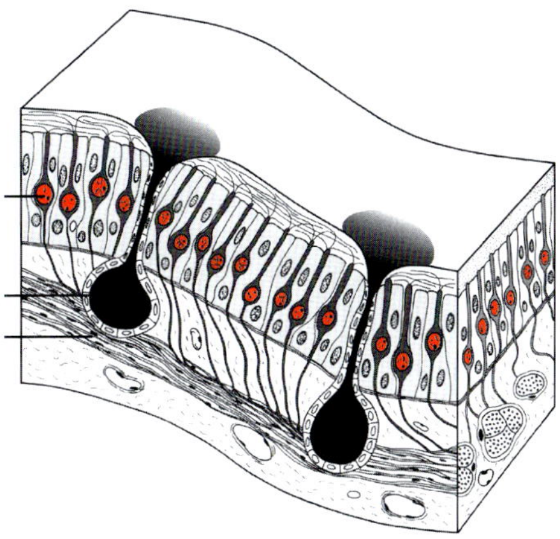

Struktur der Riechschleimhaut.
Oben: mikroskopischer Schnitt (72 ×); unten: Schema. Rot = Riechzellen.

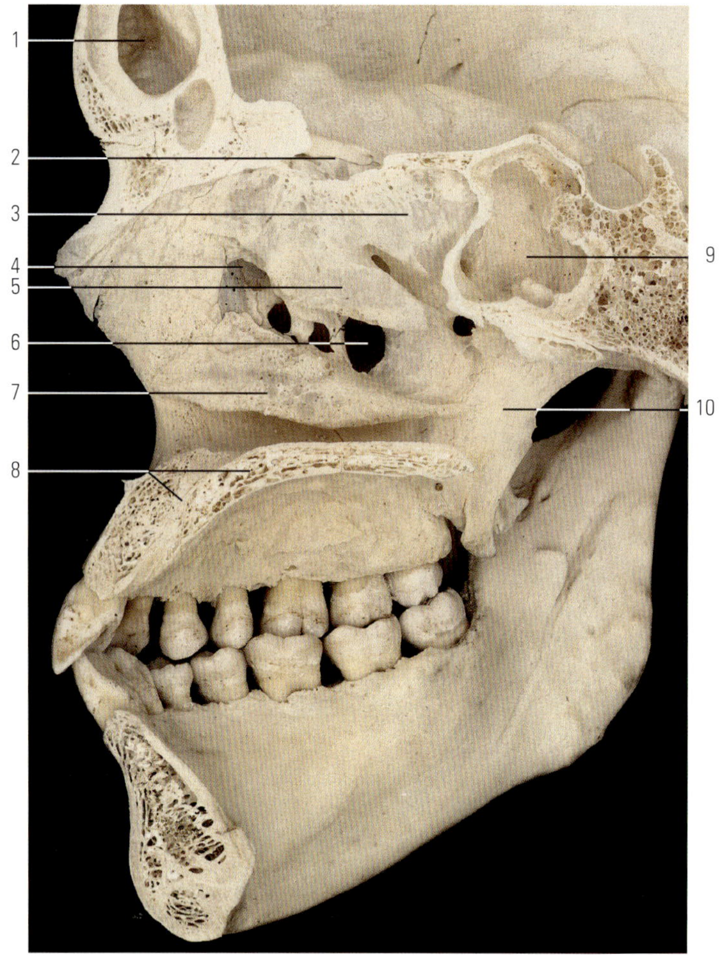

Knöcherne Nasenhöhle (rechte Kopfhälfte, von innen). Die Nasenscheidewand wurde entfernt. Man erkennt die knöchernen Nasenmuscheln und die Öffnungen der Nasennebenhöhlen.

Zugänge zu den Nebenhöhlen der Nase	
	Zugang zu:
● unter der oberen Muschel	Siebbeinzellen
● unter der mittleren Muschel	Kieferhöhle und Stirnhöhle
● unter der unteren Muschel	Tränen-Nasen-Gang
● hinter der oberen Muschel	Keilbeinhöhle

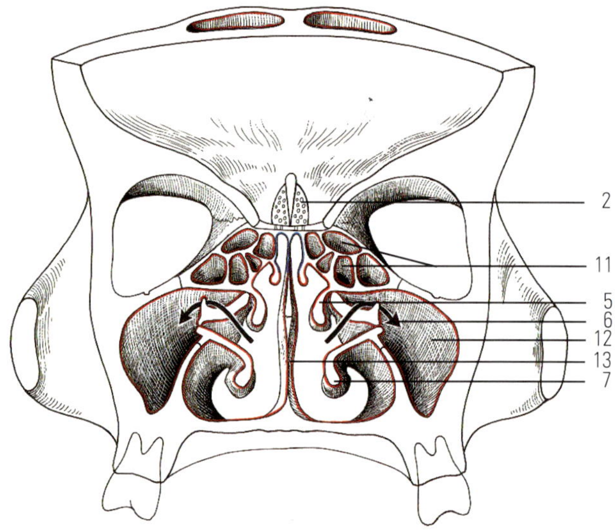

Frontalschnitt durch den Gesichtsschädel (Schema). Pfeil = Zugang zur Kieferhöhle unter der mittleren Muschel; rot = Nasenschleimhaut; blau = Riechschleimhaut.

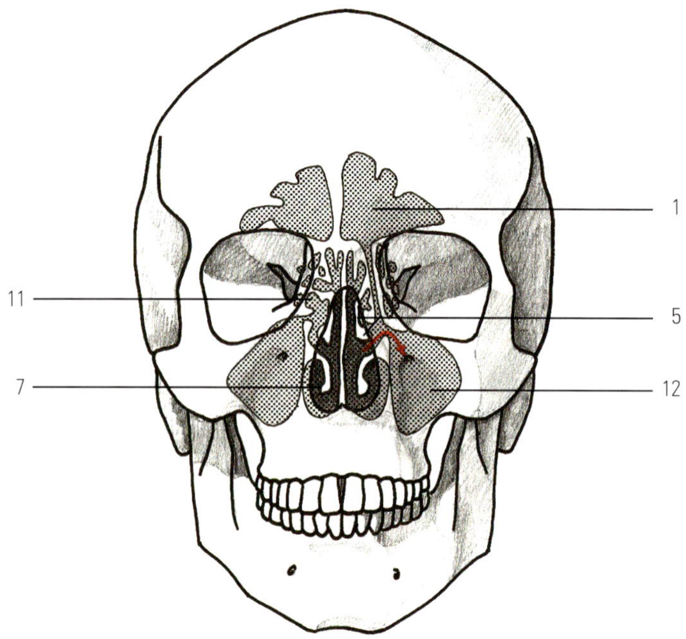

Gesichtsschädel (von vorne). Lage der **Nebenhöhlen der Nase.** Roter Pfeil = Zugang zur Kieferhöhle unter der mittleren Muschel.

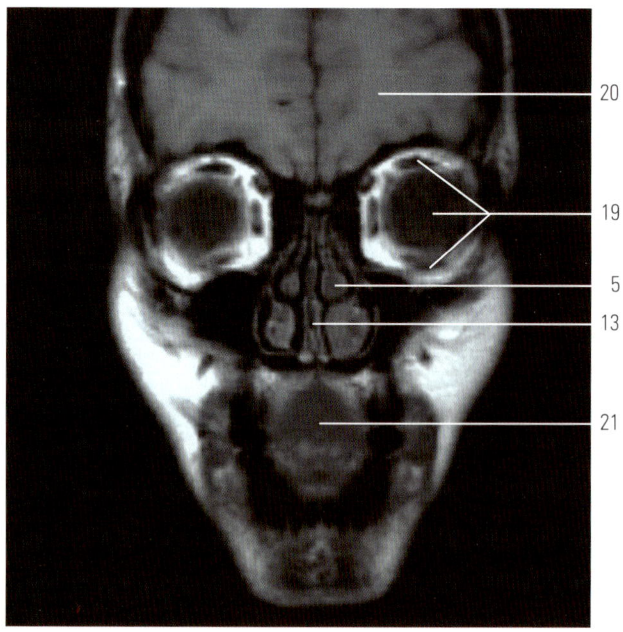

Frontalschnitt durch den Kopf (MR-Aufnahme). Man beachte die etagenförmige Übereinanderlagerung der Mund-, Nasen- und Schädelhöhle.

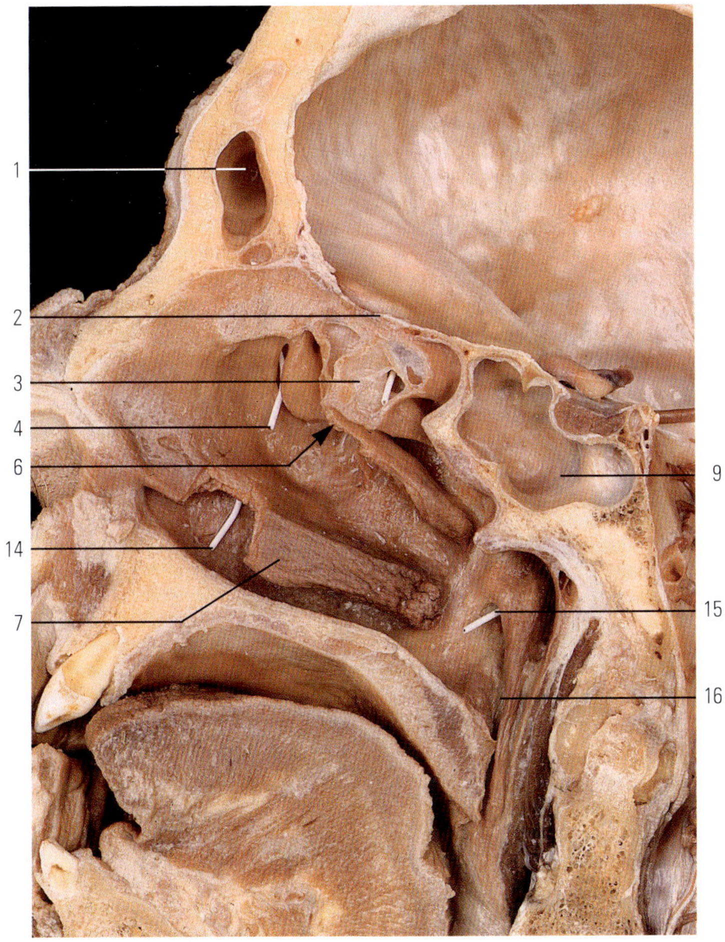

Medianschnitt durch den Kopf. Die mittlere Muschel wurde entfernt, die untere gefenstert, um die Zugänge zu den Nebenhöhlen bzw. zum Tränen-Nasen-Gang zu zeigen (Sonden).

1 **Stirnhöhle (Sinus frontalis)**
2 Siebplatte (Lamina cribrosa)
3 **Obere Muschel (Concha nasalis sup.)**
4 Zugang zur Stirnhöhle (Sonde)
5 **Mittlere Muschel (Concha nasalis media)**
6 Zugang zur Kieferhöhle (Hiatus semilunaris)
7 **Untere Muschel (Concha nasalis inf.)**
8 Harter Gaumen und Nasen-Gaumen-Kanal (Canalis nasopalatinus)
9 **Keilbeinhöhle (Sinus sphenoidalis)**
10 Gaumenbein (Os palatinum)
11 **Siebbeinzellen (Cellulae ethmoidales)**
12 **Kieferhöhle (Sinus maxillaris)**
13 Nasenscheidewand (Septum nasi)
14 Zugang zum Tränen-Nasen-Gang (Ductus nasolacrimalis) (Sonde)
15 Öffnung der Ohrtrompete (Eustachi-Röhre, Tuba auditiva) (Sonde)
16 Nasaler Abschnitt des Rachens (Pharynx)
17 Lateraler Flügelgaumenmuskel (M. pterygoideus lat.)
18 Unterkieferhals (Collum mandibulae)
19 Auge mit Augenmuskeln
20 Gehirn
21 Zunge

Die **Nasennebenhöhlen** (Sinus paranasales) sind mit Nasenschleimhaut ausgekleidet und können sich daher von der Nase aus leicht entzünden (Sinusitis). Von den Siebbeinzellen und der Keilbeinhöhle können Entzündungen auch auf die Hirnhäute übergreifen. Die Kieferhöhle (Sinus maxillaris) ist oft den Wurzeln der oberen Mahlzähne eng benachbart (Übergreifen von Entzündungen der Zähne auf den Sinus).

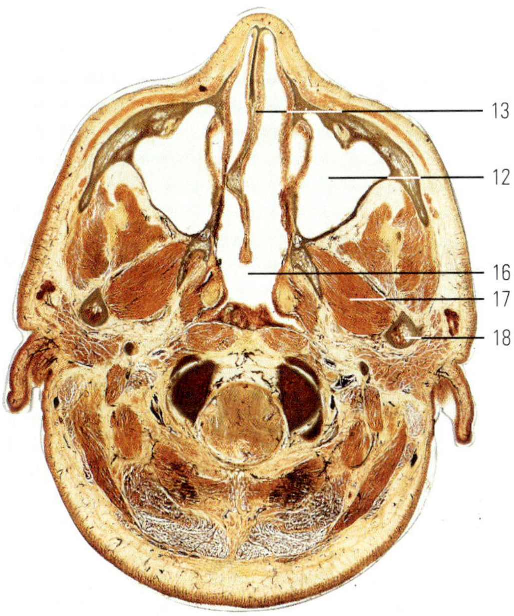

Horizontalschnitt durch den Kopf. Die Nasenscheidewand zeigt eine Verbiegung (Deviation) nach links.

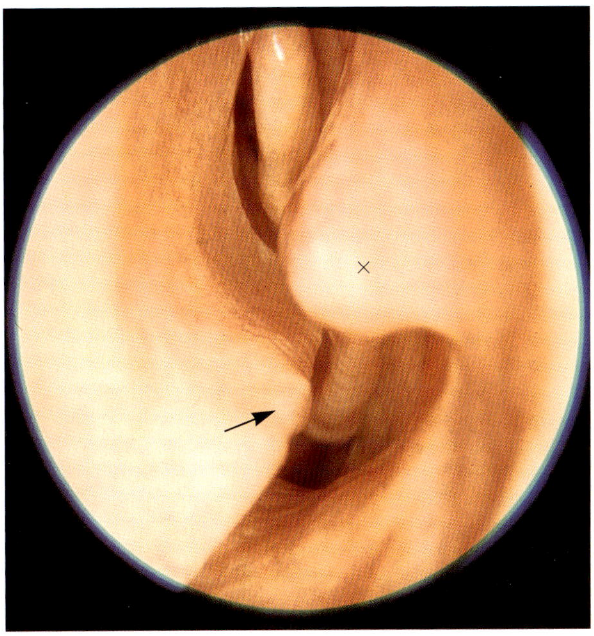

Endoskopisches Bild der Nasenhöhle. Erkennbar sind die untere Muschel (x) und das Nasenseptum, das einen Knochenvorsprung (Pfeil) besitzt. (Aufnahme Prof. Rettinger)

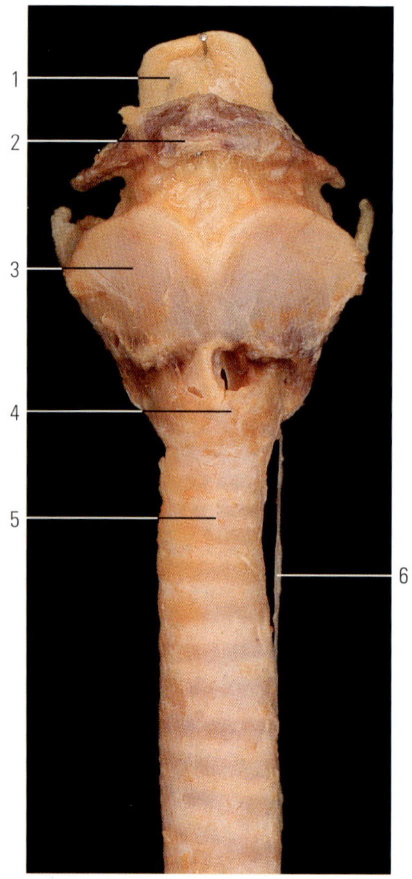

Kehlkopfskelett (von vorne).

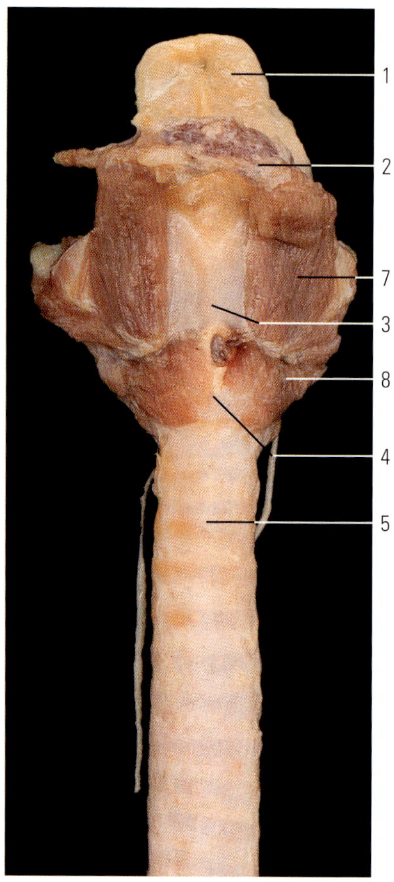

Kehlkopf mit Muskeln (von vorne).

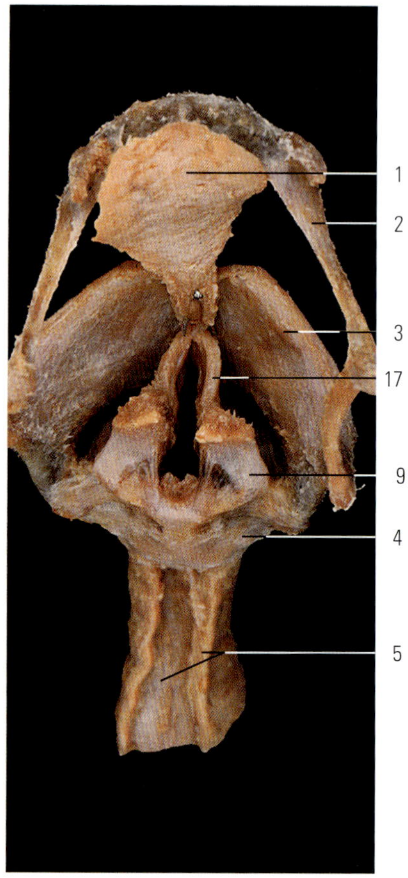

Kehlkopfskelett (von hinten).

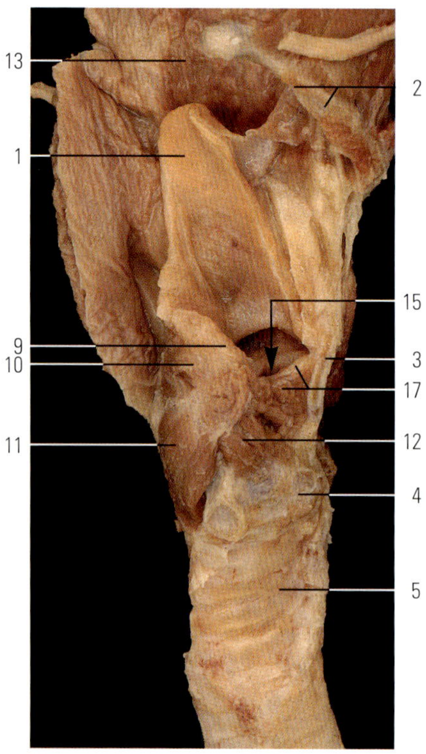

Innere Kehlkopfmuskeln (rechte Hälfte des Schildknorpels wurde entfernt).

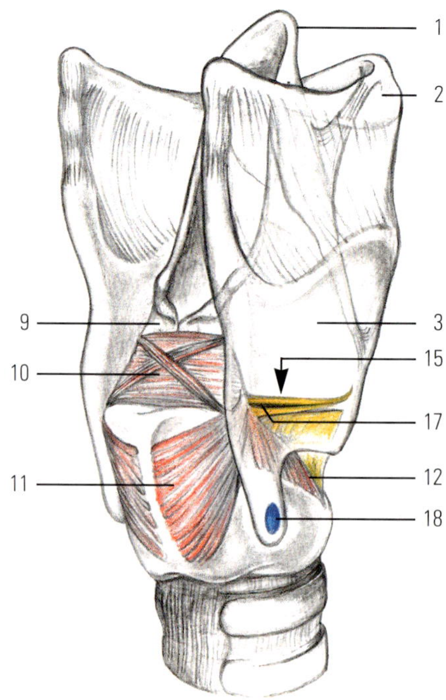

Innere Kehlkopfmuskulatur (Schema). Schildknorpel ist durchsichtig gedacht.

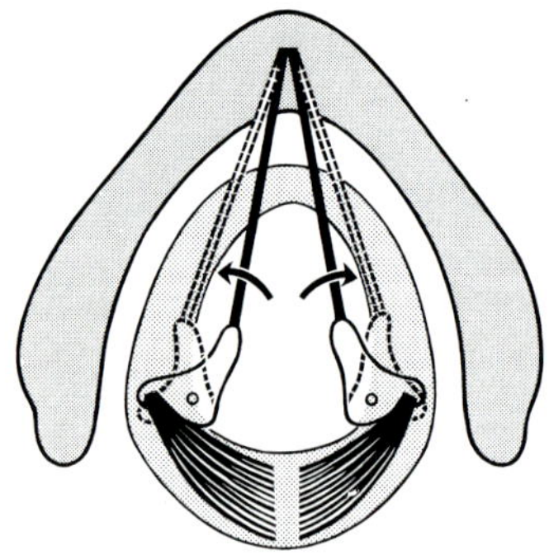

Erweiterung der Stimmritze durch den »Postikus«.

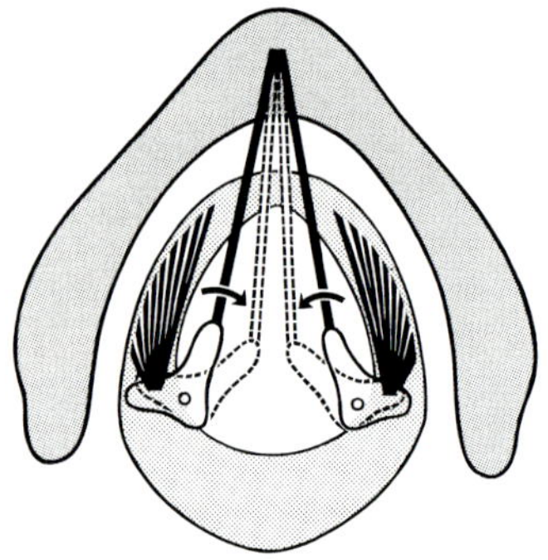

Verengung der Stimmritze durch den »Lateralis«. **Stimmbänder und Aryknorpel** (von oben).

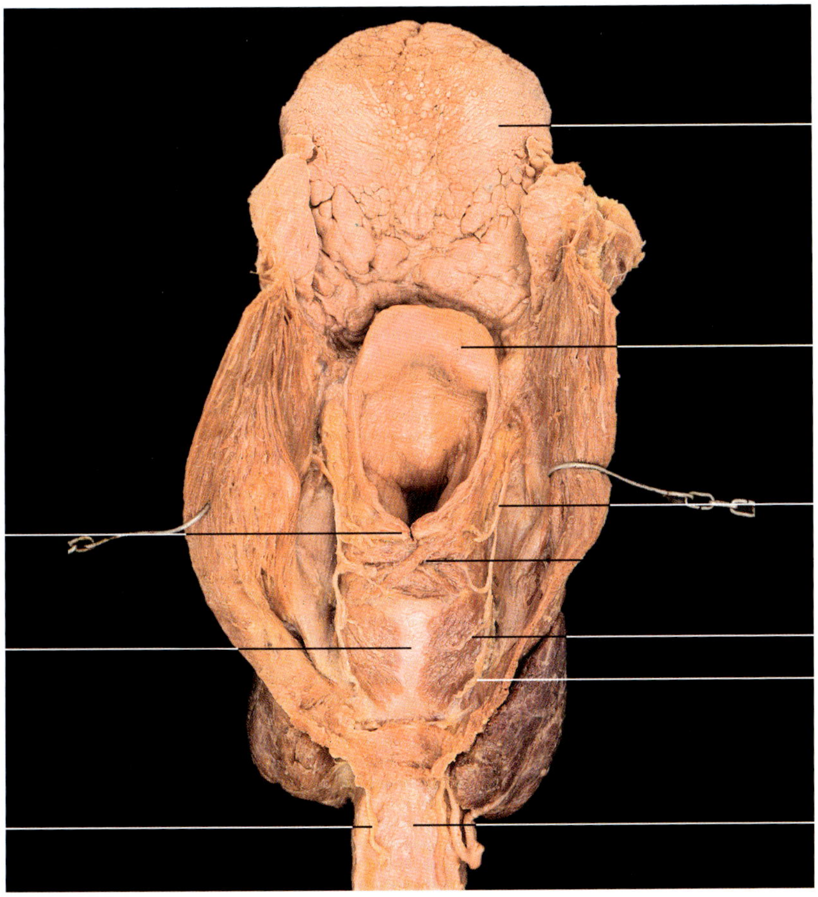

Kehlkopf und Zunge (von hinten). Der Rachen (Pharynx) wurde durchtrennt und seitwärts geklappt.

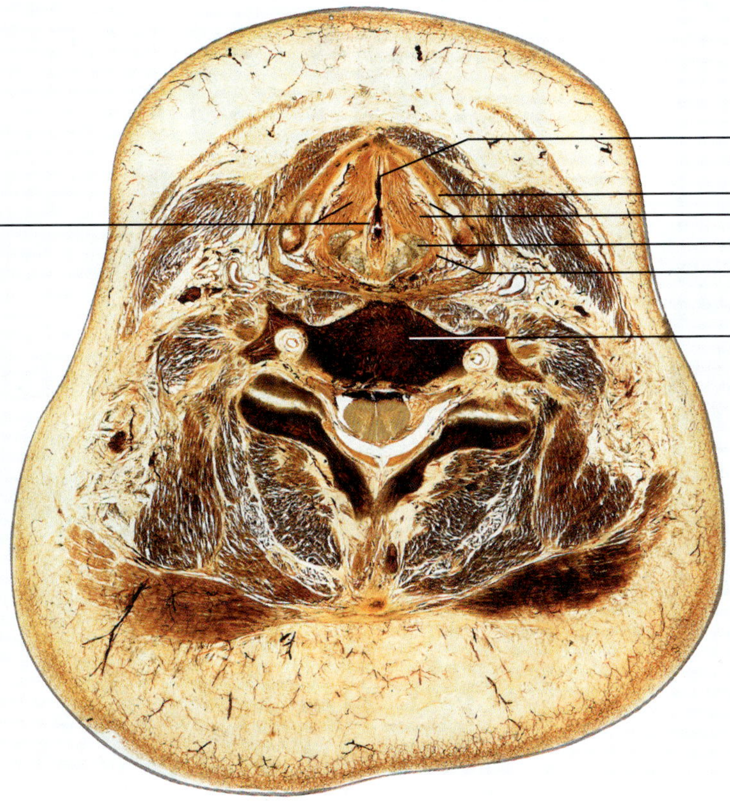

Horizontalschnitt durch Hals und Kehlkopf in Höhe der Stimmfalten.

1 **Kehldeckel (Epiglottis)**
2 Zungenbein (Os hyoideum)
3 **Schildknorpel (Cartilago thyroidea)**
4 **Ringknorpel (Cartilago cricoidea)**
5 Luftröhre (Trachea)
6 Rückläufiger Ast des Vagusnervs (N. laryngealis recurrens)
7 Schildknorpel – Zungenbeinmuskel (M. thyrohyoideus)
8 Ringknorpel – Schildknorpel – Muskel (M. cricothyroideus)
9 **Gießbeckenknorpel** (»Aryknorpel«) **(Cartilago arytaenoidea)**
10 Gießbeckenmuskel (M. arytaenoideus) – Stimmritzenverenger
11 Hinterer Ringknorpel – Gießbeckenknorpel – Muskel (**M. cricoarytaenoideus post.**) (»Postikus«) – Stimmritzenerweiterer
12 Seitlicher Ringknorpel – Gießbeckenknorpel – Muskel (**M. cricoarytaenoideus lat.**) (»Lateralis«) – Stimmritzenschließer
13 Zunge (Lingua)
14 Oberer Ast des Vagusnerven für den Kehlkopf (N. laryngealis sup.)
15 Stimmritze (Rima glottidis)
16 Halswirbel
17 **Stimmband (Lig. vocale)** und Stimmbandmuskel (M. vocalis)
18 Ringknorpel – Gießbeckenknorpel-Gelenk (Articulatio cricothyroidea) (indirekte Stimmbandspannung durch Vorwärtskippen des Schildknorpels)

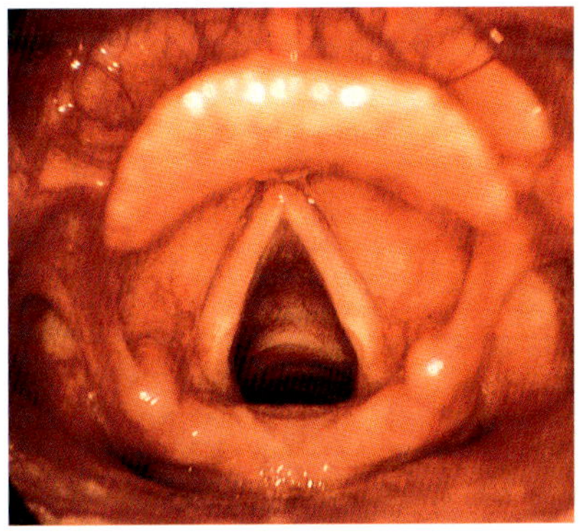

Kehlkopfspiegelbild. Stimmritze erweitert.

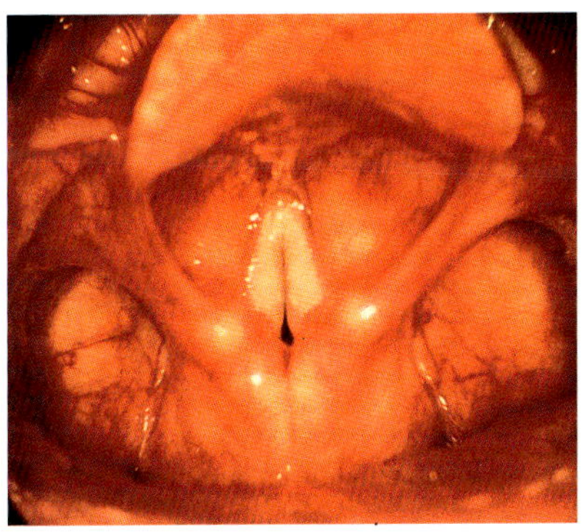

Stimmritze geschlossen.

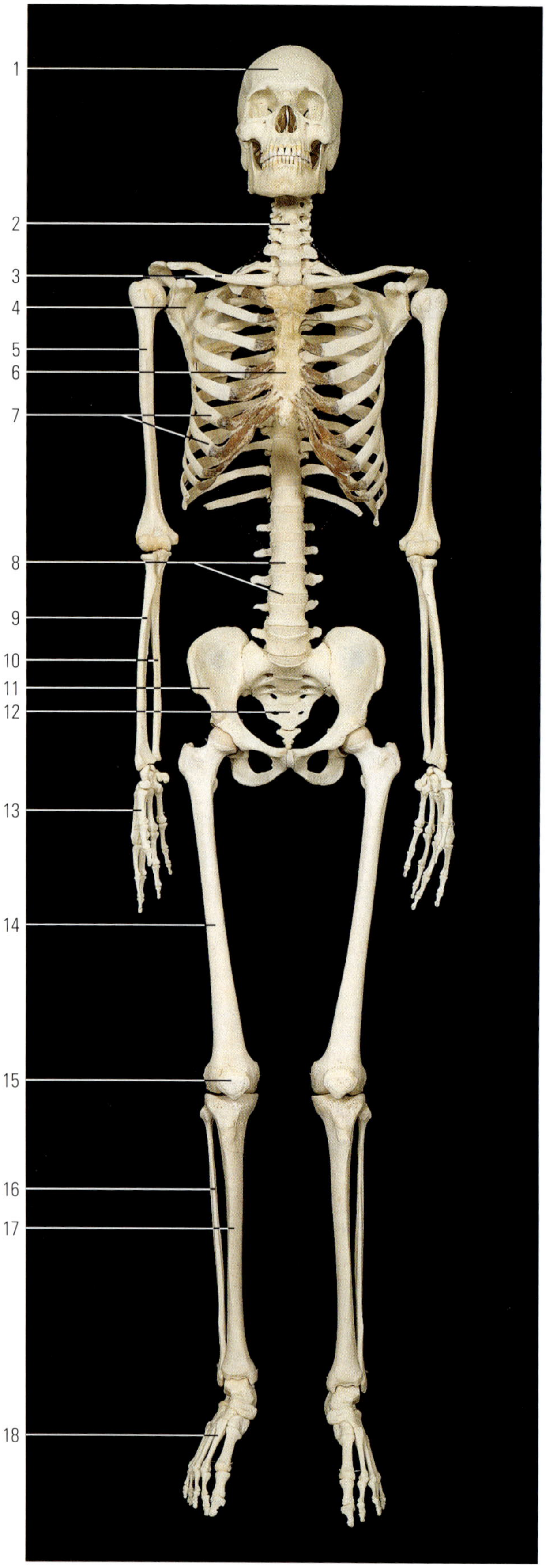

Menschliches Skelett (Ansicht von vorn). Am Brustkorb sind die vorderen Anteile der Rippen knorpelig geblieben.

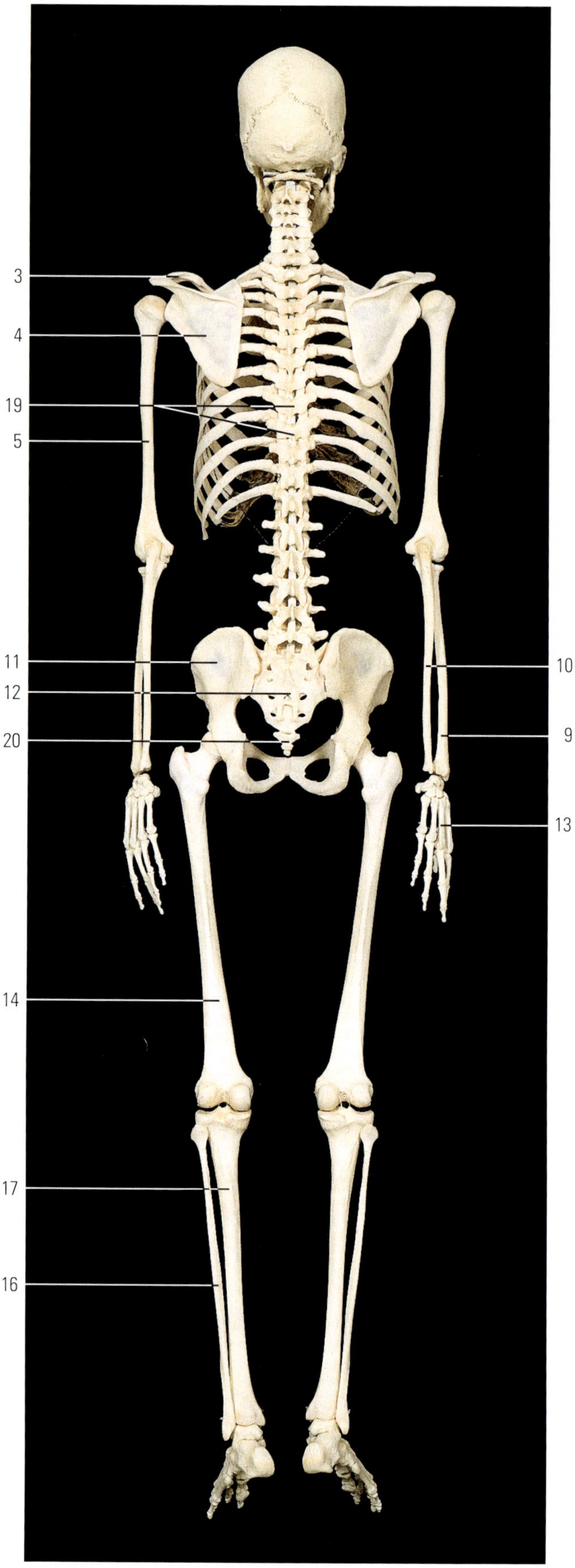

Menschliches Skelett (Ansicht von hinten).

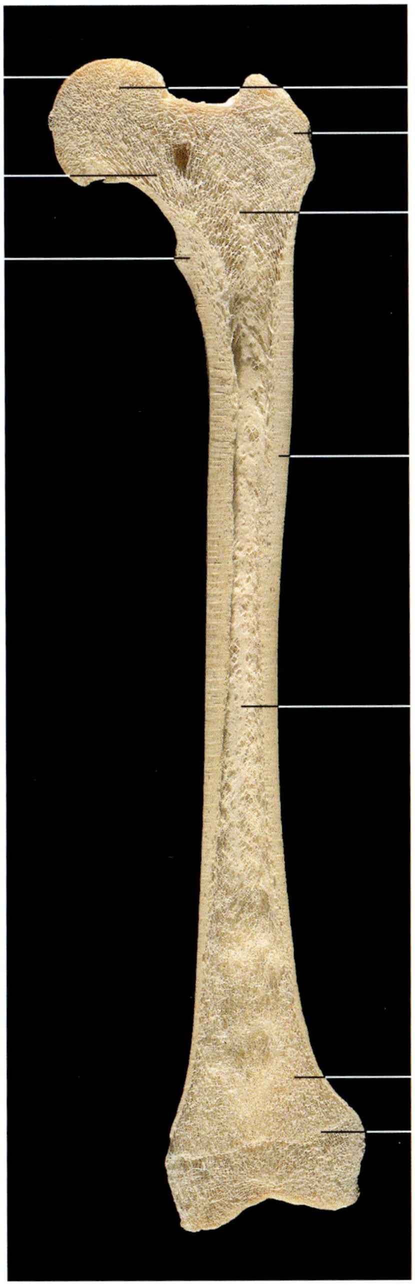

Längsschnitt durch den Oberschenkelknochen (Femur). In den Zwischenräumen der Spongiosa befindet sich blutbildendes Knochenmark oder Fettmark.

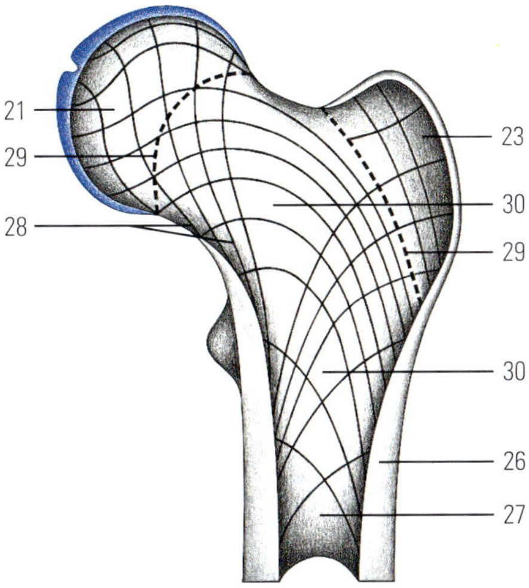

Schnitt durch den Oberschenkelkopf. Die Spongiosa zeigt eine trajektorielle, der Funktion angepaßte Struktur.

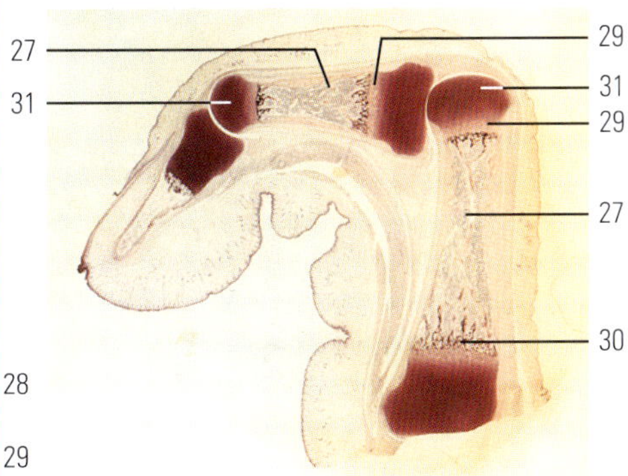

Längsschnitt durch einen kindlichen Finger. Die Gelenkköpfe sind noch knorpelig. Das Längenwachstum geht von den Epiphysenscheiben (29) aus.

1 **Schädel (Cranium)**
2 **Halswirbel (Vertebrae cervicales)**
3 Schlüsselbein (Clavicula)
4 **Schulterblatt (Scapula)**
5 **Oberarmknochen (Humerus)**
6 Brustbein (Sternum)
7 **Rippen (Costae)**
8 **Lendenwirbel (Vertebrae lumbales)**
9 Speiche (Radius)
10 Elle (Ulna)
11 **Becken (Pelvis)**
12 Kreuzbein (Os sacrum)
13 Hand (Manus)
14 **Oberschenkelknochen (Femur)**
15 Kniescheibe (Patella)
16 Wadenbein (Fibula)
17 Schienbein (Tibia)
18 Fuß (Pes)
19 **Brustwirbel (Vertebrae thoracales)**
20 Steißbein (Os coccygis)
21 Hüftkopf (Caput femoris)
22 Gelenkfläche (glatt) (am Lebenden von Knorpel überzogen)
23 Großer Rollhügel (Trochanter major)
24 **Spongiosa** (schwammartige innere Knochenstruktur)
25 Kleiner Rollhügel (Trochanter minor)
26 **Compacta** (harte äußere »Rinde« des Knochens)
27 Knochenmarkhöhle
28 Trajektoriell (den Belastungslinien entsprechend) ausgerichtete Knochenbälkchen
29 **Epiphysenscheibe** (bei Kindern Zone des Längenwachstums)
30 Zwischenräume zwischen den Spongiosabälkchen (beim Lebenden mit blutbildendem Knochenmark ausgefüllt)
31 Knorpeliger Gelenkkopf
32 Havers-Gefäße (Blutgefäße in spez. Knochenkanälen) im Osteon
33 Blutgefäße für Periost und Knochen
34 Nerven für Periost und Knochen
35 **Knochenhaut (Periost)**
36 Osteone (Baueinheiten des Lamellenknochens)

Aufbau des Lamellenknochens. Das funktionelle Bauelement des Knochens ist das Osteon mit seinen schichtweise unterschiedlich strukturierten Lamellen und den im Innern verlaufenden Blutgefäßen (32). Die Spongiosaräume (28) beherbergen das blutbildende Knochenmark. Von der gut gefäßversorgten (vaskularisierten) und reich innervierten Knochenhaut (Periost, 35) geht nach Knochenbrüchen die Knochenneubildung aus.

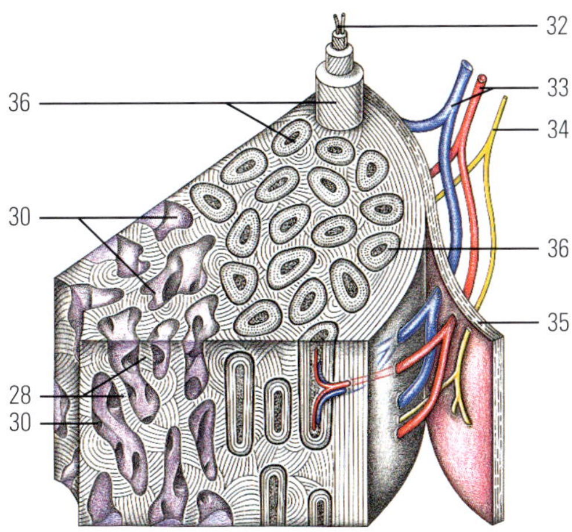

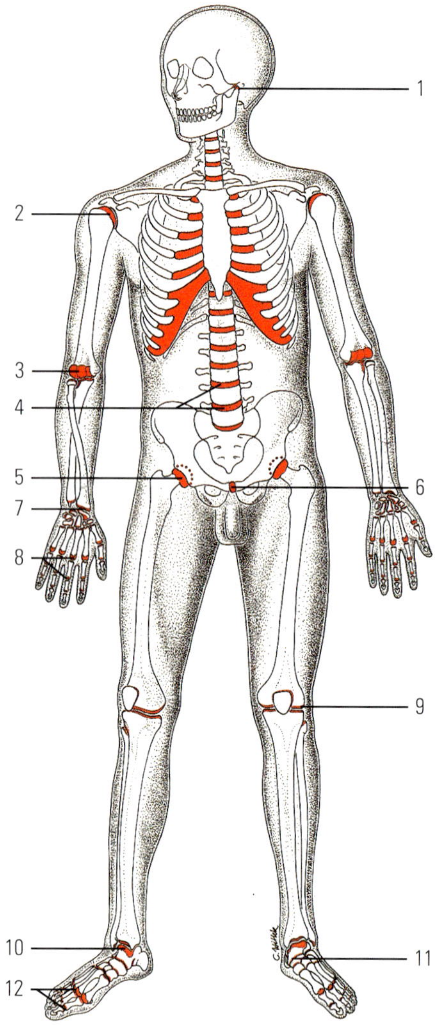

Lokalisation der Gelenke (rot = Knorpelabschnitte). Die rumpfnahen Gelenke (Schulter- und Hüftgelenk) haben einen größeren Bewegungsspielraum als die peripheren Gelenke.

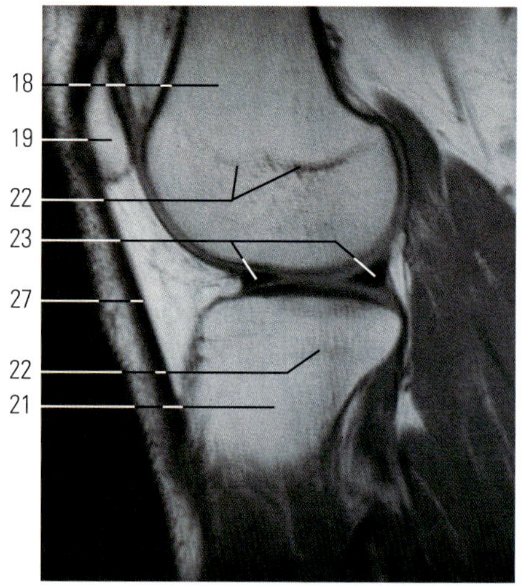

Schnitt durch das Kniegelenk
(MR-Aufnahme, Dr. A. Heuck, München)

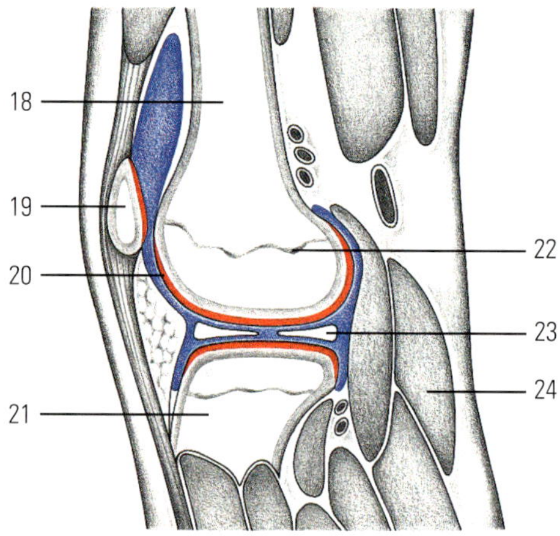

Schnitt durch das Kniegelenk (Schema). Die beiden miteinander artikulierenden Knochenenden sind mit Knorpel überzogen (rot = Gelenkknorpel) und von einer Kapsel umhüllt (blau = Gelenkkapsel). Der Kapselraum ist mit Gelenkschmiere (Synovia) gefüllt. Ungleichheiten der Knochen werden gegebenenfalls durch Knorpelscheiben (Meniskus oder Diskus) ausgeglichen.

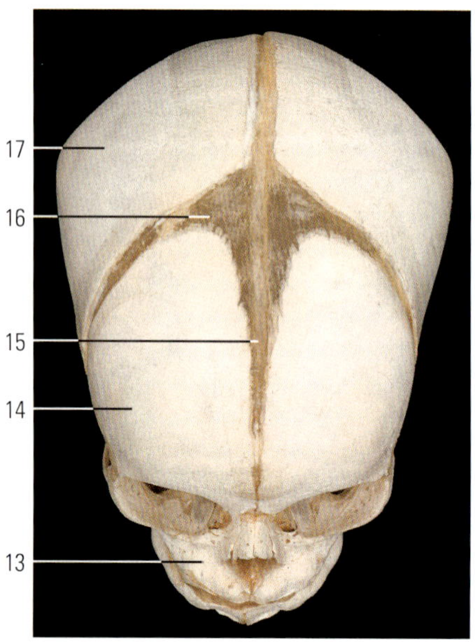

◄ **Schädel eines Neugeborenen** (von oben). Die Schädelnähte und Fontanellen sind noch Wachstumfugen.

1 Kiefergelenk (Art.* temporomandibularis)
2 Schultergelenk (Art.* humeri)
3 Ellenbogengelenk (Art.* cubiti)
4 Lendenwirbelsäule mit Bandscheiben
5 Hüftgelenk (Art.* coxae)
6 Symphyse
7 Handgelenk (Art.* radiocarpalis)
8 Fingergelenke (Art.* interphalangeales)
9 Kniegelenk (Art.* genus)
10 Oberes Sprunggelenk (Art.* talocruralis)
11 Unteres Sprunggelenk (Art.* talocalcaneonavicularis)
12 Zehengelenke (Art.* interphalangeales)
13 Gesichtsschädel (Oberkiefer)
14 Stirnbein (Os frontale)
15 Stirnnaht (Sutura frontalis)
16 Große Fontanelle (bindegewebige Überbrückung zwischen Knochenplatten beim Neugeborenen)
17 Scheitelbein (Os parietale)
18 Oberschenkelknochen (Femur)
19 Kniescheibe (Patella)
20 Gelenkknorpel
21 Schienbein (Tibia)
22 Epiphysenlinie (ehemalige Wachstumszone im Gelenkende eines Röhrenknochens)
23 Kniegelenkzwischenscheibe, Meniskus (Meniscus articularis)
24 Wadenmuskulatur
25 Gelenkkapsel mit Gelenkschmiere (Synovia)
26 Äußeres Seitenband (Lig. collaterale fibulare)
27 Kniescheibenband (Lig. patellae)
28 Streckmuskel des Oberschenkels (M. quadriceps femoris)
29 Vorderes Kreuzband (Lig. cruciatum ant.)
30 Muskelsehnen
31 Sehnenansatz am Schienbein (Pes anserinus)
32 Schleimbeutel (Bursa infrapatellaris)
33 Muskelbündel mit bindegewebiger Hülle (Perimysium)
34 Muskelfasern
35 Nerv für Muskelinnervation
36 Blutgefäße
37 Motorische Endplatte

Art.* = Articulatio(nes)

Strukturschema der quergestreiften Skelettmuskulatur. ► Jedes Muskelbündel enthält zahlreiche Muskelfasern (vielkernige Muskelzellen mit kontraktilen, d. h. zusammenziehbaren Mikrofilamenten). Jede Muskelfaser besitzt eine Nervenendigung (motorische Endplatte) (37).

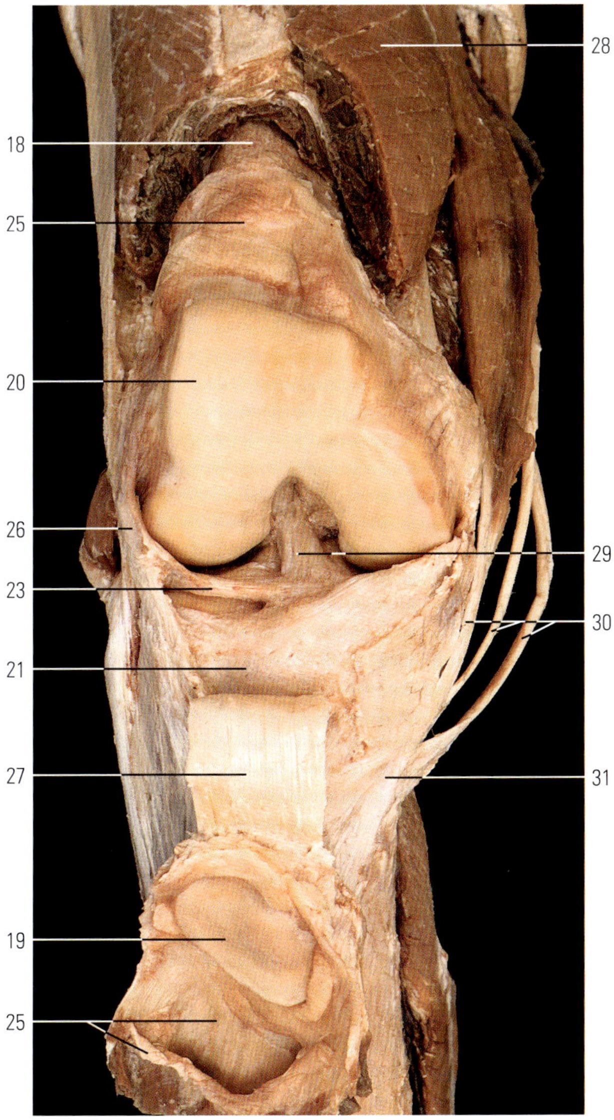

Kniegelenk, von vorne eröffnet. Der Streckmuskel wurde durchtrennt und die Kniescheibe mit ihrem Band nach unten geklappt.

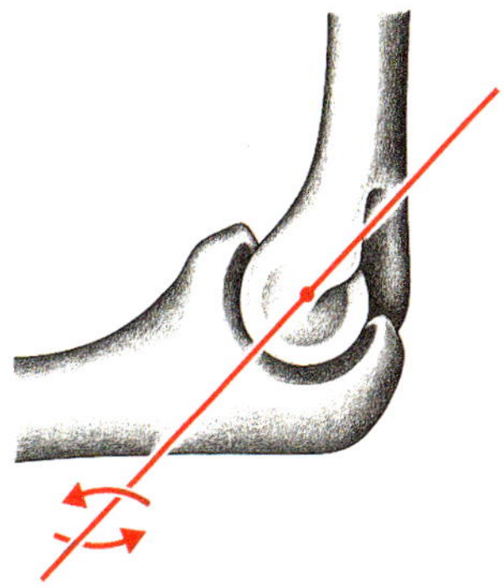

Scharniergelenk

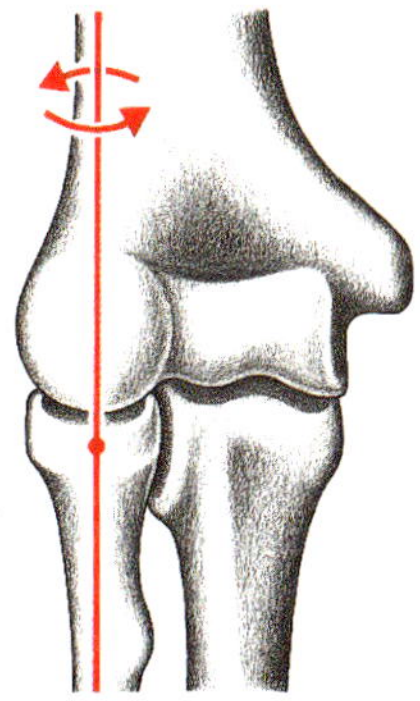

Radgelenk

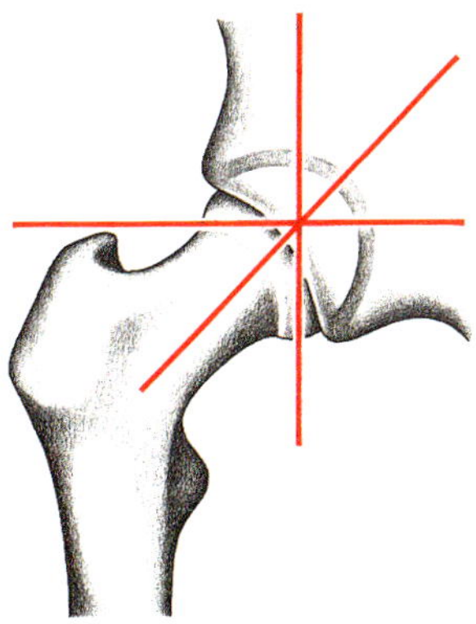

Kugelgelenk

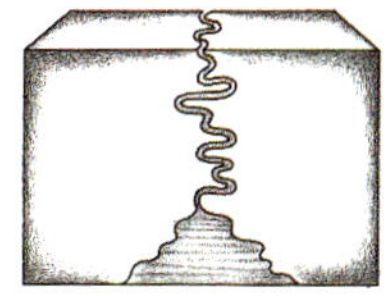

Fuge (Naht)

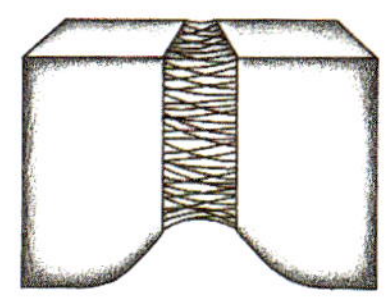

Symphyse (Verbindung zweier Knochenflächen durch Faserknorpel)

● **Unechte Gelenke** (Synarthrosen)	– Fugen, Band- oder Knorpelverbindungen (Schädelnähte, Symphysis pubica, Zwischenwirbelscheiben)
● **Echte Gelenke** (Diarthrosen)	
● **Einachsige Gelenke**	– Scharniergelenke (Fingergelenke) – Radgelenk (Speichengelenk im Ellenbogengelenk)
● **Zweiachsige Gelenke**	– Drehscharniergelenk (Kniegelenk) – Eigelenk (Handgelenk) – Sattelgelenk (Daumengelenk)
● **Dreiachsige Gelenke**	– Kugelgelenk (Schultergelenk) – Nußgelenk (Hüftgelenk)

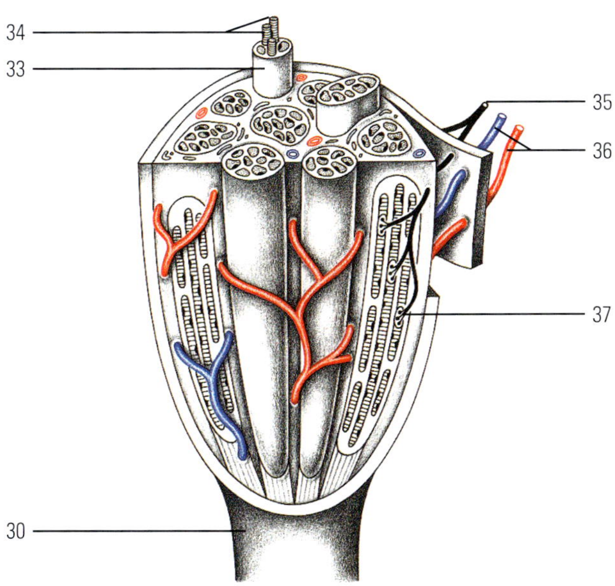

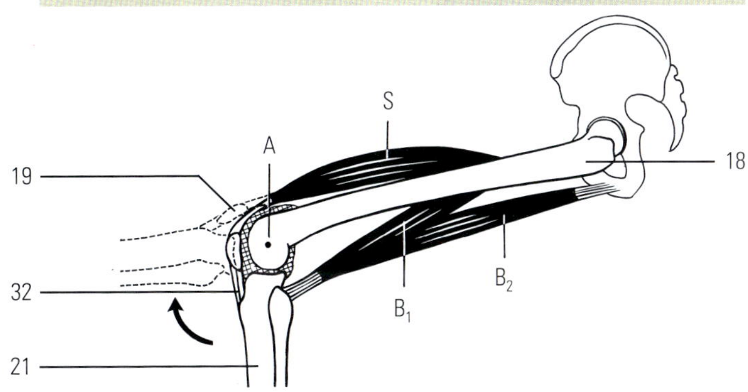

Muskelwirkungen am Gelenk (z.B. Kniegelenk). Strecker (S) und Beuger (B) wirken gegenläufig (antagonistisch) am Gelenk um eine quere Achse (A). Am Sehnenansatz finden sich häufig Schleimbeutel (Bursae). Die Kniescheibe stellt eine verknöcherte Sehnenstrecke (Sesambein) dar und verhindert das Wundreiben der Sehnen am Gelenk. Blau = Kapselraum.

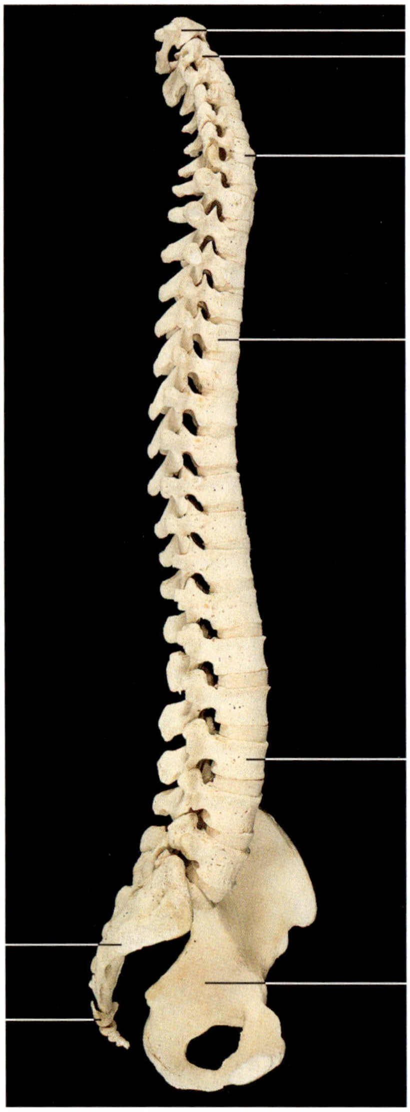

Wirbelsäule mit Hüftknochen (Seitenansicht). Die Wirbelsäule ist im Hals- und Lendenbereich nach vorne (Lordose), im Brustbereich nach hinten gekrümmt (Kyphose).

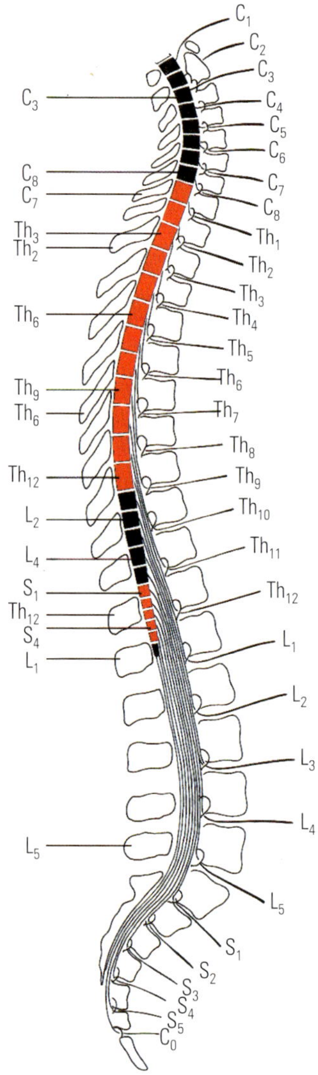

Lage der Rückenmarksegmente und Rückenmarknerven (Spinalnerven) im Verhältnis zu den Wirbeln. Im Lendenbereich enthält der Wirbelkanal nur noch Nervenfasern (Wurzeln der lumbalen und sakralen Spinalnerven).

1 Atlas (1. Halswirbel)
2 Axis (2. Halswirbel)
3 Halswirbel (Vertebra cervicalis) (insgesamt 7)
4 Brustwirbel (Vertebra thoracalis) (insgesamt 12)
5 Lendenwirbel (Vertebra lumbalis) (insgesamt 5)
6 Kreuzbein (Os sacrum) (besteht aus 5 Sakralwirbeln)
7 Steißbein (3-5 Schwanzwirbel) (Os coccygis)
8 Beckenknochen (Os coxae)
9 **Wirbelkörper (Corpus vertebrae)**
10 **Bandscheibe (Discus intervertebralis)**
11 Oberer Gelenkfortsatz (Proc. articularis sup.)
12 Querfortsatz (Proc. transversus) (bei den Lendenwirbeln sind die Querfortsätze Rippenreste, daher Proc. costalis)
13 **Dornfortsatz (Proc. spinosus)**
14 Unterer Gelenkfortsatz (Proc. articularis inf.)
15 **Gallertkern** der Zwischenwirbelscheibe **(Nucleus pulposus)**
16 Vorderes Längsband (Lig. longitudinale ant.)
17 Hinteres Längsband (Lig. longitudinale post.)
18 Rückenmarksnerven im lumbalen Wirbelkanal
19 Supraspinales Längsband zwischen den Dornfortsätzen ab C_7 (Lig. supraspinale)
20 Gelbes Band zwischen den Wirbelbögen (Lig. flavum)
21 **Rückenmark (Medulla spinalis)**
22 Knochenhaut (Periost)
23 **Harte Hirnhaut (Dura mater)** (grün)
24 Spinnwebenhaut (Arachnoidea) (weiß)
25 Weiche Hirnhaut (Pia mater) mit Blutgefäßen (rot)
26 Spinalganglion (»Nervenknoten« im Rückenmarknerv)
27 **Spinalnerv**
28 Vordere und hintere Wurzelfäden (Fila radicularia)

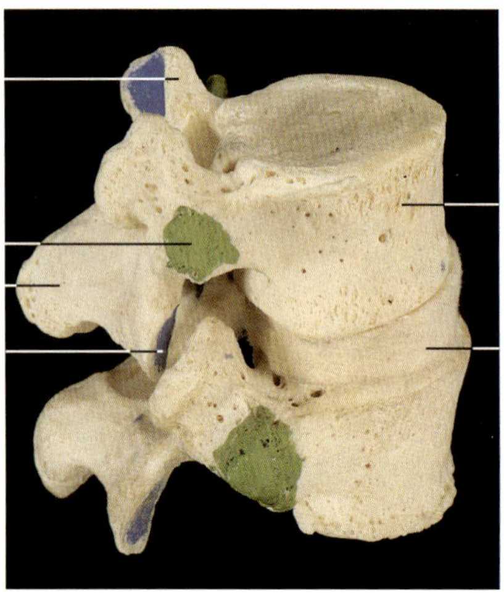

Zwei Lendenwirbel mit Bandscheibe (schräg von der Seite).

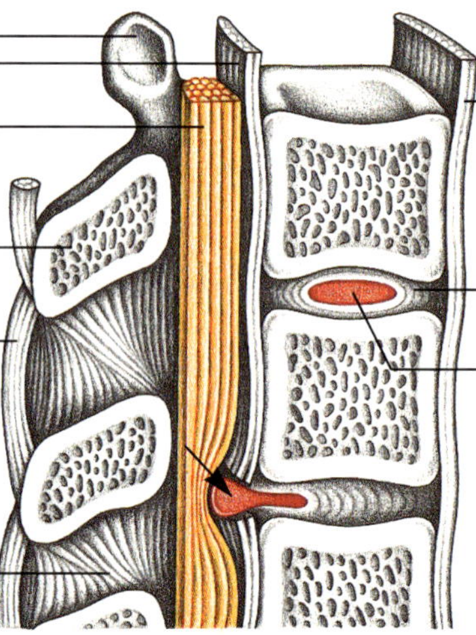

Bandapparat der Wirbelsäule.
Pfeil: Bandscheibenvorfall (Pulposushernie).

Die Wirbelkörper werden durch starke elastische Längsbänder zusammengehalten (dadurch die S-förmige Krümmung der Wirbelsäule). Der Gallertkern (Nucleus pulposus) kann bruchartig in den Wirbelkanal vordringen (Pfeil) und die Nervenfasern einklemmen (sog. Bandscheibenvorfall). Die Stellung der Gelenkfortsätze ist in den verschiedenen Abschnitten der Wirbelsäule unterschiedlich, so daß die Bewegungsmöglichkeiten verschieden sind.

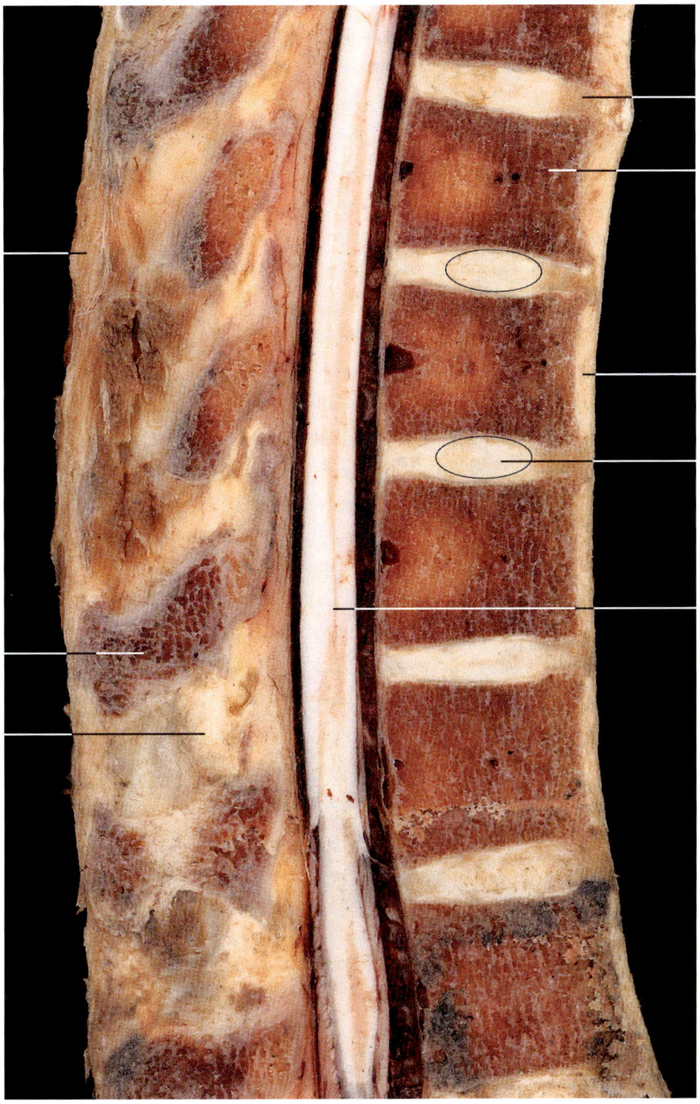

Längsschnitt durch die Brustwirbelsäule mit Rückenmark. Die Wirbelkörper enthalten rotes Knochenmark. Der Gallertkern (Nucleus pulposus) (15) wurde bei zwei Bandscheiben umgrenzt.

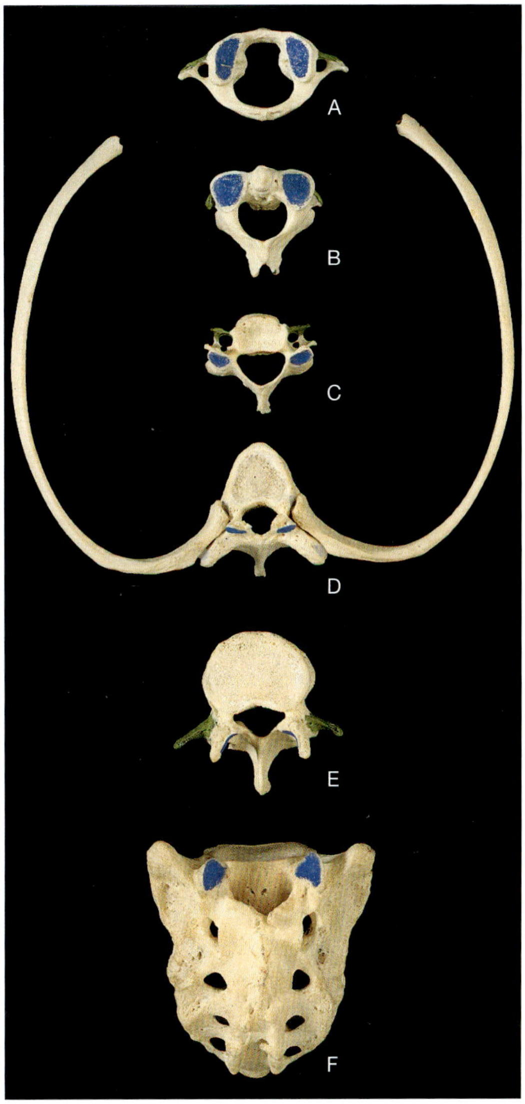

Typische Wirbelknochen (Ansicht von oben) (grün = Rippenfortsätze). Man beachte die unterschiedliche Stellung der Gelenkflächen (blau). A = Atlas (1. Halswirbel); B = Axis (2. Halswirbel); C = Brustwirbel; D = Brustwirbel mit Rippen; E = Lendenwirbel; F = Kreuzbein (Os sacrum).

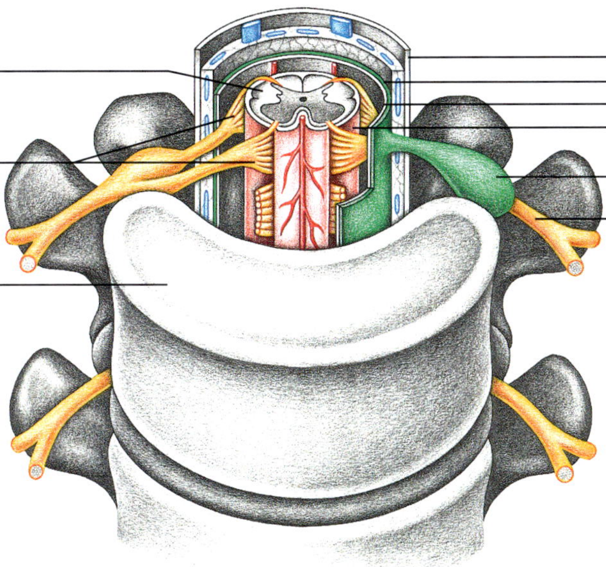

Rückenmark mit seinen Hüllen im Wirbelkanal. Der Spinalnerv bildet sich segmentweise durch den Zusammenfluß der vorderen und hinteren Wurzelfäden. Das Spinalganglion liegt, noch von Dura umschlossen, im Wirbelloch. Die lymphähnliche Flüssigkeit, die Gehirn und Rückenmark umspült (Liquor cerebrospinalis), befindet sich im Subarachnoidalraum (zwischen Arachnoidea und Pia mater).

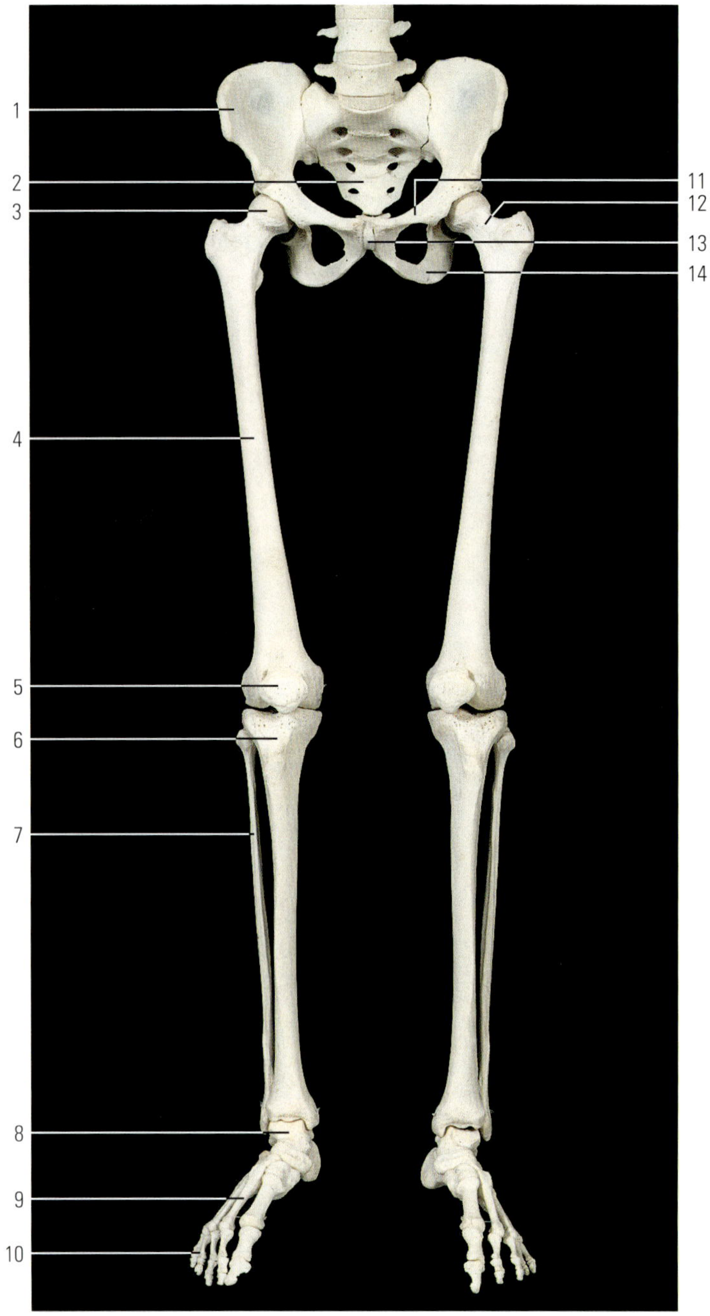

Skelettelemente der unteren Gliedmaßen in Verbindung mit dem Becken (von vorne).

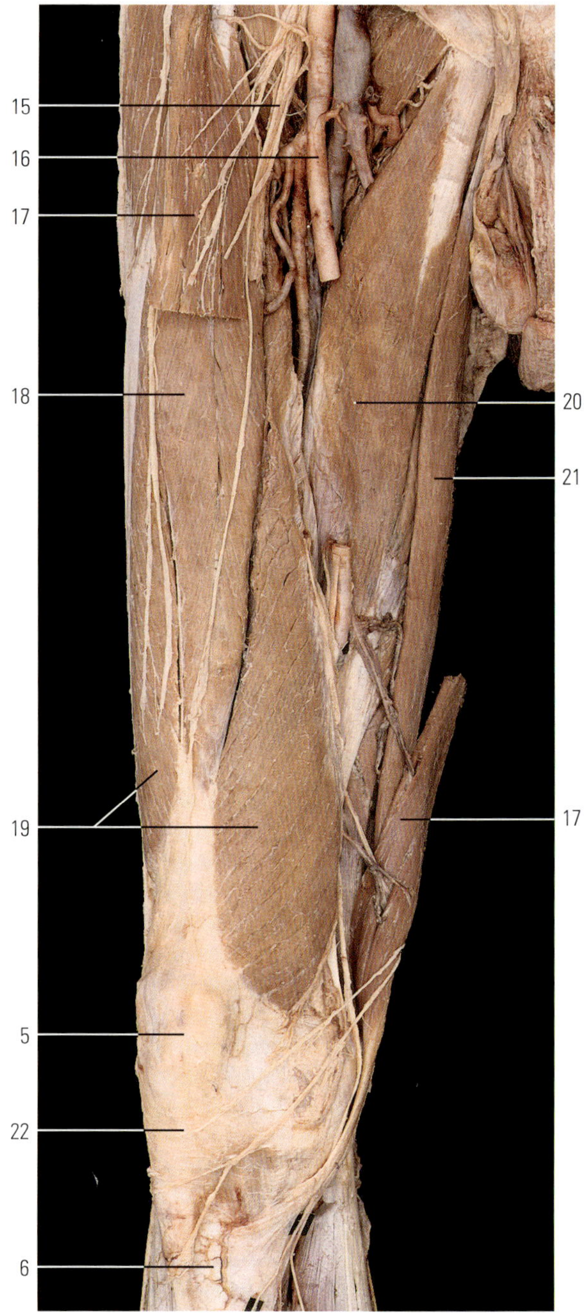

Oberschenkelmuskulatur (von vorne). Der M. sartorius (17) wurde durchtrennt.

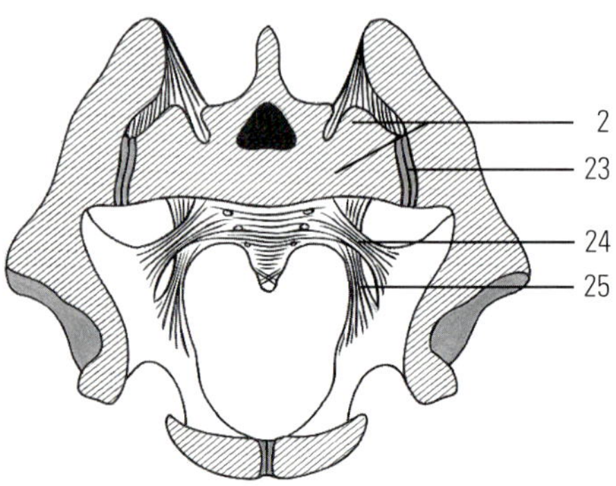

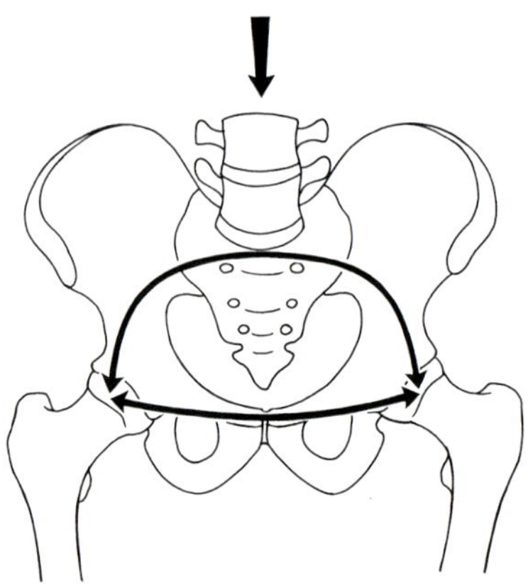

Bedeutung der Hüft- und Beckengelenke für die Körperhaltung. Über den Beckenring verteilt sich die Körperlast auf die beiden Hüftgelenke (rechtes Bild). Die Querverspannung läuft über den Schambeinbogen und die Symphyse. Bei Symphysenlockerungen (z.B. in der Schwangerschaft) ist der Gang erschwert. Das Kreuzbein ist durch die Sakroiliakalgelenke (23) (linkes Bild) federnd in den Beckenring eingefügt und durch straffe Bänder gesichert.

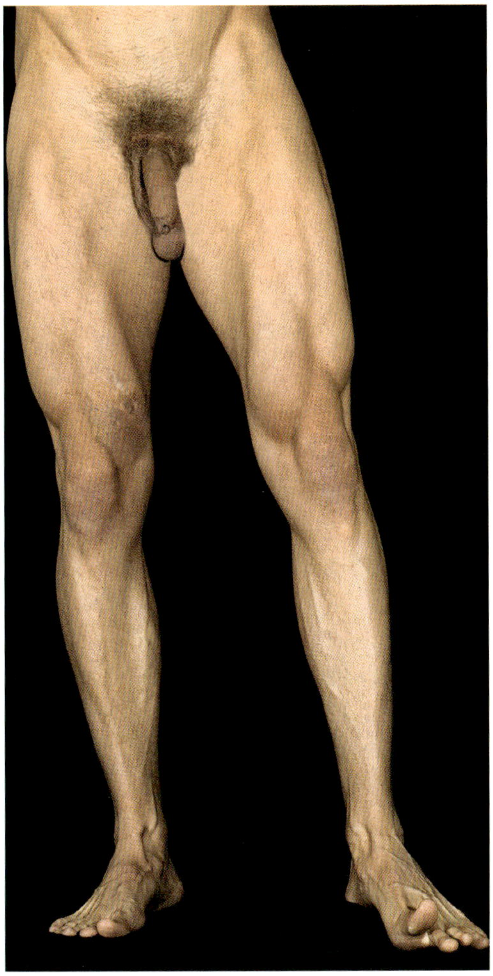

Aktphoto von den unteren Gliedmaßen. Rechtes Bein = Standbein; linkes Bein = Spielbein.

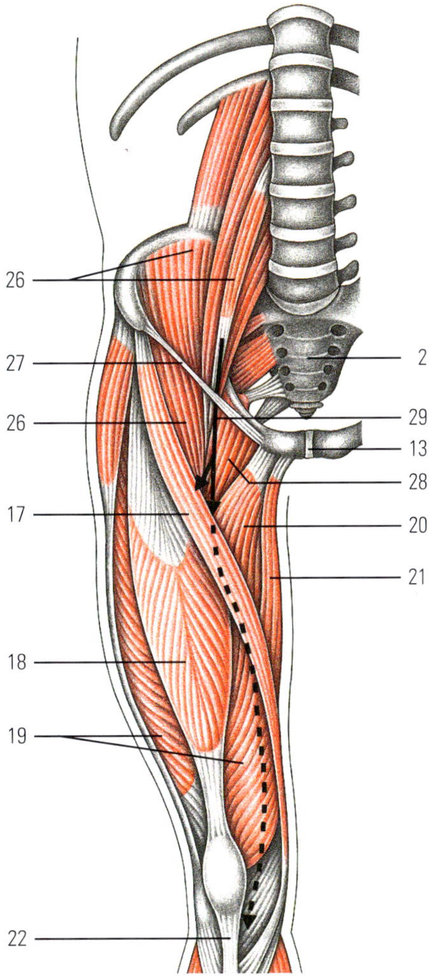

Oberschenkelmuskulatur in Verbindung mit Wirbelsäule und Becken (von vorne). Pfeil = Verlauf der Beingefäße (A. und V. femoralis) vom Beckenraum zur Kniekehle.

1 Darmbein des Beckens (Os ilii)
2 Kreuzbein (Os sacrum)
3 Hüftkopf (Caput femoris)
4 **Oberschenkelknochen (Femur)**
5 Kniescheibe (Patella)
6 **Schienbein (Tibia)**
7 **Wadenbein (Fibula)**
8 Fußwurzel (Tarsus)
9 Mittelfuß (Metatarsus)
10 Zehen (Phalanges)
11 Schambein (Os pubis)
12 Oberschenkelhals (Collum femoris)
13 **Schambeinfuge, Symphyse (Symphysis pubica)**
14 Sitzbein (Os ischii)
15 Oberschenkelnerv (N. femoralis)
16 Oberschenkelarterie (A. femoralis) (durchtrennt)
17 Schneidermuskel (M. sartorius)
18 Gerader Beinmuskel (M. rectus femoris)
19 Breite Beinmuskeln (M. vastus med., intermedius u. lat.)
18 u.19 bilden zusammen den **vierköpfigen Oberschenkelstrecker (M. quadriceps femoris)**
20 **Anzieher des Oberschenkels (Mm. adductores);** hier: M. adductor longus
21 Graziler Muskel (M. gracilis)
22 Kniescheibenband (Lig. patellae)
23 Beckengelenk (Articulatio sacroiliaca)
24 Lig. sacrospinale
25 Lig. sacrotuberale
26 Beinbeuger (M. iliopsoas)
27 Leistenband (Lig. inguinale)
28 Beckenkammuskel (M. pectineus)
29 Gefäß-Nerven-Straße vom Becken zur Kniekehle (verläuft unter dem Leistenband u. dem M. sartorius)

Beim Menschen sind die Muskeln, die das Bein aus der Beugestellung (gegen das Körpergewicht!) zur Sicherung der aufrechten Körperhaltung wieder in die Senkrechte zurückbringen können (M. glutaeus maximus und M. quadriceps femoris), am stärksten entwickelt. Daraus resultiert die charakteristische Form des menschlichen Beines (Gesäß, Oberschenkel und Wade).

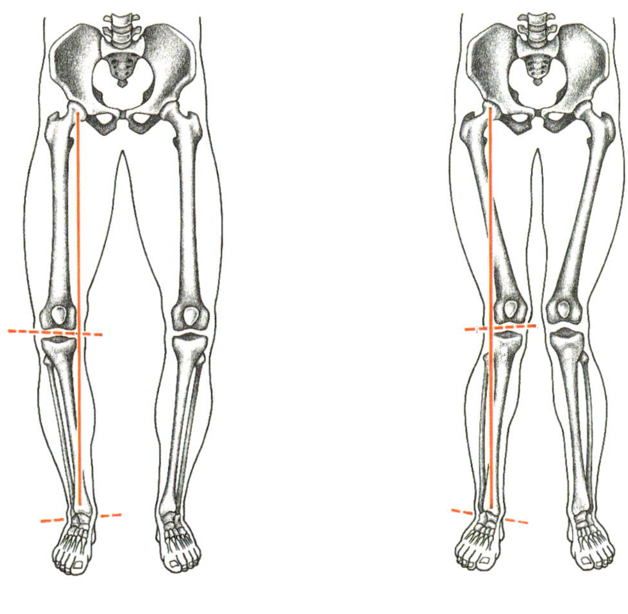

Fehlstellungen des Beines (schematisch). Rechts – X-Beine (Genu valgus, Überbelastung im Kniegelenk außen); links – O-Beine (Genu varus, Überbelastung im Kniegelenk innen). Man beachte die unterschiedliche Lage der Gelenkebenen (punktierte Linien) und der Tragelinie (rot) des Beines.

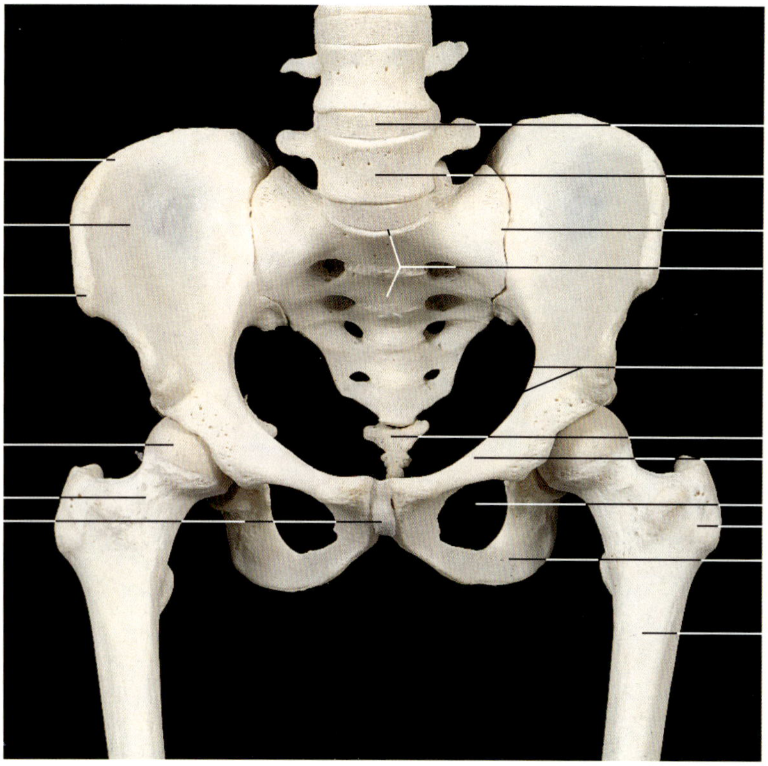

Knöchernes Becken mit Hüftgelenken, Kreuzbein und Lendenwirbelsäule (von vorne).

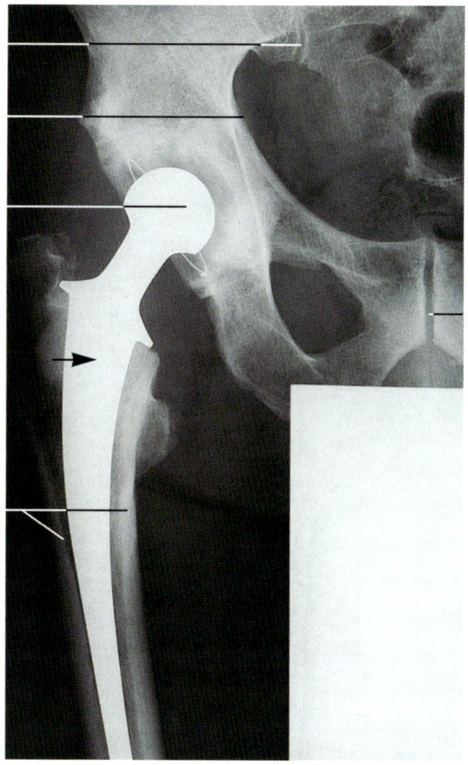

Künstliches Hüftgelenk, rechts (Röntgenaufnahme). Genitalorgane mit Blei abgedeckt. Pfeil = Prothese.

Das **Hüftgelenk** ist ein dreiachsiges Kugelgelenk, das jedoch durch den kräftigen Bandapparat in seiner Beweglichkeit stark eingeschränkt ist. Der Hüftkopf ist im Gegensatz zum Schultergelenk tief in die Gelenkpfanne (Acetabulum) eingefügt (Nußgelenk). Er wird durch das Kopfband ernährt.

Geschlechtsunterschiede des Beckens. Das weibliche Becken ist niedriger, breiter und geräumiger; der Schamwinkel (Angulus pubis) (Doppelpfeil) weiter (meist über 90°) und der Abstand der beiden Sitzbeinknochen größer als beim Mann.

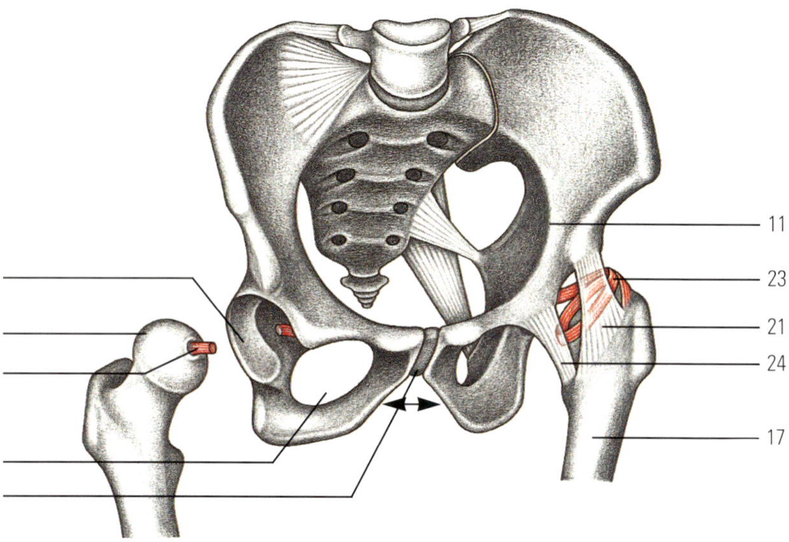

Bau des Hüftgelenkes und seines Bandapparates (schematisch). Die Bänder bilden eine Schraube, die in der Streckstellung zugezogen, in der Beugestellung gelockert wird. Der Hüftkopf ist durch ein Band (22) in der Pfanne fixiert.

1 Beckenkamm (Crista iliaca)
2 Darmbein (Os ilium)
3 Vorderer Darmbeinstachel (Spina iliaca ant. sup.)
4 **Hüftkopf (Caput femoris)** im Hüftgelenk
5 **Oberschenkelhals (Collum femoris)**
6 Schambeinfuge, Symphyse (Symphysis pubica)
7 Bandscheibe (Discus intervertebralis)
8 Fünfter Lendenwirbel
9 **Darmbein-Kreuzbeingelenk (Articulatio sacroiliaca)**
10 Vorwölbung des Kreuzbeines (Promontorium) und Kreuzbein (Os sacrum)
11 Beckeneingangsebene (Apertura pelvis sup., begrenzt durch die Linea terminalis)
12 Steißbein (Os coccygis)
13 Schambein (Os pubis)
14 Hüftbeinloch (For. obturatum)
15 Großer Rollhügel (Trochanter major)
16 Sitzbein (Os ischii)
17 **Oberschenkelknochen (Femur)**
18 Künstlicher Oberschenkelkopf
19 Sitzbeinhöcker (Tuber ischiadicum)
20 **Hüftgelenkpfanne (Acetabulum)**
21 Vorderes Hüftgelenkband (Lig. iliofemorale)
22 Kopfband des Oberschenkels (Lig. capitis femoris)
23 Ringband des Hüftgelenkes (Zona orbicularis)
24 Mediales Hüftgelenkband (Lig. pubofemorale)
25 Oberschenkelgefäße und -nerven (A., V. und N. femoralis)
26 Hüftlochnerv (N. obturatorius)

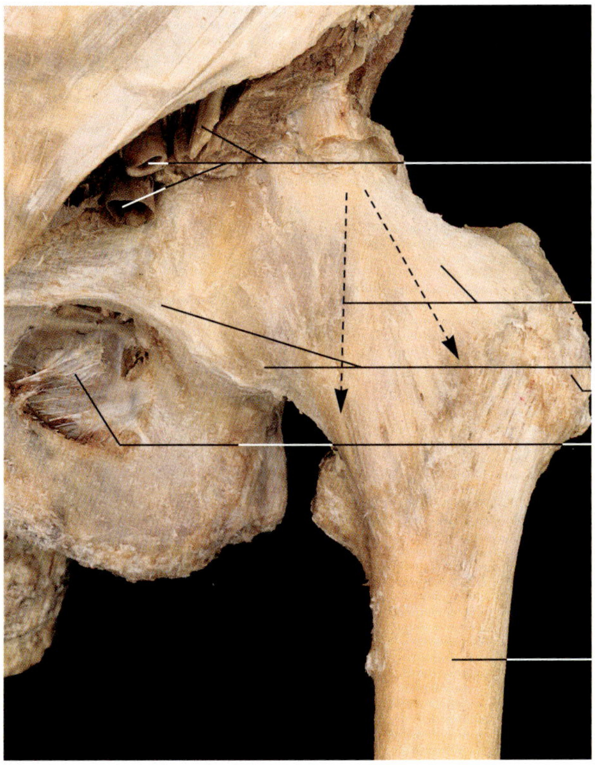

Bandapparat des Hüftgelenkes (von vorne). Das Lig. iliofemorale (21) bildet ein umgekehrtes V (punktierte Linien), so daß es in der Streckstellung und bei Adduktion angespannt wird.

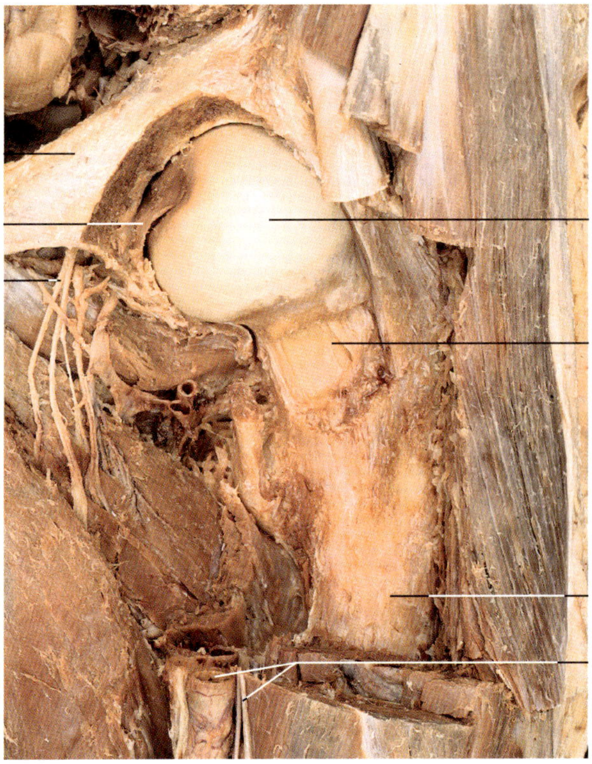

Hüftgelenk (von vorne). Der vordere Teil der Gelenkpfanne (Acetabulum) wurde entfernt, so daß der Gelenkkopf (4) mit Kopfband (22) sichtbar geworden ist.

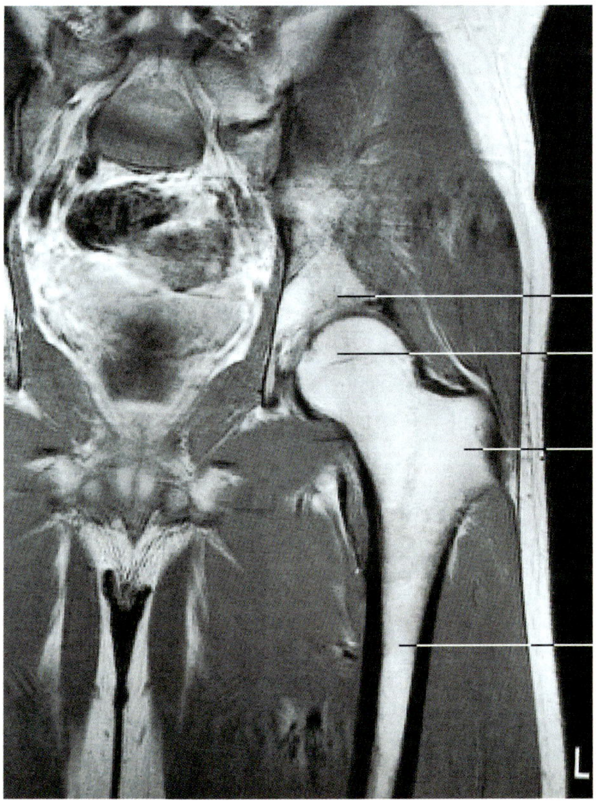

MR-Aufnahme vom Hüftgelenk. (Koronale Schnittrichtung, linkes Bein, von vorne, Aufnahme: Dr. A. Heuck, München).

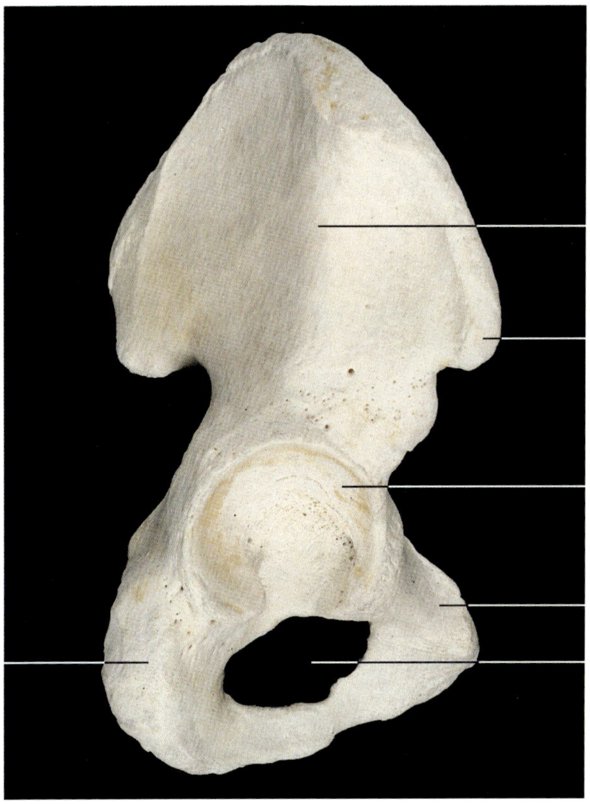

Rechtes Hüftbein (Os coxae), von der Seite gesehen. Man beachte die Verwinkelung der Ebenen von Darmbein (oben) und Sitz- bzw. Schambein (unten).

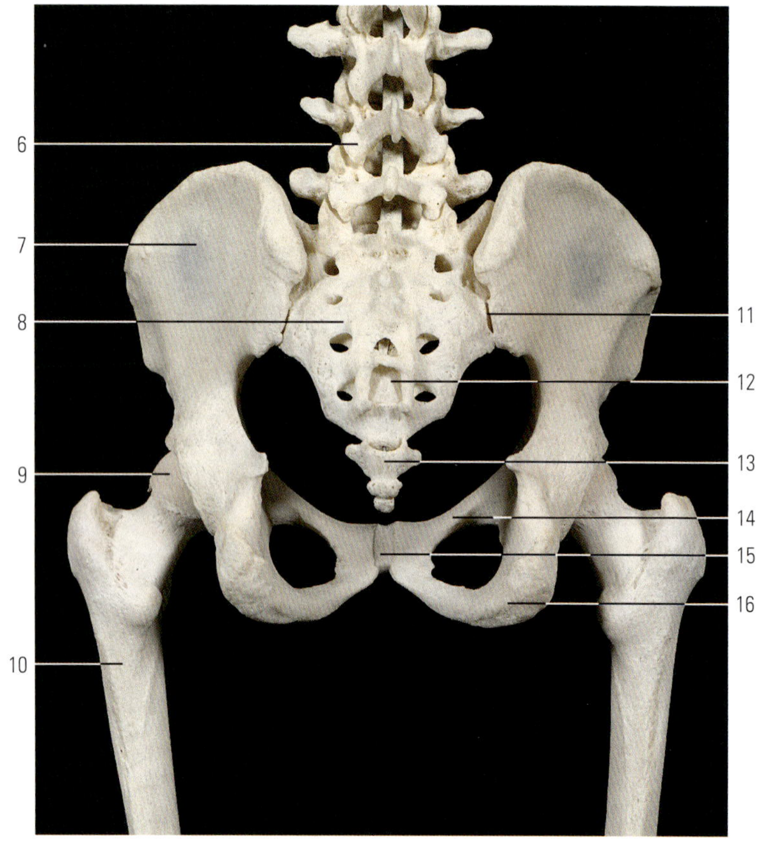

Knöchernes Becken mit Kreuzbein, Lendenwirbelsäule und Oberschenkelknochen (von hinten).

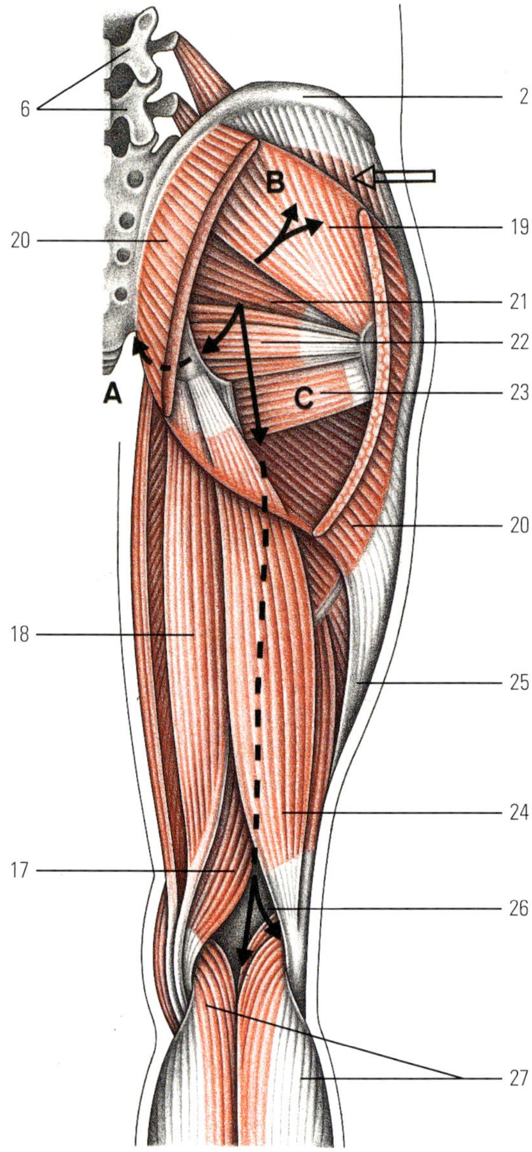

Muskulatur der Gesäßregion und Beugemuskeln des Oberschenkels (von hinten).
Heller Pfeil = übliche Stelle für intramuskuläre Injektionen in den M. glutaeus medius (abseits von den großen Gefäßen).
Schwarze Pfeile = Verlauf der Gefäße und Nerven zur Gesäßregion und zum Bein:
A = Gefäß-Nerven-Straße zur Genitalregion (A. und V. pudenda int., N. pudendus),
B = Gefäß-Nerven-Straße zur Gesäßmuskulatur (A., V. und N. glutealis sup.),
C = Nervenstraße zum Bein (N. ischiadicus – teilt sich in der Kniekehle in den N. tibialis und N. peronaeus für Unterschenkel und Fuß).

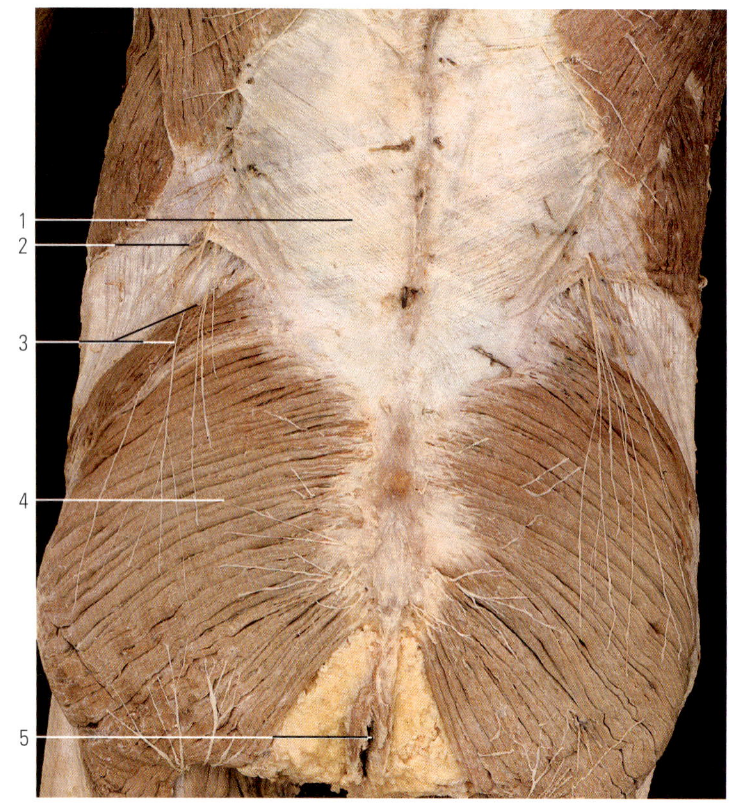

Muskeln und Nerven der Gesäßregion (von hinten).

Der **M. glutaeus maximus** führt den gebeugten Oberschenkel in die Streckstellung zurück und sichert dadurch den aufrechten Gang. Er arbeitet gegen das Körpergewicht (Treppensteigemuskel).

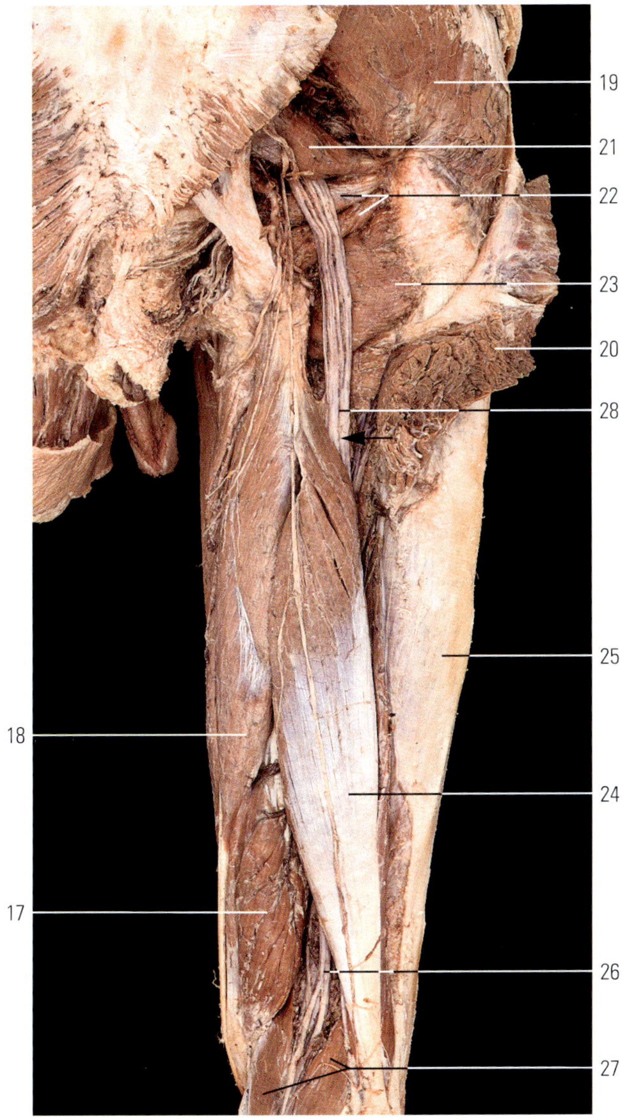

Gesäß- und Beugemuskeln am Oberschenkel (von hinten). Der M. glutaeus maximus wurde durchtrennt und zur Seite geklappt. Man beachte die Lage des N. ischiadicus (28), der am Unterrand des M. glutaeus maximus oberflächlich wird und hier (Pfeil) getastet werden kann.

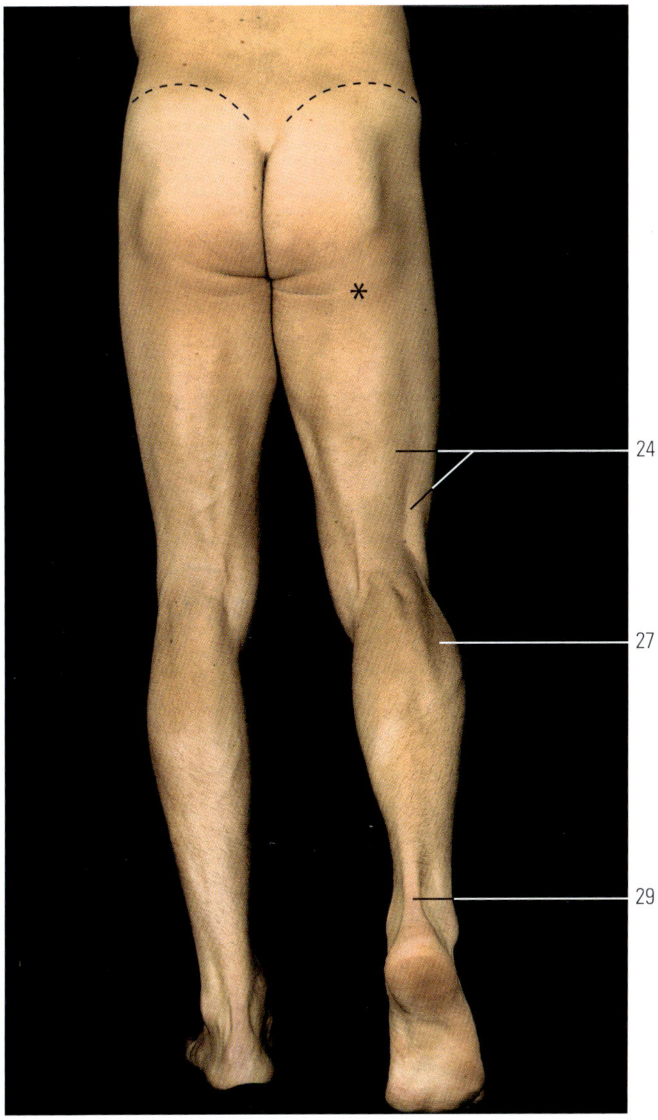

Aktphoto von der Gesäßregion und vom Bein (von hinten). Beckenkamm markiert. Links = Standbein, rechts = Spielbein. * = Druckpunkt für den N. ischiadicus.

1 Rückenfaszie für lange Rückenmuskeln (Fascia thoracolumbalis)
2 Beckenkamm (Crista iliaca)
3 Hautnerven für Gesäßregion (Nn. clunium sup.)
4 **Großer Gesäßmuskel (M. glutaeus maximus)**
5 Anus
6 Lendenwirbelsäule
7 Darmbein (Os ilium)
8 Kreuzbein (Os sacrum)
9 Hüftkopf (Caput femoris)
10 Oberschenkelknochen (Femur)
11 Becken-Kreuzbein-Gelenk (Articulatio sacroiliaca)
12 Ende des Wirbelkanals (Hiatus sacralis)
13 Steißbein (Os coccygis)
14 Schambein (Os pubis)
15 Schambeinfuge, Symphyse (Symphysis pubica)
16 Sitzbein (Os ischii)
17 Unterschenkelbeuger (M. semimembranosus)
18 Halbsehniger Unterschenkelbeuger (M. semitendinosus)
19 **Mittlerer Gesäßmuskel (M. glutaeus medius)**
20 Großer Gesäßmuskel (M. glutaeus maximus) (durchtrennt)
21 **Birnenförmiger Muskel (M. piriformis)**
22 Innerer Hüftlochmuskel (M. obturator int.) mit seinen beiden Begleitmuskeln (M. gemellus sup. und inf.)
23 Quadratmuskel (M. quadratus femoris)
24 **Zweiköpfiger Beinbeuger (M. biceps femoris)**
25 Oberschenkelgurt (Tractus iliotibialis)
26 Kniekehle (Fossa poplitea) mit Schienbeinnerv (N. tibialis)
27 Wadenmuskel (M. gastrocnemius)
28 **Hüftnerv, Ischiasnerv (N. ischiadicus)**
29 Achillessehne

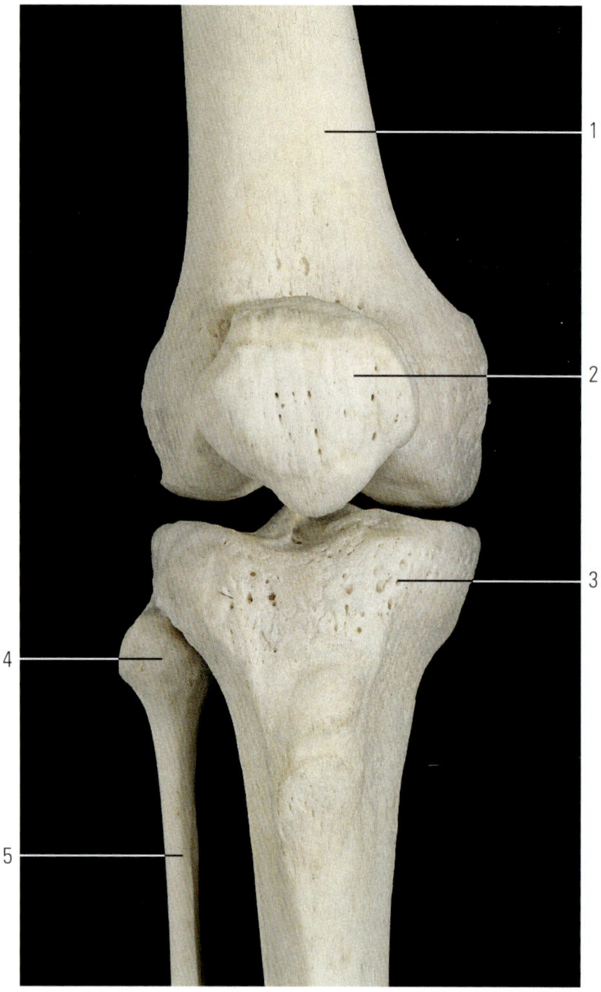

Knöchernes Kniegelenk (von vorne, rechte Seite). Das Wadenbein hat keinen Kontakt mit dem Kniegelenk.

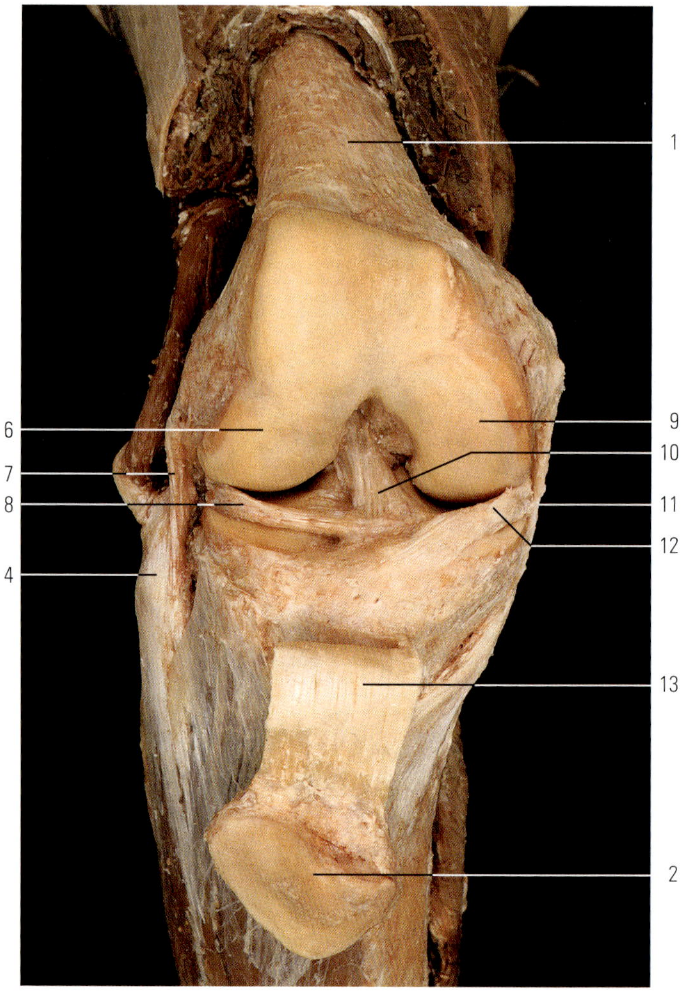

Rechtes Kniegelenk (von vorne eröffnet). Kniescheibe und Kniescheibenband wurden nach vorne geklappt. Man beachte die Lage der Kreuzbänder und Menisken.

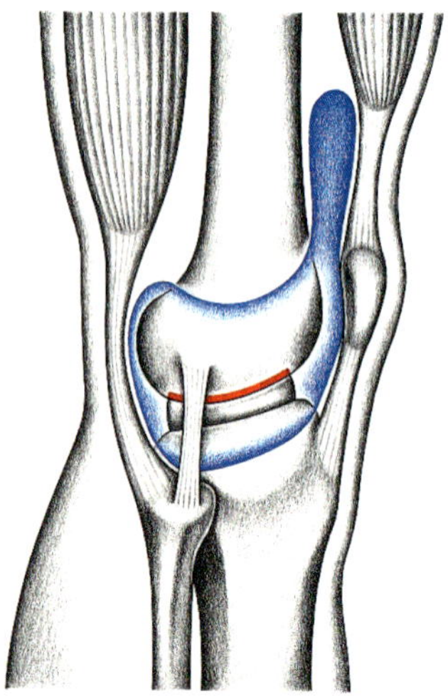

Kniegelenk in Streckstellung

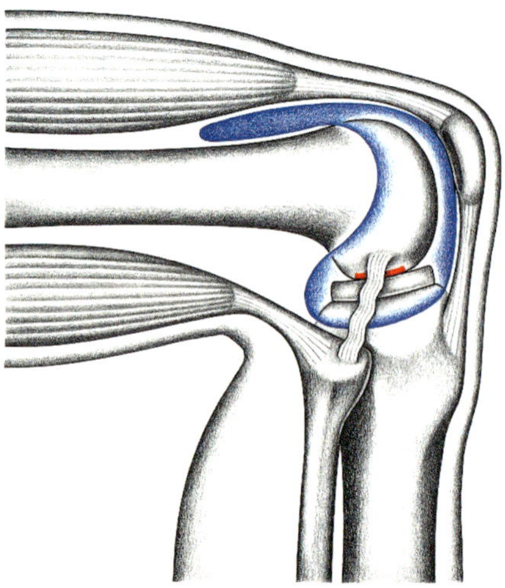

Kniegelenk in Beugestellung

Die Kontaktfläche der Gelenkkörper des Oberschenkels (Kondylen) (rote Linie) mit den Menisken wird in der Streckstellung des Beines größer. Dadurch wird der Druck des Körpergewichtes auf das Schienbein mehr verteilt und der Gelenkknorpel vor einseitigen, umschriebenen Druckbelastungen bewahrt. Wird das Knie gebeugt, verschieben sich die Menisken etwas nach hinten, die Seitenbänder lockern sich und der Unterschenkel kann gegen den Oberschenkel gedreht werden. In der Beugestellung sichern die Kreuzbänder den Zusammenhalt der Gelenkkörper. Erfolgen bei gestrecktem Bein gewaltsame Drehungen im Kniegelenk, wie z. B. beim Fußballspiel oder Skifahren, können die Menisken verletzt oder sogar die Bänder zerrissen werden.

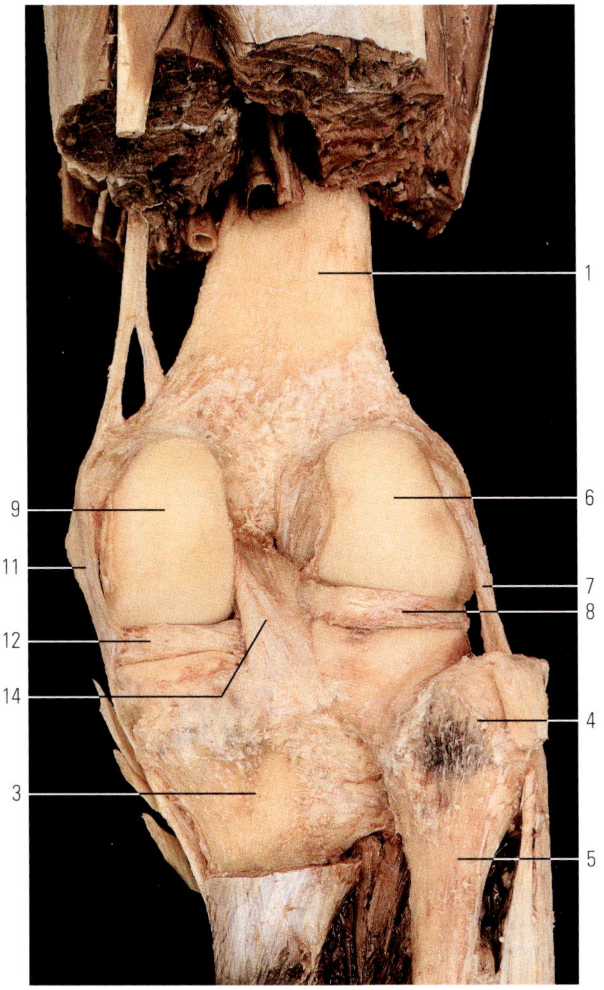

Rechtes Kniegelenk (von hinten eröffnet). Das innere Seitenband ist mit dem Meniskus verwachsen, das äußere nicht. Man beachte die Lage der Kreuzbänder, der Seitenbänder und der Menisken.

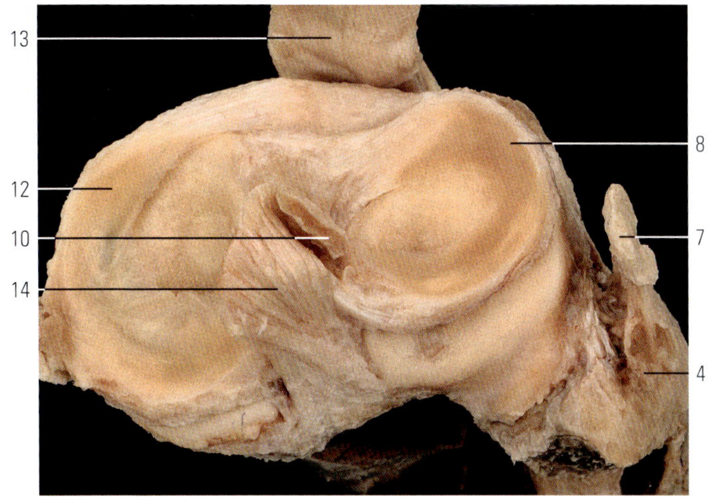

Aufsicht auf die Gelenkflächen des rechten Schienbeins mit halbmondförmigen Knorpelscheiben (Menisken).

1 Oberschenkelknochen (Femur)
2 Kniescheibe (Patella)
3 Schienbein (Tibia)
4 Wadenbeinkopf (Caput fibulae)
5 Wadenbein (Fibula)
6 Äußerer Oberschenkel-Gelenkfortsatz (Condylus lat.)
7 Äußeres Seitenband (Lig. collaterale lat.)
8 **Äußerer Meniskus** (Kniegelenkzwischenscheibe) **(Meniscus lat.)**
9 Innerer Oberschenkelgelenkfortsatz (Condylus med.)
10 **Vorderes Kreuzband (Lig. cruciatum ant.)**
11 Inneres Seitenband (Lig. collaterale med.)
12 **Innerer Meniskus** (Kniegelenkzwischenscheibe) **(Meniscus med.)**
13 Kniescheibenband (Lig. patellae)
14 **Hinteres Kreuzband (Lig. cruciatum post.)**

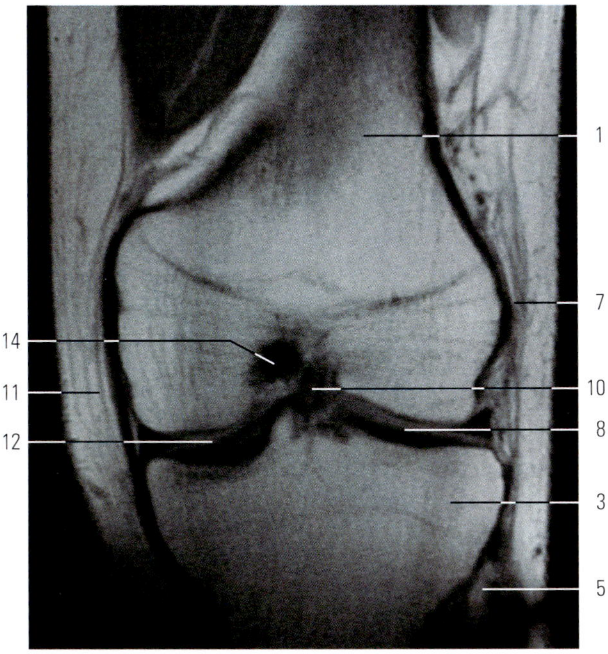

MR-Aufnahme vom Kniegelenk (koronaler Schnitt).

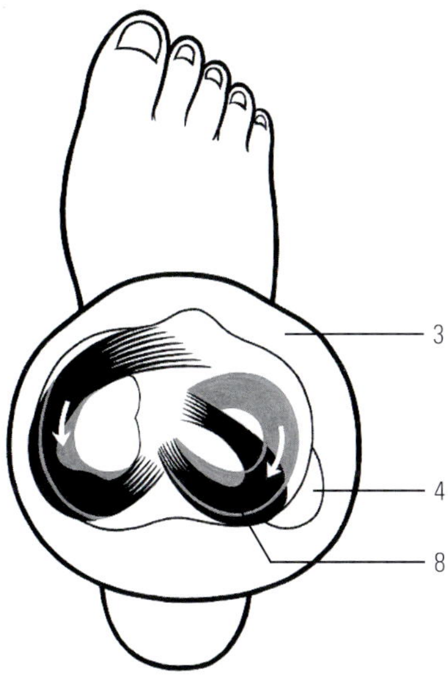

Bewegungen der Menisken bei Drehung des Unterschenkels. Der äußere Meniskus ist beweglicher, da er nicht mit dem äußeren Seitenband verwachsen ist. Meniskusverletzungen sind daher beim inneren häufiger als beim äußeren Meniskus.

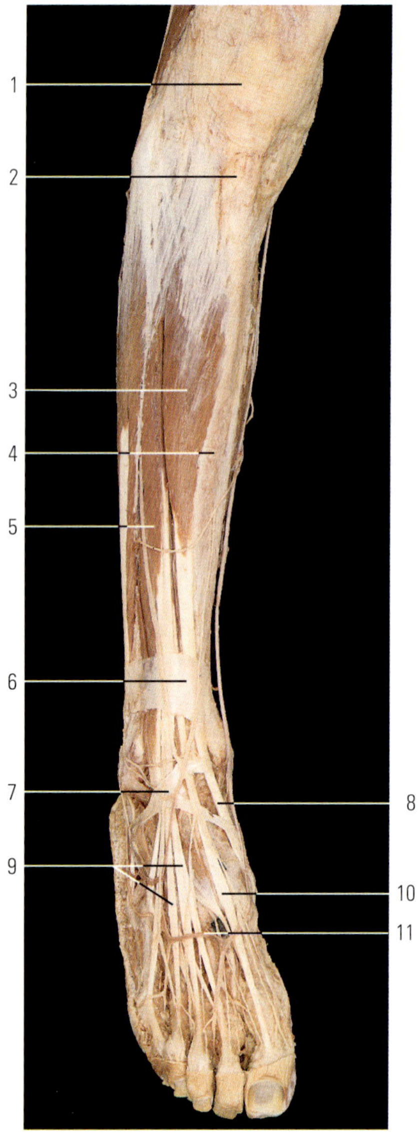

Streckmuskeln des Unterschenkels (von vorne).

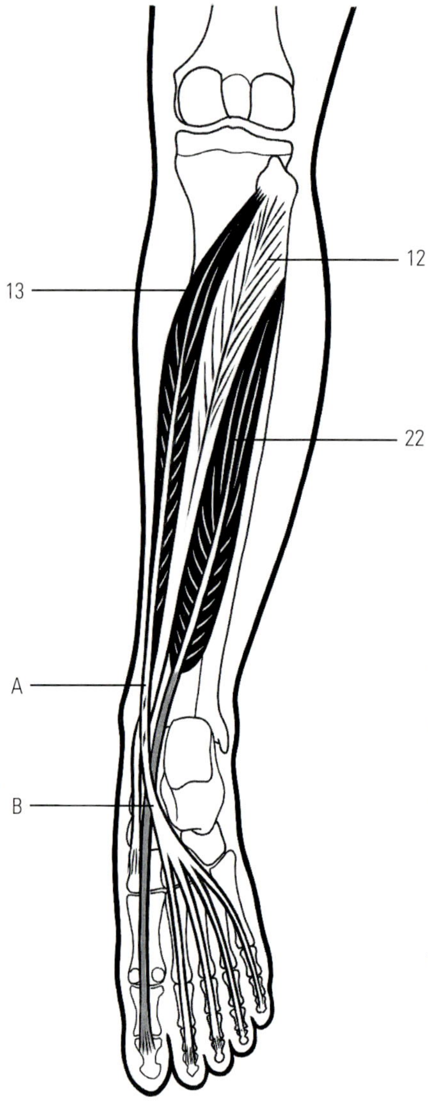

Tiefe Unterschenkelbeuger mit oberer (A) und unterer **Sehnenkreuzung** (B) (Chiasma crurale und plantare). Die Sehnenkreuzungen der tiefen Unterschenkelbeuger dienen der Unterstützung der Gewölbekonstruktion des Fußes. Die untere Kreuzung liegt unter dem Knochenvorsprung des Fersenbeins (Sustentaculum tali) in der Fußsohle und wirkt dem Absinken des Sprungbeins (einer der Fußknochen) (Talus) entgegen.

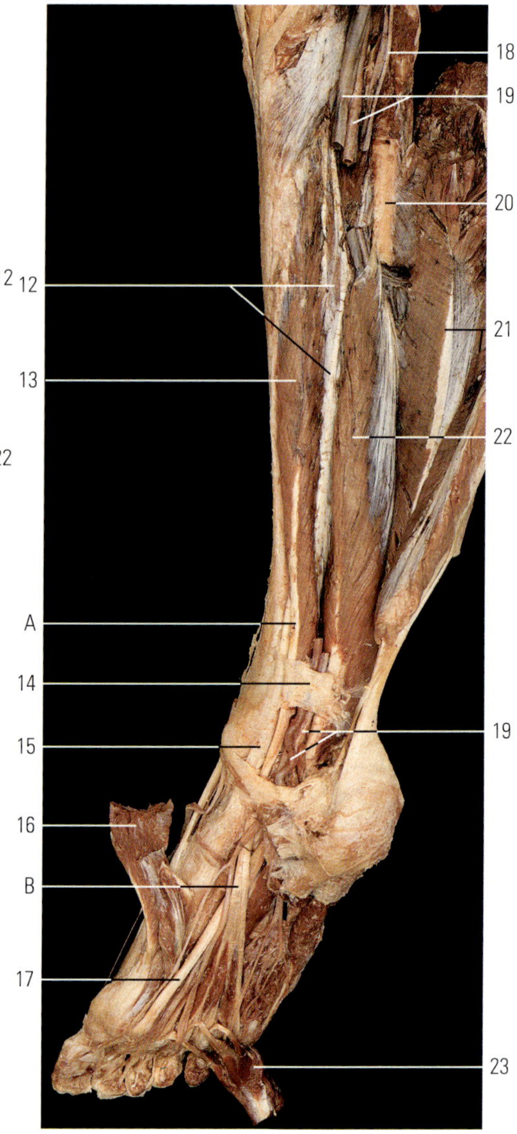

Tiefe Unterschenkelbeuger mit Sehnenkreuzungen (A und B). M. soleus durchtrennt und seitwärts verlagert.

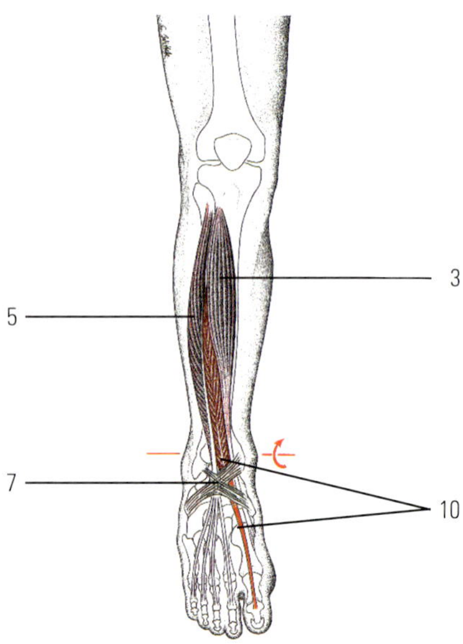

Streckmuskeln des Unterschenkels mit ihren in die Zehen ausstrahlenden Sehnen. Großzehenstrecker (10) rot.

1 Kniescheibe (Patella)
2 Kniescheibenband (Lig. patellae)
3 **Vorderer Schienbeinmuskel (M. tibialis ant.)**
4 Schienbein (Tibia)
5 Langer Zehenstrecker (M. extensor digitorum longus)
6 Oberes Strecker-Halteband (Retinaculum)
7 Unteres Strecker-Halteband (Retinaculum)
8 Sehne des vorderen Schienbeinmuskels (M. tibialis ant.)
9 Sehnen des langen Zehenstreckers (M. extensor digitorum longus)
10 Langer Großzehenstrecker (M. extensor hallucis longus)
11 Venenbogen des Fußes (Arcus venosus)
12 Hinterer Schienbeinmuskel (M. tibialis post.)

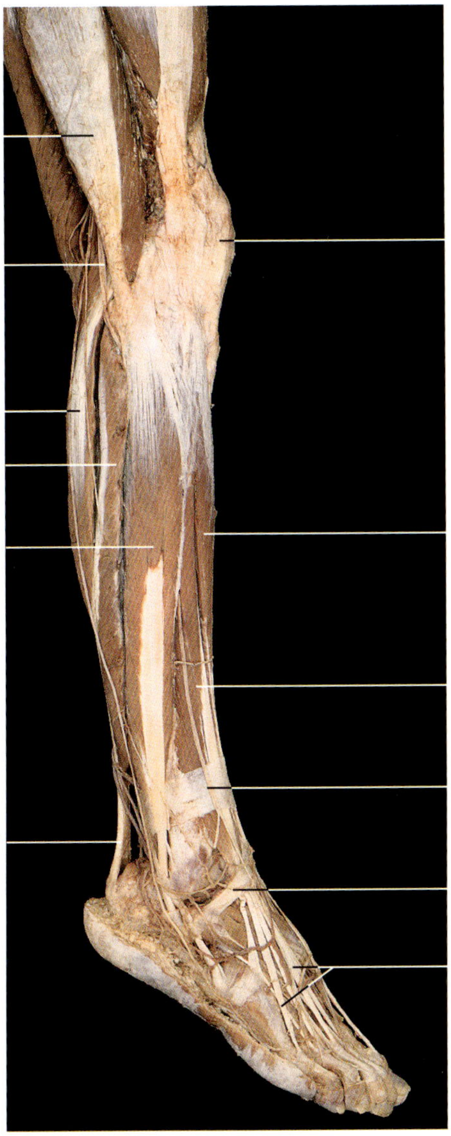

Unterschenkelmuskulatur (Seitenansicht). Darstellung der Wadenbeinmuskeln.

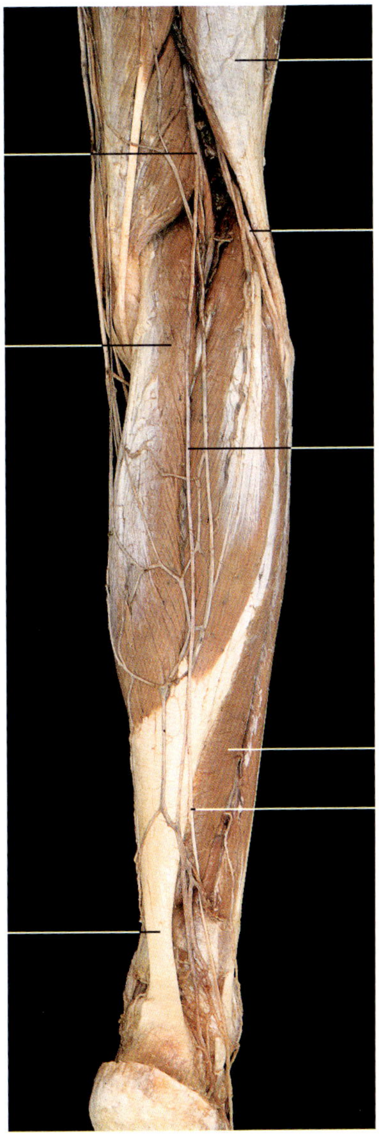

Unterschenkelmuskulatur (von hinten). Darstellung der Wadenmuskulatur.

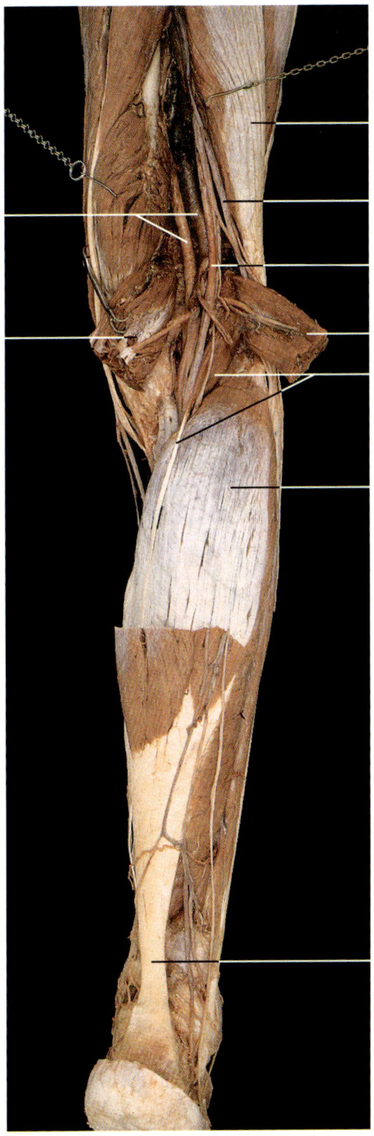

Unterschenkelmuskulatur (von hinten). Darstellung des M. soleus. M. gastrocnemius durchtrennt.

13 Langer Zehenbeuger (M. flexor digitorum longus)
14 Beuger-Halteband (Retinaculum)
15 Sehne des hinteren Schienbeinmuskels (M. tibialis post.)
16 Großzehenabzieher (M. abductor hallucis) (durchtrennt)
17 Sehne des langen Großzehenbeugers (M. flexor hallucis longus)
18 Schienbeinnerv **(N. tibialis)**
19 Hintere Beingefäße (A. und V. tibialis post.)
20 Wadenbein (Fibula)
21 **Schollenmuskel (M. soleus)**
22 Langer Großzehenbeuger (M. flexor hallucis longus)
23 Kurzer Zehenbeuger (M. flexor digitorum brevis) (durchtrennt)
24 Zweiköpfiger Beinbeuger (M. biceps femoris)
25 Gemeisamer Wadenbeinnerv **(N. peronaeus communis)**
26 **Wadenmuskel (M. gastrocnemius)**
27 Achillessehne
28 Wadennerv (N. suralis)
29 Kniekehlengefäße (A. und V. poplitea)
30 M. plantaris mit Sehne
31 Langer u. kurzer Wadenbeinmuskel (M. peronaeus longus und brevis)

Wadenmuskulatur (von der Seite) (rechtes Bild). Der zweiköpfige M. gastrocnemius (26) zieht über das Kniegelenk hinweg, während der M. soleus (21) auf den Unterschenkel beschränkt bleibt. Beide zusammen bilden den dreiköpfigen Wadenmuskel (M. triceps surae) mit seiner Achillessehne (27).

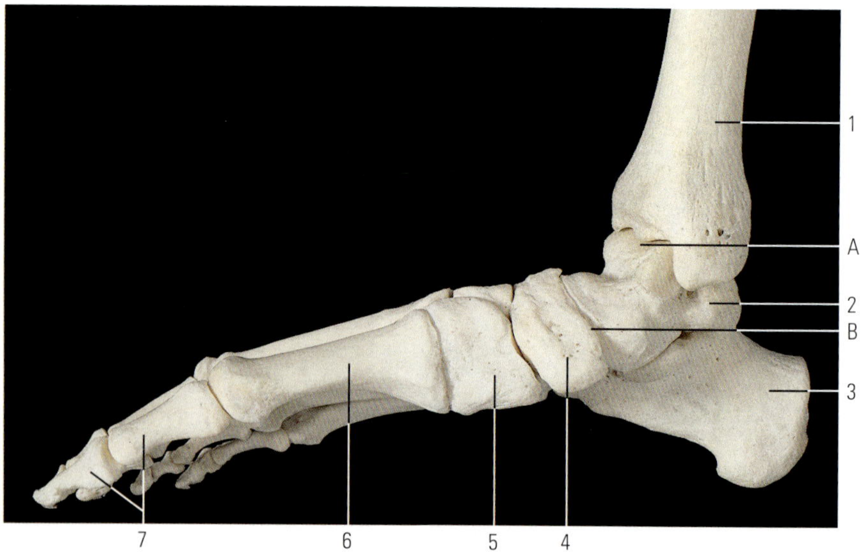

Skelett des Fußes (von medial). Man beachte die Gewölbekonstruktion der Fußwurzel- und Mittelfußknochen. A = Lokalisation des oberen Sprunggelenkes, B = Lokalisation des unteren Sprunggelenkes.

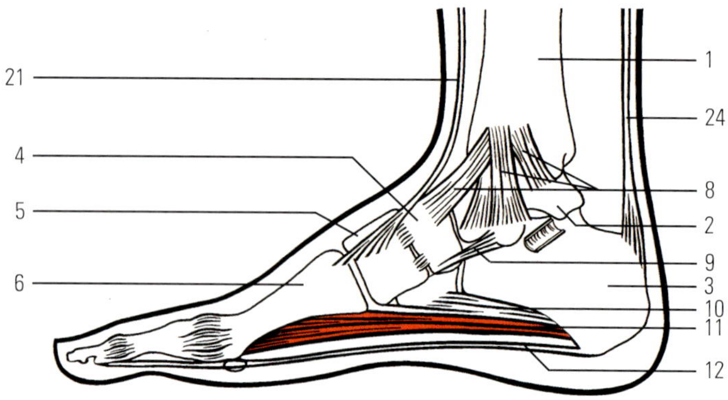

Bandapparat des Fußes (von medial). Das Längsgewölbe des Fußes wird durch straffe Bänder und kräftige Muskeln verspannt. Das Deltaband (8) sichert das obere Sprunggelenk.

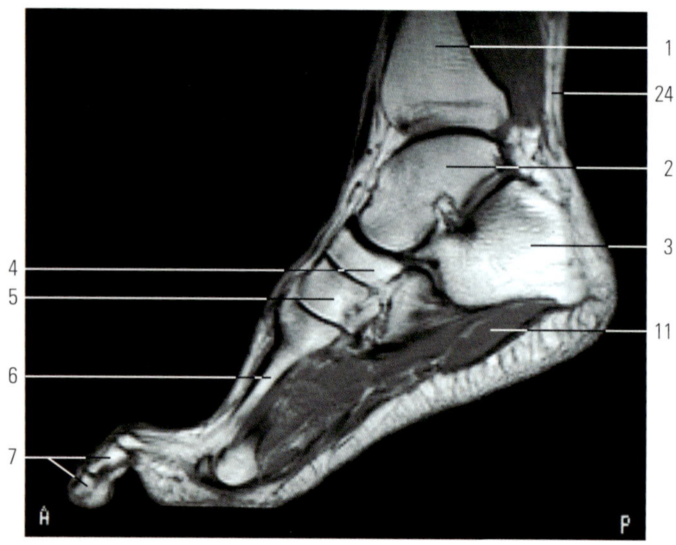

MR-Aufnahme des Fußes (Längsschnitt in Höhe der Großzehe und des ersten Mittelfußknochens, d. h. des Großzehenstrahls).

1 Schienbein (Tibia)
2 **Sprungbein (Talus)**
3 **Fersenbein (Calcaneus)**
4 **Kahnbein (Os naviculare)**
5 Inneres Keilbein (Os cuneiforme med.)
6 Erster Mittelfußknochen (Os metatarsi I)
7 Zehenknochen der Großzehe
8 Deltaband (Lig.mediale)
9 **Pfannenband** (Lig.calcaneo-naviculare plantare)
10 Längsband des Fußes (Lig. plantare longum)
11 **Kurzer Zehenbeuger (M. flexor digitorum brevis)**
12 Sehnenblatt der Fußsohle (Aponeurosis plantaris)
13 Zehenknochen (Phalanges)
14 Würfelbein (Os cuboideum)
15 Sehnen des kurzen Zehenbeugers (M. flexor digitorum brevis) (spalten sich auf u.setzen an den mittleren Zehenknochen an)
16 Hautnerven für die Zehen
17 Sehne des langen Großzehenbeugers (M. flexor hallucis longus)
18 Großzehen-Abzieher (M. abductor hallucis)
19 Grundgelenke der Zehen (sind anatomisch Kugelgelenke)
20 Sehne des langen Wadenbeinmuskels (M. peronaeus longus)
21 Sehne des vorderen Schienbeinmuskels (M. tibialis ant.)
22 Sehne des Großzehenstreckers (M. extensor hallucis longus)
23 Langer Zehenbeuger (M. flexor digitorum longus)
24 **Achillessehne**
25 Sehne des hinteren Schienbeinmuskels (M. tibialis post.)

A = **Oberes Sprunggelenk** (Articulatio talocruralis) – Scharniergelenk (Heben und Senken des Fußes um eine quere Achse).
B = **Unteres Sprunggelenk** (Articulatio talocalcaneonavicularis) – Drehgelenk – Auswärts-/Einwärtsdrehung (Supination/Pronation) des Fußes um eine schräge Achse.

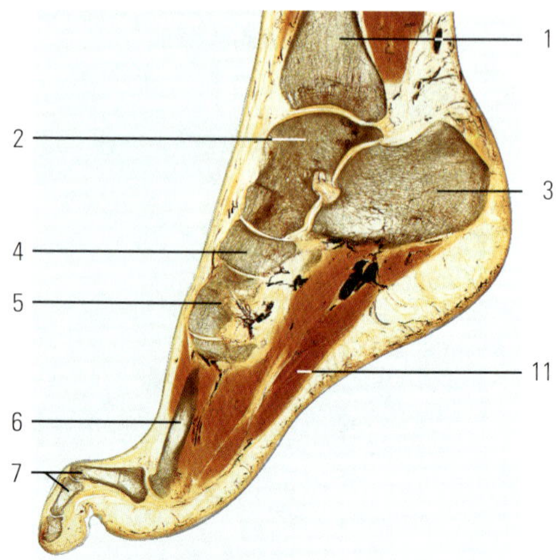

Längsschnitt durch den menschlichen Fuß in Beugestellung (plastinierter Schnitt).

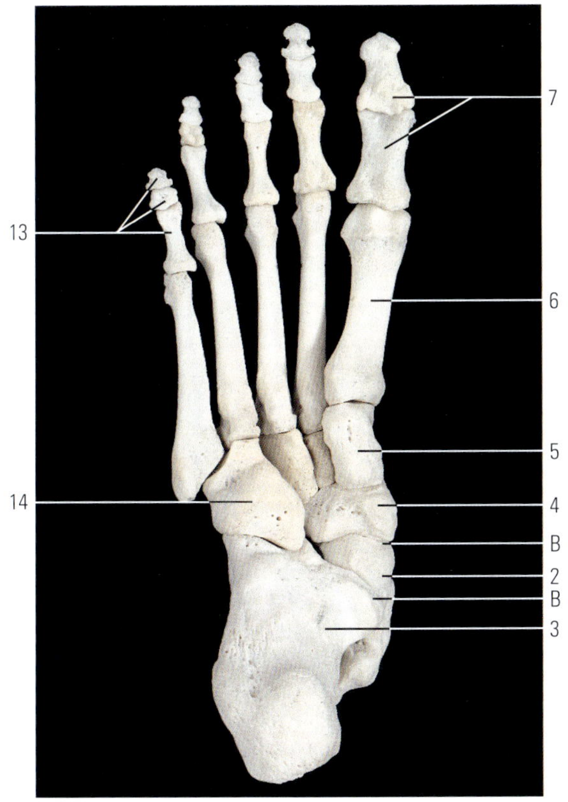

Skelett des Fußes (von unten). Rechter Fuß.

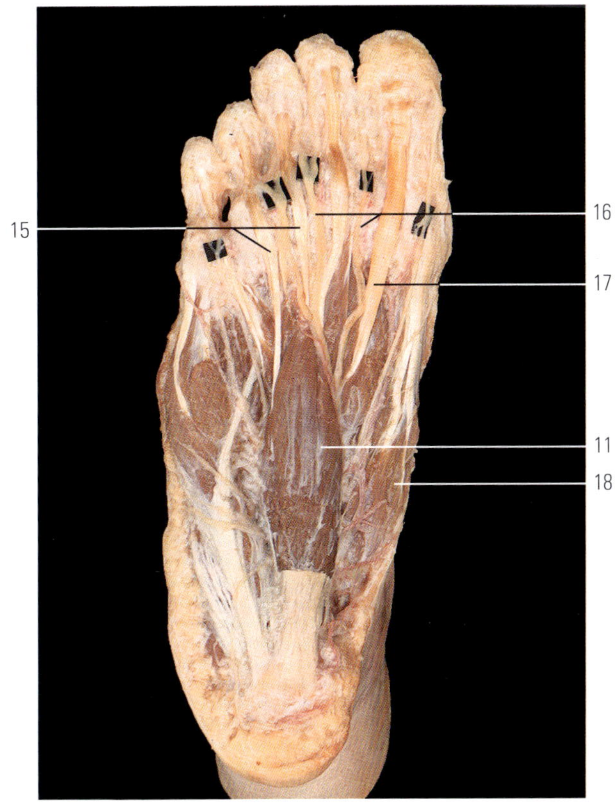

Muskulatur des Fußes (von unten) (oberflächliche Schicht, Plantaraponeurose entfernt).

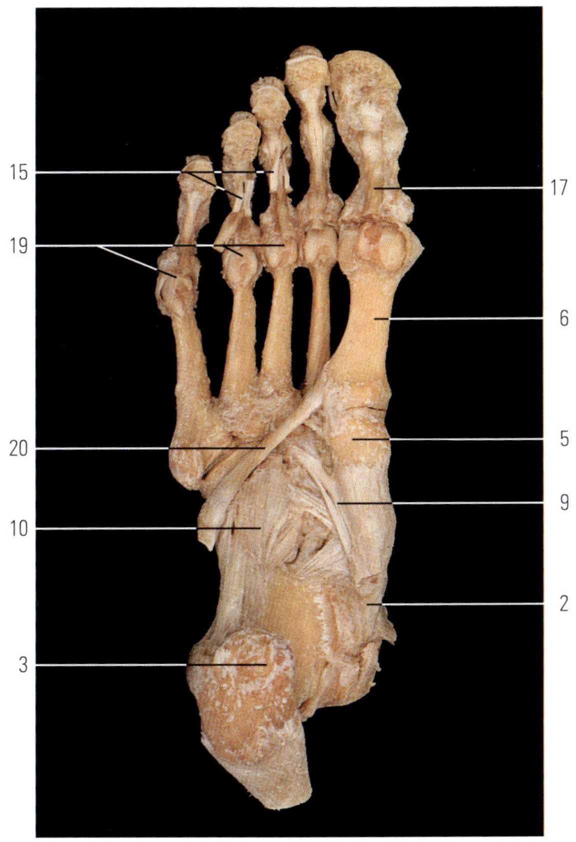

Bandapparat des Fußes (von unten). Die Sehne des M. peronaeus longus (20) verspannt das Quergewölbe des Fußes.

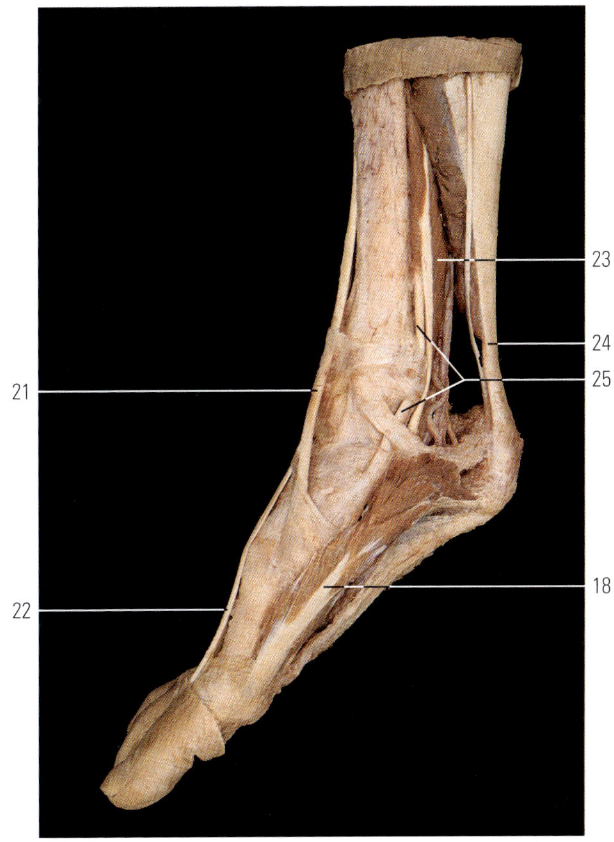

Muskeln des Fußes (von medial). Die Sehne des M. tibialis ant. (21) setzt dort an, wo die Sehne des M. peronaeus longus endet.

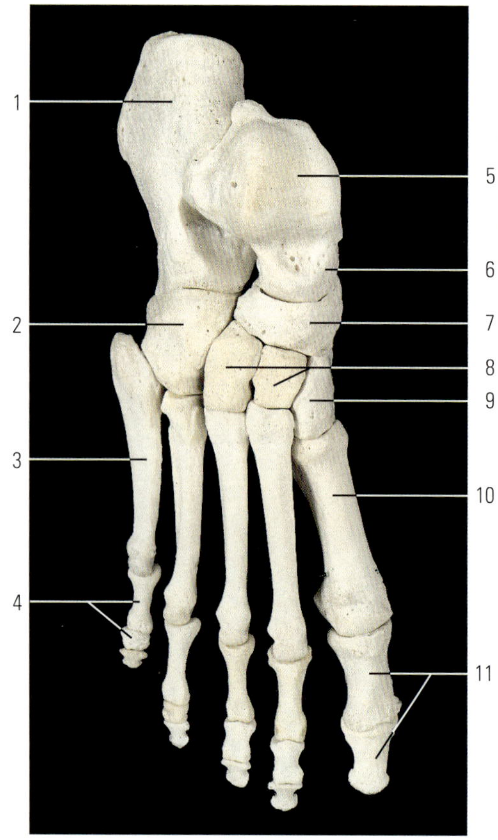

Skelett des rechten Fußes (von oben). Unterschenkelknochen entfernt.

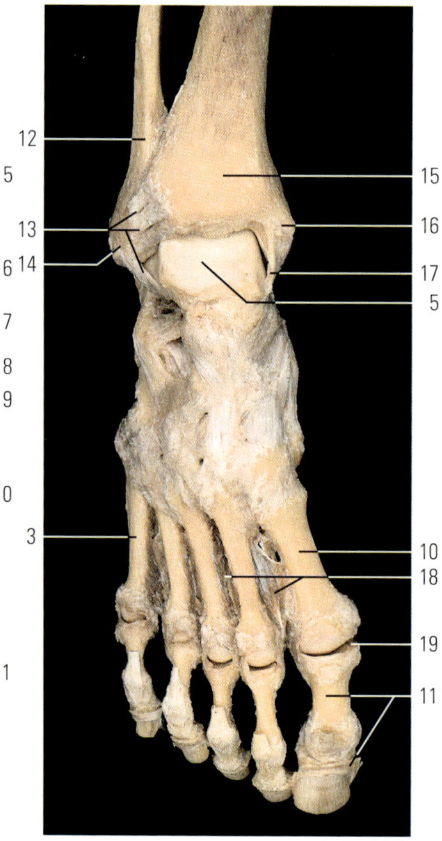

Oberes Sprunggelenk mit Bandapparat (von vorne-oben).

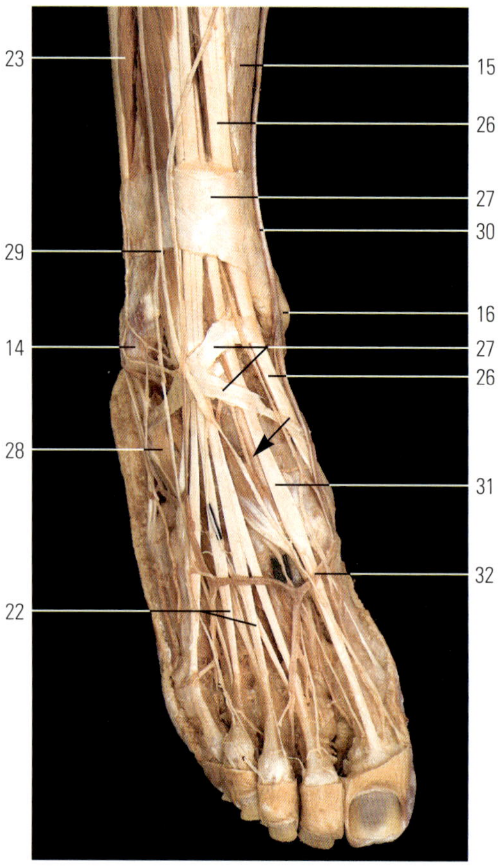

Oberflächliche Venen und Nerven am Fußrücken (von oben). Man beachte die Lage der dorsalen Fußarterie (Pfeil). Hier ist ein Tasten des Pulses möglich.

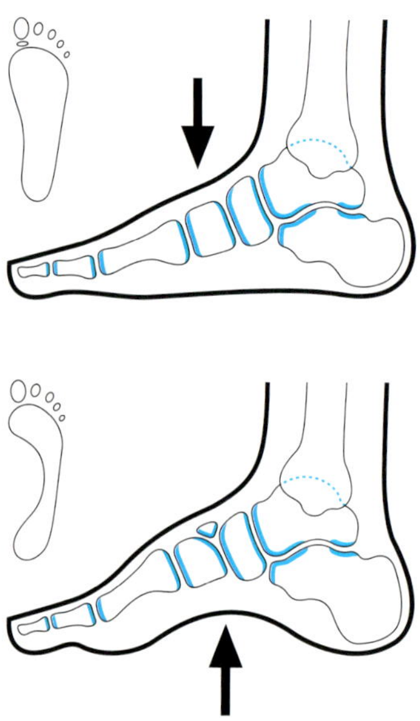

Veränderungen der Gewölbestruktur des Fußes beim Senkfuß (oben) und beim Hohlfuß (unten).

1 Fersenbein (Calcaneus)
2 Würfelbein (Os cuboideum)
3 Fünfter Mittelfußknochen (Os metatarsi V)
4 Zehenknochen (Phalanges V)
5 Gelenkrolle des Sprungbeins (Trochlea tali) - für das obere Sprunggelenk
6 Sprungbeinkopf (Caput tali)
7 Kahnbein (Os naviculare)
8 Laterales und mittleres Keilbein (Os cuneiforme lat. und intermedium)
9 Mediales Keilbein (Os cuneiforme med.)
10 Erster Mittelfußknochen (Os metatarsi I)
11 Großzehenknochen (Phalanges I)
12 Wadenbein (Fibula)
13 **Laterale Seitenbänder des oberen Sprunggelenkes**
14 Äußerer Knöchel (Malleolus lat.)
15 **Schienbein (Tibia)**
16 Innerer Knöchel (Malleolus med.)
17 **Deltaband (Lig. mediale)**
18 Zwischenknochenmuskeln (Mm. interossei)
19 Großzehen-Grundgelenk
20 **Achillessehne**
21 **Geteiltes Band (Lig. bifurcatum)**
22 Sehnen des langen Zehenstreckers
23 Wadenbeinmuskeln (M. peronaeus longus u. brevis)
24 Sehne des langen Wadenbeinmuskels (M. peronaeus longus)
25 Langer Zehenstrecker (M. extensor digitorum longus)
26 Sehne des vorderen Schienbeinmuskels (M. tibialis ant.)
27 Haltebänder für die Streckmuskulatur (Retinacula mm. extensorum)
28 Kurzer Zehenstrecker (M. extensor digitorum brevis)
29 Hautnerven für den Fußrücken (Endäste des N. fibularis superf.)
30 Beginn der großen Beinvene (V. saphena magna), Abfluß von den Fußrückenvenen
31 Sehne des langen Großzehenstreckers (M. extensor hallucis longus)
32 **Venenbogen am Fußrücken (Arcus venosus)**

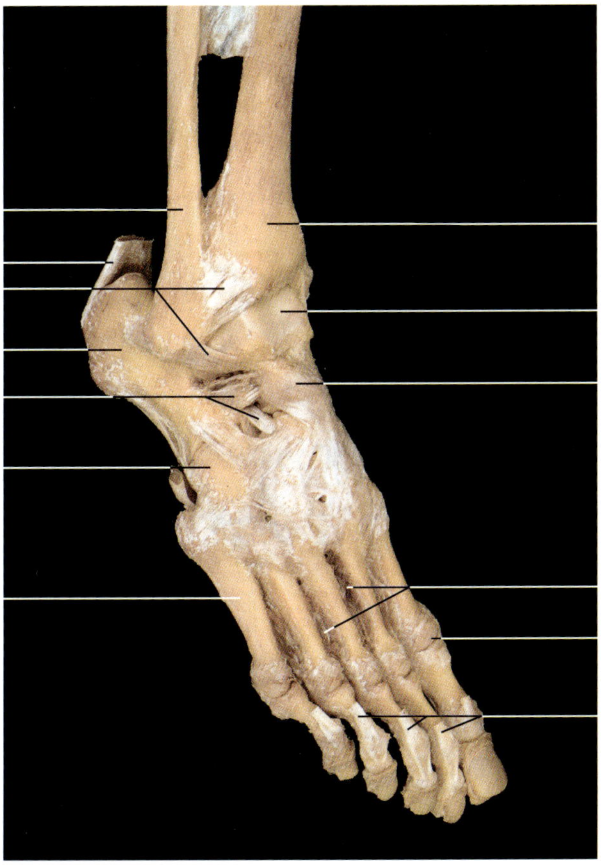

Oberes Sprunggelenk (von seitlich-vorne). Die Gelenkkapsel wurde entfernt. Die Bänder sind dargestellt.

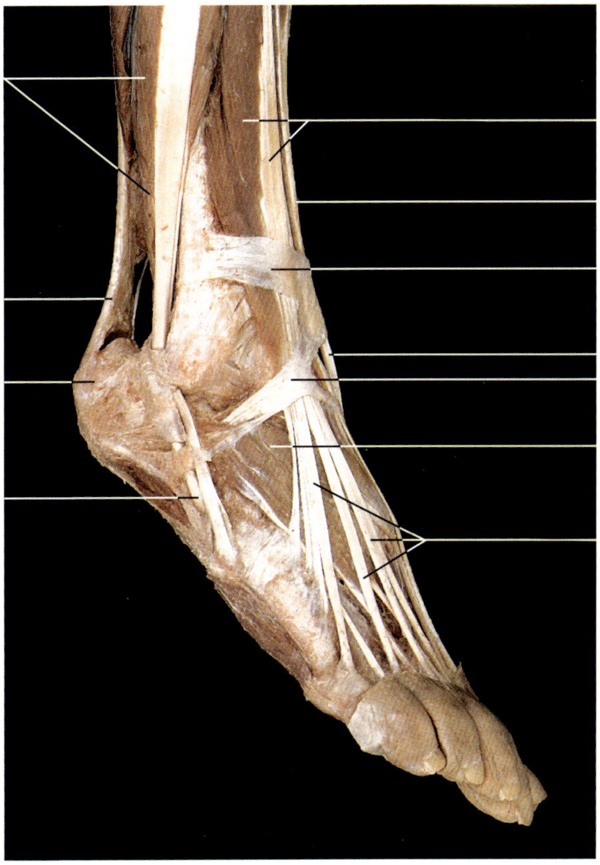

Fußmuskulatur (schräg von seitlich-vorne). Die Sehne des langen Peronaeusmuskels (24) zieht in die Fußsohle hinein.

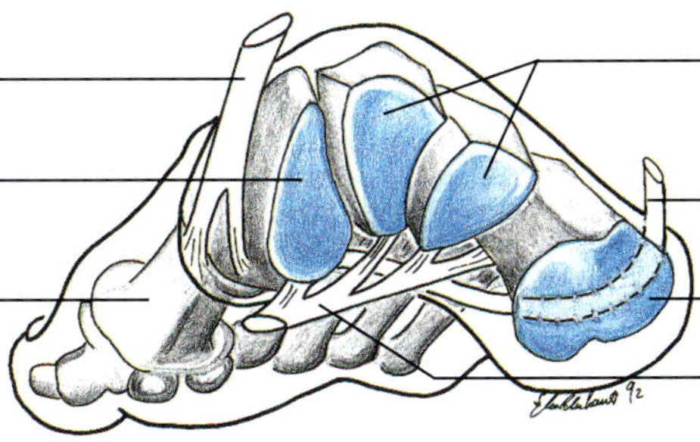

Verspannung des Quergewölbes des Fußes durch die Sehnen von 3 langen Unterschenkelmuskeln (A, B und C): A = Sehne des M. tibialis ant.; B = Sehne des M. tibialis post.; C = Sehne des M. peronaeus longus.

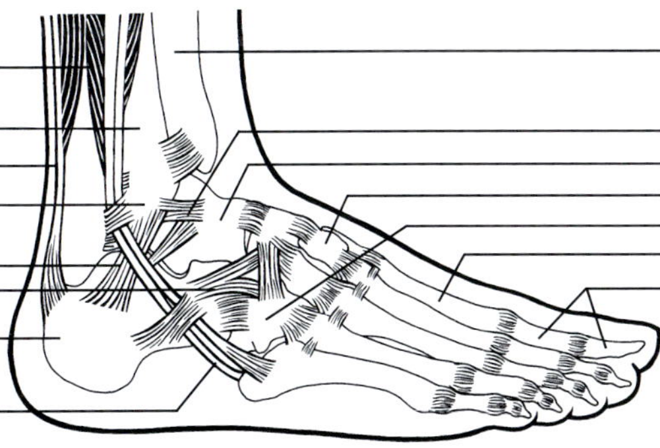

Bänder des oberen Sprunggelenkes (von lateral) (Schema). Die Sehne des langen Peronaeusmuskels (24) zieht in die Fußsohle.

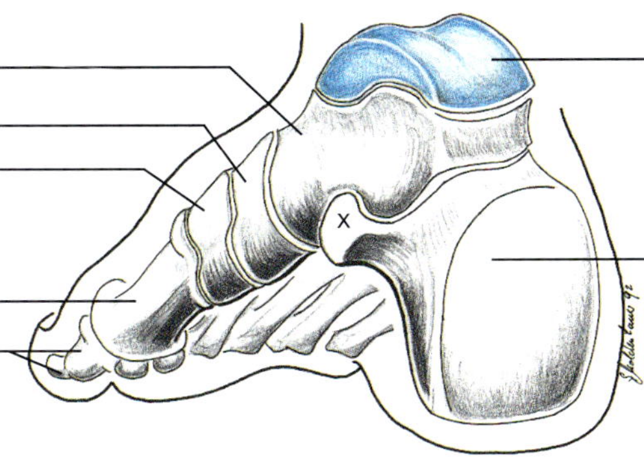

◄ **Entstehung des Längsgewölbes des Fußes** durch die Auflagerung des medialen Fußstrahls (1., 2. und 3. Zehenstrahl bis Talus) auf den lateralen Fußstrahl (4. und 5. Zehenstrahl bis Calcaneus). Der Talus wird durch einen Knochenvorsprung des Fersenbeins (Sustentaculum tali) (x) auf dem Calcaneus gehalten. Absenken dieses Punktes kann zu Fußbeschwerden führen (Senkfuß).

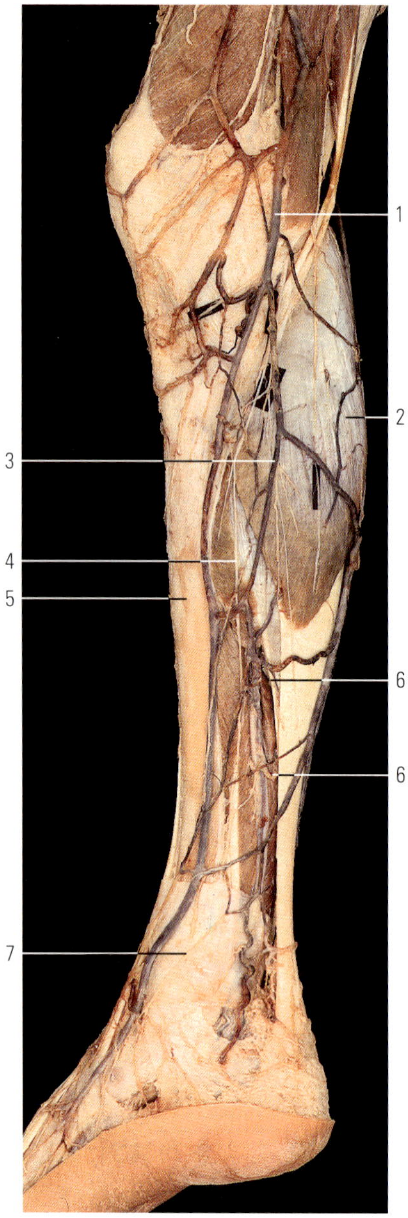

Hautvenen des Beines
(Unterschenkel und Fuß von medial).

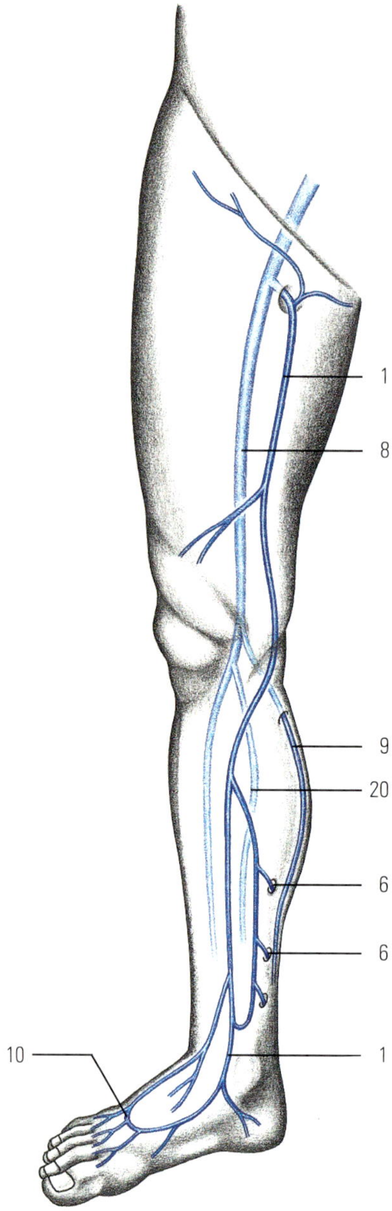

Venensystem des Beines
(Schema).

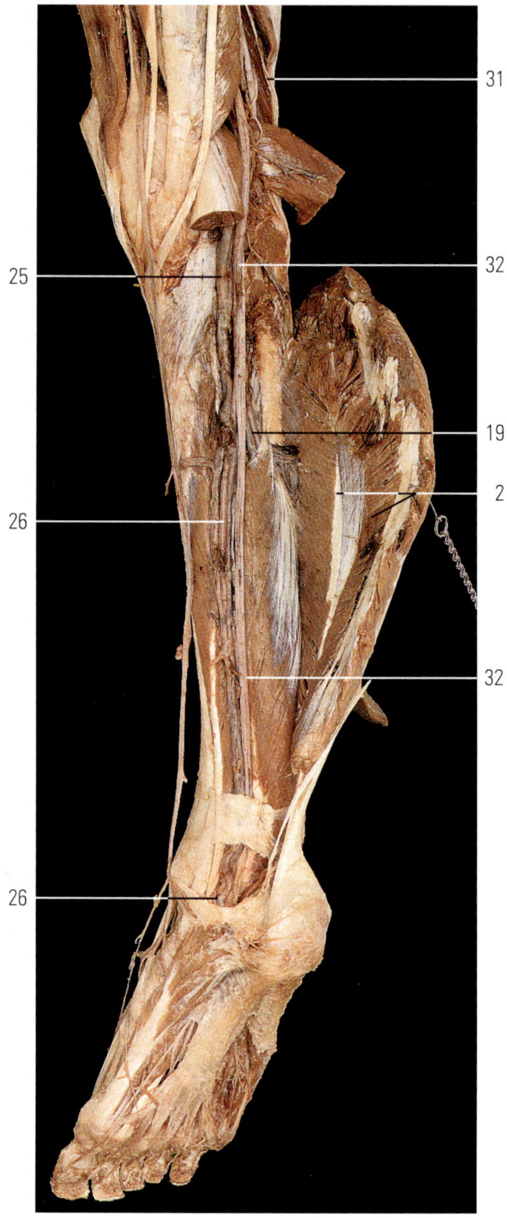

Gefäße und Nerven von Unterschenkel und Fuß (von hinten). Der dreiköpfige Wadenmuskel (M. triceps surae) wurde durchtrennt und zur Seite geklappt.

1 **Große Beinvene (V. saphena magna)**
2 Dreiköpfiger Wadenmuskel (M. triceps surae)
3 Akzessorische Beinvene (V. saphena accessoria)
4 Beinnerv (N. saphenus)
5 Schienbein (Tibia)
6 **Durchbrechende (perforierende) Venen**
7 Medialer Knöchel
8 **Oberschenkelvene (V. femoralis)**
9 Kleine Beinvene (V. saphena parva)
10 **Venenbogen am Fußrücken (Arcus venosus)**
11 Hautnerven (Endäste des N. fibularis superf.)
12 Hautnerv zur Großzehe (Endast des N. fibularis prof.)
13 Samenstrang (Funiculus spermaticus)
14 Penis
15 Leistenband (Lig. inguinale)
16 Oberschenkelnerv (N. femoralis)
17 **Oberschenkelarterie (A. femoralis)**
18 Schneidermuskel (M. sartorius)
19 Wadenbeingefäße (A. und V. fibularis)
20 Tiefe Beinvene (V. tibialis post.)
21 Beckenarterie (A. iliaca int. – für Becken und Gesäßregion)
22 Hüftlocharterie (A. obturatoria), für Adduktorenloge und Hüftgelenk
23 Schamarterie (A. pudenda int.) zum Genitale und Beckenboden
24 Durchbrechende (perforierende) Arterien zur Rückseite des Oberschenkels
25 Kniekehlenarterie (A. poplitea)
26 Hintere Schienbeinarterie (A. tibialis post.)
27 Vordere Schienbeinarterie (A. tibialis ant.)
28 Fußsohlenarterien (A. plantaris med. und lat.)
29 Fußrückenarterie (A. dorsalis pedis)
30 Aufteilung der A. tibialis post. in die beiden Fußsohlenarterien (A. plantaris lat. und med.)
31 Wadenbeinnerv (N. fibularis communis)
32 Schienbeinnerv (N. tibialis)
31 u. 32 sind Endäste des N. ischiadicus

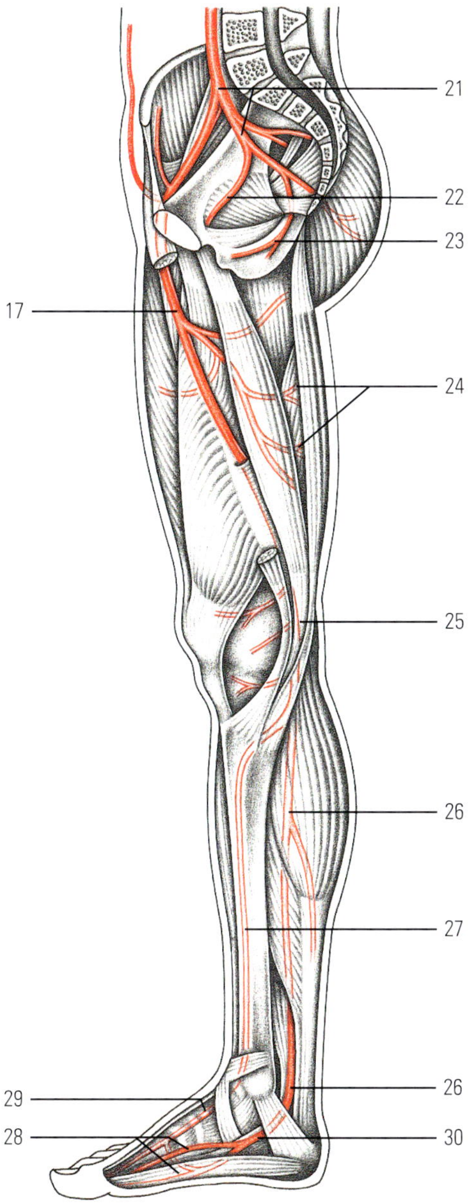

Arterien des Beines (Schema, rechtes Bein von innen).

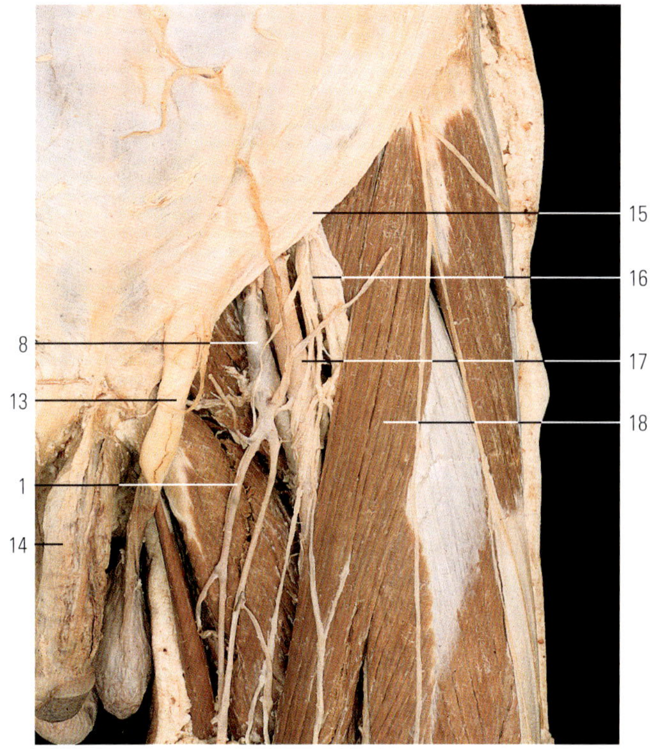

Leistenregion des Mannes. Man erkennt die dicht unter dem Leistenband verlaufenden großen Gefäße des Beines.

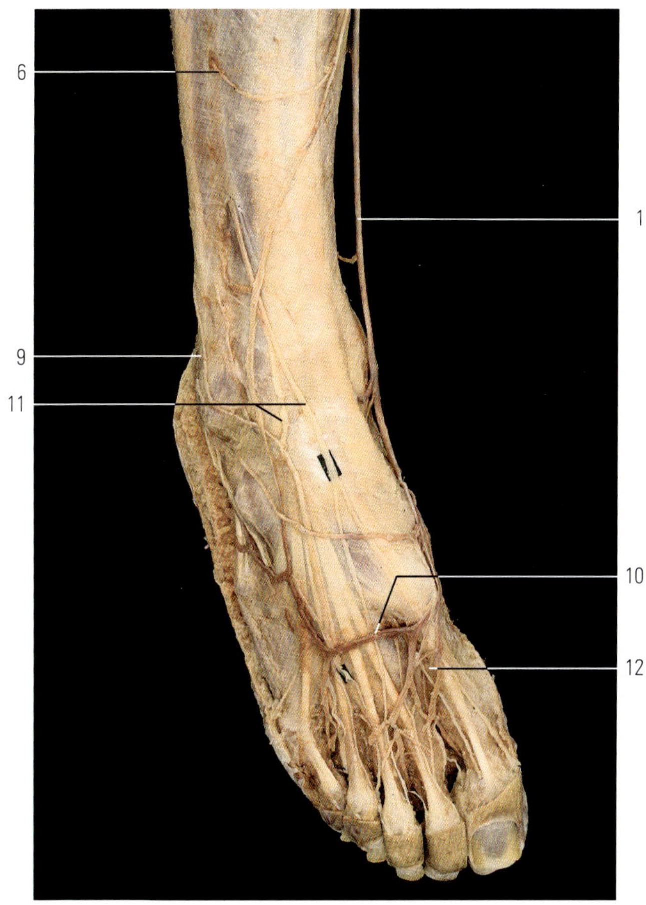

Venennetz und Hautnerven am Fußrücken und Unterschenkel.

Die **Gefäße des Beines** verlaufen immer an den Beugeseiten, d. h. sie ziehen von der Leistenregion nach hinten zur Kniekehle und vom Unterschenkel zur Fußsohle, in die sie durch eine bandgeschützte Loge hinter dem inneren Knöchel gelangen. Die Arterien werden immer von zwei Venen begleitet, die zahlreiche Klappen besitzen, um einen Rückstau des Blutes zu verhindern.
Die oberflächlichen **Hautvenen** stehen mit den tieferen Beinvenen durch Venen, die durch die Unterschenkelfaszie durchbrechen (perforierende Venen), in Verbindung. Hier entwickeln sich häufig Krampfadern sowie auch Geschwüre (Ulcus cruris). Das venöse Blut des Fußrückens und der Hautvenen des Unterschenkels wird durch die V. saphena magna zur Leistenregion geführt und dann in die V. femoralis abgeleitet. Die Fußrückenvenen können daher auch für intravenöse Injektionen verwendet werden.

Darstellung des Beingeflechtes (Plexus lumbosacralis) (von vorne). Der Wirbelkanal wurde eröffnet, so daß die Spinalnervenwurzeln der lumbalen Segmente des Rückenmarks erkennbar sind. Die Spinalnerven bilden den Plexus lumbalis (3), aus dem segmentale Äste zur Bauchwand sowie der N. femoralis (5) zum Bein hervorgehen.

Darstellung des N. femoralis am Oberschenkel (von vorne). Der M. sartorius (12) wurde etwas zur Seite gezogen, um den Gefäß-Nerven-Strang sichtbar zu machen.

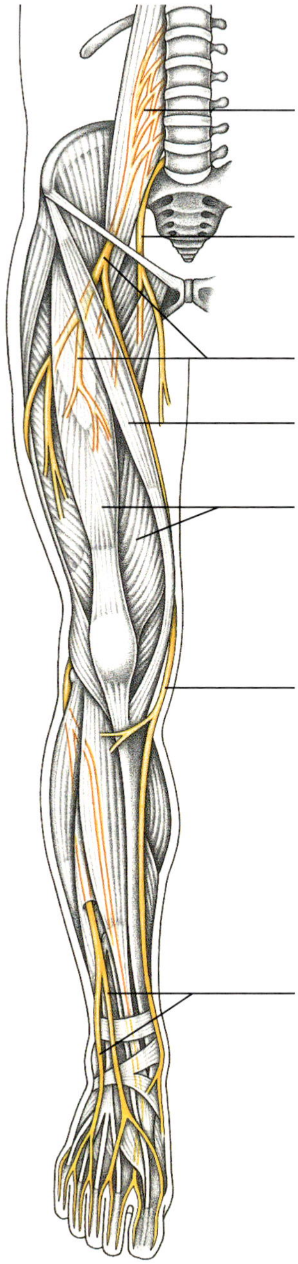

Nerven des Beines (schematisch) (von vorne). Der Plexus lumbalis liegt im M. psoas major und bildet den N. femoralis, der unter dem Leistenband zum Oberschenkel zieht. Unterschenkel und Fuß werden vom Hüftnerv (N. ischiadicus) versorgt.

1 **Segmentale Nerven des Lendengeflechts (Plexus lumbalis)** zur Bauchwand
2 Spinalnervenwurzeln im Rückenmarkskanal (lumbale und sakrale Segmente)
3 Lendengeflecht (Plexus lumbalis)
4 Beckenkamm und Darmbeinmuskel (M. iliacus)
5 **Oberschenkelnerv (N. femoralis)**
6 Sakralgeflecht (Plexus sacralis)
7 Leistenband (Lig. inguinale)
8 Oberschenkelarterie (A. femoralis)
9 Vorderer Darmbeinstachel (Spina iliaca ant. sup.)
10 Samenstrang (Funiculus spermaticus)
11 Langer Beinanzieher (M. adductor longus)
12 Schneidermuskel (M. sartorius)
13 Großer Lendenmuskel (M. psoas major) mit Lendengeflecht (Plexus lumbalis)
14 Hüftlochnerv (N. obturatorius), zieht zu den Adduktoren
15 Vierköpfiger Oberschenkelmuskel (M. quadriceps femoris)
16 **Beinnerv (N. saphenus),** zum Unterschenkel und Fußrücken
17 Hautnerven zum Fußrücken (Endäste des N. fibularis superf.)

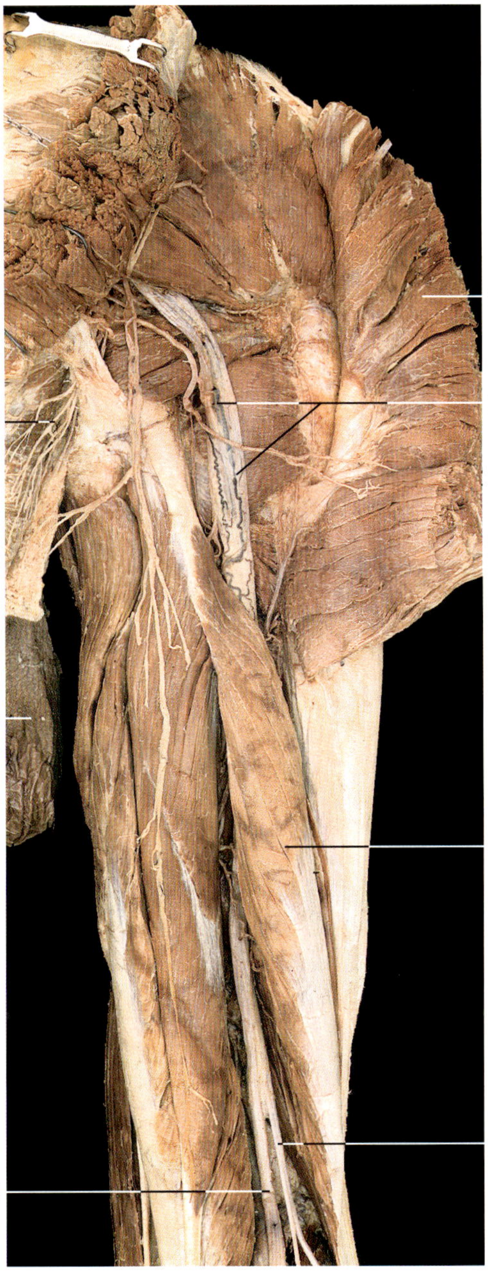

Nerven der Gesäßregion und des Beines (von hinten). Der M. glutaeus maximus wurde durchtrennt und zur Seite geklappt, um den N. ischiadicus (21) zu zeigen. Am Oberschenkel teilt sich der Nerv in den N. tibialis (24) und den N. fibularis (23).

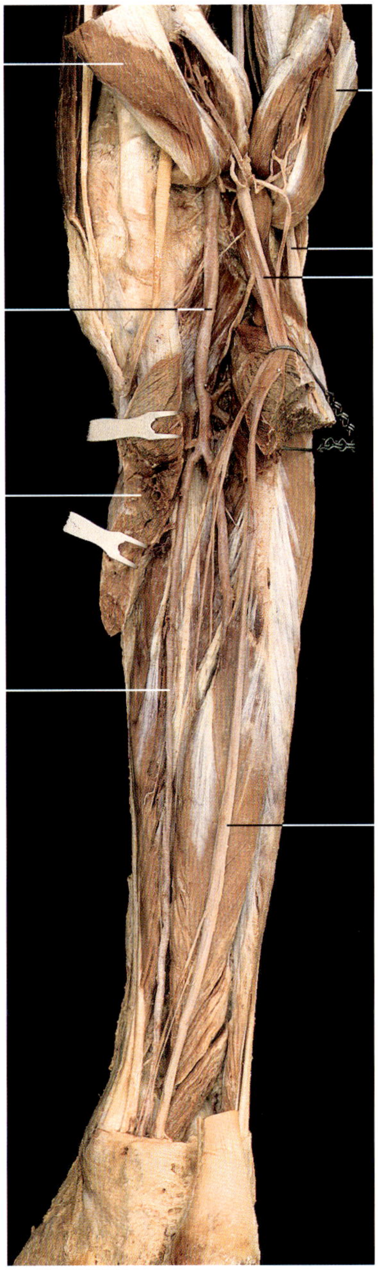

Beinnerven im Bereich von Kniekehle und Unterschenkel. Der Wadenmuskel (M. triceps surae) wurde weitgehend entfernt. Der N. tibialis (24) zieht hinter dem inneren Knöchel entlang zur Fußsohle.

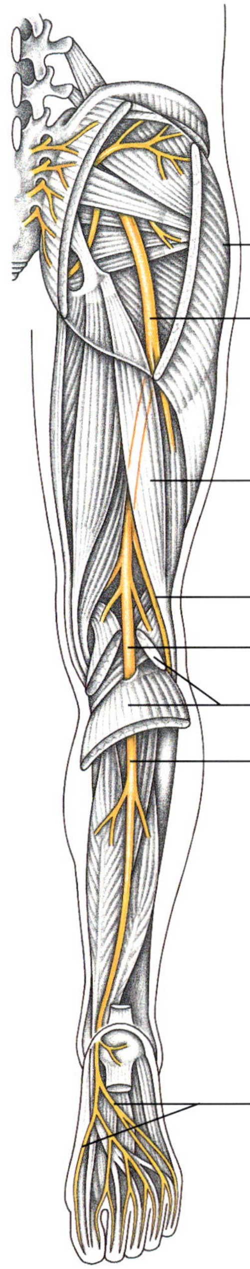

Verlauf der **Nerven des Beines** (Schema) (von hinten). M. glutaeus maximus und M. gastrocnemius wurden durchtrennt. Der N.fibularis zieht um das Wadenbeinköpfchen herum zur Streckseite des Unterschenkels.

18 Nerven zum Beckenboden und zur Genitalregion (Endäste des N. pudendus)
19 Hodensack (Scrotum)
20 Großer Gesäßmuskel (M. glutaeus maximus)
21 **Hüftnerv, Ischiasnerv (N. ischiadicus)**
22 Zweiköpfiger Beinbeuger (M. biceps femoris)
23 Gemeinsamer Wadenbeinnerv (N. peronaeus communis)
24 **Schienbeinnerv (N. tibialis)**
25 Dreiköpfiger Wadenmuskel (M. triceps surae)
26 Nerven zur Fußsohle (N. plantaris lat. und med. - Endäste des N. tibialis)
27 Kniekehlenarterie (A. poplitea)
28 Hintere Schienbeinarterie (A. tibialis post.)

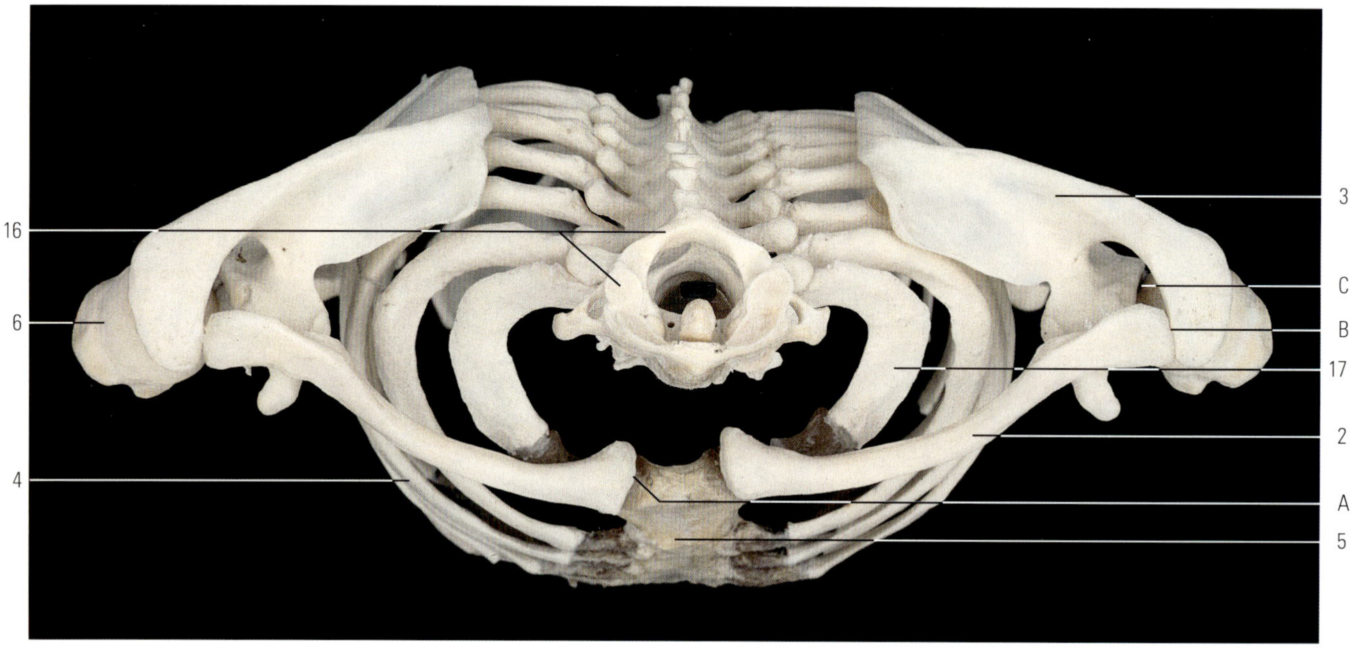

Knochenelemente des Schultergürtels (von oben). A, B, C = Lokalisation der Gelenke des Schultergürtels.

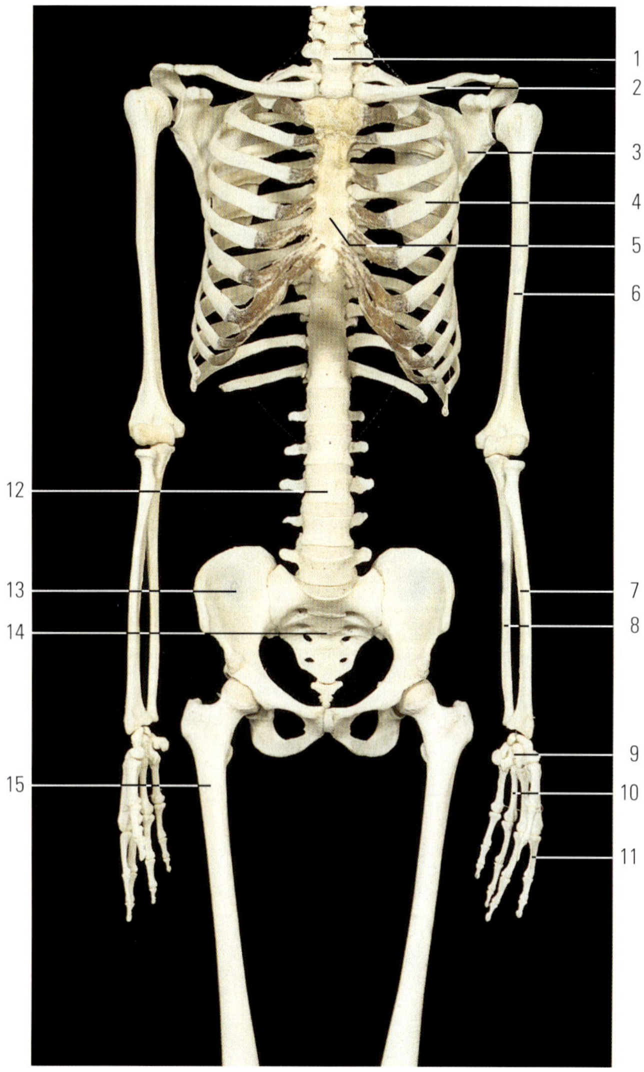

Knochenelemente von Schultergürtel und Arm (von vorne).

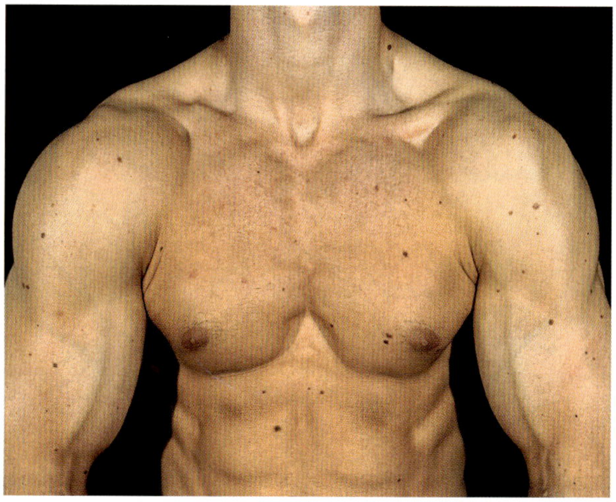

Brustwand und Schultergürtel am Lebenden (von vorne). Brust- und Armmuskeln sind kontrahiert.

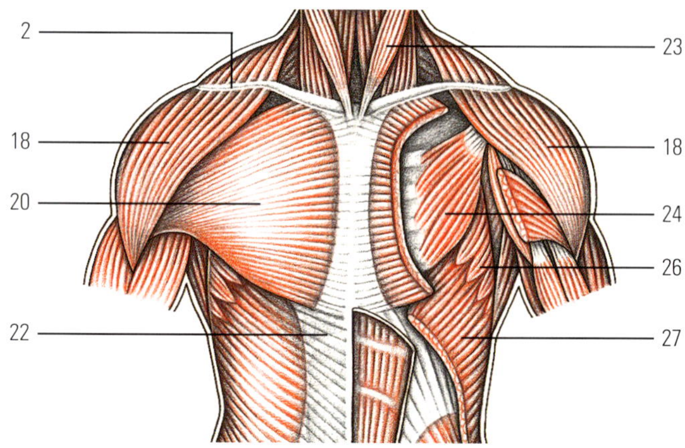

Muskulatur von Brustwand und Schultergürtel (von vorne). Rechts = oberflächliche Schicht; links = tiefere Schicht.

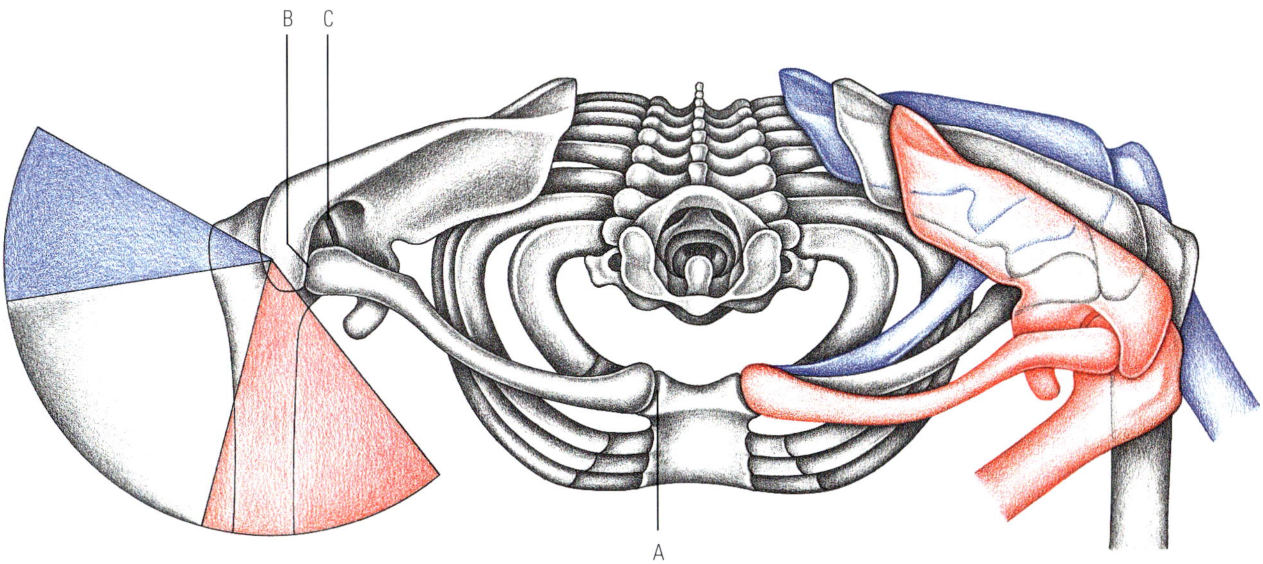

Schultergürtel und Oberarm (von oben). Der Schultergürtel kann auf dem Brustkorb ausgiebig hin- und hergleiten (punktierte Umrisse). Er wird nur im Sternoklavikulargelenk (A) durch das Schlüsselbein am Brustkorb fixiert, im übrigen nur durch Muskeln gehalten. Das Bewegungsfeld der Arme im Schultergelenk umfaßt nur den durch das weiße Feld gekennzeichneten Raum. Durch Verschiebung des Schultergürtels in den beiden Schlüsselbeingelenken kann das Bewegungsfeld des Schultergelenkes nach vorne (rote Fläche) und hinten (blaue Fläche) stark erweitert werden. Der Bewegungsraum des Armes fällt weitgehend mit dem Sehraum zusammen.

Die drei Kugelgelenke des Schultergürtels
A = Inneres Schlüsselbeingelenk (Articulatio sternoclavicularis)
B = Äußeres Schlüsselbeingelenk (Articulatio acromioclavicularis)
C = Schultergelenk (Articulatio humeri)

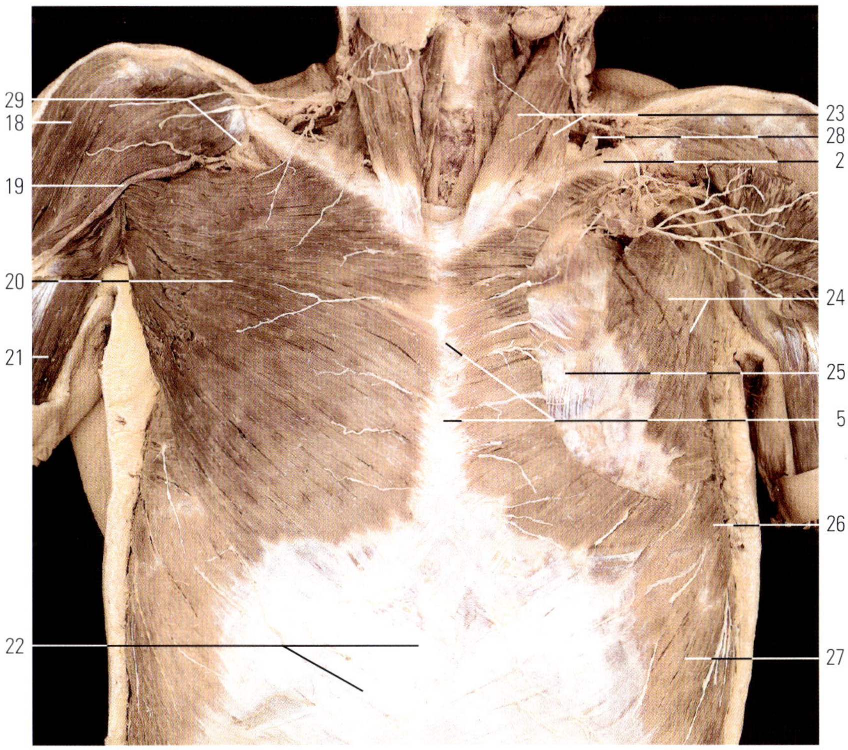

Muskulatur und Nerven der Brustwand (von vorne). Links wurde der große Brustmuskel durchtrennt und der kleine Brustmuskel sowie der Brustkorb dargestellt. Man beachte die segmentale Anordnung der Nerven.

1 Halswirbelsäule
2 Schlüsselbein (Clavicula)
3 Schulterblatt (Scapula)
4 Brustkorb (Thorax)
5 Brustbein (Sternum)
6 Oberarmknochen (Humerus)
7 Speiche (Radius)
8 Elle (Ulna)
9 Handwurzelknochen (Carpus)
10 Mittelhandknochen (Metacarpus)
11 Fingerknochen (Phalanges)
12 Lendenwirbelsäule
13 Becken (Pelvis)
14 Kreuzbein (Os sacrum)
15 Oberschenkelknochen (Femur)
16 Erster Halswirbel (Atlas)
17 Erste Rippe (Costa I)
18 **Deltamuskel (M. deltoideus)**
19 Große Armvene (V. cephalica)
20 **Großer Brustmuskel (M. pectoralis major)**
21 Armbeuger (M. biceps brachii)
22 **Rektusscheide** mit geradem Bauchmuskel (M. rectus abdominis)
23 Kopfdreher (M. sternocleidomastoideus)
24 **Kleiner Brustmuskel (M. pectoralis minor)**
25 Dritte Rippe (Costa III)
26 Sägemuskel (M. serratus ant.)
27 Schräger äußerer Bauchmuskel (M. obliquus ext. abdominis)
28 Supraklavikulargrube
29 »Mohrenheim-Grube« zwischen Schlüsselbein, M. deltoideus und M. pectoralis major.

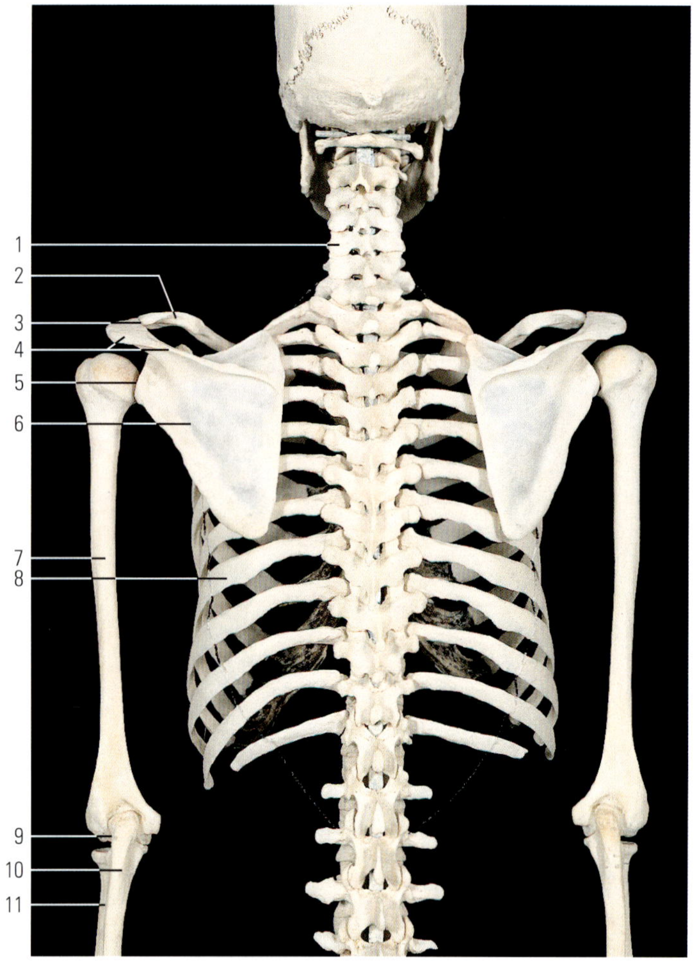

Knochenelemente von Schultergürtel und Brustkorb (von hinten).

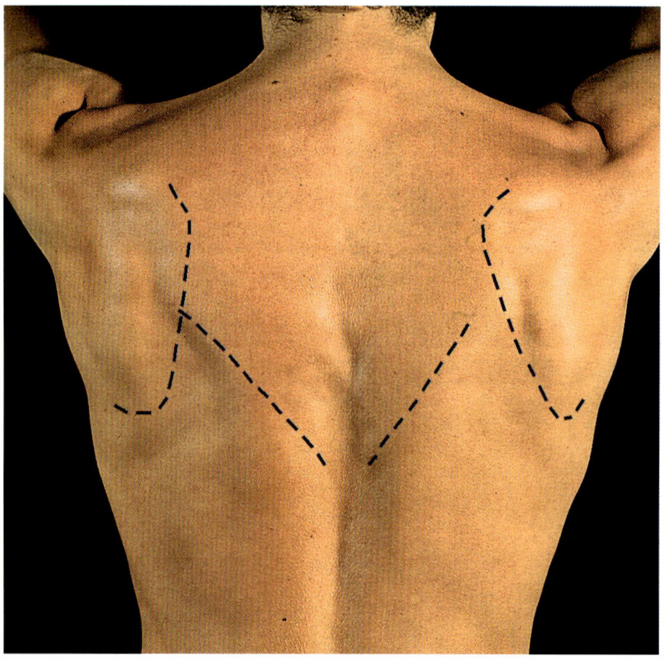

Rücken und Schultergürtel am Lebenden (von hinten). Die Arme wurden über die Horizontale nach oben bewegt und dabei das Schulterblatt (Hinterrand markiert) in den Muskelschlingen nach vorne gezogen und gedreht. Unterrand des kontrahierten M. trapezius gekennzeichnet.

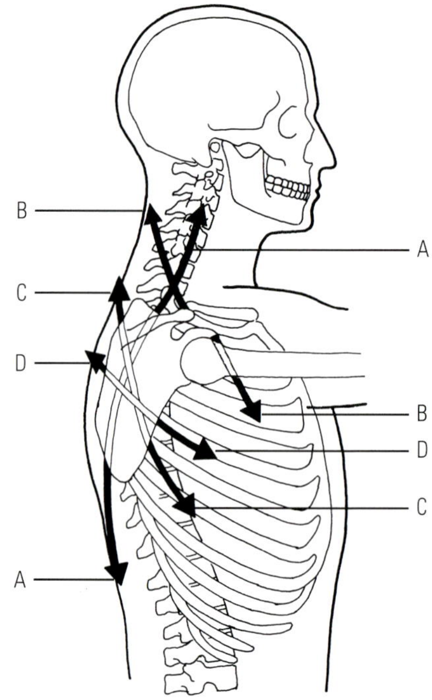

Muskelschlingen des Schulterblattes (schematisch). Die Muskelschlingen ermöglichen ein Drehen und Verschieben des Schulterblattes auf dem Brustkorb, wodurch der Bewegungsspielraum des Armes erheblich vergrößert wird.
A = Levator-Trapezius-Schlinge
B = Trapezius-Pectoralis-minor-Schlinge
C = Rhomboideus-Serratus-Schlinge
D = Trapezius-Serratus-Schlinge

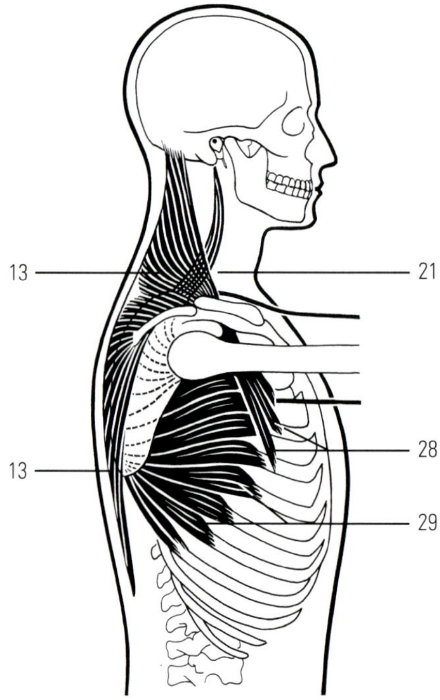

Schultermuskulatur (Seitenansicht, schematisch; vgl. mit obiger Abb.)

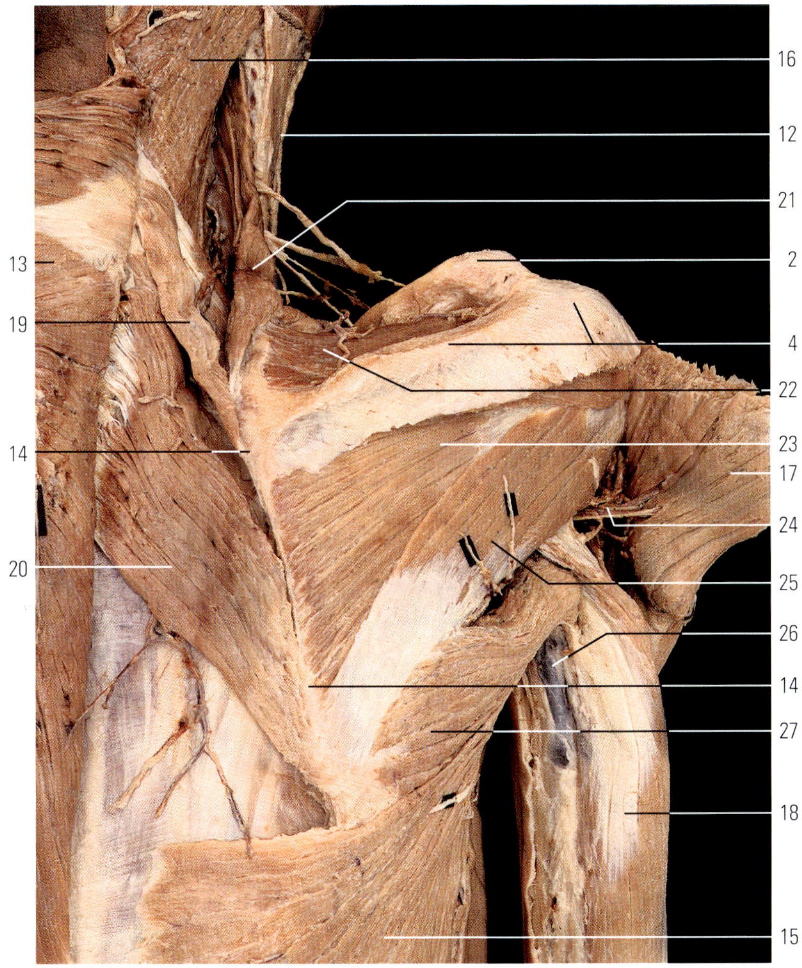

Schultermuskulatur (tiefere Schichten, von hinten). Der M. trapezius (13) wurde am Schultergürtel abgetrennt und nach links umgeklappt, so daß die tieferen, am Schulterblatt befestigten Muskeln erkennbar sind.

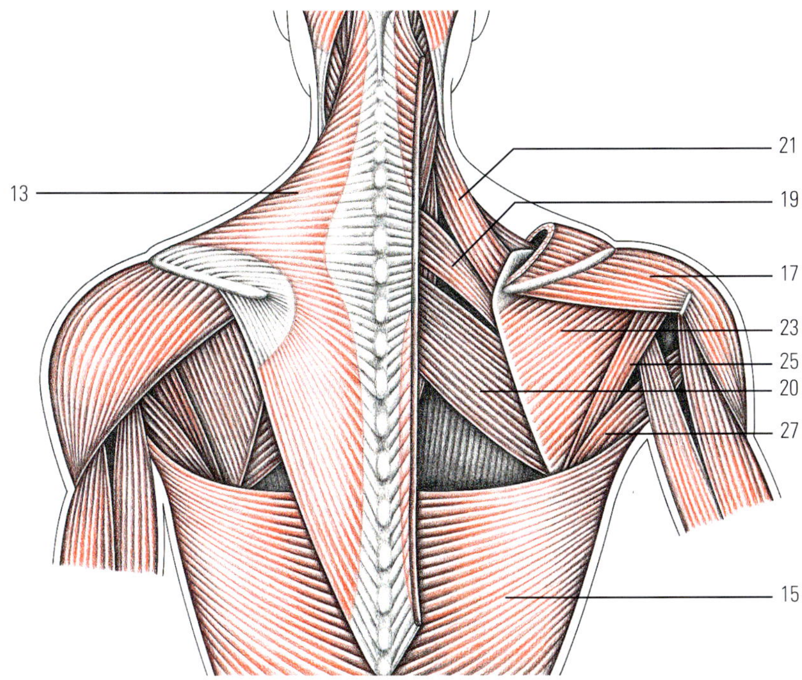

Muskulatur des Schultergürtels (von hinten; links = oberflächliche, rechts = tiefere Schichten).

1 Halswirbelsäule
2 Schlüsselbein (Clavicula)
3 Äußeres Schlüsselbeingelenk (Articulatio acromioclavicularis)
4 Knochenkamm am Schulterblatt, Schultergräte (Spina scapulae) mit ihrem platten Ausläufer (Acromion)
5 **Schultergelenk (Articulatio humeri)**
6 Schulterblatt (Scapula)
7 Oberarmknochen (Humerus)
8 Brustkorb (Thorax) (8. Rippe)
9 Ellenbogengelenk (Articulatio cubiti)
10 Elle (Ulna)
11 Speiche (Radius)
12 Kopfdreher (M. sternocleidomastoideus)
13 Kapuzenmuskel **(M. trapezius)**
14 Hinterrand des Schulterblattes
15 **Breiter Rückenmuskel (M. latissimus dorsi)**
16 Riemenmuskel des Kopfes (M. splenius capitis)
17 Deltamuskel (M. deltoideus)
18 Armstrecker (M. triceps brachii)
19 **Kleiner Rautenmuskel** (M. rhomboideus minor)
20 **Großer Rautenmuskel (M. rhomboideus major)**
21 **Schulterblattheber (M. levator scapulae)**
22 Oberer Schulterblattmuskel (M. supraspinatus)
23 Unterer Schulterblattmuskel (M. infraspinatus)
24 Achselnerv (N. axillaris)
25 **Kleiner runder Schultermuskel (M. teres minor)**
26 Oberarmgefäße (A. und V. brachialis)
27 **Großer runder Schultermuskel (M. teres major)**
28 **Kleiner Brustmuskel (M. pectoralis minor)**
29 Vorderer **Sägemuskel (M. serratus ant.)**

Die **Muskelschlingen des Schultergürtels** sind wichtig für die Grundeinstellung des Schulterblattes bei den Armbewegungen im Schultergelenk. Um beispielsweise den Arm über die Horizontale heben zu können, muß das Schulterblatt nach vorne gezogen (Schlinge D) und dann gedreht werden (Schlinge B).

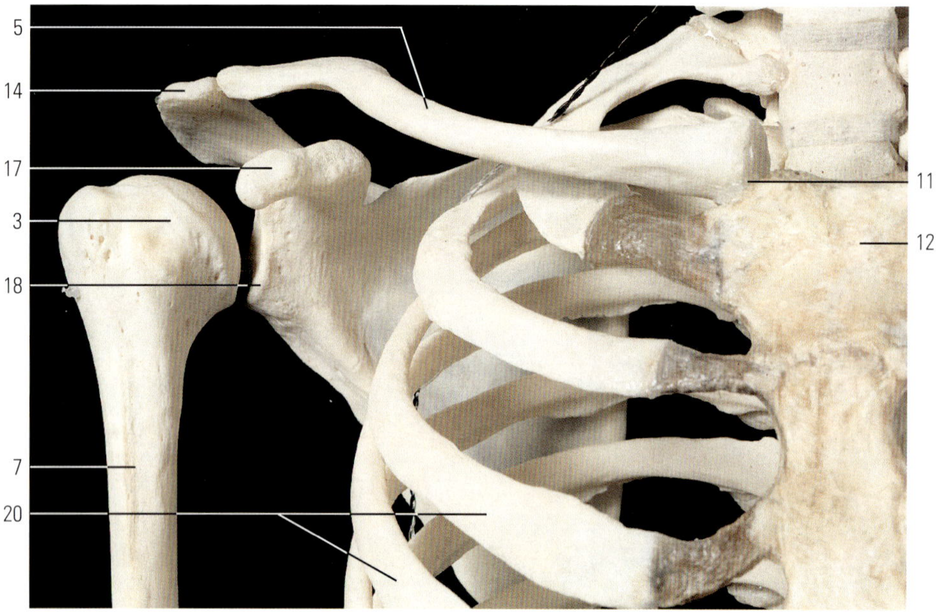

Skelett von Thorax und Schultergürtel (von vorne).

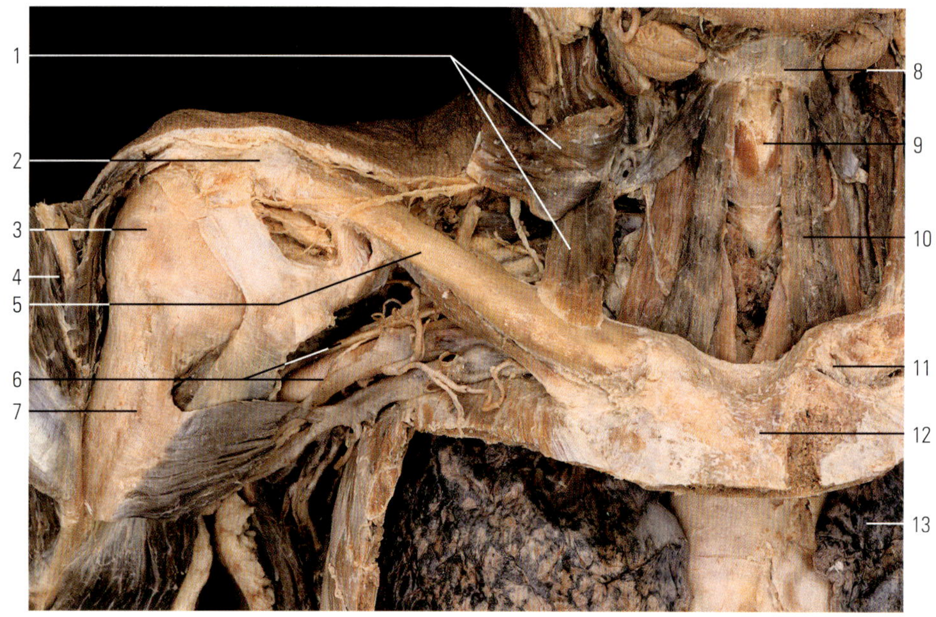

Schultergürtel und Hals (von vorne). Die oberflächliche Muskulatur wurde entfernt, um Schlüsselbein und Schultergelenk zu zeigen. Der Deltamuskel wurde aufgeklappt.

1 Kopfdreher (M. sternocleidomastoideus)
2 **Äußeres Schlüsselbeingelenk** (Articulatio acromioclavicularis)
3 Gelenkkopf des Oberarmknochens (Caput humeri)
4 Deltamuskel (M. deltoideus)
5 Schlüsselbein (Clavicula)
6 Gefäße und Nerven der Achselhöhle (A. und V. axillaris, Plexus brachialis)
7 Oberarmknochen (Humerus)
8 Zungenbein (Os hyoideum)
9 Kehlkopf (Larynx)
10 Untere Zungenbeinmuskeln
11 **Inneres Schlüsselbeingelenk** mit Gelenkscheibe (Articulatio sternoclavicularis mit Discus articularis)
12 Brustbein (Sternum)
13 Lunge
14 Knochenkamm am Schulterblatt, Schultergräte (Spina scapulae) mit ihrem platten Ausläufer (Acromion)
15 **Sehne** des **langen Bizepskopfes** des Armbeugers (M. biceps brachii) mit Sehnenscheide
16 Schulterblatt (Scapula)
17 Rabenschnabelfortsatz des Schulterblattes (Proc. coracoideus)
18 Gelenkpfanne des Schulterblattes
19 Armstrecker (M. triceps brachii), langer Kopf
20 Dritte und vierte Rippe
21 Gelenklippe und Gelenkkapsel des Schultergelenkes
22 Pfannendachband (Lig. coracoacromiale)
23 Epiphysenlinie (ehemalige Wachstumszone im Gelenkende eines Röhrenknochens)

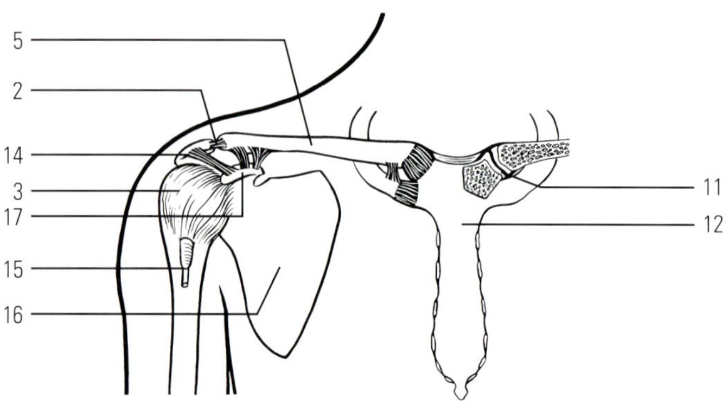

Lage und Bandapparat der drei Gelenke des Schultergürtels.

Der **Schultergürtel** wird durch einen sehr kräftigen Bandapparat am Brustkorb fixiert. Die Bandverbindungen zwischen Rabenschnabelfortsatz, Acromion und Schlüsselbein bilden eine Art Dach für das Schultergelenk, das eine Erhebung des Armes nur bis zur Horizontalen erlaubt. Um den Arm weiter nach oben bewegen zu können, muß das Schulterblatt gedreht werden. Inneres und äußeres Schlüsselbeingelenk sind Kugelgelenke mit drei Achsen, die aber wegen der straffen Bänder nur geringgradige Bewegungsausschläge erlauben. Die Bänder sind so fest, daß bei einem Sturz (z. B. vom Pferd) eher das Schlüsselbein bricht, als daß die Gelenke auskugeln.

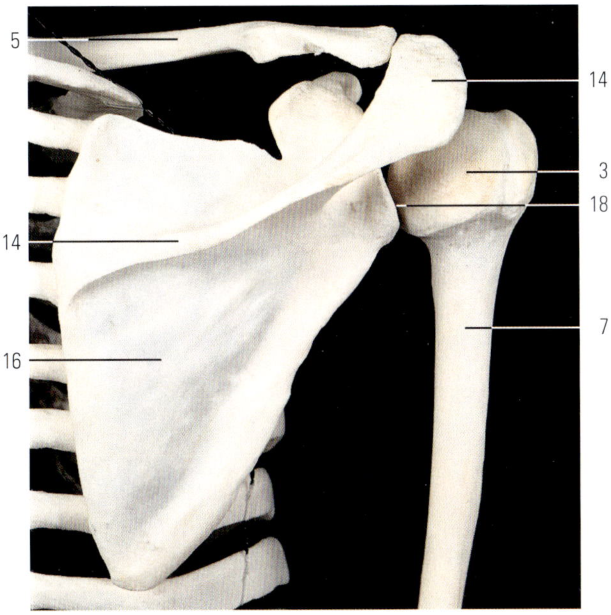

Skelett von Thorax und Schultergürtel (von hinten).

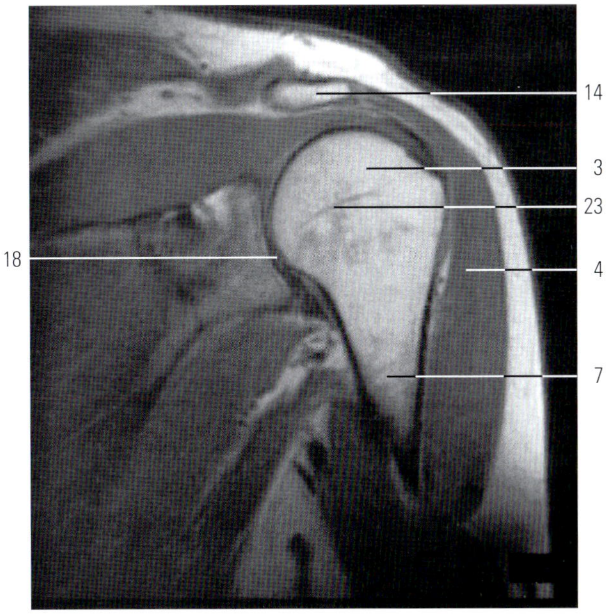

MR-Aufnahme vom Schultergelenk (aus: Heuck A, Lüttke G, Rohen JW. MR-Atlas der Extremitäten, 1994).

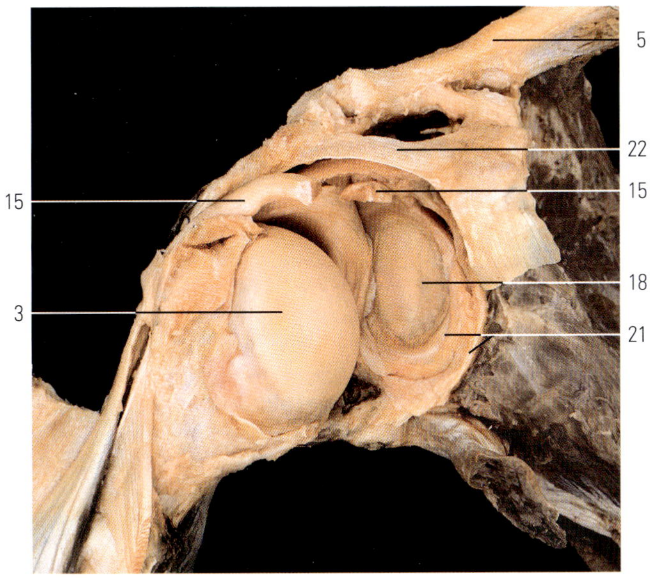

Schultergelenk (von vorne); Gelenkkapsel eröffnet und Gelenkkopf seitwärts herausgehebelt; Bizepssehne durchtrennt.

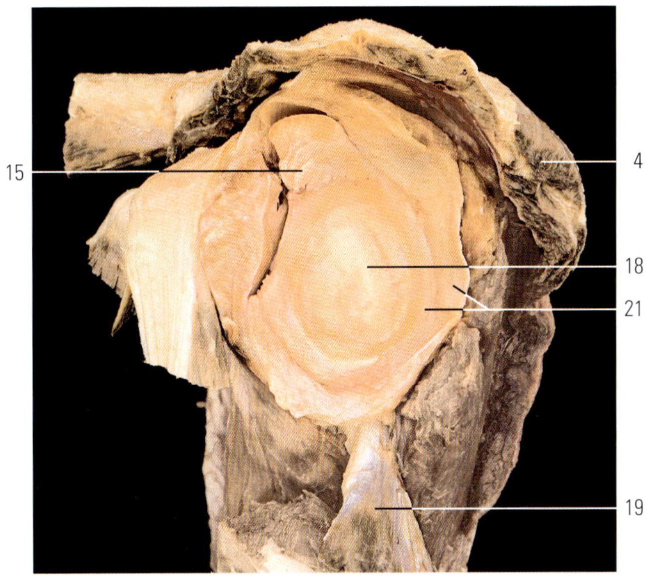

Aufsicht auf die **Gelenkpfanne des Schultergelenkes.**

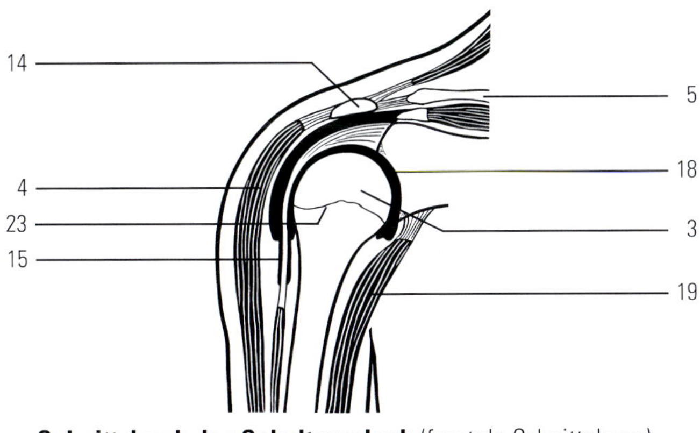

Schnitt durch das Schultergelenk (frontale Schnittebene).

Das **Schultergelenk** ist ein dreiachsiges Kugelgelenk mit einem großen Bewegungsspielraum. Der Gelenkkopf ist wesentlich größer als die Gelenkpfanne, so daß eine vielgliedrige und kräftige Muskulatur erforderlich ist, um die Gelenkkörper zusammenzuhalten. Man beachte, daß die lange Bizepssehne durch das Gelenk hindurchzieht. Die Reibung wird durch eine Sehnenscheide, die sich auch entzünden kann, herabgesetzt.

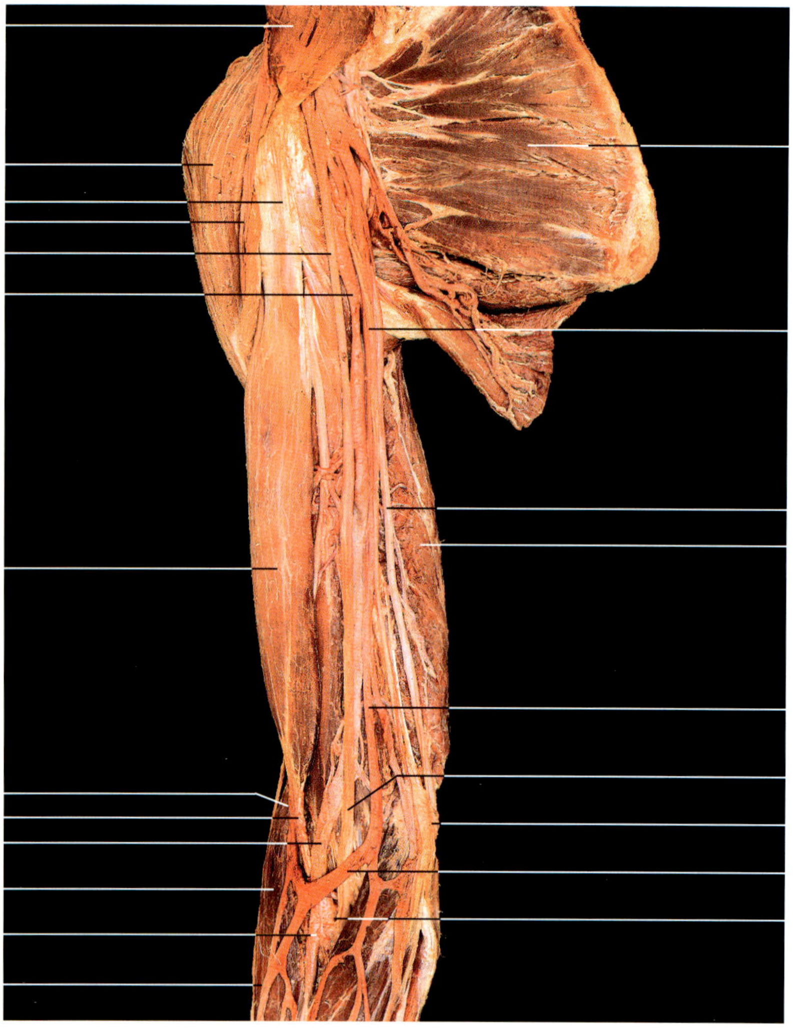

Muskulatur, Gefäße und Nerven des Oberarms (von vorne innen). Die Gefäße und Nerven verlaufen an der Innenseite zwischen Beugern und Streckern. In der Ellenbeuge werden sie zum Unterarm hin neu verteilt.

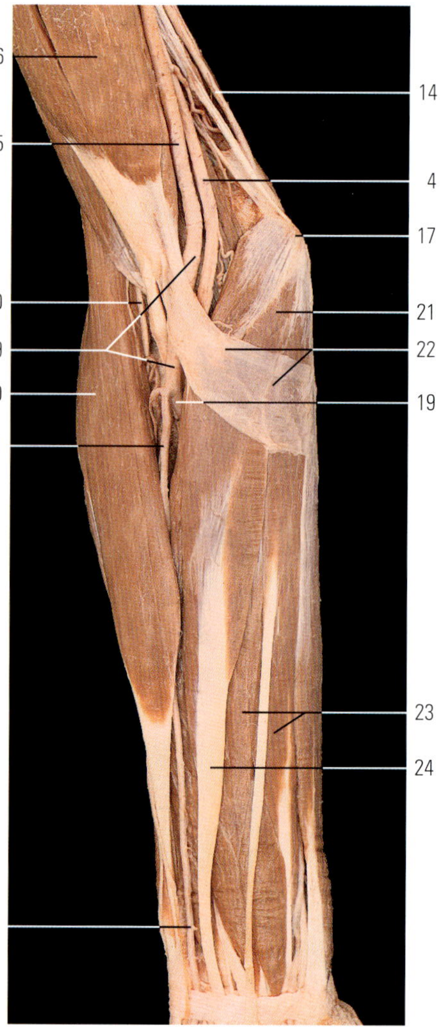

Unterarmmuskulatur (Beugeseite, von vorne). Unter der Bizepsaponeurose (22) treten Armarterie (9) und Medianusnerv (4) in die Ellenbeuge über.

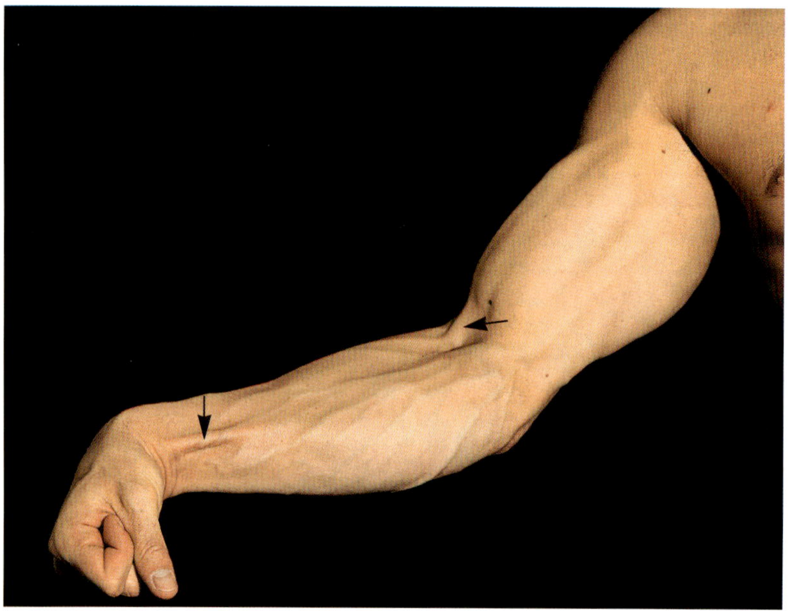

Muskulatur des Armes. Pfeil: Sehne des radialen Handgelenkbeugers (24). Oberhalb davon verläuft die A. radialis (Puls!). Rechter Pfeil: Bizepssehne.

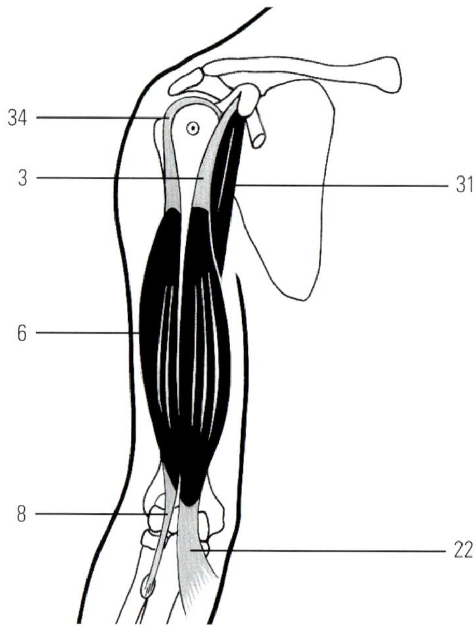

Verlauf des M. biceps brachii (von vorne).

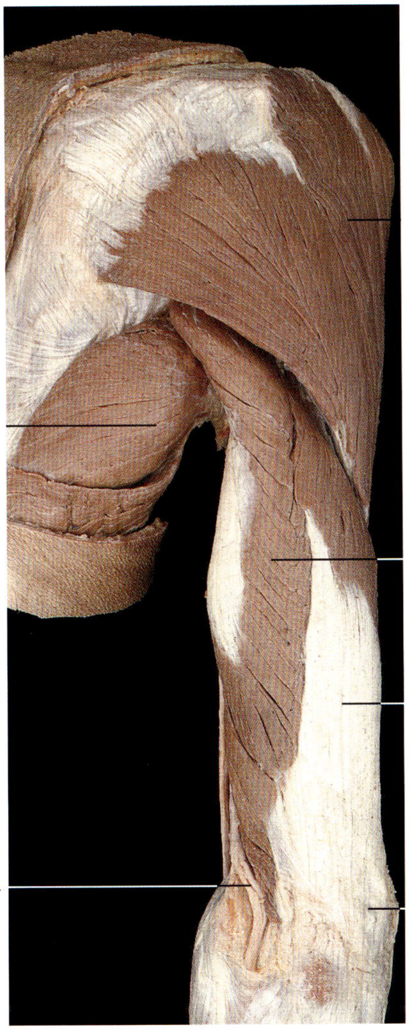

Oberarmmuskulatur (Strecker) (von hinten innen).

Rückseite des Oberarms. Verlauf der Gefäße und Nerven im Radialiskanal (33).

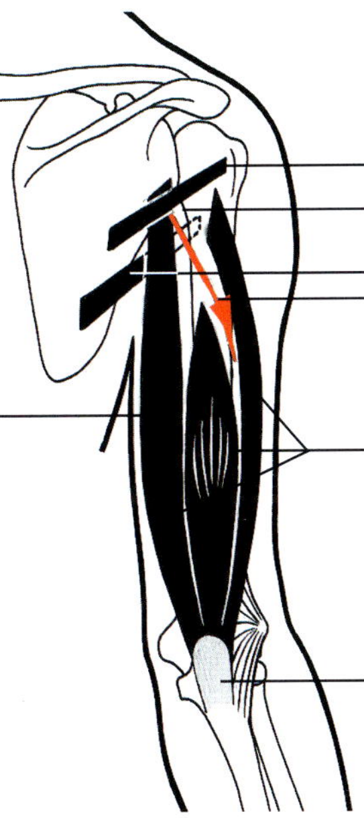

Verlauf des M. triceps brachii und des **Radialiskanals**.

Radialiskanal mit N. radialis und Gefäßen (A. prof. brachii) an der Dorsalseite des Oberarms (33). Der Radialisnerv liegt unmittelbar am Knochen, so daß er hier leicht durch Druck geschädigt werden kann. Der N. axillaris (28) tritt durch die laterale Achselmuskellücke zum M. deltoideus.

1 Kleiner Brustmuskel (M. pectoralis minor)
2 Deltamuskel (M. deltoideus)
3 Sehne des kurzen Bizepskopfes des Armbeugers (M. biceps brachii), setzt am Rabenschnabelfortsatz (Proc. coracoideus) an
4 **Mittelarmnerv (N. medianus)**
5 Oberarmarterie (A. brachialis)
6 **Armbeuger (M. biceps brachii)**
7 Große Armvene (V. cephalica)
8 **Bizepssehne**
9 Oberarmarterie (A. brachialis) in der Ellenbeuge, teilt sich in A. radialis und A. ulnaris
10 Unterarmbeuger (M. brachioradialis)
11 **Speichenarterie (A. radialis),** in Höhe des Handgelenkes = Pulsarterie
12 Schulterblatt mit Unterschulterblattmuskel (M. subscapularis)
13 **Oberarmvene (V. brachialis)**
14 **Ellennerv (N. ulnaris)** verläuft hinter dem inneren Knochenvorsprung des Oberarmknochens (Epicondylus med. humeri)
15 **Armstrecker (M. triceps brachii)**
16 V. basilica, von der Rückseite des Handgelenkes zur V. axillaris
17 Innerer Vorsprung des Oberarmknochens (Epicondylus med. humeri)
18 Hautvene der Ellenbeuge (V. mediana cubiti)
19 **Ellenschlagader (A. ulnaris)**
20 **Speichennerv (N. radialis)**
21 Runder Einwärtsdreher (M. pronator teres)
22 **Flächige Sehnenabspaltung des M. biceps brachii (Bizepsaponeurose)**
23 Oberflächlicher Fingerbeuger (M. flexor digitorum superf.)
24 Sehne des radialen Handgelenkbeugers (M. flexor carpi radialis)
25 Großer runder Schultermuskel (M. teres major)
26 Sehnenspiegel des M. triceps brachii
27 Ellenbogen (Olecranon)
28 **Achselnerv (N. axillaris)** und Begleitgefäße
29 Oberarmknochen (Humerus)
30 Tiefe Oberarmarterie (A. profunda brachii)
31 Hakenarmmuskel (M. coracobrachialis)
32 Kleiner runder Schultermuskel (M. teres minor)
33 **Radialiskanal** am Humerus
34 Langer Bizepskopf (Caput longum) des Armbeugers, die Sehne verläuft durch das Schultergelenk zum Schulterblatt

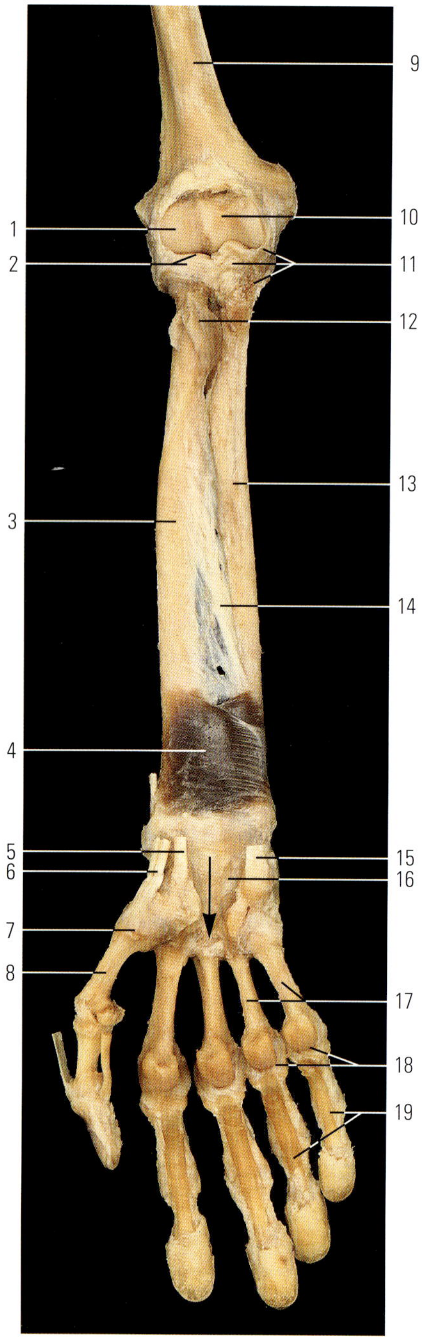

Unterarm und Hand (Supinationsstellung – Handfläche vorne). Darstellung der Gelenke und Bänder. Pfeil = Karpaltunnel.

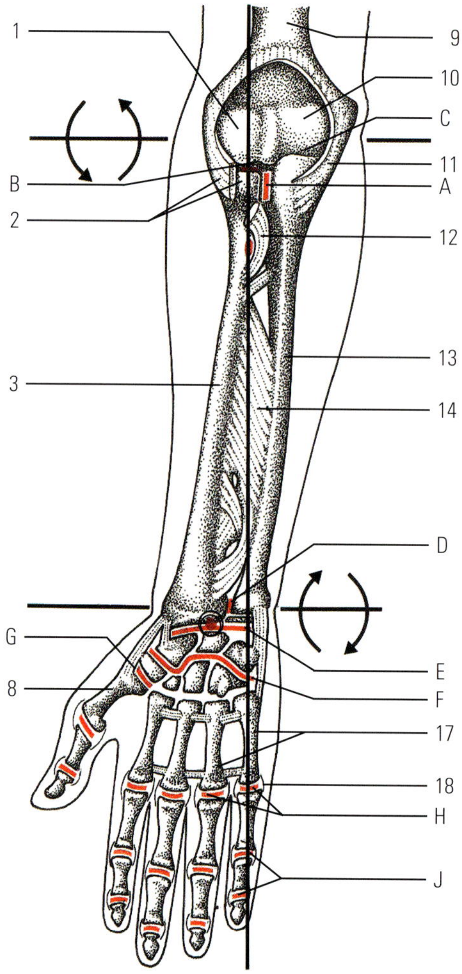

Gelenke und Bänder von Unterarm und Hand (Supinationsstellung). Gelenkachsen = markiert.

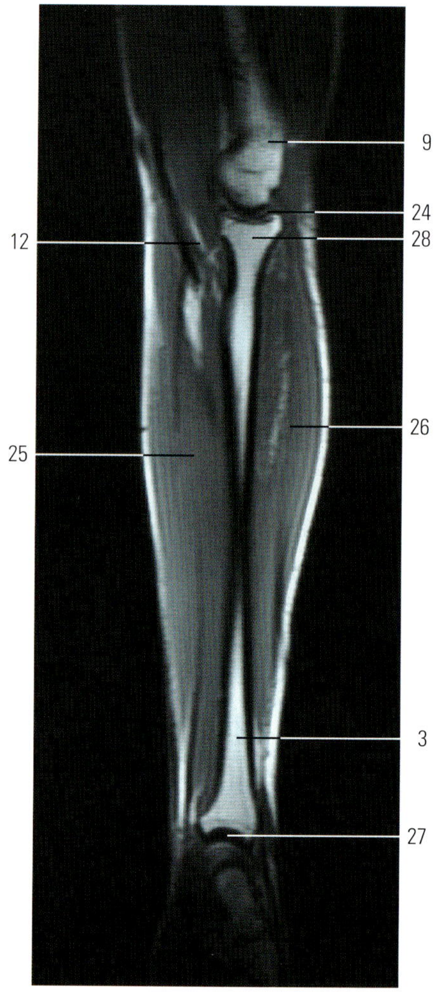

Längsschnitt durch den Unterarm mit Ellenbogen- und Handgelenk (MR-Aufnahme von Dr. A. Heuck, München).

Das Ellenbogengelenk (Articulatio cubiti) besteht aus drei Teilgelenken:
A = Proximales Drehgelenk (Articulatio radioulnaris proximalis) – einachsig;
B = Humeroradialgelenk (Articulatio humeroradialis) – anatomisch ein dreiachsiges Kugelgelenk, funktionell durch Lig. anulare auf zwei Achsen beschränkt;
C = Humeroulnargelenk (Articulatio humeroulnaris) – einachsiges Scharniergelenk.
Speichen-Ellen-Gelenke für die Drehbewegungen des Unterarms um eine schräge Längsachse (Pronation = Einwärtsdrehung; Supination = Auswärtsdrehung):
A = Proximales Drehgelenk (Articulatio radioulnaris proximalis), liegt körpernah (proximal) im Ellenbogengelenk;
D = Distales Drehgelenk (Articulatio radioulnaris distalis) liegt körperfern (distal) außerhalb des oberen Handgelenkes.

1 Oberarmköpfchen (Capitulum humeri)
2 **Speichenköpfchen mit Ringband (Caput radii** mit **Lig. anulare radii)**
3 Speiche (Radius)
4 Viereckiger Einwärtsdreher (M. pronator quadratus)
5 Sehne des Muskels, der die Hand zur Speiche hinbeugt (M. flexor carpi radialis)
6 Sehnen vom Daumenstrecker und -abspreizer
7 Sattelgelenk des Daumens (Articulatio carpometacarpalis pollicis)
8 Mittelhandknochen des Daumens (Os metacarpale I)
9 Oberarmknochen (Humerus)
10 **Gelenkwalze des Humerus (Trochlea humeri)**
11 **Ulnares Seitenband (Lig. collaterale ulnare)**
12 **Sehne des Armbeugers (M. biceps brachii)** (darunter liegt ein Schleimbeutel)
13 **Elle (Ulna)**
14 Bindegewebsmembran zwischen Elle und Speiche (Membrana interossea antebrachii)
15 Sehne des ulnaren Handgelenkbeugers (M. flexor carpi ulnaris), hier liegt das (tastbare) Erbsenbein (Os pisiforme)
16 Handwurzel (Carpus)
17 Mittelhandknochen (Ossa metacarpi)
18 **Grundgelenke der Finger** (Articulationes metacarpophalangeales)
19 Finger (Phalanges) mit den Sehnen der beiden Fingerbeuger

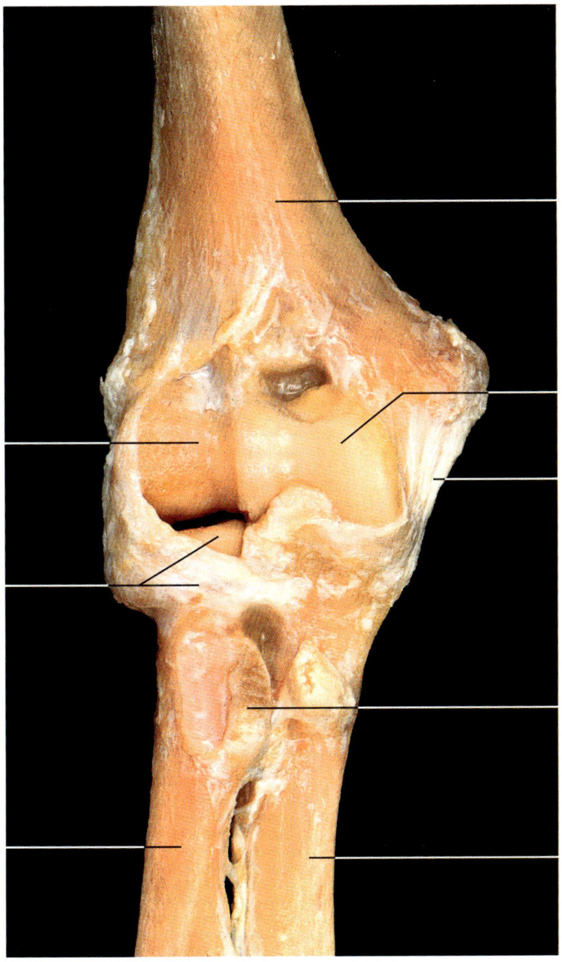

Ellenbogengelenk (von vorne eröffnet). Darstellung des Bandapparates.

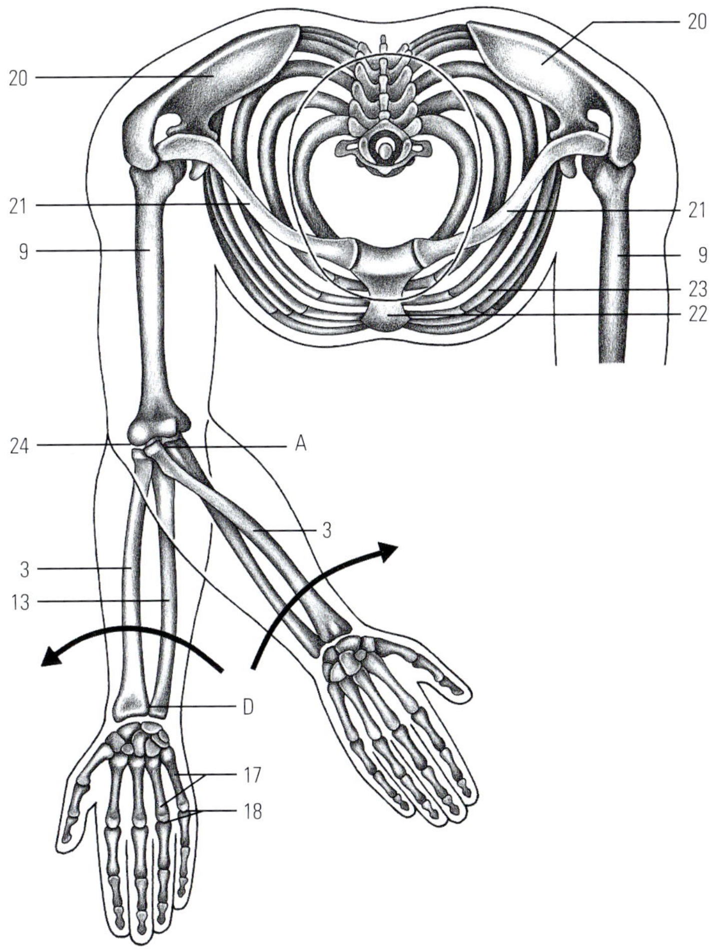

Bewegungsmöglichkeiten des Unterarms in seinen beiden Drehgelenken (Articulatio radioulnaris proximalis (A) und distalis (D). Die Mittelachse des Unterarmes bei den Drehbewegungen geht durch den 3. Finger.

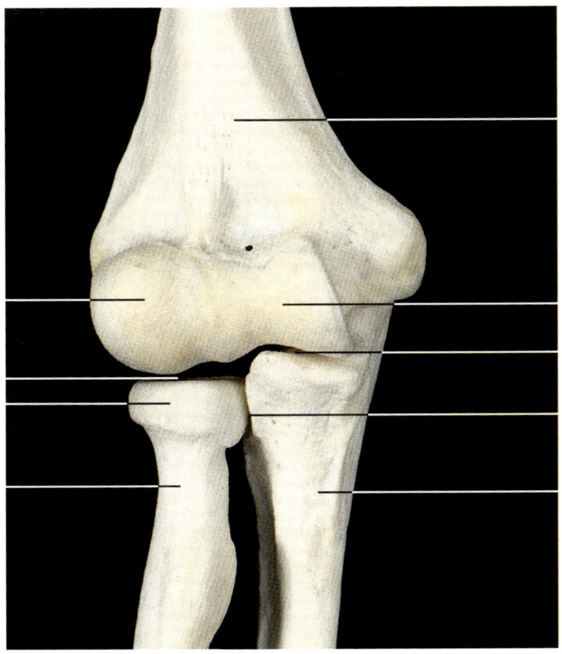

Knochenelemente des Ellenbogengelenkes (rechte Seite, von vorne). Radius und Ulna liegen parallel nebeneinander (Supinationsstellung). A, B, C s. Tab. S. 100.

Handgelenke:
E = Oberes Handgelenk (Articulatio radiocarpalis) – zweiachsiges Eigelenk;
F = Unteres Handgelenk (Articulatio mediocarpalis) – nur Schiebebewegungen möglich.

Fingergelenke:
G = Sattelgelenk des Daumens (Articulatio carpometacarpalis pollicis) – zweiachsiges Gelenk;
H = Grundgelenke der Finger (Articulationes metacarpophalangeales) – anatomisch dreiachsige Kugelgelenke, funktionell durch die straffen Seitenbänder zu zweiachsigen Gelenken eingeschränkt;
J = Mittel- und Endgelenke (Articulationes interphalangeales) – einachsige Scharniergelenke.

20 Schulterblatt (Scapula)
21 Schlüsselbein (Clavicula)
22 Brustbein (Sternum)
23 Brustkorb (Thorax)
24 **Ellenbogengelenk (Articulatio cubiti)**
25 Beugemuskeln (Mm. flexores) des Unterarms
26 Streckmuskulatur (Mm. extensores) des Unterarms
27 Oberes Handgelenk (Articulatio radiocarpalis)
28 Speichenköpfchen (Caput radii)

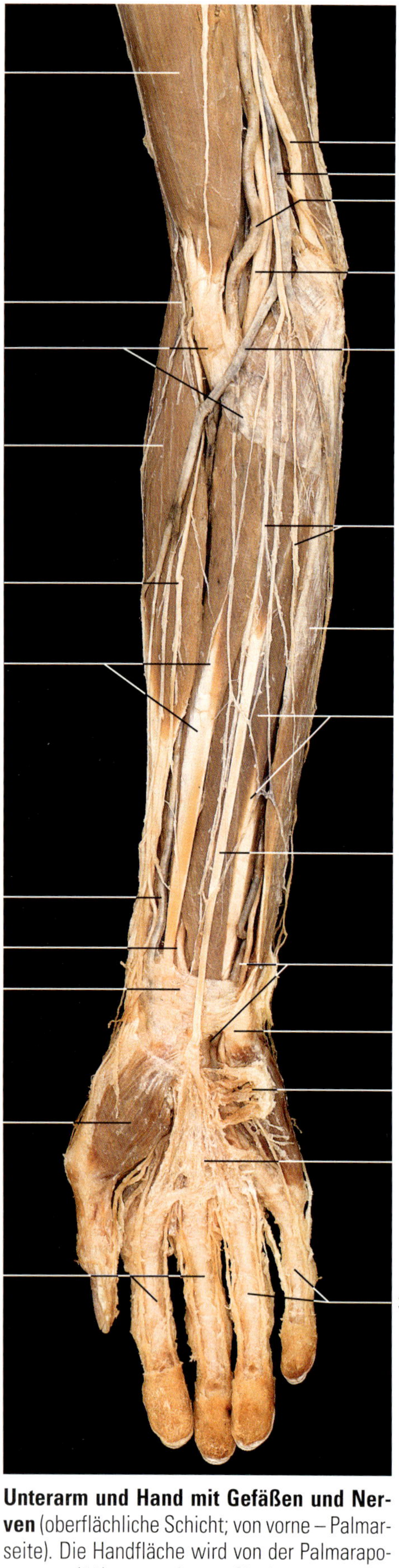

Unterarm und Hand mit Gefäßen und Nerven (oberflächliche Schicht; von vorne – Palmarseite). Die Handfläche wird von der Palmaraponeurose (23) unterpolstert. Sie kann durch die Mm. palmares (19 und 22) verspannt werden.

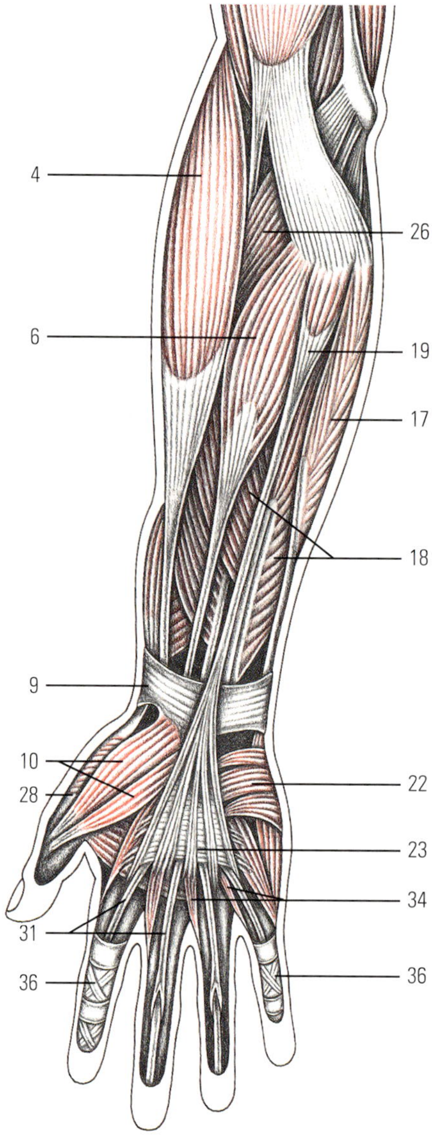

Muskulatur von Unterarm und Hand (oberflächliche Schicht, von vorne – Palmarseite).

1 Oberarmbeuger (M. biceps brachii)
2 **Große Armvene (V. cephalica)**
3 Sehne des M. biceps brachii mit seiner zum Unterarm ausstrahlenden flächigen Sehnenabspaltung (Aponeurose)
4 Unterarmbeuger (M. brachioradialis)
5 Hautnerv des N. musculocutaneus
6 Äußerer Handgelenkbeuger (M. flexor carpi radialis)
7 **Speichenarterie (A. radialis)**
8 **Mittelarmnerv (N. medianus)**
9 **Halteband (Retinaculum) der Fingerbeuger** und Dach des Karpaltunnels
10 Daumenballen (Thenar) mit Daumenabspreizer (M. abductor pollicis) und kurzem Daumenbeuger (M. flexor pollicis brevis)
11 **Sehnen der Fingerbeuger mit Sehnenscheiden** und Bandapparat
12 **Ellennerv (N. ulnaris)**
13 V. basilica (Fortsetzung in die V. brachialis)
14 **Oberarmarterie (A. brachialis)**
15 **Hautvene der Ellenbeuge (V. mediana cubiti)**
16 Hautnerven für die Innenseite des Unterarms
17 Ulnarer Handgelenkbeuger (M. flexor carpi ulnaris)
18 Oberflächlicher Fingerbeuger (M. flexor digitorum superf.)
19 Langer Hohlhandmuskel (M. palmaris longus) mit langer, in die Handflächensehne (Palmaraponeurose) übergehender Sehne
20 **A. und N. ulnaris** verlaufen in der ulnaren Gefäß-Nerven-Straße. Handwärts unterkreuzen sie das Retinaculum und gehen dann in die Hohlhand über.

In der **Ellenbeuge** findet eine Neuaufteilung der Gefäße und Nerven statt. Der N. radialis schließt sich der A. radialis, der N. ulnaris der A. ulnaris an. Die Gefäße und Nerven liegen in der Ellenbeuge relativ geschützt unter der Bizepsaponeurose. Oberhalb des Handgelenks, neben der Sehne des Handgelenkbeugers (6), kann die A. radialis (7) getastet werden (Puls fühlen). Auf der anderen Seite neben dieser Sehne liegt der **N. medianus** (8), der die Daumenballenmuskeln versorgt. Der Nerv liegt an dieser Stelle so oberflächlich, daß er hier leicht verletzt werden kann (z. B. bei Suizidversuchen durch »Pulsader-Durchschneiden« oder durch Schnittverletzungen bei Unfällen). Der **N. ulnaris** (12) verläuft dicht am inneren Epicondylus (sog. Musikantenknochen) des Oberarmknochens vorbei, so daß er hier leicht geschädigt werden kann. Die Palmaraponeurose (23) der Hand dient als Widerlager beim Greifen und schützt die darunter liegenden Gefäße (vor allem den arteriellen Hohlhandbogen) (25).

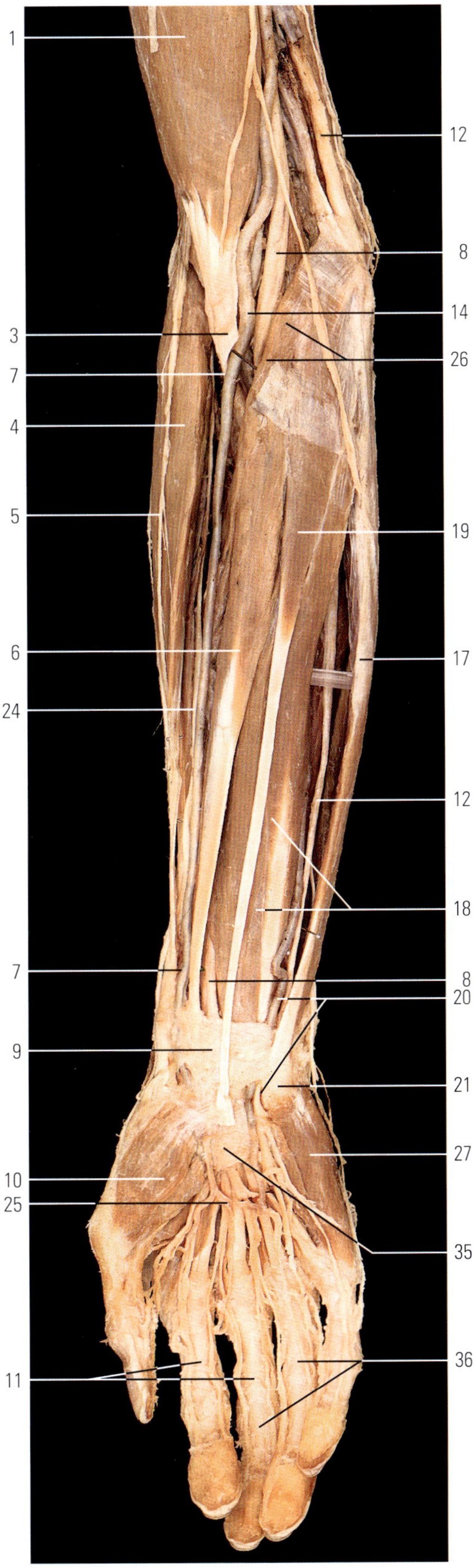

Unterarm und Hand nach Entfernung der Hautnerven (von vorne). M. brachioradialis (4) und M. flexor carpi ulnaris (17) wurden etwas seitwärts verlagert, um die radialen und ulnaren Gefäß-Nerven-Straßen unter diesen Muskeln zu zeigen.

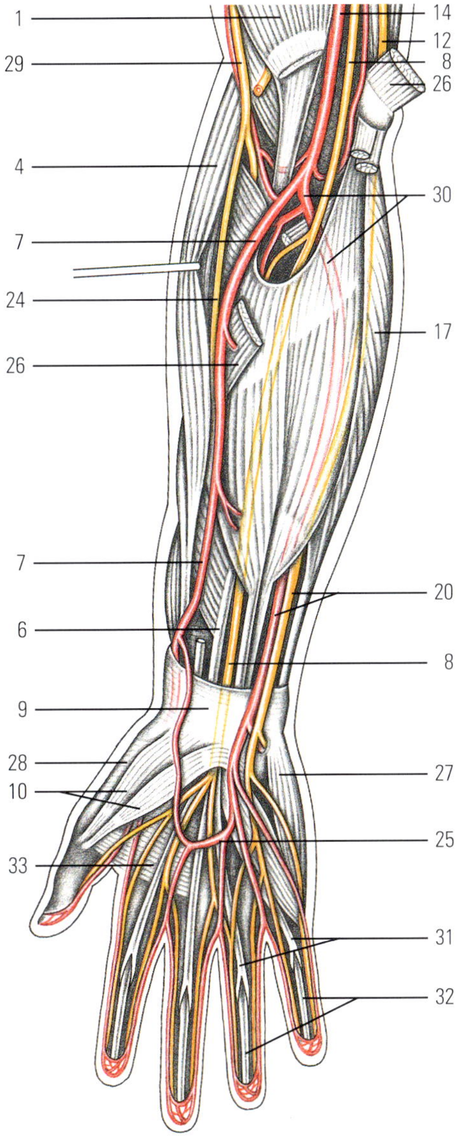

Unterarm und Hand mit Gefäßen und Nerven (mittlere Schicht, von vorne – Palmarseite). M. pronator teres, M. palmaris longus mit der Palmaraponeurose sowie M. flexor carpi radialis und ulnaris wurden entfernt.

21 Erbsenbein (Os pisiforme)
22 Kurzer Hohlhandmuskel (M. palmaris brevis), Hautmuskel für die Verspannung der Palmaraponeurose
23 Handflächensehne (Palmaraponeurose)
24 Hautast des N. radialis (Ramus superficialis) liegt zusammen mit der A. radialis in der radialen Gefäß-Nerven-Straße
25 **Oberflächlicher Hohlhandbogen (Arcus palmaris superf.)**
26 Runder Einwärtsdreher (M. pronator teres)
27 Kleinfingerballen (Hypothenar) mit Kleinfingerabspreizer (M. abductor digiti minimi) und kurzer Kleinfingerbeuger (M. flexor digiti minimi brevis)
28 Daumendreher (M. opponens pollicis)
29 **Speichennerv (N. radialis),** teilt sich in der Ellenbeuge in einen R. superf. und einen R. prof.
30 **Ellenarterie (A. ulnaris)**
31 Sehnen des oberflächlichen Fingerbeugers (sind gespalten und setzen am Mittelglied der Finger an)
32 Sehnen des tiefen Fingerbeugers – laufen bis zu den Endgliedern der Finger
33 Daumenanzieher (M. adductor pollicis)
34 Würmchenmuskeln (Mm. lumbricales) – entspringen von den Sehnen des tiefen Fingerbeugers und strahlen in die rückwandige Handflächensehne (Dorsalaponeurose) der Finger ein
35 **Gemeinsamer Hohlhandsack** der Fingerbeugersehnenscheiden **(Vagina communis mm. flexorum)**
36 Sehnenscheiden der Finger (Vaginae tendinum digitorum manus)

Die **Gefäße und Nerven des Armes,** vor allem A. und V. brachialis (14), N. medianus (8) und N. ulnaris (12), verlaufen an der Innenseite des Bizepsmuskels (sog. Bizepsrinne), wo auch der Blutdruck in der A. brachialis gemessen werden kann (vgl. S. 113). Von hier treten sie in die Ellenbeuge ein, wo sie (allerdings ohne den N. ulnaris) unter der Bizepsaponeurose zu finden sind (Vorsicht bei intravenösen Injektionen!). Am Unterarm bilden die Muskeln drei Logen für die großen Leitungsbahnen (sog. Gefäß-Nerven-Straßen): 1. Außen (radial) unter dem M. brachioradialis für die A. radialis (7) und den Hautast des N. radialis (24); 2. Zwischen oberflächlichem und tiefem Fingerbeuger für den N. medianus; 3. Innen unter dem inneren Handgelenkbeuger (M. flexor carpi ulnaris) für den N. ulnaris mit der A. und V. ulnaris (20), die in Höhe des Handgelenkes wieder an die Oberfläche treten.

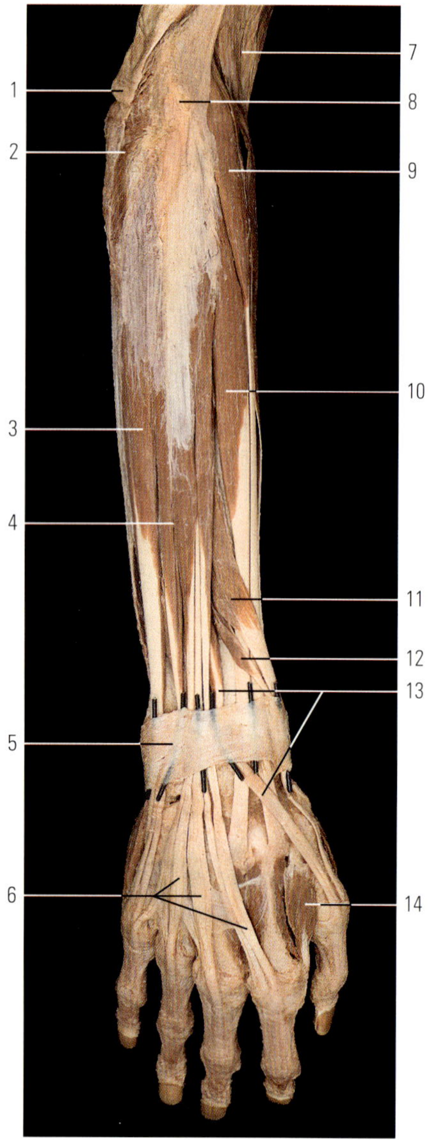

Streckmuskeln von Unterarm und Hand (von dorsal). Die Sehnenkanäle mit ihren Sehnenscheiden unter dem queren Retinaculum (5) sind markiert.

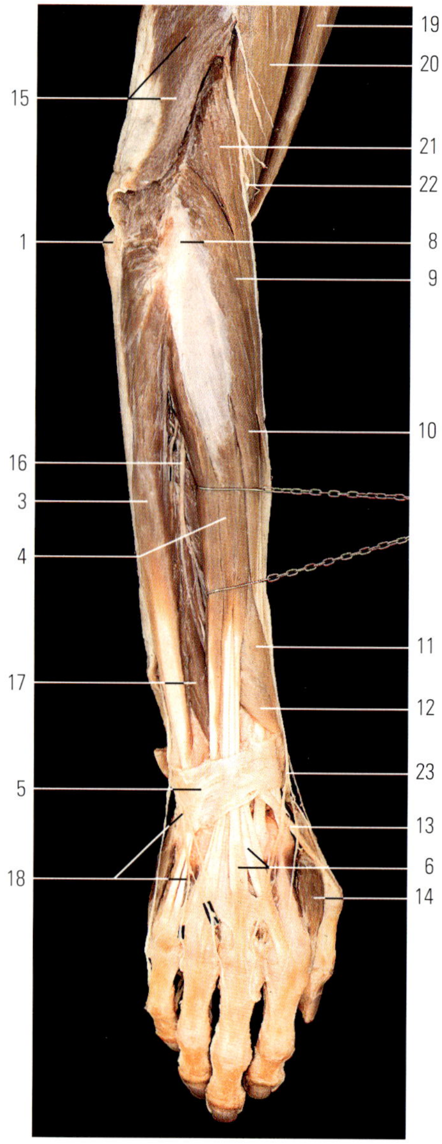

Streckmuskeln von Unterarm und Hand mit Innervation (von dorsal). Der M. extensor digitorum (4) wurde zur Seite gezogen, um den tiefen Ast des N. radialis (16) zu zeigen

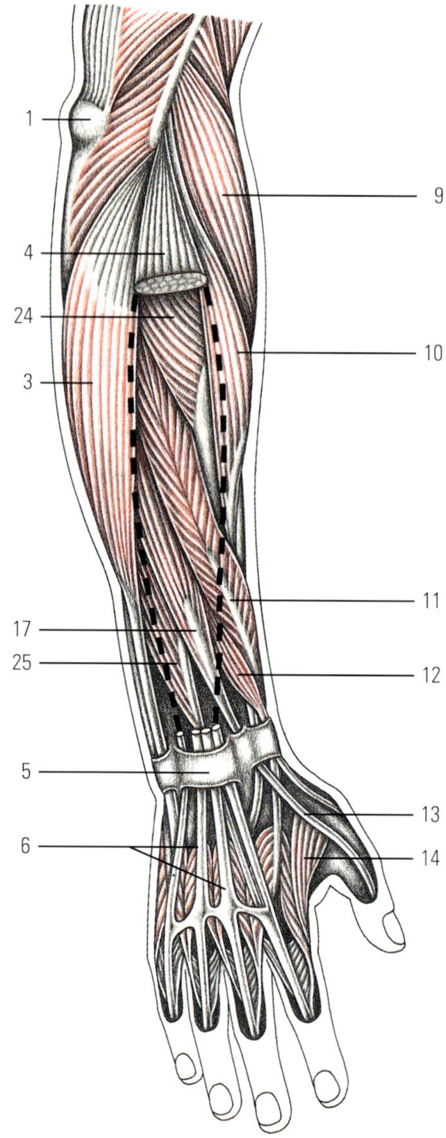

Muskulatur von Unterarm und Hand (Dorsalseite). Der M. extensor digitorum (4) wurde teilweise entfernt, um die tiefer gelegenen Muskeln für Daumen und Zeigefinger zu zeigen.

1 Ellenbogen (Olecranon)
2 M. anconaeus zur Streckung des Unterarmes und Spannung der Ellenbogengelenkkapsel
3 Ulnarer Handgelenkstrecker (M. extensor carpi ulnaris)
4 **Fingerstrecker (M. extensor digitorum)**
5 **Strecker-Halteband (Retinaculum)** mit Sehnenfächern (Sonden). Die Sehnen gleiten hier in Sehnenscheiden
6 Sehnen des Fingerstreckers
7 **Unterarmbeuger (M. brachioradialis)**
8 Seitlicher Vorsprung des Oberarmknochens (Epicondylus lat. humeri)
9 Radialer langer Handgelenkstrecker (M. extensor carpi radialis longus)
10 Radialer kurzer Handgelenkstrecker (M. extensor carpi radialis brevis)
11 Langer Daumenabspreizer (M. abductor pollicis longus)
12 Kurzer Daumenstrecker (M. extensor pollicis brevis)
13 **Sehne des langen Daumenstreckers (M. extensor pollicis longus)**
14 Zwischenknochenmuskel (M. interosseus dors. I)
15 Armstrecker (M. triceps brachii)
16 **Tiefer Ast** (R. prof.) des **N. radialis,** innerviert alle Streckmuskeln des Unterarms
17 Langer Daumenstrecker (M. extensor pollicis longus)
18 Hautast des N. ulnaris (R. dors.) für Handrücken und 2½ Finger
19 Armbeuger (M. biceps brachii)
20 Tiefer Armbeuger (M. brachialis)
21 Unterarmbeuger (M. brachioradialis)
22 Nervenhautast für den Unterarm (Ast des N. musculocutaneus)
23 Hautast des N. radialis (R. superf.) für Handrücken und 2½ Finger
24 Unterarmauswärtswender (M. supinator)
25 Zeigefingerstrecker (M. extensor indicis)
26 Schultermuskel (M. deltoideus)
27 Rinne zwischen M. biceps und M. triceps, enthält die V. cephalica
28 Knochenfortsatz der Speiche (Proc. styloideus ulnae), tastbar
29 Große Armvene (V. cephalica) mit Venenzuflüssen vom Handrücken und Unterarm

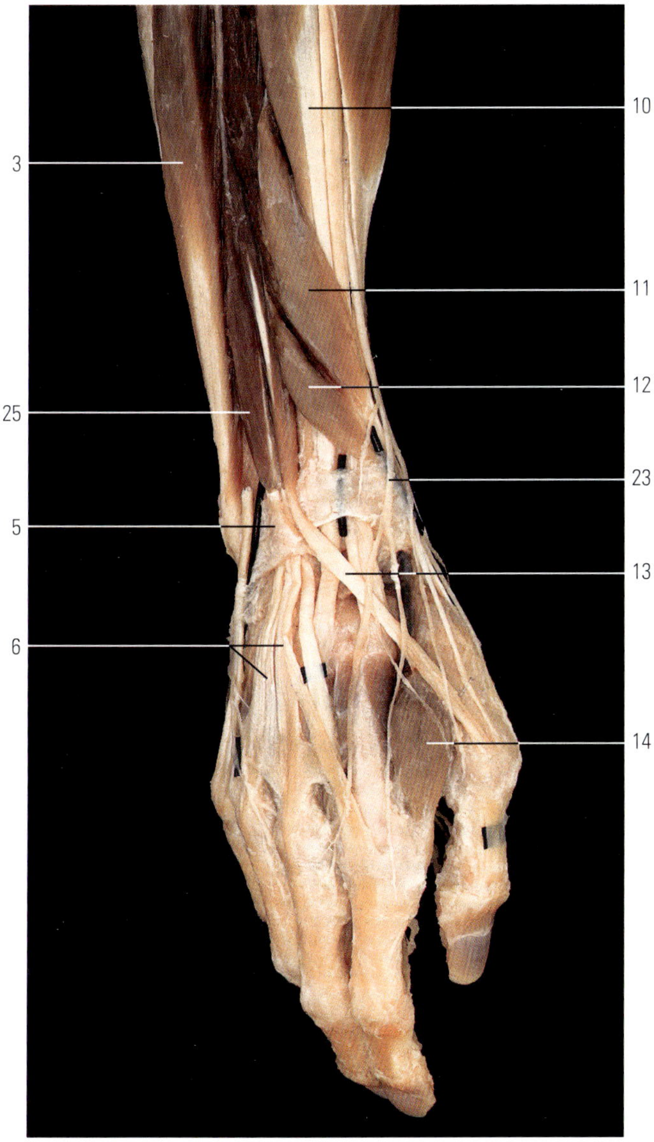

Handmuskulatur, Darstellung der langen Daumenmuskeln (von dorsal). Die Sehne des langen Daumenstreckers (13) wurde aus ihrem Kanal im Retinaculum (5) herauspräpariert und der Fingerstrecker (M. extensor digitorum) oberhalb des Retinaculum entfernt.

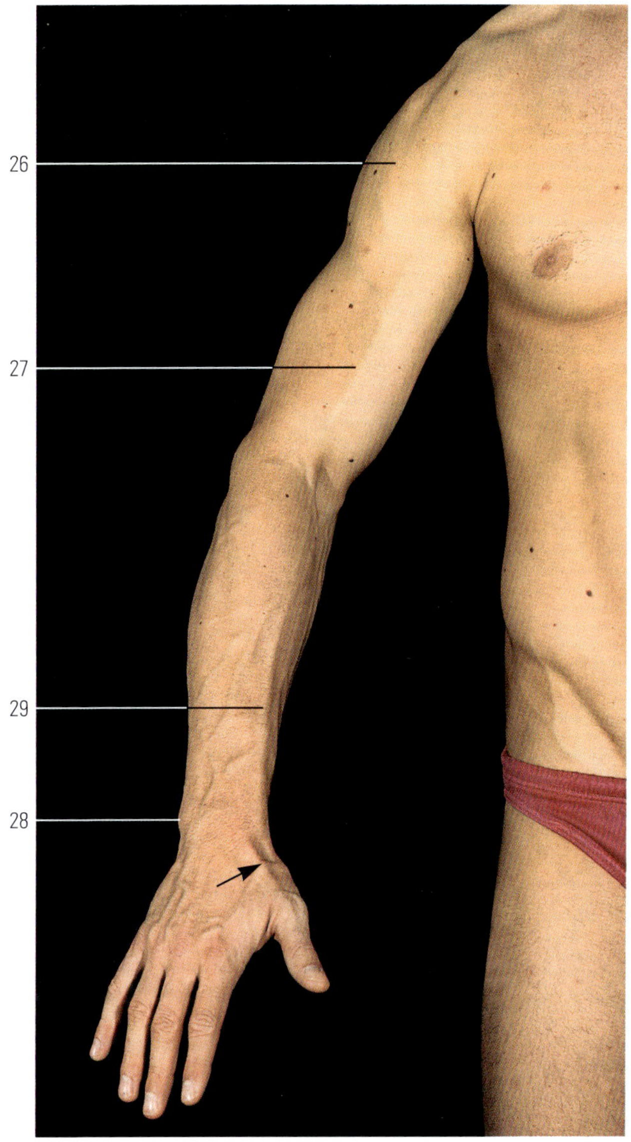

Oberflächenrelief des Armes, Pronationsstellung. Man beachte die Lage des Grübchens (»Tabatière«) zwischen den Streckersehnen des Daumens (Pfeil).

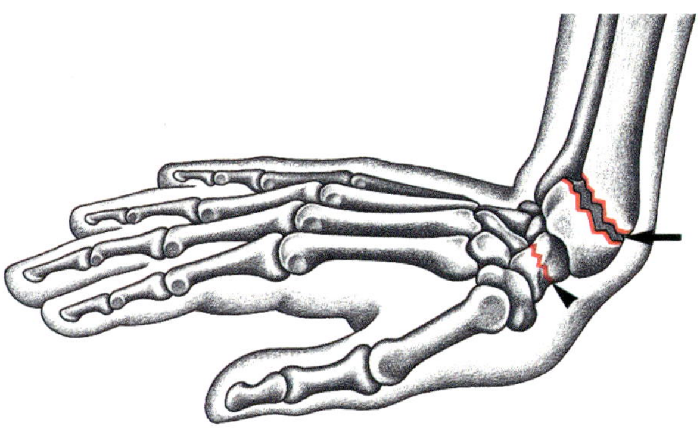

Speichenbruch (Radiusfraktur) und Kahnbeinbruch (Schema).

Beim Abstützen mit der Hand, etwa beim Fall von der Leiter, bricht häufig der Radius (Pfeil), da er allein den Druck vom Handgelenk auf den Arm überträgt. Auch das Kahnbein (Os scaphoideum) kann betroffen sein (Pfeilkopf).

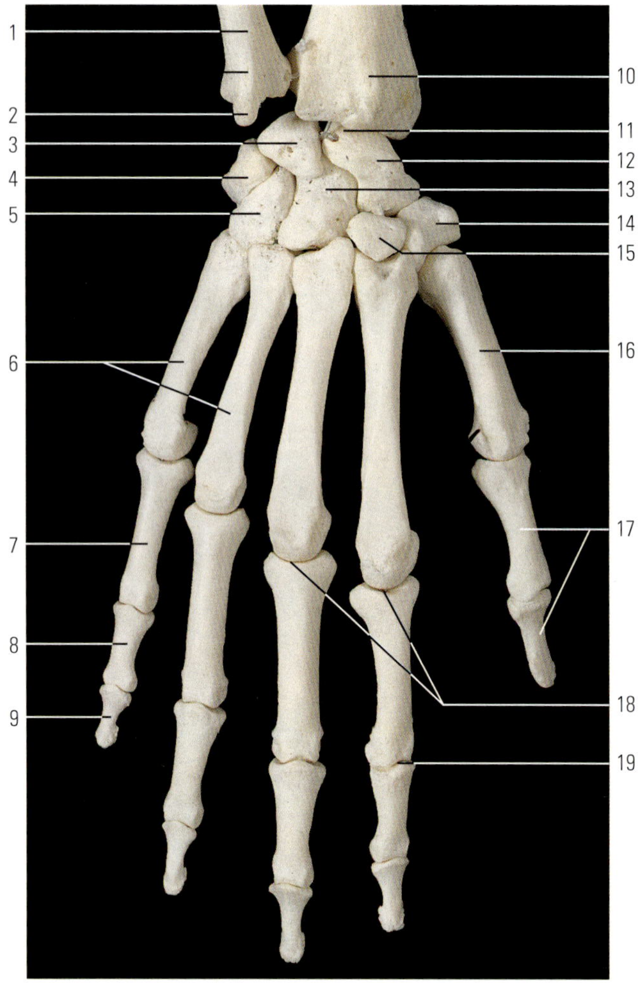

Skelettelemente der Hand (von dorsal).

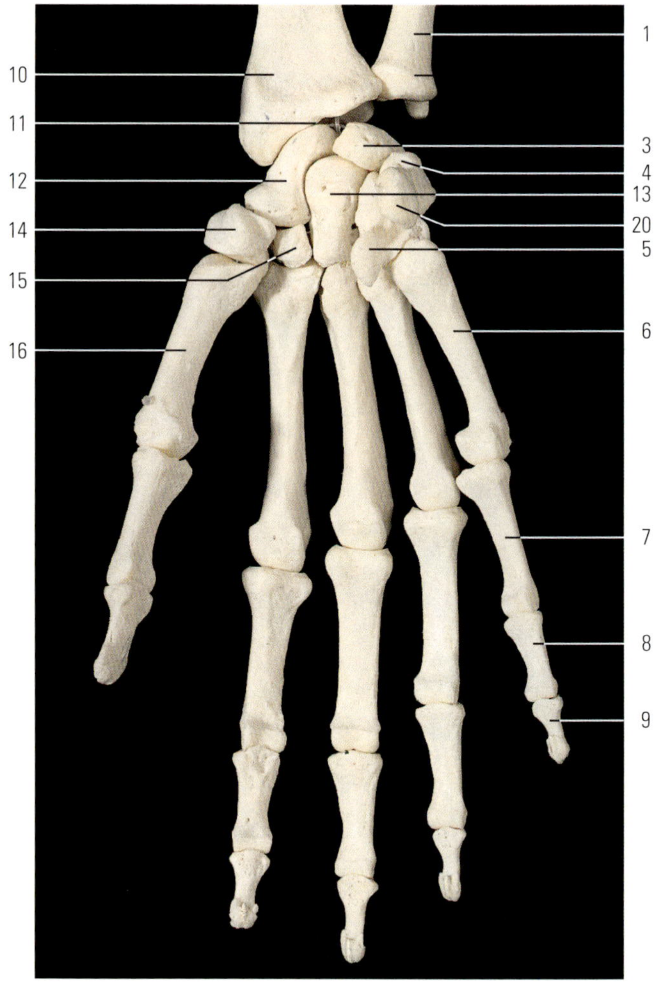

Skelettelemente der Hand (von innen oder palmar).

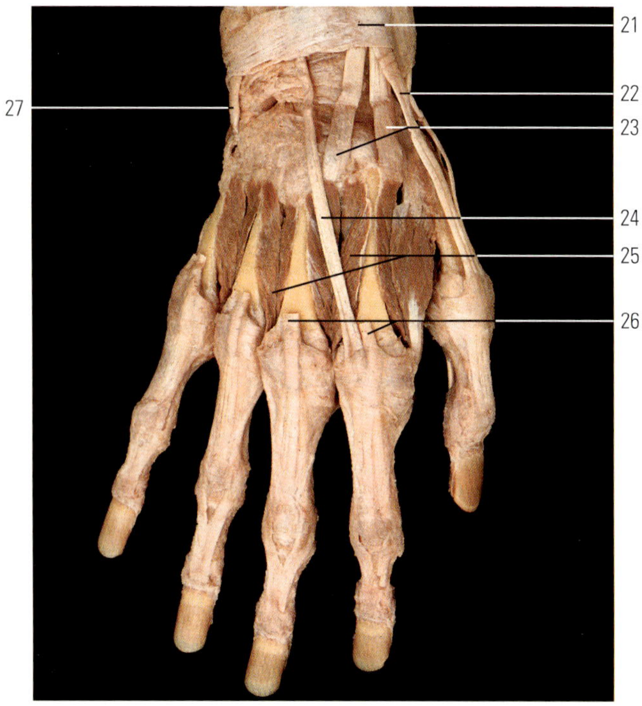

Präparation der Zwischenknochenmuskeln (Mm. interossei) (25) und Sehnen der Fingerstrecker (von dorsal).

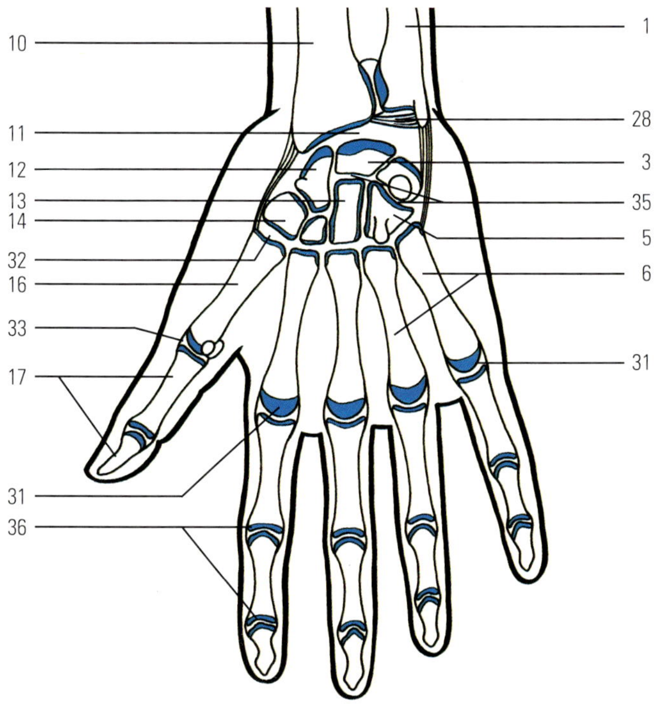

Darstellung der Handgelenke (von innen oder palmar). Die Gelenkkapseln wurden nicht dargestellt; blau = knorpelige Gelenkflächen.

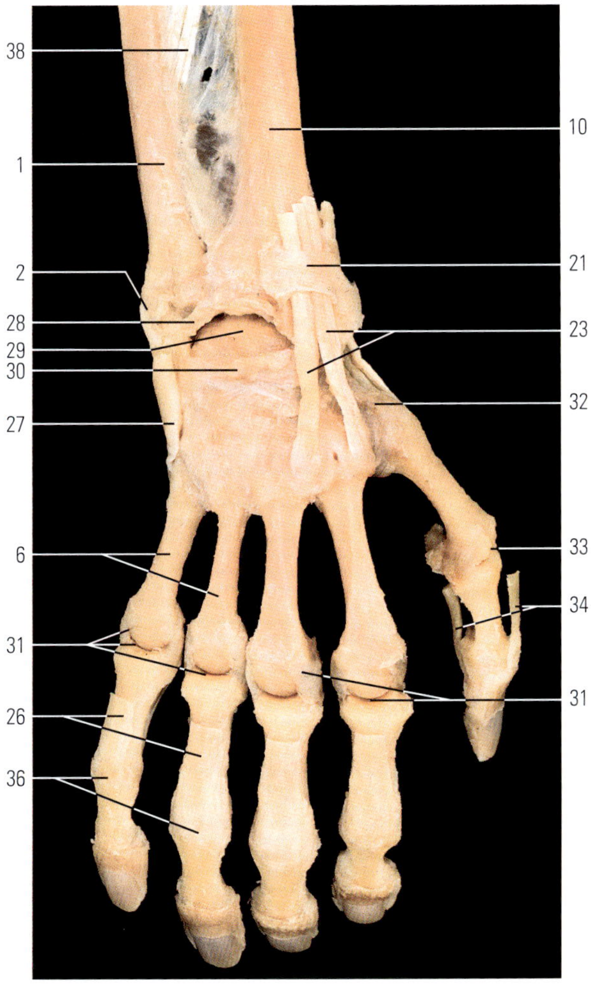

Handgelenk und Grundgelenke der Finger (von dorsal). Das obere Handgelenk **(Articulatio radiocarpalis)** wurde eröffnet. Bei den Grundgelenken wurden die Seitenbänder dargestellt, die Gelenkkapseln jedoch entfernt.

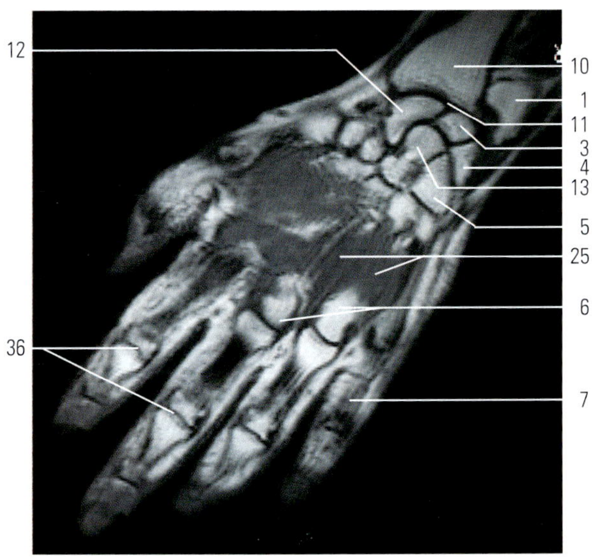

Schnitt durch die Hand (MR-Aufnahme aus Heuck A, Lüttke G, Rohen JW. MR-Atlas der Extremitäten, 1994).

1 **Elle (Ulna)**
2 Knochenfortsatz der Elle (Proc. styloideus)
3 Mondbein (Os lunatum) } **Handwurzelknochen**
4 Dreiecksbein (Os triquetrum) } **Handwurzelknochen**
5 Hakenbein (Os hamatum) } **Handwurzelknochen**
6 Mittelhandknochen (Ossa metacarpi)
7 Grundglied V (Phalanx proximalis) } **Fingerknochen**
8 Mittelglied V (Phalanx media) } **Fingerknochen**
9 Endglied V (Phalanx distalis) } **Fingerknochen**
10 **Speiche (Radius)**
11 **Oberes Handgelenk (Articulatio radiocarpalis)**
12 Kahnbein (Os scaphoideum) } **Handwurzelknochen**
13 Kopfbein (Os capitatum) } **Handwurzelknochen**
14 Trapezförmiger Knochen (Os trapezium) } **Handwurzelknochen**
15 Trapezähnlicher Knochen (Os trapezoideum) } **Handwurzelknochen**
16 Erster Mittelhandknochen (Os metacarpi I)
17 Fingerknochen des Daumens
18 Lokalisation der Fingergrundgelenke
19 Lokalisation eines Zeigefingergelenks
20 Erbsenbein (Os pisiforme)
21 Streckerband des Handrückens (Retinaculum für Sehnen der Streckermuskeln)
22 Sehne des langen Daumenstreckers (M. extensor pollicis longus)
23 Sehnen der radialen Handgelenkstrecker (Mm. extensores carpi radialis longus und brevis)
24 Sehne des Zeigefingerstreckers (M. extensor indicis)
25 Zwischenknochenmuskeln (Mm. interossei)
26 Sehnen des Fingerstreckers (M. extensor digitorum)
27 Sehne des ulnaren Handgelenkstreckers (M. extensor carpi ulnaris)
28 **Gelenkscheibe** des oberen Handgelenkes **(Discus articularis)**
29 Obere Reihe der Handwurzelknochen als Gelenkkopf
30 Gelenkkapsel (durchtrennt)
31 **Grundgelenke der Finger (Articulationes metacarpophalangeales)** mit Seitenbänder (Ligg. collateralia)
32 **Daumen-Sattelgelenk** (Articulatio carpometacarpalis pollicis)
33 Daumengrundgelenk (Scharniergelenk)
34 Sehnen der Streck- und Beugemuskeln des Daumens
35 **Unteres Handgelenk (Articulatio mediocarpalis)**
36 **Fingergelenke (Articulationes interphalangeales)**
37 Würmchenmuskel (M. lumbricalis)
38 Bindegewebige Zwischenknochenmembran (Membrana interossea)
39 Sehne des M. flexor digitorum superf. } **Fingerbeuger**
40 Sehne des M. flexor digitorum prof. } **Fingerbeuger**

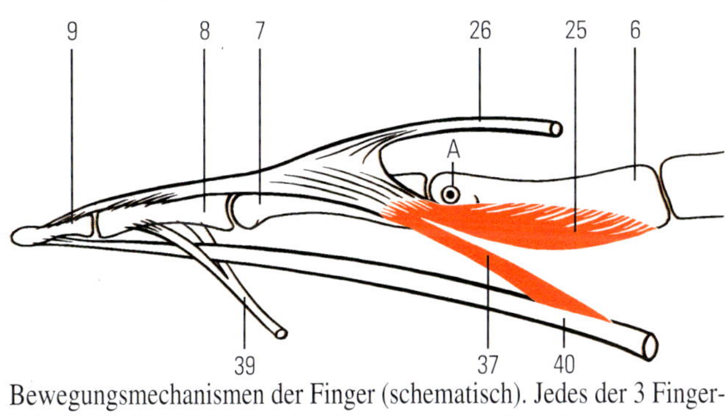

Bewegungsmechanismen der Finger (schematisch). Jedes der 3 Fingergelenke besitzt einen eigenen Beugemuskel, jedoch dorsal nur einen einheitlichen Streckapparat, die Dorsalaponeurose, in die außer dem Fingerstrecker (M. extensor digitorum) (26) auch die Sehnen der Mm. interossei (25) und Mm. lumbricales (37) einstrahlen. A = Gelenkachse.

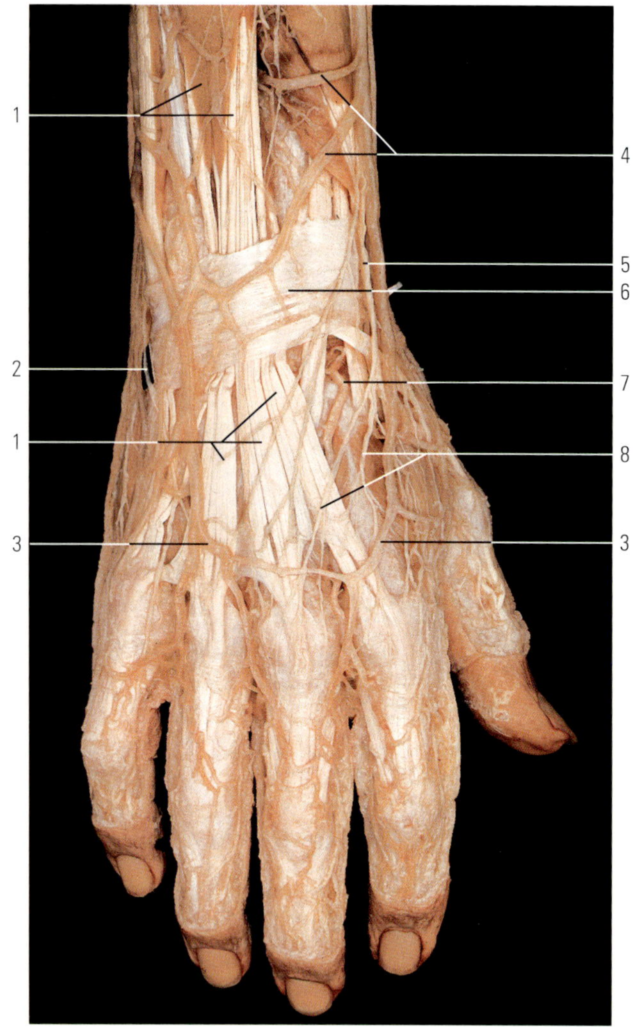

Handrücken mit Unterarm (Dorsalseite). Darstellung des Venennetzes und der Hautnerven (Endäste des N. radialis und N. ulnaris).

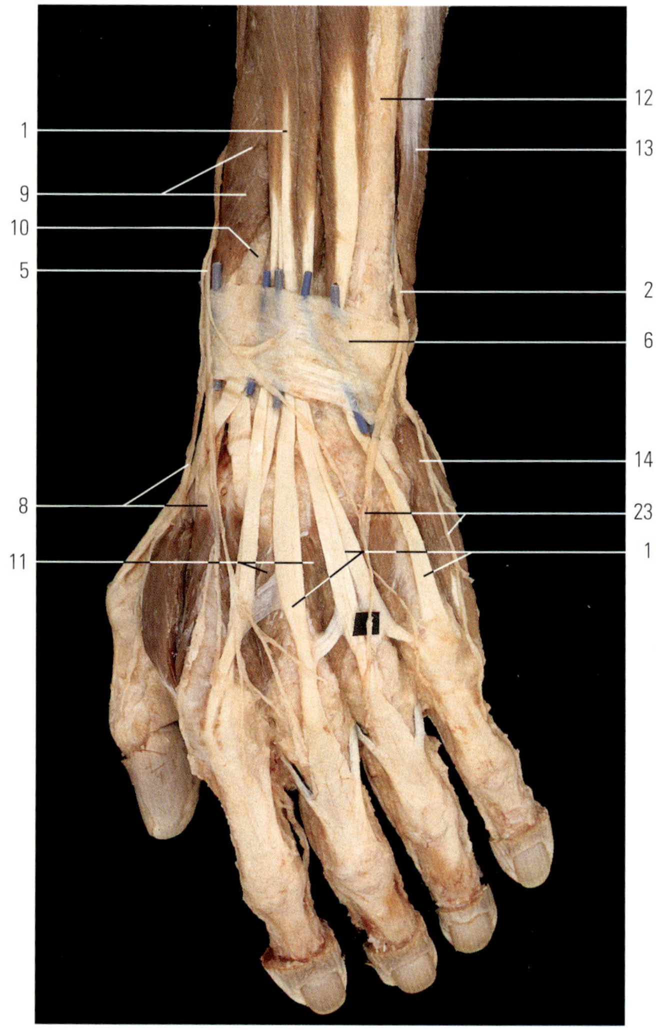

Handrücken mit Unterarm nach Entfernung des oberflächlichen Venennetzes und der Muskelfaszien. Die Sehnenscheiden unter dem Strecker-Halteband (6) wurden durch Sonden markiert.

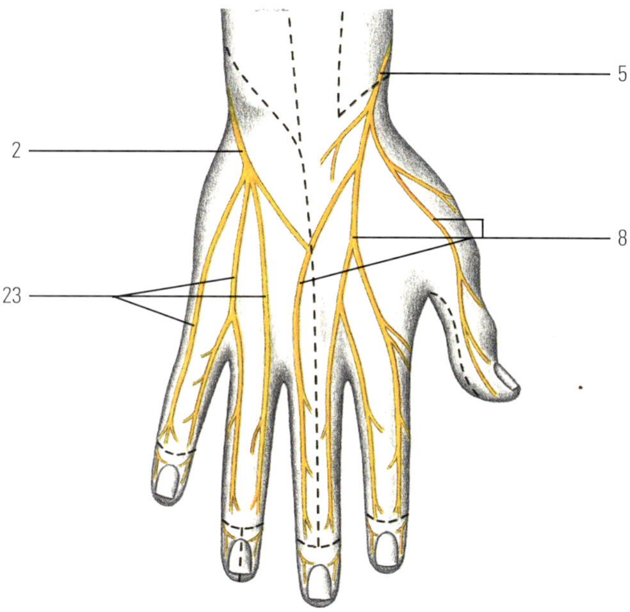

Sensible Innervation der Hand (von dorsal). N. radialis und N. ulnaris versorgen je 2½ Finger (Grenze am Mittelfinger). Die Fingerspitzen werden von palmar versorgt.

Sehnenscheiden der Hand. Dorsal existieren im Gegensatz zur Palmarseite sechs einzelne Sehnenfächer für die Streckersehnen. An der **Palmarseite** gleiten die Sehnen der Fingerbeuger in einem gemeinsamen Hohlhandsack, der durch den Karpaltunnel hindurchgeht. Die Sehne des langen Daumenbeugers besitzt meist eine eigene Sehnenscheide. Sehnenscheiden können sich besonders dort, wo die Sehnen über Knochenelemente hinwegziehen, z. B. bei den Daumenstreckern, leicht entzünden.

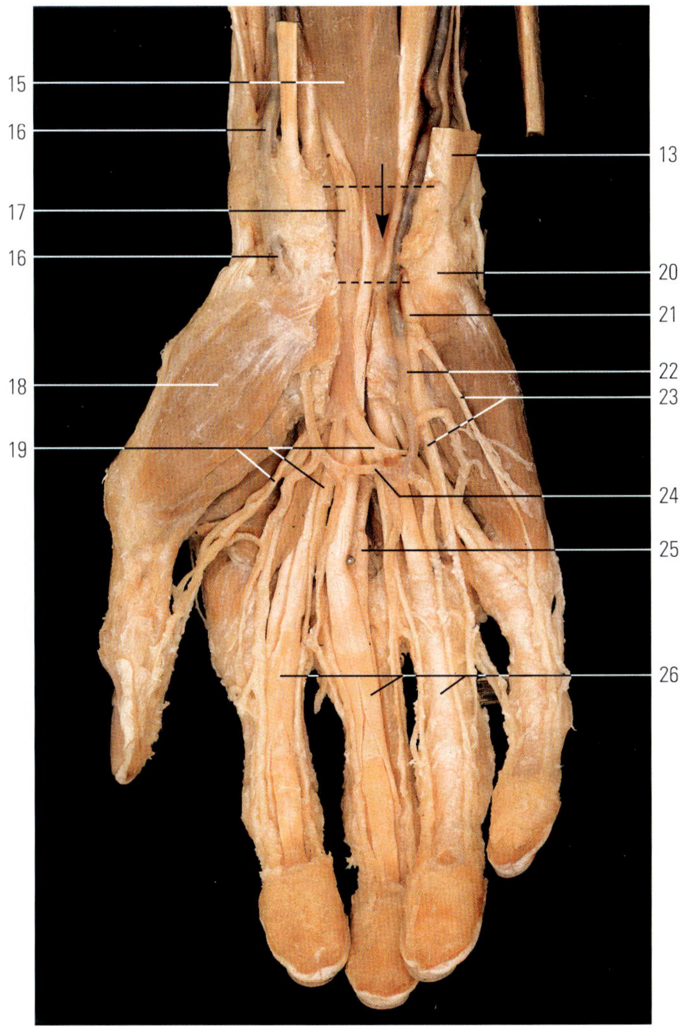

Palmarseite der Hand nach Eröffnung des Karpaltunnels. Durch den Tunnel (Pfeil) verläuft der N. medianus mit seinen fächerartig zu den ersten drei Fingern ausstrahlenden Ästen. Man beachte die oberflächliche Lage des arteriellen Gefäßbogens (24), von dem die Versorgung der Finger ausgeht.

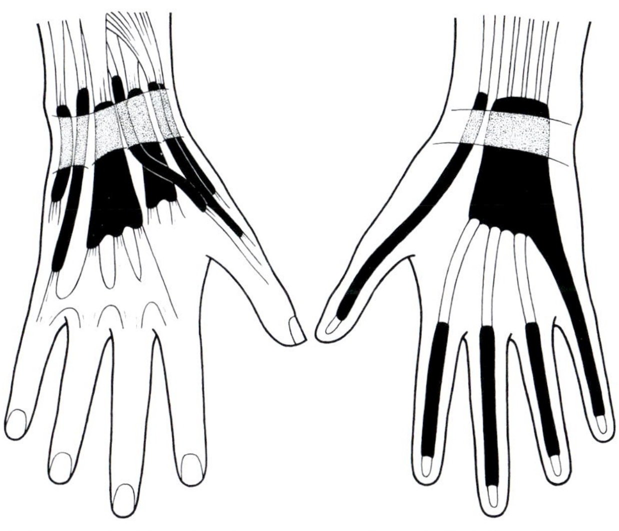

Sehnenscheiden der Hand an der Dorsal- (links) und Palmarseite (rechts).

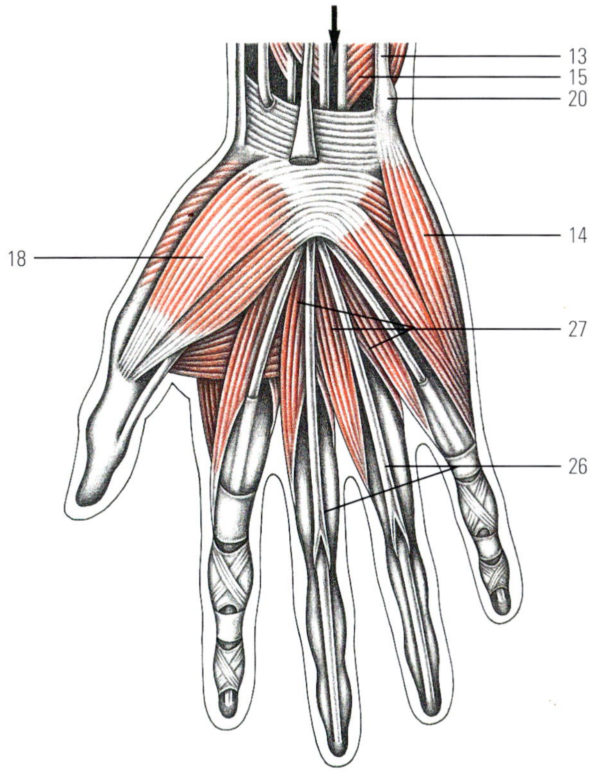

Handmuskulatur (Palmarseite). Die Palmaraponeurose wurde nicht dargestellt. Pfeil: Karpaltunnel (Canalis carpi). Die Sehnenscheiden des 3. und 4. Fingers wurden nicht gezeichnet, um die Beugersehnen zu zeigen.

1 Fingerstrecker mit Sehnen für 2.–5. Finger (M. extensor digitorum)
2 **Ellennerv (N. ulnaris)** (dorsaler Ast)
3 Venenbogen am Handrücken (Arcus venosus dorsalis)
4 Venenwurzel der großen Armvene (V. cephalica)
5 **Speichennerv (N. radialis)**
6 Strecker-Halteband (Retinaculum extensorum)
7 Ast der A. radialis
8 Hautäste des N. radialis (für 2½ Finger)
9 Langer Daumenabspreizer und kleiner Daumenstrecker (M. abductor pollicis longus und M. extensor pollicis brevis)
10 **Speiche (Radius)**
11 Zwischenknochenmuskeln (Mm. interossei)
12 **Elle (Ulna)**
13 Ulnarer Handgelenkstrecker (M. extensor carpi ulnaris)
14 Abspreizer des kleinen Fingers (M. abductor digiti minimi)
15 Oberflächlicher Fingerbeuger (M. flexor digitorum superf.)
16 **Speichenarterie (A. radialis)**
17 **Mittelarmnerv (N. medianus)**, Eintritt in den Karpaltunnel (Pfeil)
18 Kleiner Daumenabspreizer (M. abductor pollicis brevis)
19 Hautäste des N. medianus (für 3½ Finger an der Palmarseite)
20 Erbsenbein (Os pisiforme)
21 **Ellennerv (N. ulnaris)**
22 **Ellenarterie (A. ulnaris)**
23 Hautäste des N. ulnaris (für 1½ Finger an der Dorsalseite)
24 **Oberflächlicher Arterienbogen** der Hohlhand (Arcus palmaris superf.)
25 Sehnen des tiefen Fingerbeugers (M. flexor digitorum prof.)
26 Sich spaltende Sehnen des oberflächlichen Fingerbeugers für den Durchtritt der Sehnen des tiefen Fingerbeugers
27 Würmchenmuskeln (Mm. lumbricales)

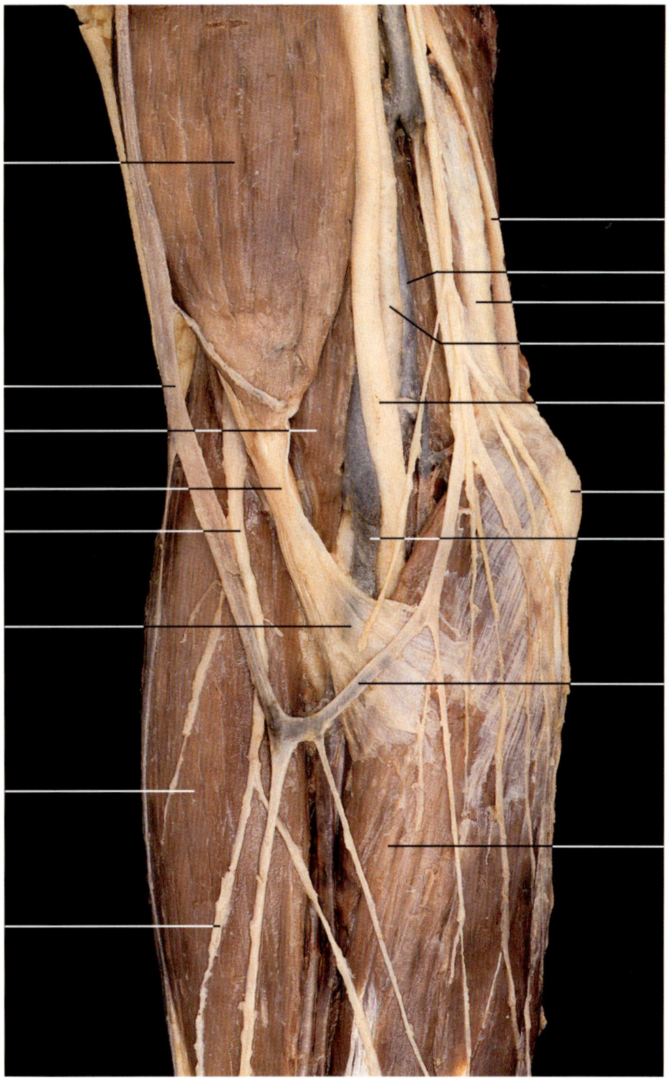

Venen im Bereich der Ellenbeuge. Die Muskelfaszien wurden entfernt, nur die Bizepsaponeurose, die die großen Gefäße und Nerven der Ellenbeuge schützend überdeckt (13), wurde belassen.

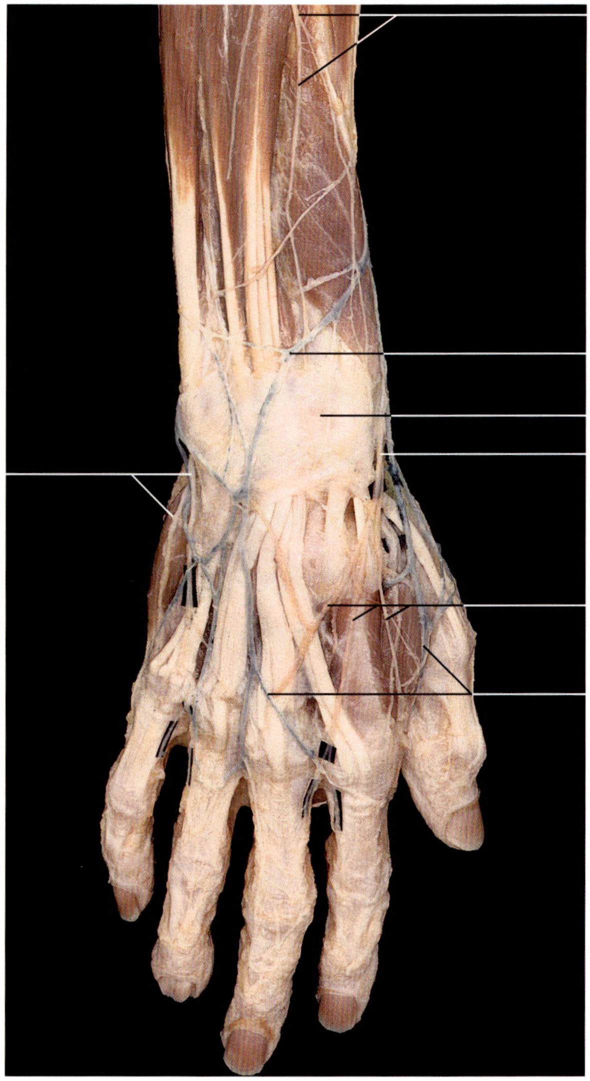

Dorsalseite der Hand mit Nerven und Gefäßen. Das Venennetz wurde mit blauem Kunststoff gefüllt.

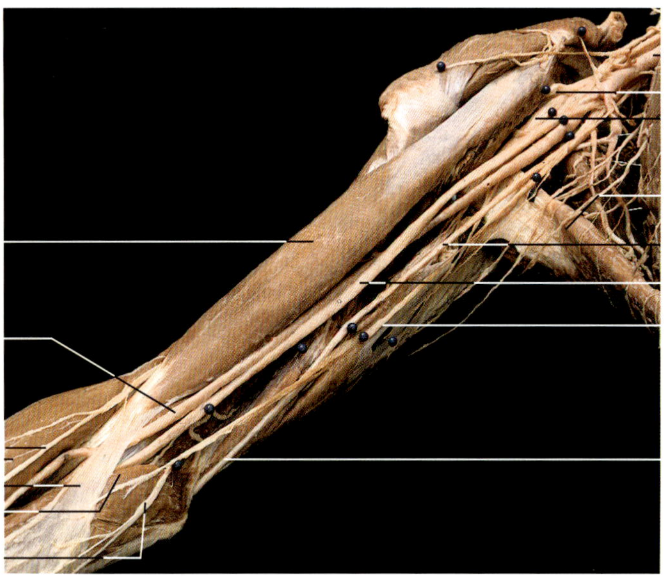

Arterien und Nerven des Arms, dargestellt im Bereich des Oberarms und der Achselhöhle.

1 Hautäste des N. ulnaris zum 3.–5. Finger
2 Hautnerven zum Unterarm (aus dem N. musculocutaneus)
3 Venenwurzeln der V. cephalica
4 Oberflächlicher Ast des N. radialis (R. superf.)
5 Halteband (Retinaculum) der Streckmuskeln am Handgelenk
6 Hautäste des N. radialis zu den ersten drei Fingern
7 Oberflächliches Venennetz des Handrückens (Rete venosum dorsale manus)
8 Armbeuger (M. biceps brachii)
9 **Große Armvene (V. cephalica)**
10 Tiefer Armbeuger (M. brachialis)
11 Sehne des M. biceps brachii
12 Hautast des N. musculocutaneus (N. cutaneus antebrachii lat.)
13 Flächige Sehnenabspaltung des M. biceps brachii zum Unterarm (Bizepsaponeurose)
14 Unterarmbeuger (M. brachioradialis)
15 Ellennerv **(N. ulnaris)**
16 **V. basilica**
17 Bindegewebsseptum zwischen Beuge- und Streckmuskulatur
18 **Oberarmarterie (A. brachialis)**
19 **Mittelarmnerv (N. medianus)**
20 Innerer Knochenvorsprung des Oberarmknochens (Epicondylus med. humeri)

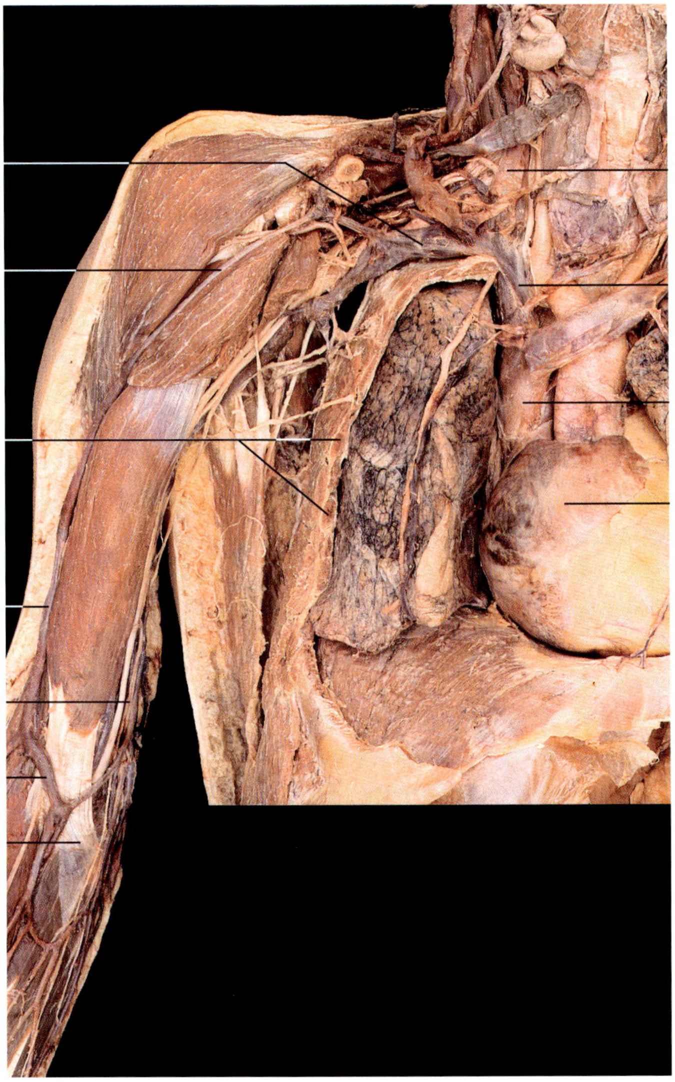

Venensystem des Armes mit seinen Verbindungen zum Herzen. Die V. basilica mündet in die V. brachialis, die V. cephalica in die V. subclavia, die sich mit der V. jugularis int. vereinigt (rechter Venenwinkel) und über die rechte brachiozephale Vene in die obere Hohlvene (V. cava sup.) und weiter in den rechten Vorhof einmündet. Dieser Weg wird u.a. für die Einpflanzung eines **Herzschrittmachers** verwendet.

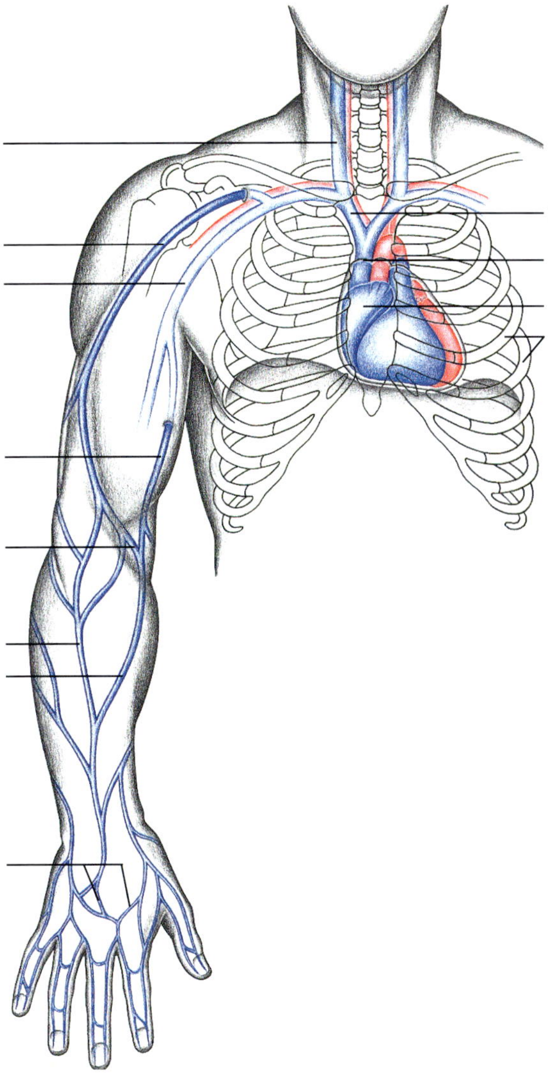

Venensystem des Armes (von vorne). Die oberflächlichen Venen vom Handrücken und Unterarm sammeln sich hauptsächlich in der V. cephalica (9), die unter dem Schlüsselbein in die Oberarmvene (V. axillaris oder V. subclavia) einmündet.

21 Oberarmvene (V. brachialis)
22 **Hautvene der Ellenbeuge (V. mediana cubiti)**
23 Runder Einwärtsdreher (M. pronator teres)
24 V. mediana antebrachii
25 Innere Drosselvene (V. jugularis int.)
26 Rechte Sammelvene aus Arm und Kopf (V. brachiocephalica dextra)
27 Obere Hohlvene (V. cava sup.)
28 Medialer Hautnerv des Unterarms (N. cutaneus antebrachii med.)
29 Speichennerv (N. radialis)
30 Achselnerv (N. axillaris)
31 Schlüsselbeinschlagader (A. subclavia)
32 Brustkorb (Thorax)
33 Breiter Rückenmuskel (M. latissimus dorsi) und großer runder Schultermuskel (M. teres major)
34 Schlüsselbeinvene (V. subclavia)
35 Rechter Vorhof des Herzens (Artrium dextrum)

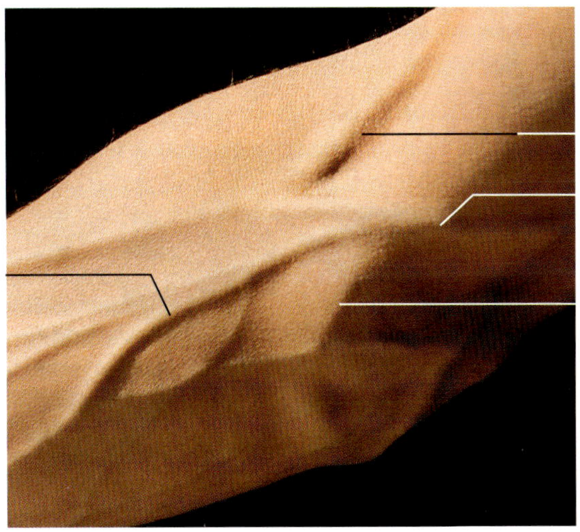

Hautvenen im Bereich der Ellenbeuge am Lebenden (rechter Arm). Die Venen sind gestaut.

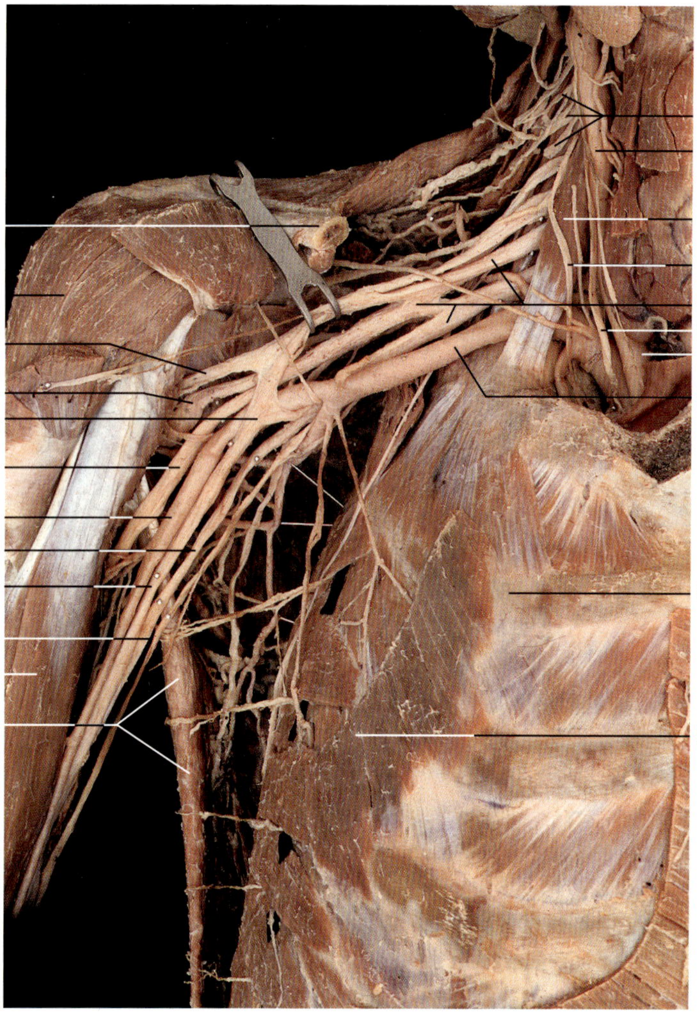

Armgeflecht (Plexus brachialis) und dessen Beziehung zur Armarterie (A. subclavia) (22) (von vorne, rechte Seite). Das Nervengeflecht wurde etwas auseinandergezogen, um die einzelnen Faszikel, aus denen die Armnerven hervorgehen, zu zeigen. Das darüberliegende Schlüsselbein (Clavicula) (2) wurde entfernt.

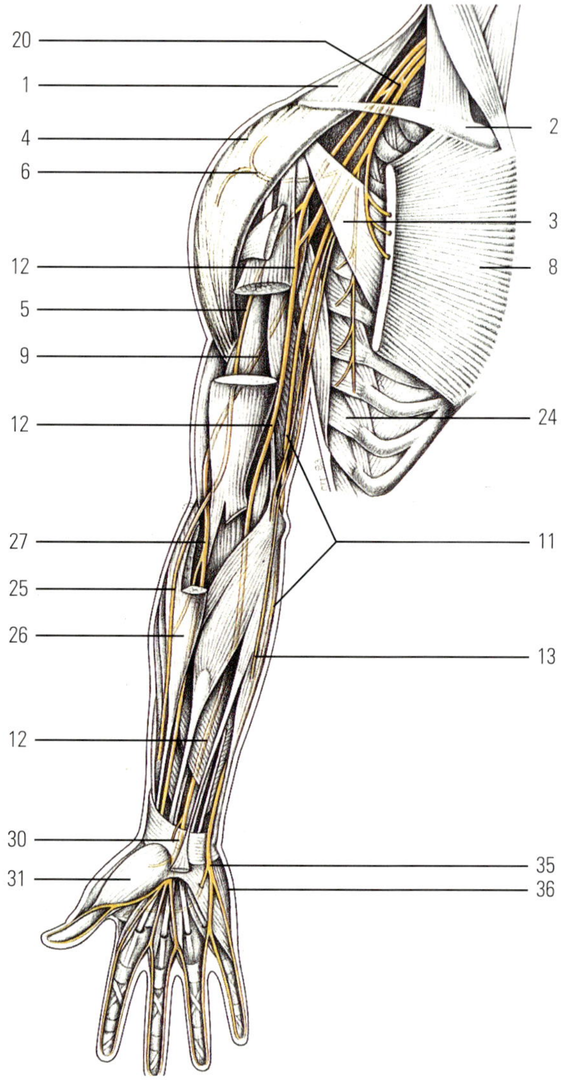

Nerven des Armes (von vorne). M. biceps und M. pectoralis major wurden teilweise entfernt, der M. brachioradialis gefenstert.

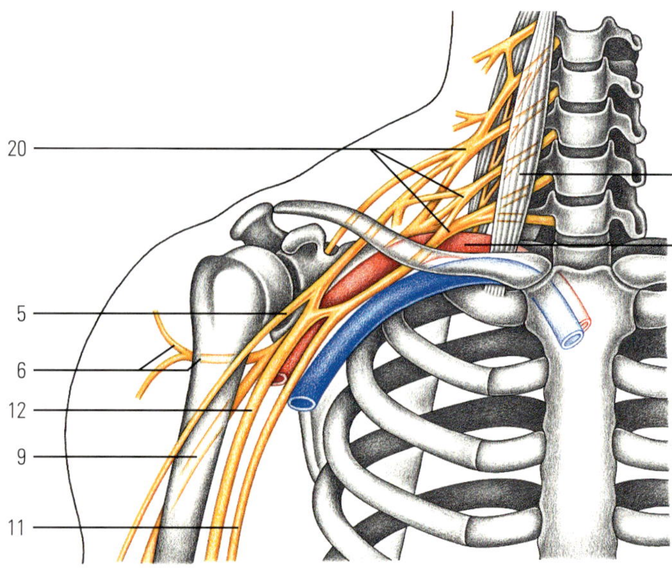

Lage des Armgeflechts (Plexus brachialis) und seiner Nervenäste im Bereich von Schulter und Achselhöhle (von vorne).

1 Kapuzenmuskel (M. trapezius)
2 Schlüsselbein (Clavicula)
3 Kleiner Brustmuskel (M. pectoralis minor)
4 Deltamuskel (M. deltoideus)
5 **N. musculocutaneus**
6 **Achselnerv (N. axillaris)**
7 Gabelung des Mittelarmnervs (Medianusgabel), liegt vor der A. subclavia
8 Großer Brustmuskel (M. pectoralis major)
9 **Speichennerv (N. radialis)**
10 **Oberarmarterie (A. brachialis)**
11 **Ellennerv (N. ulnaris)**
12 **Mittelarmnerv (N. medianus)**
13 Medialer Hautnerv des Unterarms (N. cutaneus antebrachii med.)
14 Breiter Rückenmuskel (M. latissimus dorsi)
15 Armbeuger (M. biceps brachii)
16 Große Halsschlagader (A. carotis communis)
17 **Nervales Halsgeflecht (Plexus cervicalis)** (C_1-C_4)
18 Vorderer Treppenmuskel (M. scalenus ant.)
19 Zwerchfellnerv (N. phrenicus)
20 **Nervales Armgeflecht (Plexus brachialis)** (C_5-Th_1)

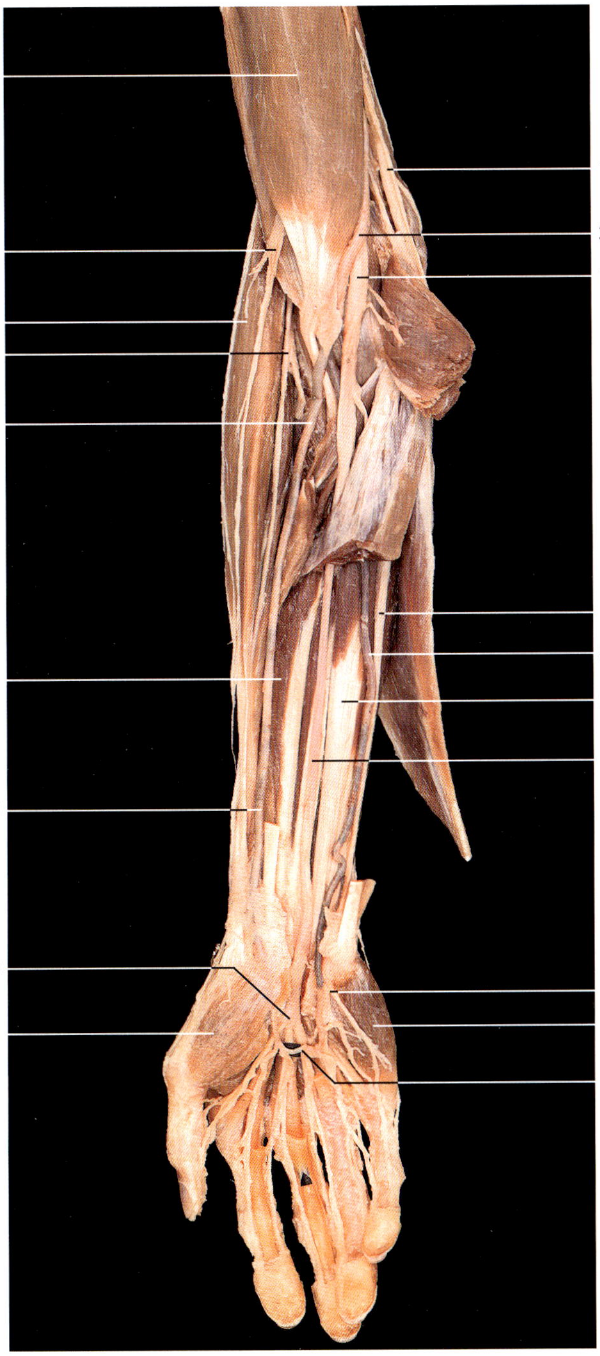

Nerven und Arterien von Unterarm und Hand (von palmar). Der M. pronator teres, der oberflächliche Fingerbeuger und die beiden Handgelenkbeuger wurden durchtrennt sowie der Karpaltunnel eröffnet.

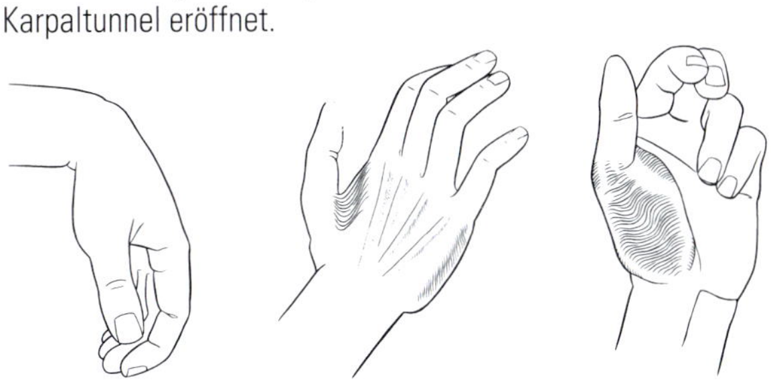

Charakteristische Handstellungen bei Ausfall der Armnerven.

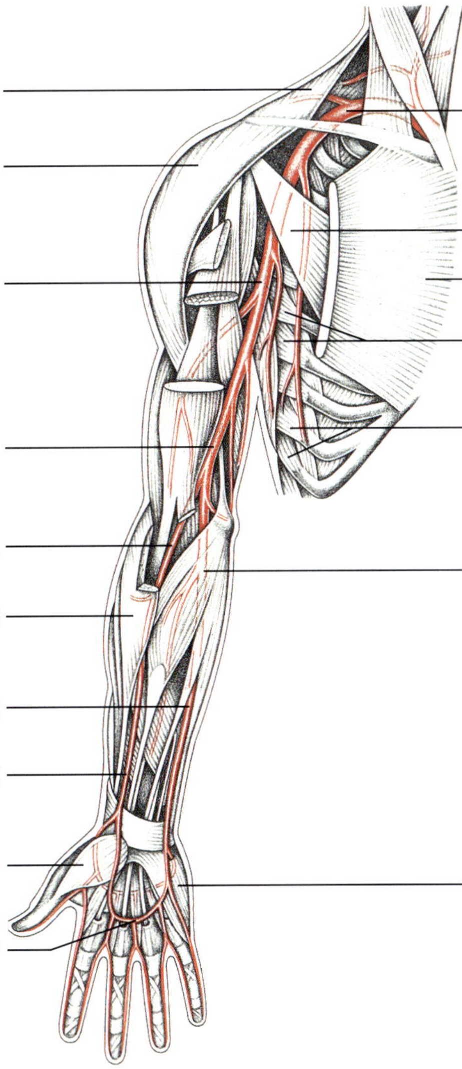

Arterien des Armes (von vorne). M. biceps brachii und M.pectoralis major wurden durchtrennt, der M. brachioradialis gefenstert dargestellt.

21 Eingeweidenerv (N. vagus, X. Hirnnerv)
22 **Schlüsselbeinschlagader (A. subclavia)**
23 Zweite Rippe
24 Vorderer Sägemuskel (M. serratus ant.)
25 Hautast des N. musculocutaneus für den Unterarm (N. cutaneus antebrachii lat.)
26 Unterarmbeuger (M. brachioradialis)
27 **Speichennerv (N. radialis)**, Aufteilung in den R. superf. und R. prof.
28 **Speichenarterie (A. radialis)**
29 Langer Daumenbeuger (M. flexor pollicis longus)
30 N. medianus im Karpaltunnel, Aufzweigung in die Hautäste für die ersten 3½ Finger
31 Daumenballenmuskulatur (Thenar)
32 Oberarmarterie (A. brachialis)
33 **Ellenarterie (A. ulnaris)**
34 Tiefer Fingerbeuger (M. flexor digitorum prof.)
35 Ellennerv (N. ulnaris), Aufteilung in die Hautäste für den 4. und 5. Finger (1½ Finger)
36 Kleinfingerballenmuskulatur (Hypothenar)
37 Oberflächlicher Arterienbogen der Hohlhand (Arcus palmaris superf.)

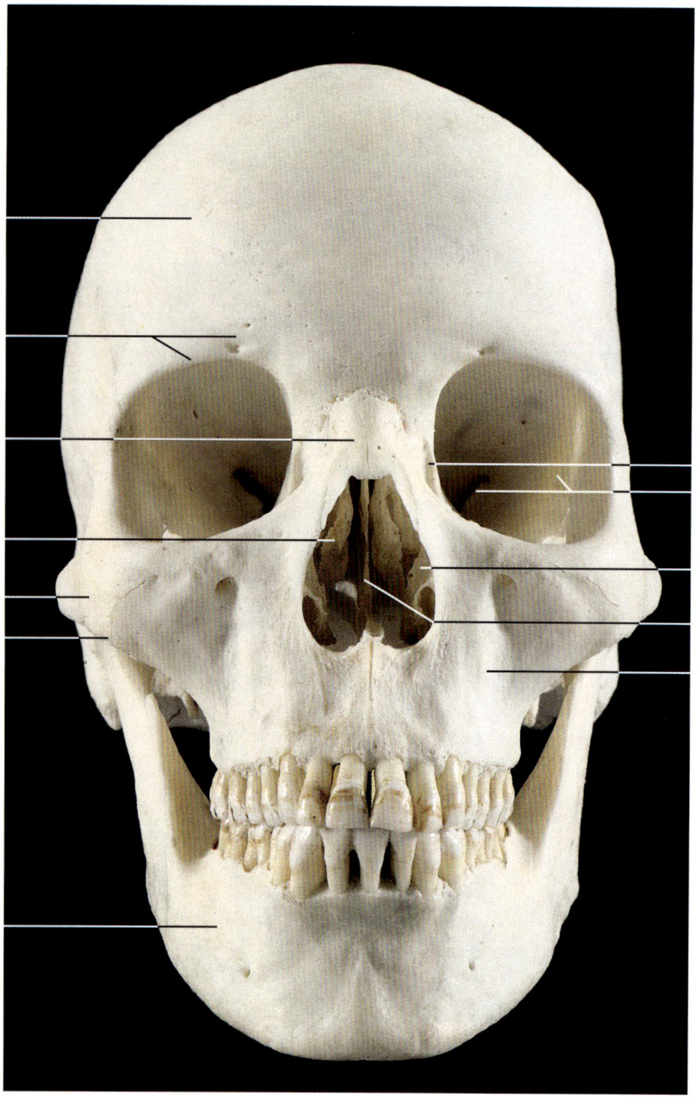

Menschlicher Schädel (von vorne). Man beachte die Etagengliederung des Gesichtsschädels und die Lage der Körperöffnungen in der Frontalebene übereinander.

Zusammensetzung des knöchernen Schädels
Schädeldach
• Stirnbeinschuppe (Squama frontalis)
• Scheitelbein (Os parietale)
• Hinterhauptschuppe (Squama occipitalis)
• Schläfenbeinschuppe (Os temporalis, pars squamosa)
Schädelbasis
• Stirnbein (Os frontale, pars orbitalis)
• Keilbein (Os sphenoidale)
• Schläfenbein, Felsenbein (Os temporale, pars petrosa)
• Hinterhauptbein (Os occipitale, pars basilaris)
Gesichtsschädel
• Nasenbein (Os nasale)
• Tränenbein (Os lacrimale)
• Siebbein (Os ethmoidale)
• Untere Nasenmuschel (Concha nasalis inf.)
• Vomer (Pflugscharbein)
• Oberkiefer (Maxilla)
• Gaumenbein (Os palatinum)
• Unterkiefer (Mandibula)
• Jochbein (Os zygomaticum)

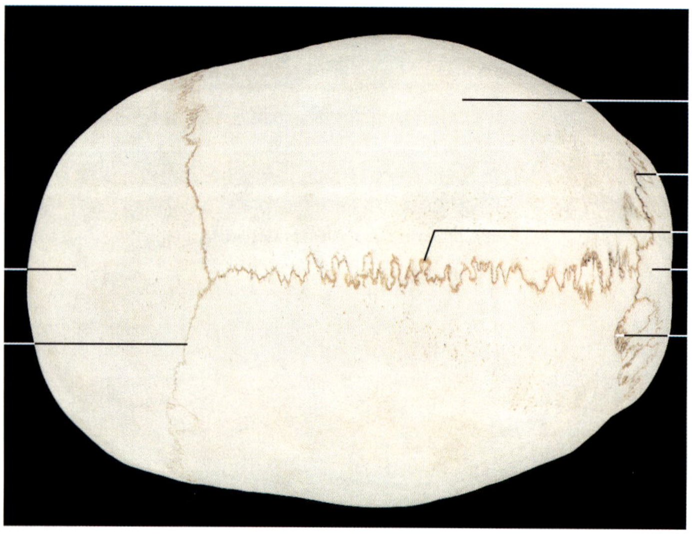

Schädeldach (von oben). Das Hinterhaupt zeigt nach rechts. Die Schädelnähte sind während der Entwicklung noch Wachstumsfugen. Später entstehen glatte oder verzahnte Nähte (Sägenähte), oder die Nähte verknöchern ganz.

1 Stirnbein (Os frontale)
2 Augenbrauenbogen (Arcus superciliaris)
3 Nasenbein (Os nasale)
4 Tränenbein (Os lacrimale)
5 **Augenhöhle (Orbita)** mit Fissura orbitalis sup. als Verbindung zur Schädelhöhle
6 Siebbein (Os ethmoidale)
7 Untere Nasenmuschel (Concha nasalis inf.)
8 Jochbein (Os zygomaticum)
9 Vomer (Pflugscharbein) – knöchernes **Nasenseptum**
10 **Oberkiefer (Maxilla)**
11 Gelenkkopf des Unterkiefers für Kiefergelenk (Proc. condylaris)
12 **Unterkiefer (Mandibula)**
13 Scheitelbein (Os parietale)
14 Hinterhauptsbein (Os occipitale)
15 Schläfenbein (Os temporale)
16 Knöcherner Gehörgang (Pars tympanica) des Schläfenbeins (beim Neugeborenen noch als Ring) (Anulus tympanicus)
17 Warzenfortsatz (Proc. mastoideus) des Schläfenbeins
18 Keilbein (Os sphenoidale), großer Flügel (Ala major)
19 Flügelgaumenfortsatz des Keilbeins (Proc. pterygoideus)
20 Gaumenbein (Os palatinum)

Schädelnähte

21 Kranznaht (Sutura coronaria)
22 Mittelnaht (Sutura sagittalis)
23 Lambdanaht (Sutura lambdoidea)

Fontanellen (bindegewebige Überbrückung zwischen Knochenplatten beim Neugeborenen)

24 Große Fontanelle (Fonticulus ant.)
25 Kleine Fontanelle (Fonticulus post.)
26 Schläfenfontanelle (Fonticulus sphenoidalis)
27 Warzenfortsatzfontanelle (Fonticulus mastoideus)

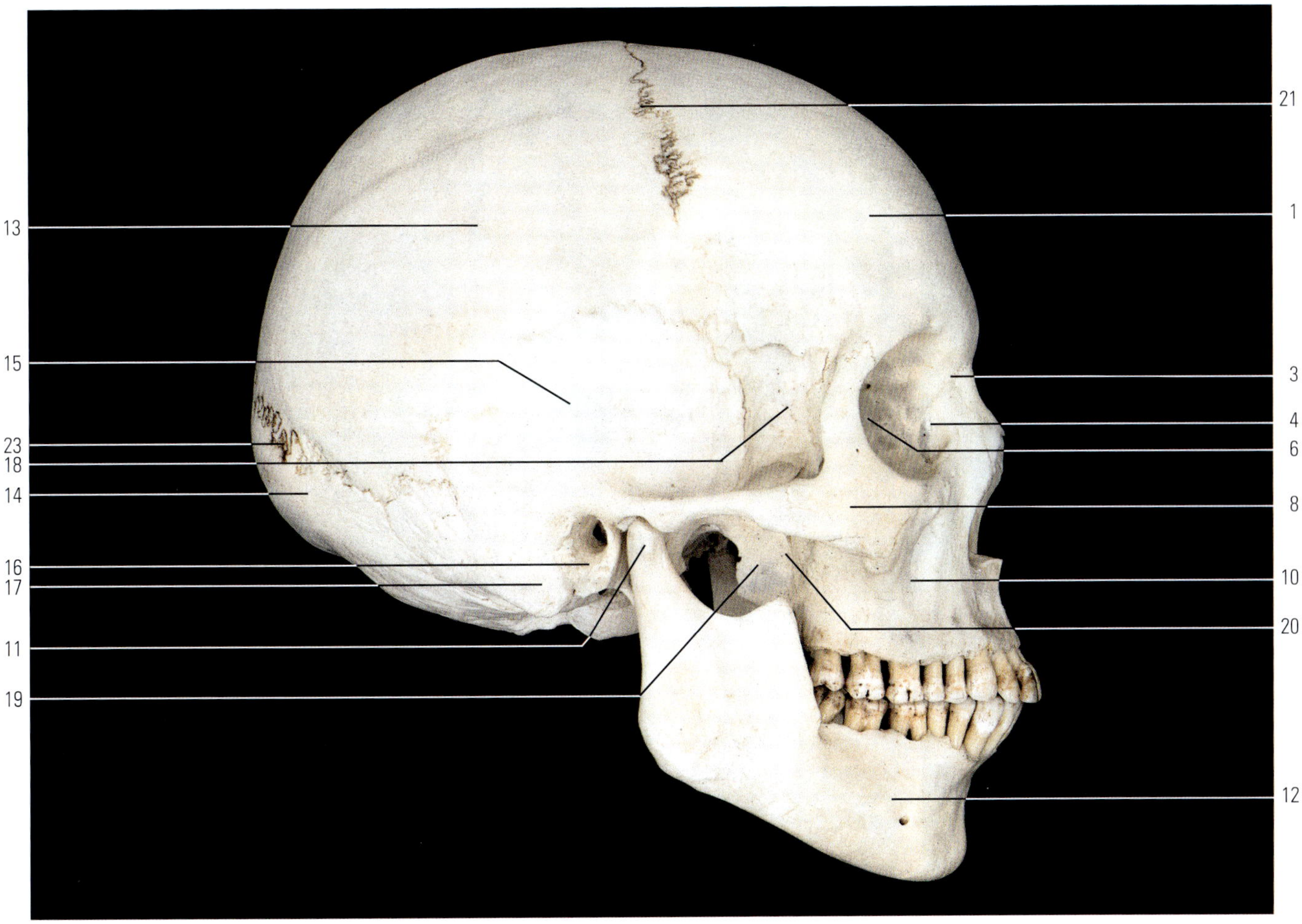

Menschlicher Schädel (von der Seite). Das Schädeldach umschließt die Gehirnhöhle (Neurocranium). Der Gesichtsschädel (Viscerocranium) bildet Hohlräume für die Augen-, Nasen- und Mundhöhle, deren etagenförmig angeordnete Öffnungen mehr oder weniger in eine Ebene zu liegen kommen und dadurch die Gesichtsbildung ermöglichen.
Beim **kindlichen Schädel** (s. unten) ist das Wachstum noch nicht abgeschlossen. Die Schädelnähte, die die Wachstumsfugen darstellen, sind noch breit und zellreich. Vor allem der Gesichtsschädel ist noch klein und erfährt erst durch die Dentitionen seine endgültige Ausformung.

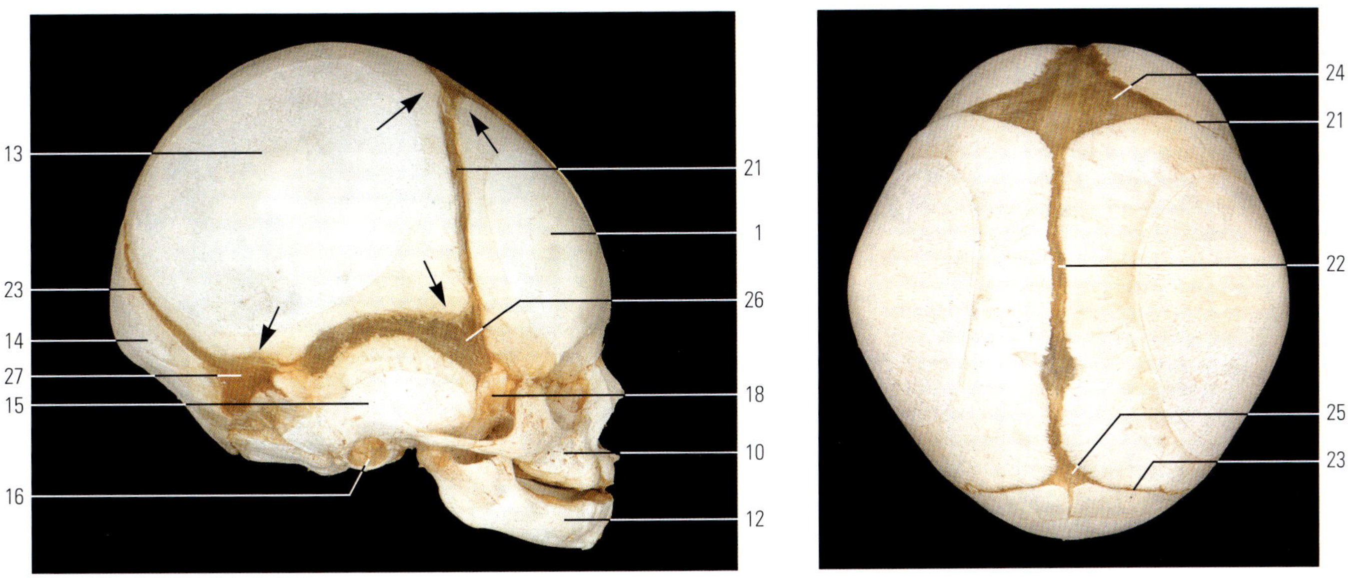

Schädel eines Neugeborenen von der Seite (linkes Bild) und von oben (rechtes Bild). Man beachte die noch nicht verknöcherten Schädelnähte, die noch offenen Fontanellen (Pfeile) und die noch nicht durchgebrochenen Milchzähne. Das Stirnbein ist noch paarig. Die große Fontanelle (vorn) hat Rautenform, die kleine Fontanelle (hinten) ist dreieckig.

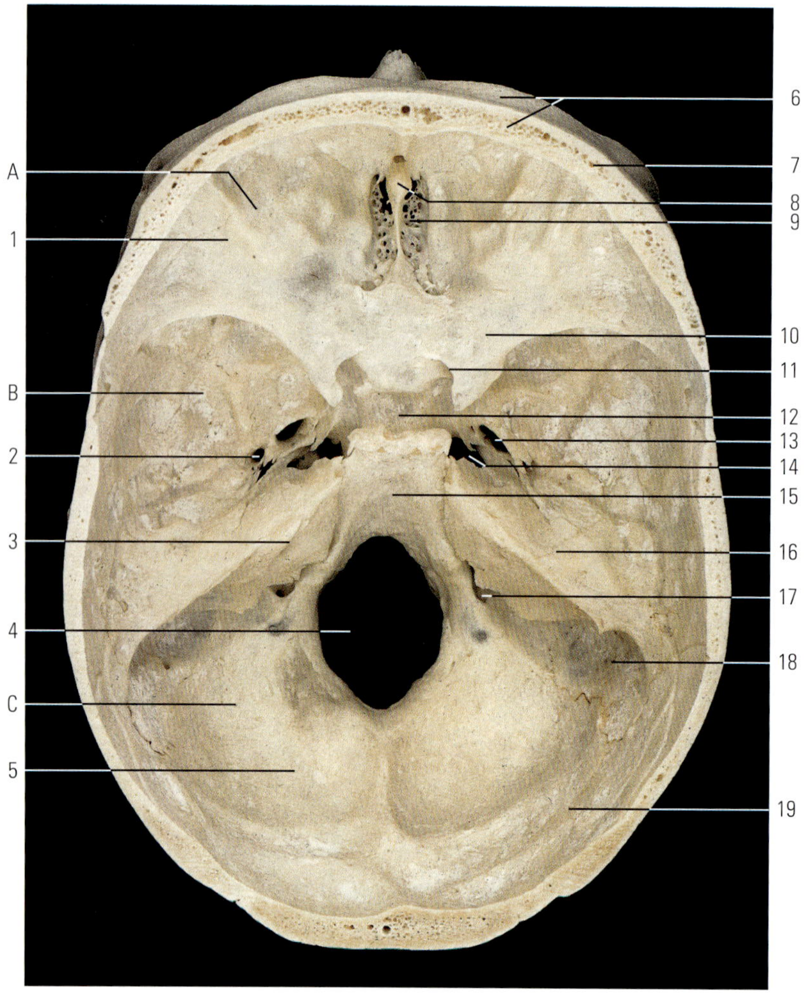

Knöcherne Schädelbasis (von oben). Die Schädelgruben (A, B und C.) sind etagenförmig gegeneinander versetzt. Unter dem kleinen Keilbeinflügel (10) liegt der Zugang zur Augenhöhle.

A = Vordere Schädelgrube
B = Mittlere Schädelgrube
C = Hintere Schädelgrube

1 Dach der Augenhöhle (gehört zum Stirnbein)
2 For. spinosum des Keilbeins (Durchtritt der Meningeagefäße)
3 Innerer Gehörgang (Meatus acusticus int.)
4 Hinterhauptsloch (For. magnum)
5 **Hinterhauptbein (Os occipitale)**
6 **Stirnbein (Os frontale)**
7 Schädeldach (Calvaria) mit schwammartigem (spongiösem) Knochen (Diploe, Ort der Blutbildung)
8 Knöcherne Leiste »Hahnenkamm« (Crista galli), Befestigung der Hirnsichel
9 **Siebplatte (Lamina cribrosa)**, Teil des Siebbeins (Os ethmoidale) mit Öffnungen für Riechnerven
10 **Kleiner Keilbeinflügel (Ala minor des Os sphenoidale)**
11 Sehnervenkanal (Canalis opticus)
12 **Keilbein** (Os sphenoidale), **Türkensattel (Sella turcica)** für Hypophyse
13 Ovales Loch (For. ovale) für den 3. Ast des V. Hirnnervs (N. trigeminus)
14 Öffnung für A. carotis int.
15 Abhang (Clivus), Teil des Keilbeins
16 **Felsenbein** (Pars petrosa des Os temporale)
17 For. jugulare für IX., X. und XI. Hirnnerven
18 Sinus sigmoideus } Blutleiter des Gehirns
19 Sinus transversus }
20 **Stirnhöhle (Sinus frontalis)**
21 Knöchernes Nasenseptum (Teil des Siebbeins)
22 **Keilbeinhöhle (Sinus sphenoidalis)**
23 Pflugscharbein (Vomer)
24 Canalis incisivus
25 Harter Gaumen (Palatum durum)
26 Unterkiefer (Mandibula)
27 **Scheitelbein (Os parietale)**
28 Furchen für Gefäße der Hirnhaut (A. und V. meningea media)
29 **Keilbein (Os sphenoidale)**
30 Eingang zum Unterkieferkanal (For. mandibulae)

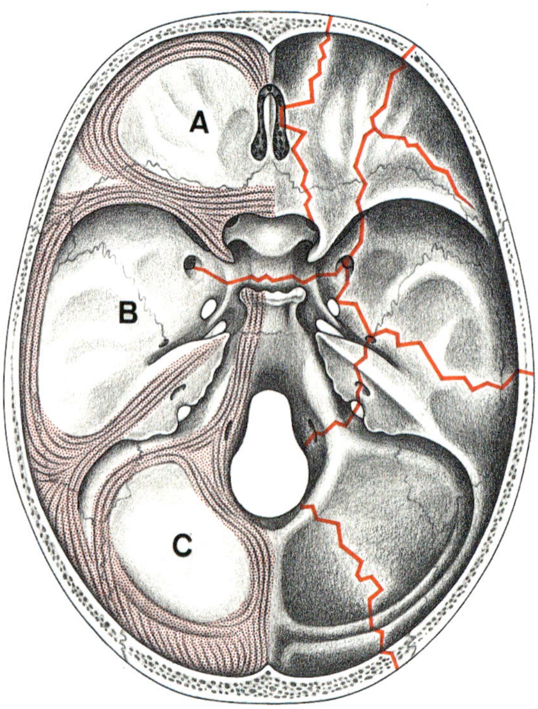

Schädelbasis (von oben). Links: Darstellung der Rahmenstruktur. Die Schädelgruben sind von verstärkten Knochenstrukturen (Linienbündel) umgeben. Rechts: Darstellung der häufigsten Bruchlinien (rot). Sie verlaufen meist durch die Löcher der Schädelbasis oder die dünnen Stellen der Schädelgruben.

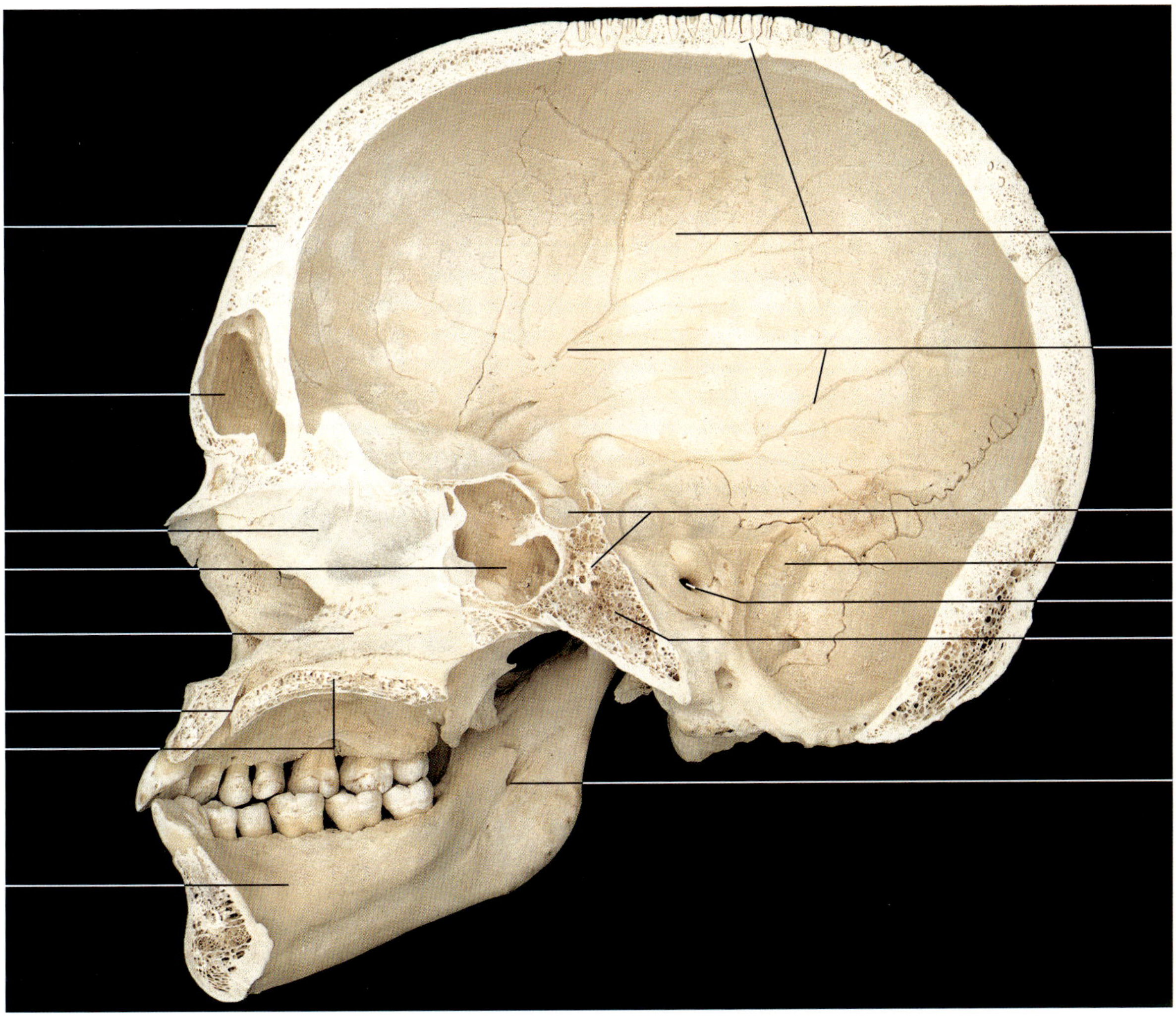

Medianschnitt durch den knöchernen Schädel. Man beachte die Abknickung der Schädelbasis in Höhe des Türkensattels sowie die Lage der Stirn- (20) und Keilbeinhöhle (22). Die Nase wird vorne durch Nasenknorpel (hier entfernt) vervollständigt.

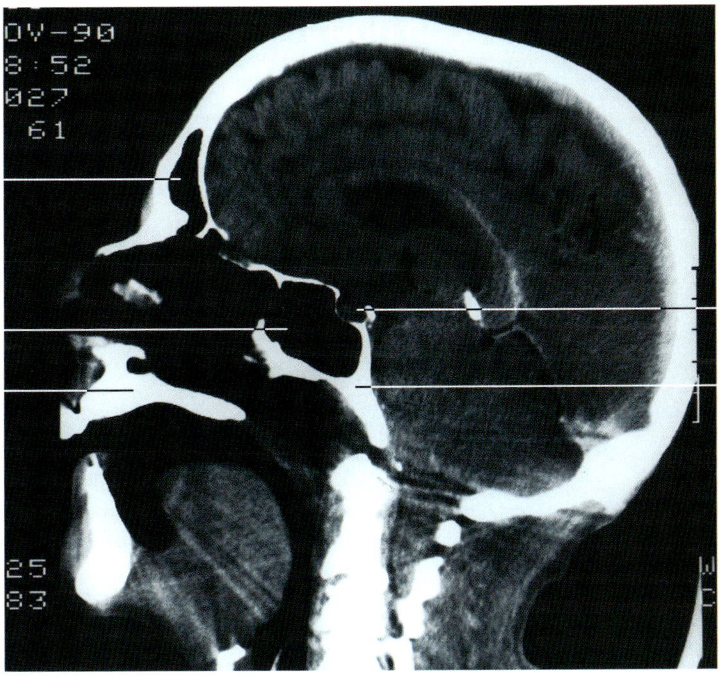

Computertomogramm des Schädels (CT-Aufnahme; Medianschnitt). Die Knochen erscheinen hell. Vergleiche mit obigem Präparat. Man beachte die Abknickung der Schädelbasis.

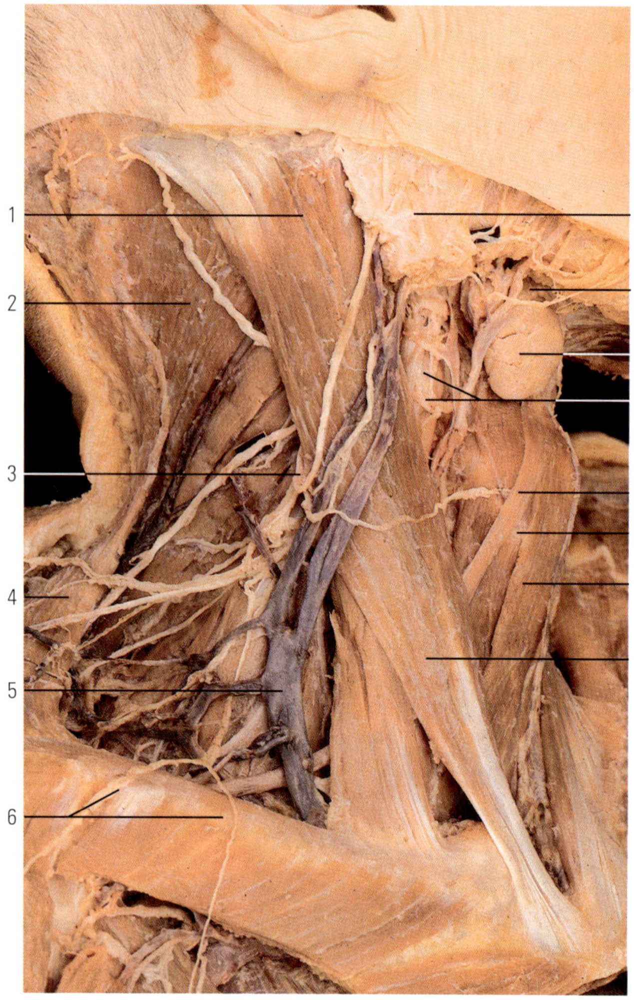

Seitliche Halsregion (rechte Seite, von lateral). Am Erb-Punkt (3) treten alle Hautnerven für Hals und Schulter an die Oberfläche.

Tiefe Halsregion (rechte Seite, von vorne lateral). Gefäß-Nerven-Strang des Halses und Kehlkopf wurden verlagert, um Kehlkopfnerv (20) und untere Schilddrüsenarterie (15) zu zeigen.

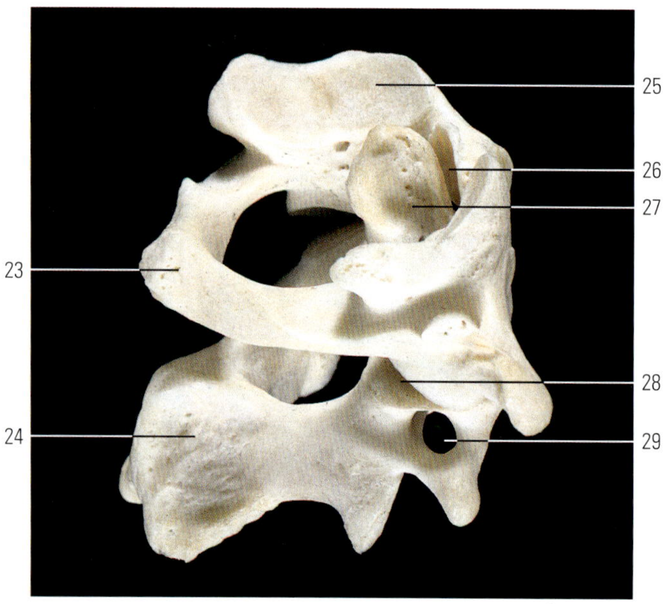

Erster und zweiter Halswirbel (Atlas und Axis) (schräg von rechts oben). Auf den oberen, schüsselförmigen Gelenkflächen ruht der Kopf.

Atlas und Axis bilden zusammen mit dem Hinterhauptbein sechs kleine Gelenke für die feineren Kopfbewegungen. Kleine Beuge- und Streckbewegungen (z. B. Nicken) erfolgen in den beiden Atlantookzipitalgelenken, Drehbewegungen in den drei atlantoaxialen Gelenken. Die zugehörigen kleinen Muskeln bilden ein Dreieck, in dessen Tiefe die **A. vertebralis** zu finden ist (s. Zeichnung S. 119). Diese verläuft durch die Querfortsätze der Halswirbel und erreicht über den hinteren Atlasbogen die Schädelbasis (arterielle Versorgung des Gehirns zusammen mit der A. carotis int.).

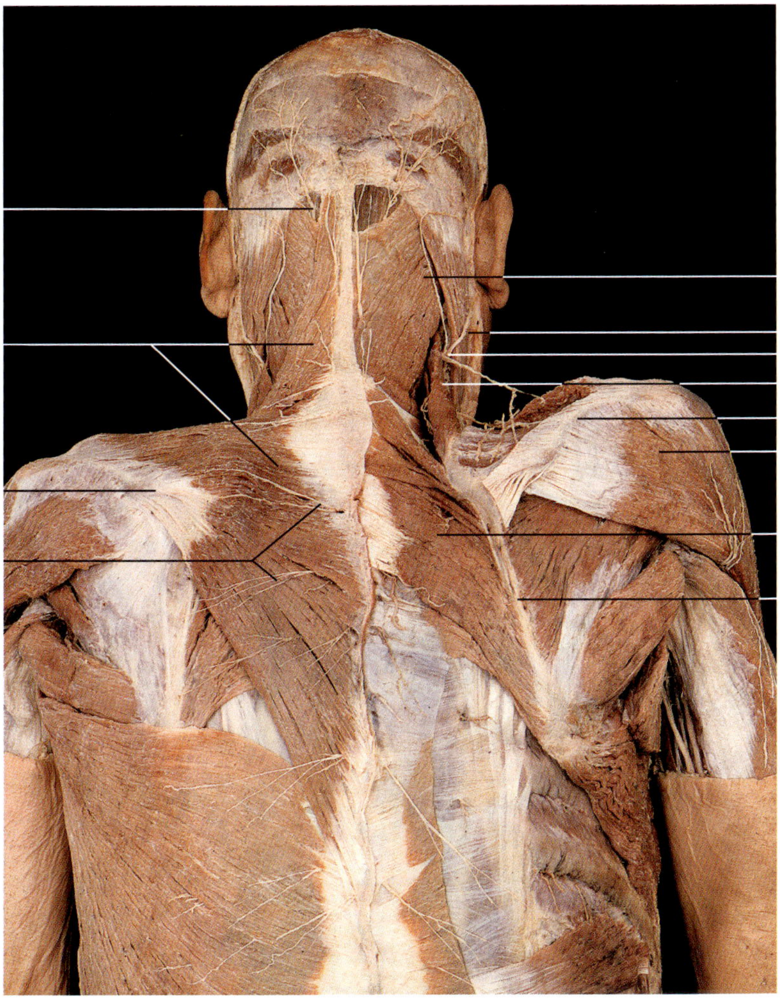

Nackenmuskulatur (links = oberflächliche Schicht; rechts = tiefere Schicht nach Entfernung des M. trapezius).

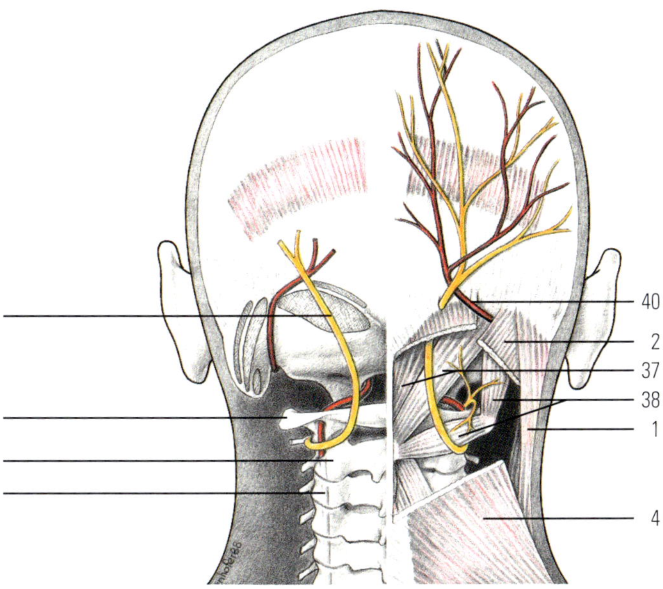

Verlauf der oberflächlichen und tiefen Nackenmuskeln (Schema). Die tiefen Muskeln wirken auf die atlantookzipitalen und atlantoaxialen Gelenke (Kopfnicken und Drehen).

1 Kopfdreher (M. sternocleidomastoideus)
2 Nackenmuskel (M. splenius capitis)
3 **Erb-Punkt** (Punctum nervosum)
4 **Kapuzenmuskel (M. trapezius)**
5 Äußere Drosselvene (V. jugularis ext.)
6 Schlüsselbein (Clavicula)
7 Ohrspeicheldrüse (Gl. parotidea)
8 Gesichtsarterie (A. facialis)
9 Unterkieferdrüse (Gl. submandibularis)
10 **Gemeinsame Halsschlagader (A. carotis comm.)**
11 Zungenbeinschultermuskel (M. omohyoideus)
12 Lokalisation des Kehlkopfes
13 Unterzungenbeinmuskeln
14 Innere Drosselvene (V. jugularis int.)
15 Eingeweidenerv (N. vagus, X. Hirnnerv) und untere Schilddrüsenarterie (A. thyroidea inf.)
16 **Armgeflecht (Plexus brachialis)**
17 Lunge
18 **Schilddrüse (Gl. thyroidea)**
19 Luftröhre (Trachea)
20 **Kehlkopfnerv (N. laryngealis recurrens)** – motorische Innervation der inneren Kehlkopfmuskeln
21 V. brachiocephalica sin.
22 Aortenbogen (Arcus aortae)
23 **Atlas**, hinterer Atlasbogen (1. Halswirbel)
24 **Axis** (2. Halswirbel)
25 Gelenkfläche für das Hinterhauptsbein (Articulatio atlantooccipitalis)
26 **Mittleres 2. Halswirbelgelenk** (Articulatio atlantoaxialis mediana)
27 Zahn des 2. Halswirbels (Dens axis)
28 **Seitliches 2. Halswirbelgelenk** (Articulatio atlantoaxialis lat.)
29 Querfortsatzloch (For. transversarium) für A. vertebralis
30 Großer Hinterhauptnerv (N. occipitalis major, C_2)
31 Schultergräte (Spina scapulae)
32 Segmentale Hautnerven des Rückens
33 Schulterblattheber (M. levator scapulae)
34 Deltamuskel (M. deltoideus)
35 Großer Rautenmuskel (M. rhomboideus major)
36 Hinterrand des Schulterblattes
37 Gerade Hinterhauptmuskeln (M. rectus capitis post. major und minor)
38 Schräge Hinterhauptmuskeln (M. obliquus capitis sup. und inf.)
39 **Wirbelarterie (A. vertebralis)**
40 Hinterhauptarterie (A. occipitalis)

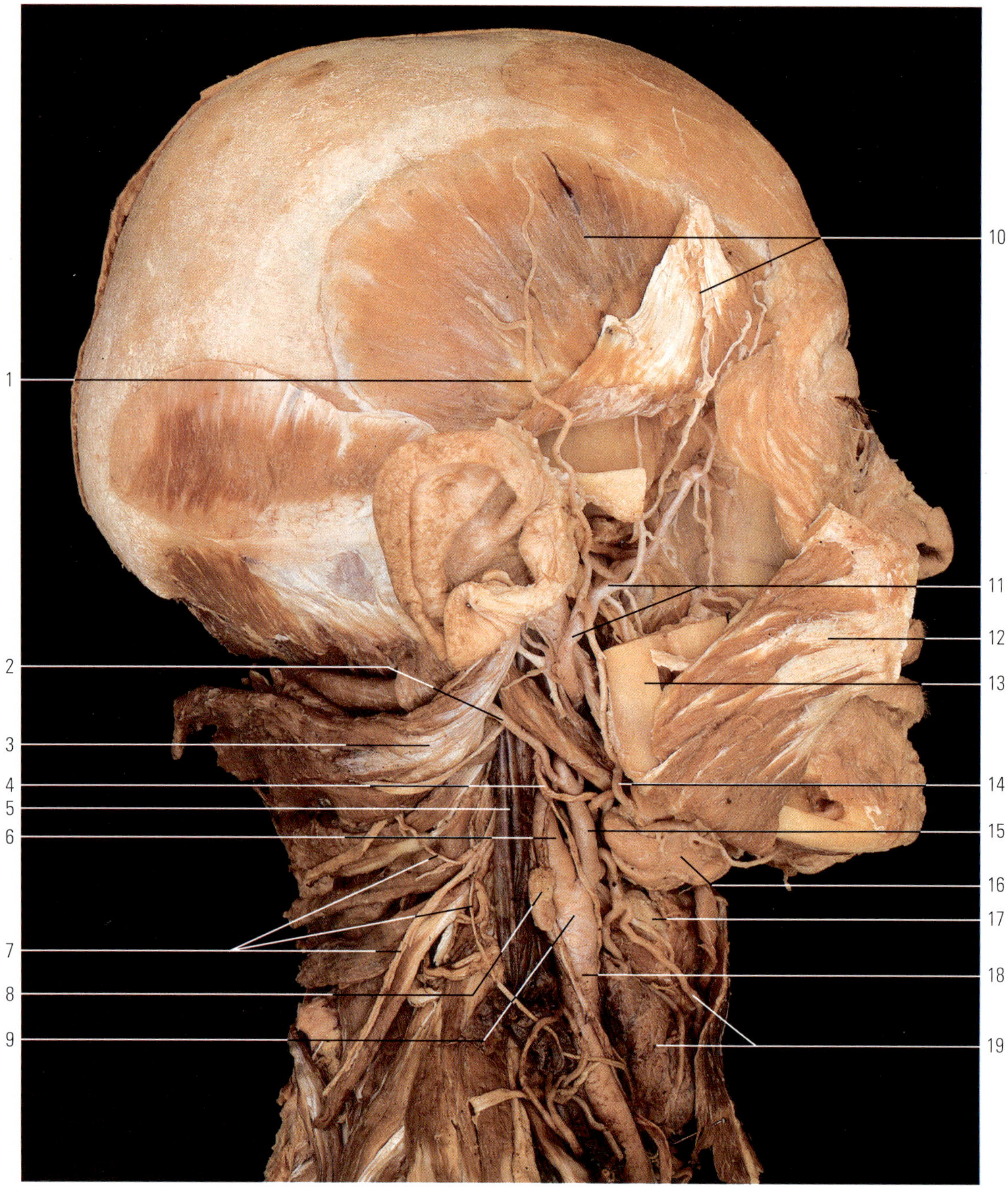

Arterien von Kopf und Hals. Unterkiefer und Jochbogen wurden teilweise entfernt, um die A. maxillaris zu zeigen. Die darüberliegenden Kaumuskeln (M. temporalis und M. masseter) wurden zur Seite verlagert. Am Hals wurde der M. sternocleidomastoideus nach hinten geklappt, um die großen Gefäße (A. carotis, V. jugularis int.), den N. vagus und die Nervenäste des Halsplexus (Plexus cervicalis) darstellen zu können.

1 **Schläfenarterie (A. temporalis superf.)**
2 Hinterhauptarterie (A. occipitalis)
3 Kopfdreher (M. sternocleidomastoideus), durchtrennt und zurückgeklappt
4 Zungennerv (XII. Hirnnerv, N. hypoglossus)
5 Innere Drosselvene (V. jugularis int.)
6 **Innere Halsschlagader (A. carotis int.)**
7 Hautäste des nervalen Halsgeflechtes (Plexus cervicalis)
8 Halslymphknoten mit Lymphgefäß
9 Teilungsstelle der Halsschlagader (Sinus caroticus)
10 Schläfenmuskel (M. temporalis)
11 **Kieferarterie (A. maxillaris)**
12 Kaumuskel (M. masseter), mit Jochbogen nach vorne geklappt
13 Unterkiefer (Mandibula)
14 **Gesichtsarterie (A. facialis)**
15 **Äußere Halsschlagader (A. carotis ext.)**
16 Unterkieferdrüse (Gl. submandibularis)
17 Kehlkopf (Larynx)
18 **Gemeinsame Halsschlagader (A. carotis communis)**
19 Schilddrüse (Gl. thyroidea) und A. thyroidea sup.
20 Hintere Hirnarterie (A. cerebri post.)
21 Kleinhirnarterien (Aa. cerbelli)
22 **Wirbelarterie (A. vertebralis)**
23 Vordere Hirnarterie (A. cerebri ant.)
24 Mittlere Hirnarterie (A. cerebri media)
25 S-förmiger Abschnitt der A. carotis int. (Karotissiphon) an der Schädelbasis
26 Kapuzenmuskel (M. trapezius)

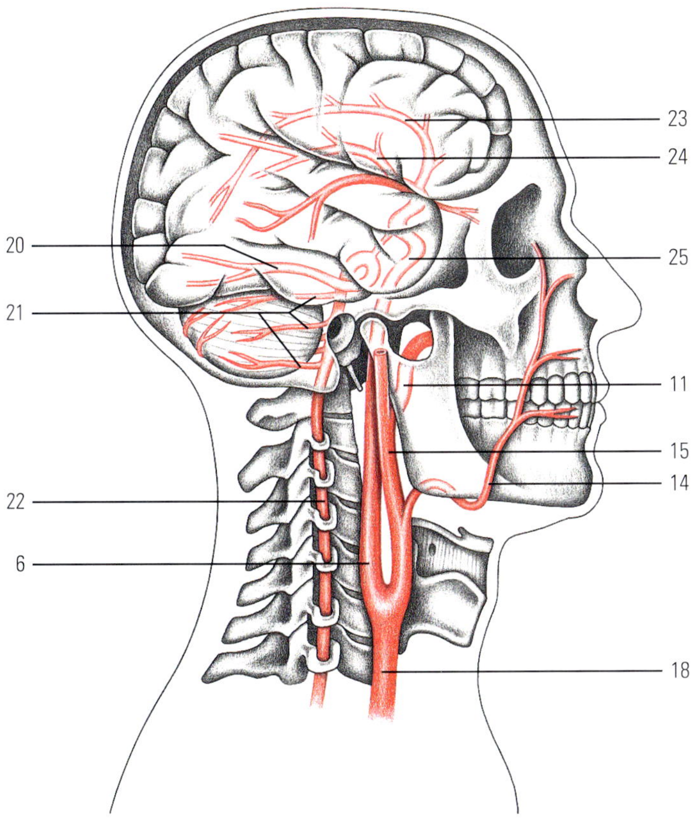

Arterien des Gehirns. Das Großhirn ist durchsichtig gedacht. Die Hirnarterien kommen aus der A. carotis int. (6) und der A. vertebralis (22).

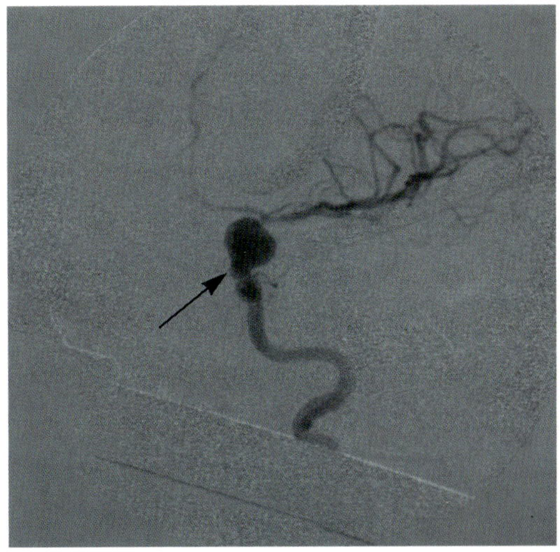

Arteriogramm der A. carotis int. Pathologische Erweiterung (Aneurysma) eines Gefäßabschnittes (Pfeil).

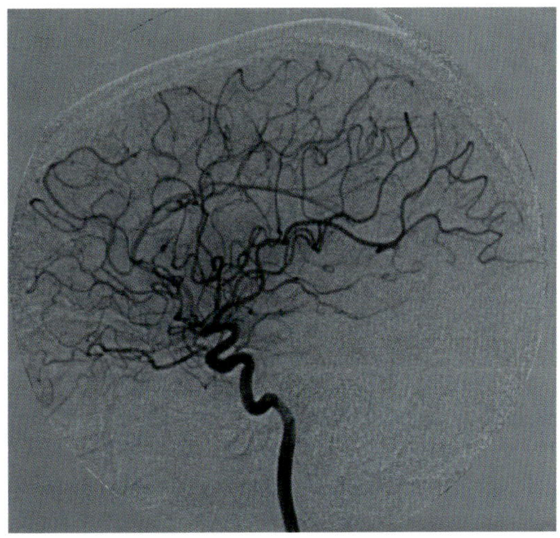

Arteriogramm der A. carotis int. Röntgenologische Darstellung der Hirnarterien (Seitenansicht).

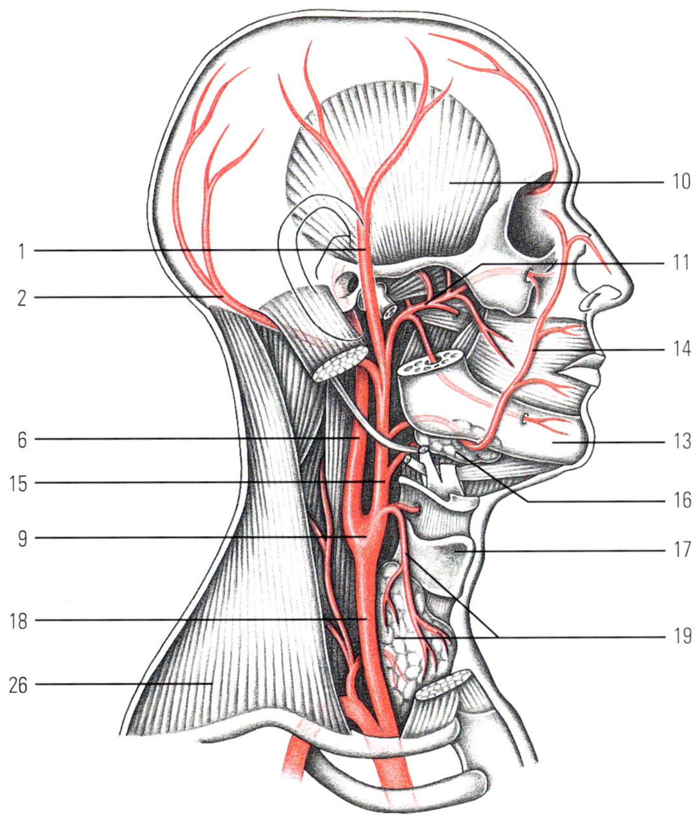

Die **Hirnarterien** stammen aus zwei Quellen, der **A. vertebralis** (in der Halswirbelsäule verlaufend, Durchtritt durch das For. magnum) und der **A. carotis int.** (Durchtritt durch die Schädelbasis, Karotiskanal im Felsenbein).

Arterien von Kopf und Hals (schematisch). Unterkiefer und M. sternocleidomastoideus wurden teilweise entfernt. An der Teilungsstelle der A. carotis communis (9) ist die Arterie etwas erweitert. Hier befindet sich ein Sinnesorgan (**Glomus caroticum, Karotisdrüse**) für die Blutdruck- und Atmungsregulation.

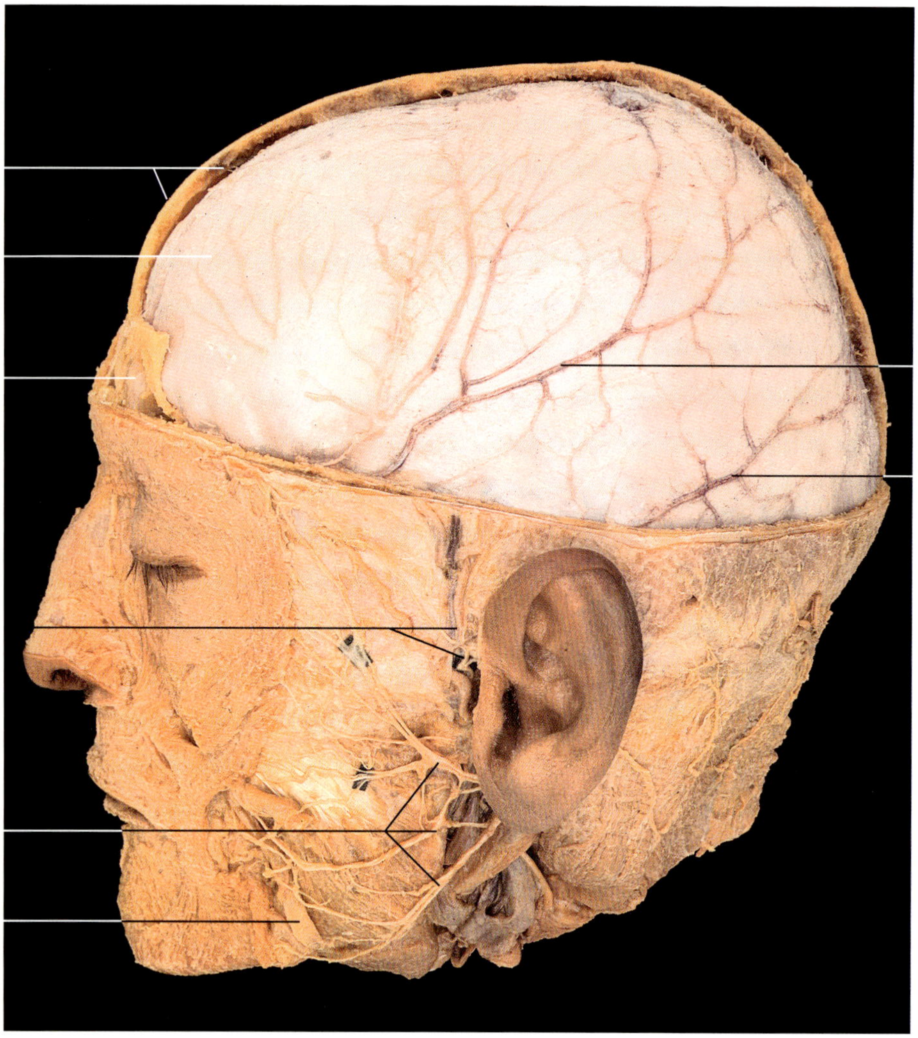

Durahülle des Gehirns mit zugehörigen Hirnhautgefäßen. Der Schädelknochen wurde halbseitig entfernt. Die Hirnhautgefäße liegen zwischen Schädelknochen und Dura mater (epidural). Blutungen in diesem Bereich können zu **epiduralen Blutergüssen (Hämatomen)** führen.

1 Kopfhaut und Schädelknochen
2 **Harte Hirnhaut (Dura mater)**
3 Stirnhöhle (Sinus frontalis)
4 Kopfgefäße und Nerven zur Schläfenregion (N. auriculotemporalis, A. und V. temporalis superf.)
5 **Gesichtsnerv (N. facialis, VII. Hirnnerv)**
6 Vorderer Ast der A. meningea media
7 Hinterer Ast der A. meningea media
8 **Mittlere Hirnhautarterie (A. meningea media)**
9 Kopfhaut
10 **Kopfschwarte (Galea aponeurotica)**
11 Schädelknochen (Calvaria) mit Knochenhaut (Pericranium)
12 **Weiche Hirnhaut (Arachnoidea und Pia mater)** mit Blutgefäßen
13 Gehirn mit Gehirngefäßen
14 Spongiöser Knochen des Schädeldaches (Diploe) mit Venennetz (Ort der Blutbildung)
15 **Blutleiter des Gehirns und der harten Hirnhaut (Sinus sagittalis sup.)**
16 **Subarachnoidalraum** (gefüllt mit Liquor cerebrospinalis)
17 Duraduplikatur zwischen den beiden Hirnhälften (Falx cerebri)
18 Hirnhautgefäße zwischen Dura und Knochen
19 Augenmuskelnerv (N. oculomotorius, III. Hirnnerv)
20 Türkensattel mit Hirnanhangsdrüse (Hypophyse)
21 Kleinhirnzelt (Tentorium cerebelli)
22 Sehnerv (N. opticus) und innere Halsschlagader (A. carotis int.)
23 Hautnerven für Hinterhauptregion (N. occipitalis major, C_2)
24 Gesichtsvene (V. facialis)
25 Ohrspeicheldrüse (Gl. parotidea) mit Ästen des N. facialis
26 Sinus sagittalis inf.
27 Sinus rectus
28 **Sinus cavernosus**
29 Sinus transversus
(26–29: venöse Blutleiter des Gehirns)
30 Innere Drosselvene (V. jugularis int.)
31 Venöses Kaumuskelgeflecht (Plexus pterygoideus)

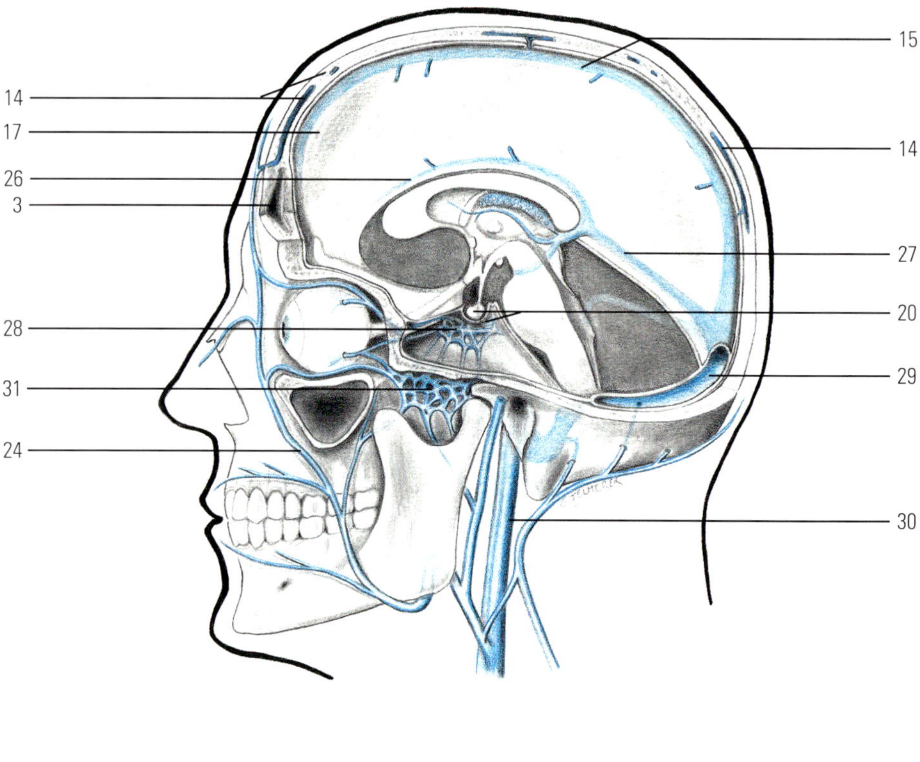

◄ **Venen von Kopf und Hals** (schematisch). Die Blutleiter (Sinus) liegen in den Duraduplikaturen. Die Verbindungen zwischen den äußeren und inneren Schädelvenen stellen auch Infektionspforten für den Schädel dar.

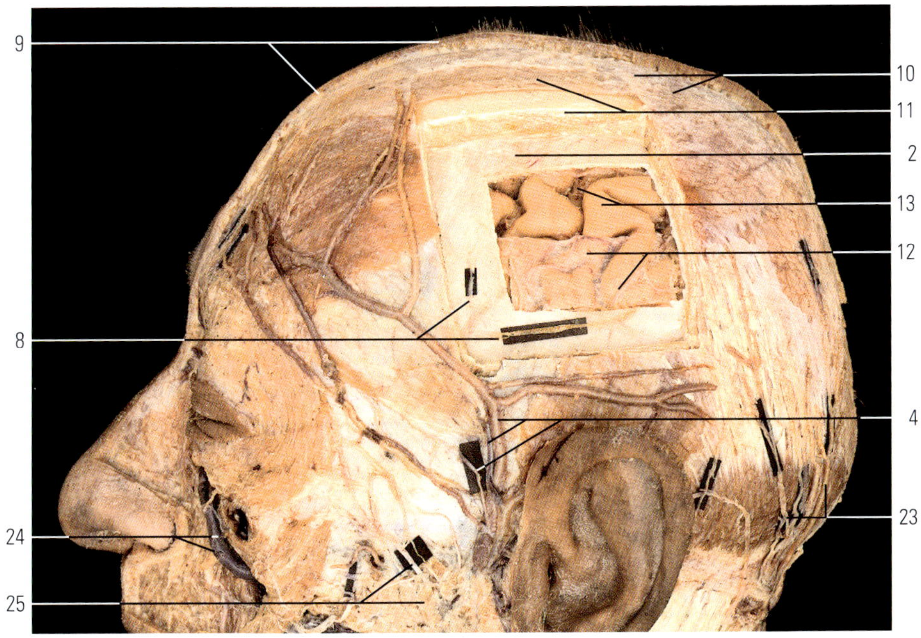

Schichtengliederung des Schädeldaches und der Hirnhäute. Die harte Hirnhaut (Dura mater) (2) wurde gefenstert und die Hirnoberfläche freigelegt. Man beachte, daß die Hirnhautgefäße außerhalb der Dura, unmittelbar an den Knochen angrenzend, verlaufen.

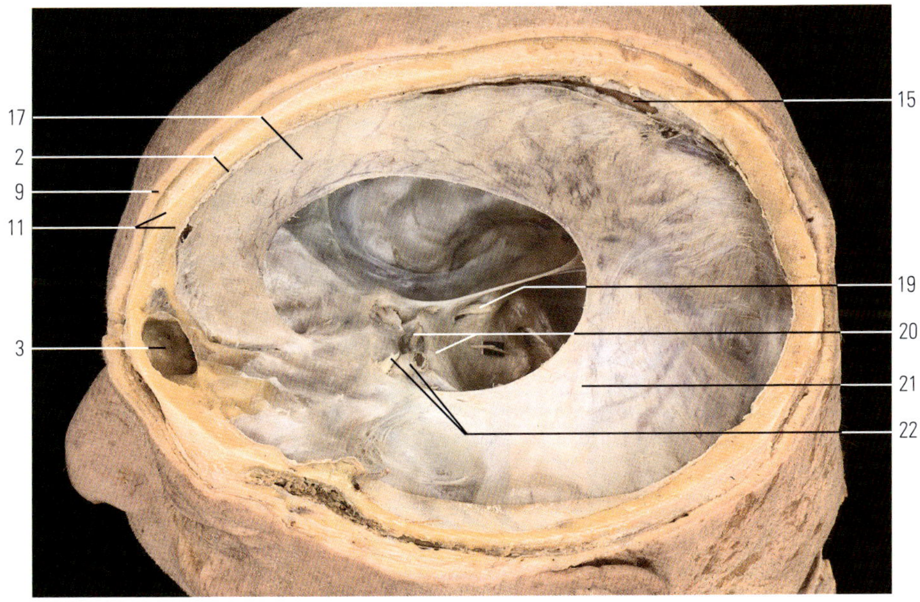

Struktur der Duraduplikaturen (Falx cerebri und Tentorium cerebelli). Das Kleinhirn liegt unterhalb des Tentoriums.

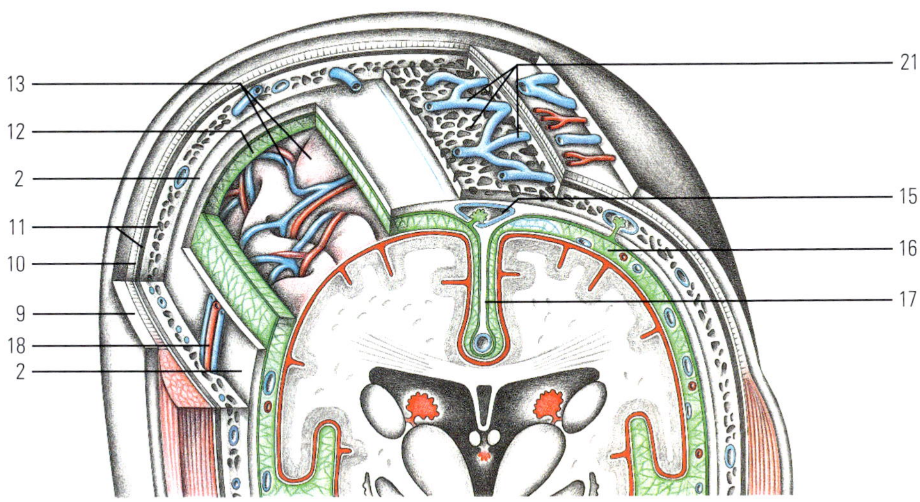

Schichtengliederung des Schädels und der Hirnhäute.

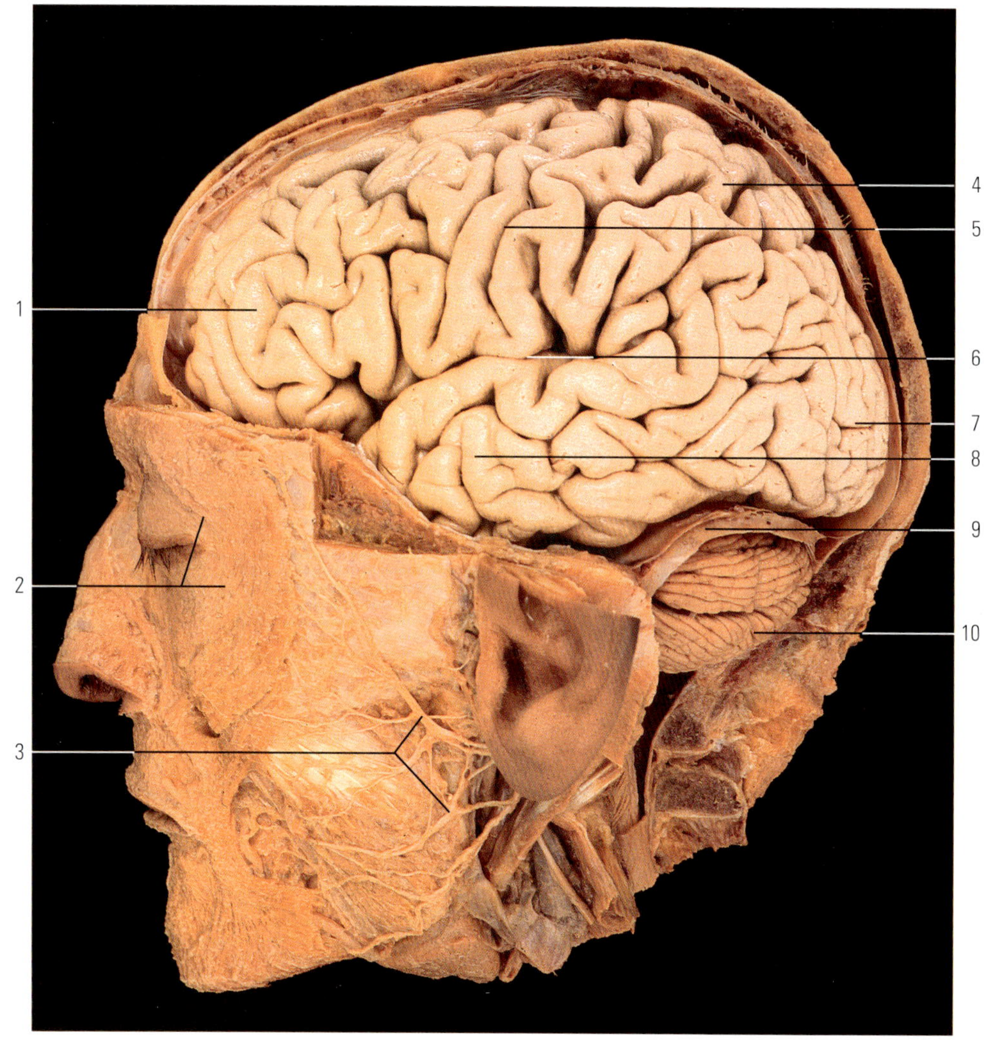

Lage des Gehirns in der Schädelhöhle (von der Seite). Das Schädeldach wurde entfernt. Im Gesichtsbereich wurde der Gesichtsnerv (3) mit seinen Ästen dargestellt. Das Kleinhirn liegt in der hinteren Schädelgrube unter dem Kleinhirnzelt (Tentorium cerebelli) (9).

1 Stirnlappen (Lobus frontalis)
2 Ringförmiger Augenmuskel (M. orbicularis oculi)
3 Gesichtsnerv (N. facialis, N. VII)
4 Scheitellappen (Lobus parietalis)
5 **Zentralfurche (Sulcus centralis)**
6 **Seitenfurche (Sulcus lat.)**
7 Hinterhauptlappen (Lobus occipitalis)
8 Schläfenlappen (Lobus temporalis)
9 **Kleinhirnzelt (Tentorium cerebelli),** Duraduplikatur zwischen Großhirn und Kleinhirn
10 **Kleinhirn (Cerebellum)**
11 Motorische Rindenfelder für die Bewegungssteuerung **(Gyrus praecentralis)**
12 Sensorische Rindenfelder für die bewußte Empfindung **(Gyrus postcentralis)**
13 Tertiäre visuelle Rindenfelder (Erinnerung und Verarbeitung visueller Eindrücke)
14 **Primäres Sehzentrum** (Ort visueller Wahrnehmungen) (Area striata und Sulcus calcarinus)
15 Sekundäre visuelle Rindenfelder (»Verstehen« visueller Eindrücke)
16 **Primäre akustische Rindenfelder**
17 Sekundäre akustische Rindenfelder (Identifizierung der Höreindrücke) mit Wernicke-Sprachzentrum
18 Tertiäre akustische Rindenfelder (Erinnern akustischer Wahrnehmungen)
19 Inselrinde

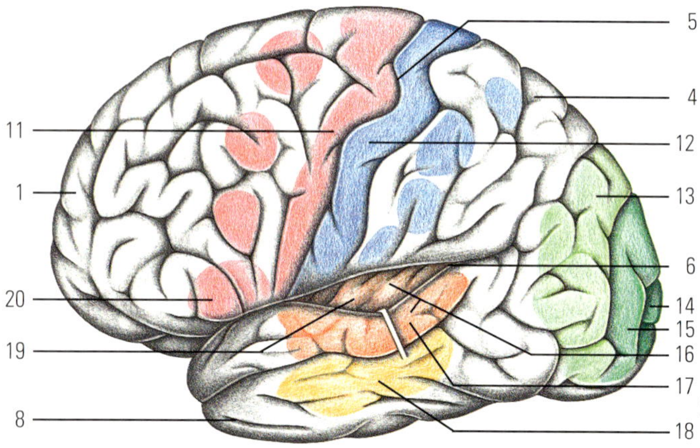

Linke Großhirnhemisphäre (von der Seite; Stirnpol zeigt nach links). Darstellung der wichtigsten Rindenfelder.

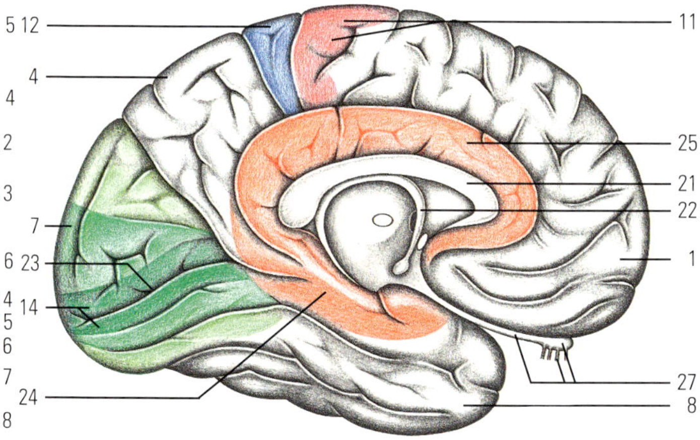

Rechte Großhirnhemisphäre (von medial; Stirnpol zeigt nach rechts). Darstellung der wichtigsten Rindenfelder.

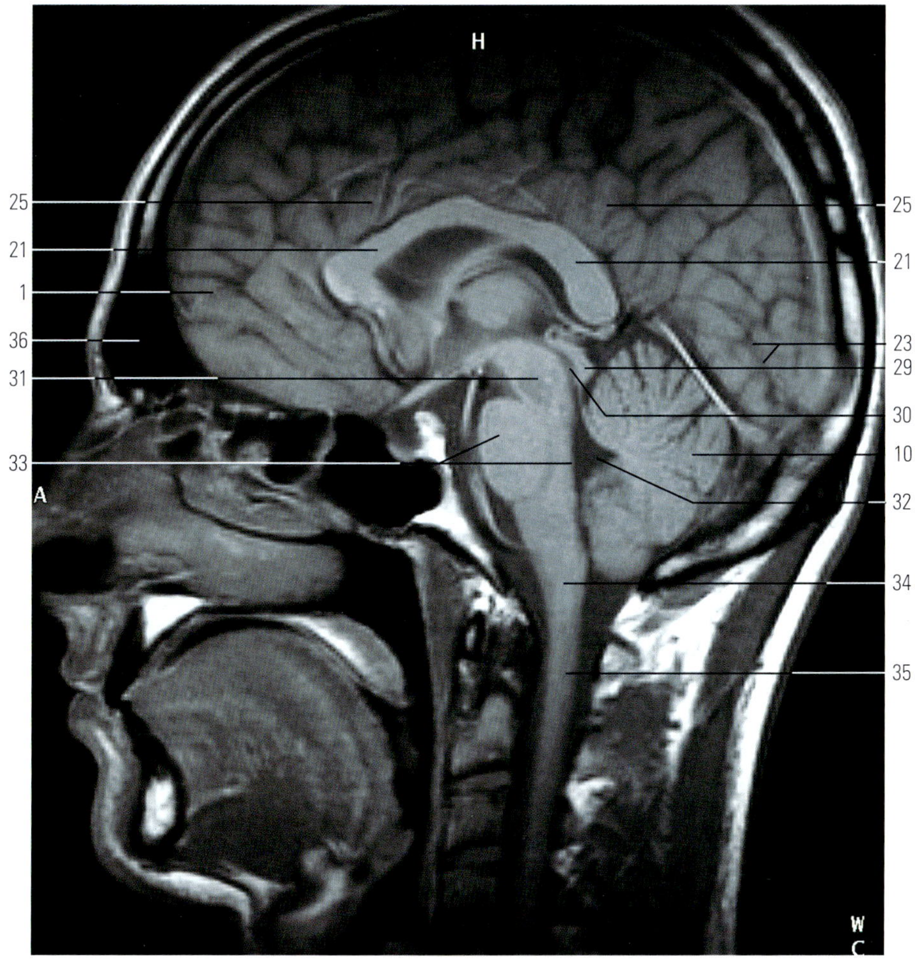

MR-Aufnahme vom Kopf (Sagittalschnitt durch die Mitte des Kopfes). Die Lage des Gehirns innerhalb der Schädelhöhle ist deutlich erkennbar.

20 **Motorisches Sprachzentrum** Broca-Zentrum) – befindet sich bei Rechtshändern nur auf der linken Hirnhälfte
21 **Balken (Corpus callosum)** – enthält Nervenbahnen, die rechte und linke Hirnzentren miteinander verbinden (sog. Kommissurenbahnen)
22 Fornix (bogenförmige Nervenverbindung im limbischen System)
23 **Sulcus calcarinus** (primäre Sehzentren)
24 Längswulstformation **(Hippokampus)** (gehört zum limbischen System)
25 Cingulum (gehört zum limbischen System)
26 **Sehnerv (N. opticus,** II. Hirnnerv**)**,
27 Riechnerven, Riechlappen und Riechtrakt (Fila olfactoria, Bulbus olfactorius und Tractus olfactorius) (Riechsystem)
28 Zirbeldrüse (Hirnepiphyse, Corpus pineale)
29 Vierhügelplatte des Mittelhirns (akustisches und optisches Reflexzentrum)
30 Aquädukt des Mittelhirns (Aquaeductus mesencephali), liquorführender Kanal – Verbindung von III. und IV. Hirnventrikel
31 Hirnstamm (hier: Mittelhirn)
32 Vierter Ventrikel
33 Brücke (Pons) und Rautengrube, unterer Boden des IV. Ventrikels
34 Verlängertes Mark (Medulla oblongata)
35 Rückenmark (Medulla spinalis)
36 Stirnhöhle (Sinus frontalis)

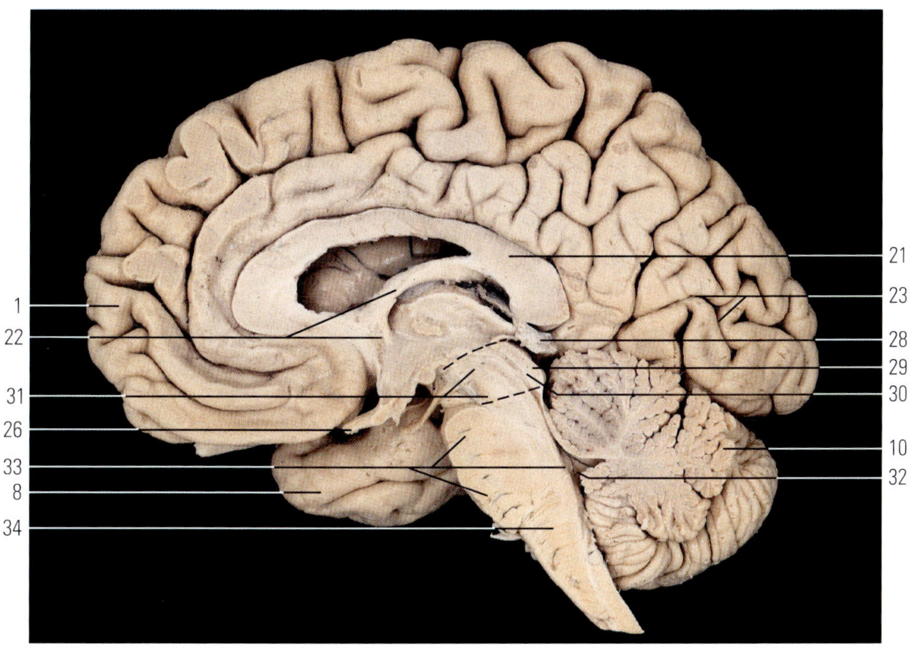

Rechte Hirnhälfte (von medial). Der Mittelhirnbereich (31) ist markiert. Hirnhäute und Hirngefäße wurden entfernt. Der rechte Seitenventrikel wurde eröffnet.

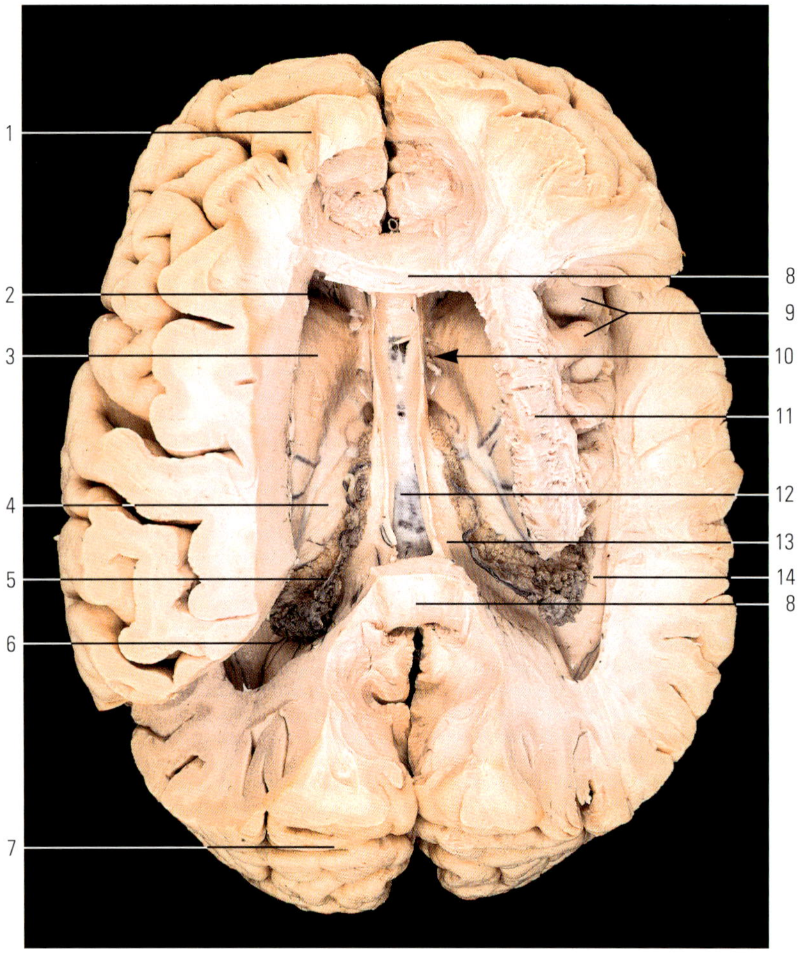

Ventrikelsystem des Gehirns (von oben). Die obere Hälfte des Großhirns wurde entfernt, so daß die Seitenventrikel mit ihren Adergeflechten (Plexus chorioidei) sichtbar geworden sind. Rechts wurde die Hippokampusformation präpariert.

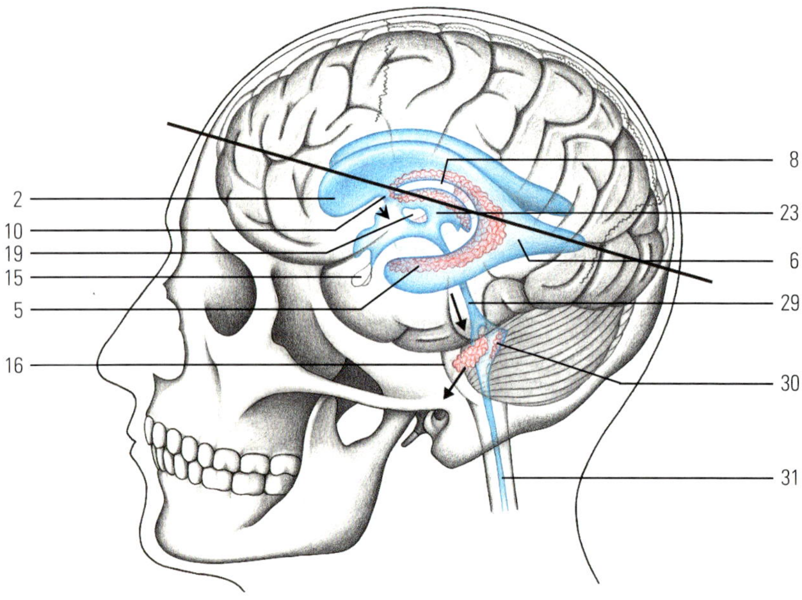

Lage der Ventrikelräume im Gehirn. Die Adergeflechte (Plexus choroidei) (rot) sowie die Flußrichtung des Liquors (Pfeile) wurden gekennzeichnet. Linie: Lage der Horizontalschnitte (S. 127).

1 Stirnlappen (Lobus frontalis)
2 Vorderhorn des linken Seitenventrikels
3 **Schweifkern (Nucleus caudatus),** Teil der Stammganglien
4 **Thalamus,** Teil des Zwischenhirns
5 **Adergeflecht (Plexus choroideus)**
6 Hinterhorn des linken Seitenventrikels
7 Hinterhauptlappen (Lobus occipitalis)
8 Balken (Corpus callosum)
9 Inselrinde
10 For. interventriculare, Zugang zum III. Ventrikel
11 **Innere Kapsel (Capsula int.)** der Großhirnhälften
12 Dach des III.Ventrikels
13 Fornix (bogenförmige Nervenverbindung im limbischen System)
14 **Hippokampusformation** am Boden vom Unterhorn des Seitenventrikels
15 Hirnanhangsdrüse (Hypophyse)
16 Brücke (Pons), Teil des Hirnstammes
17 Kurze Assoziationsbahnen (verbinden benachbarte Rindengebiete)
18 **Projektionsbahnen** (verbinden Gehirnrinde mit anderen Kerngebieten und Rückenmark); hier: Capsula int. (vgl. Nr. 11)
19 Verbindung zwischen den Thalami (Adhaesio interthalamica)
20 Kleinhirn (Cerebellum)
21 Verlängertes Mark (Medulla oblongata)
22 Septum pellucidum, trennt Vorderhörner der Seitenventrikel
23 **III. Ventrikel** (liegt im Bereich des Zwischenhirns)
24 **Zirbeldrüse (Hirnepiphyse, Corpus pineale)**
25 **Vierhügelplatte (Lamina tecti),** Teil des Mittelhirns
26 Rautengrube (Fossa rhomboidea), Boden des IV. Ventrikels
27 **Kleinhirnstiele** (Pedunculi cerebelli)
28 Hör- und Gleichgewichtsnerv (N. vestibulocochlearis, N. VIII)
29 **Aquädukt des Mittelhirns (Aquaeductus mesencephali)**, Verbindung zwischen III. und IV. Ventrikel

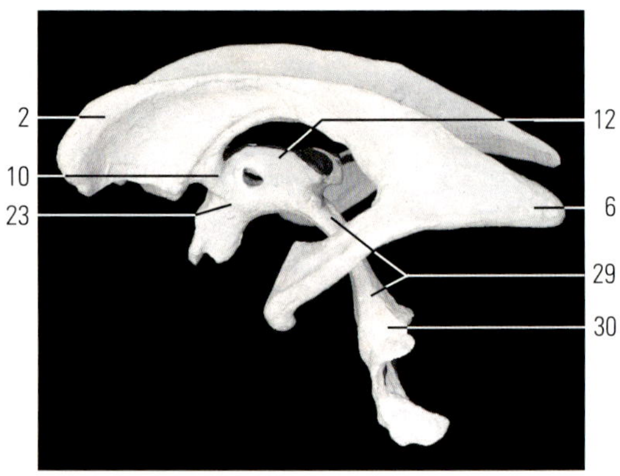

Ausgußpräparat der Hirnventrikel (Seitenansicht, vgl. Zeichnung).

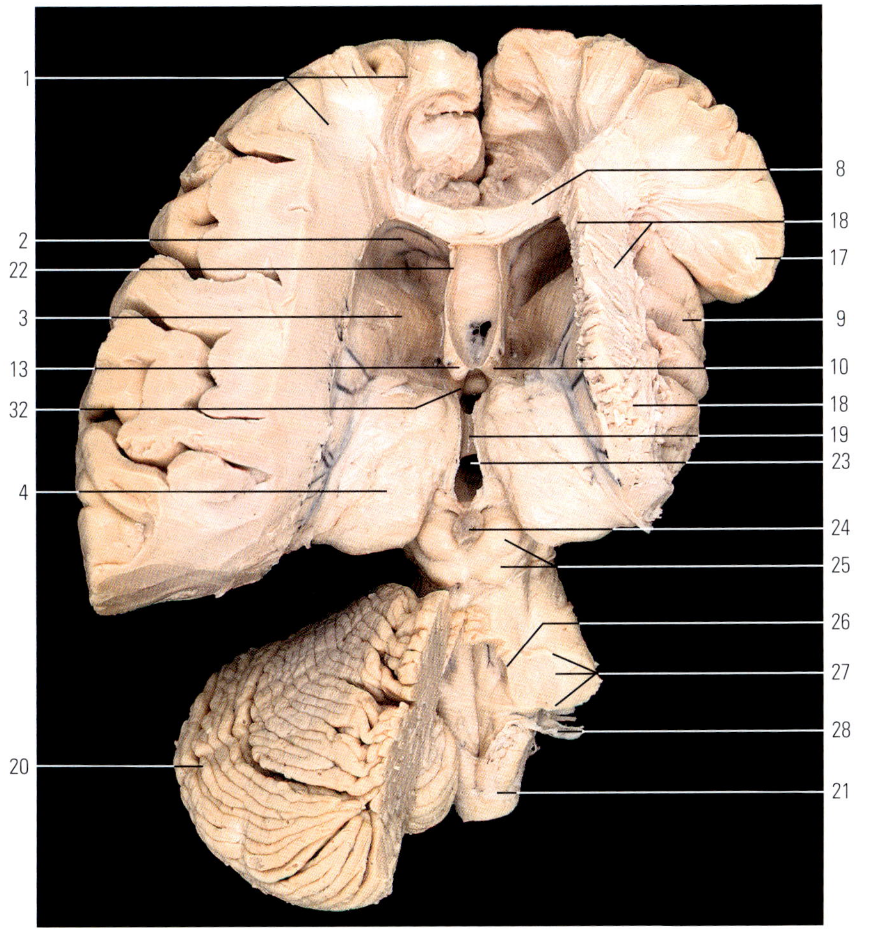

Lage der Stammganglien im Gehirn (von oben). Die rechte Kleinhirnhälfte, der größte Teil des Großhirns und die Adergeflechte wurden entfernt. Die am Boden der Seitenventrikel gelegenen großen Kerne [Schweifkern (Nucleus caudatus) (3) und Thalamus (4)] sind dargestellt.

30 **IV. Ventrikel** mit drei Öffnungen zum Subarachnoidalraum (Aperturae lat. und mediana)
31 Zentralkanal des Rückenmarks
32 Commissura ant., in der Vorderwand des III. Ventrikels, verbindet beide Hippokampusformationen miteinander

Die Hirnventrikel enthalten eine zellfreie, eiweißarme Flüssigkeit (**Liquor cerebrospinalis**), die in den Adergeflechten (Plexus choroidei) aus dem Blutplasma gebildet wird. Der Liquor fließt durch das For. interventriculare in den III. und weiter durch den Aquaedukt in den IV. Ventrikel, von wo er durch drei Öffnungen (Aperturae) in den das Gehirn umgebenden Subarachnoidalraum übertritt. Das Gehirn schwimmt damit in einer Liquorflüssigkeit, die im Subarachnoidalraum zirkuliert und durch die Pacchioni-Granulationen in die venösen Blutleiter des Gehirns (**Sinus durae matris**) ins Blut zurückströmt.

Im Blut zirkulierende Stoffe können nicht ohne weiteres ins Gehirn eindringen (**Blut-Hirn-Schranke**). Aber auch in den Liquor können viele Stoffe nicht übertreten (**Blut-Liquor-Schranke**). Durch diese Barrieren wird das Gehirn vor schädlichen Stoffen geschützt. Im Alter werden die Ventrikelräume (vor allem die Seitenventrikel) größer und die Gehirnsubstanz nimmt ab.

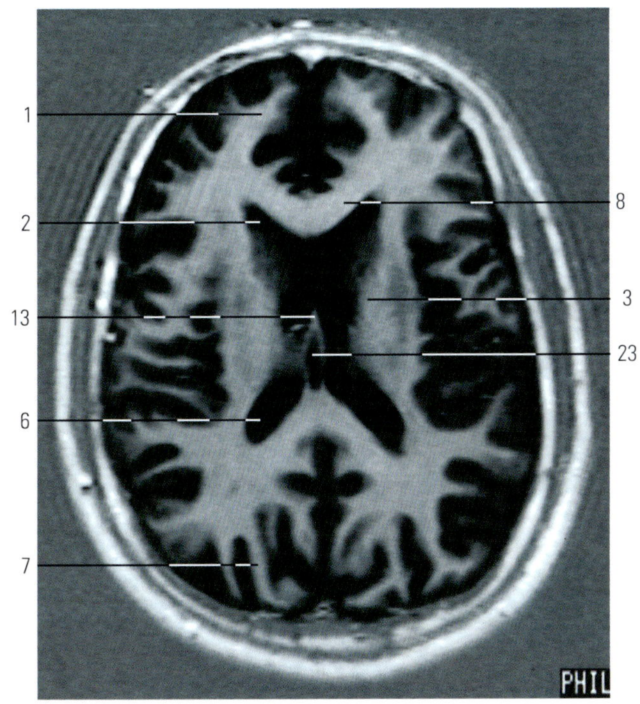

Kernspintomogramm (MR-Aufnahme). **Horizontalschnitt durch den Kopf** in Höhe der Seitenventrikel.

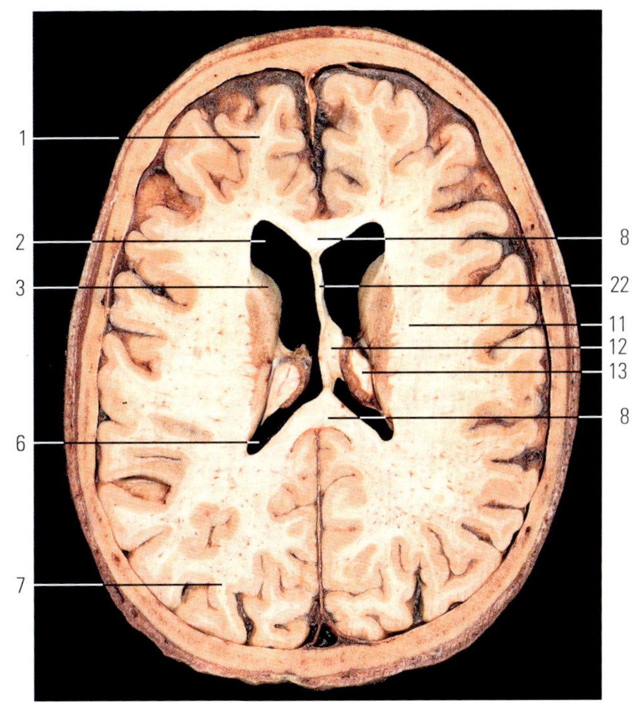

Horizontalschnitt durch den Kopf (von oben) (ungefähre Lage des Schnittes s. Zeichnung S. 126).

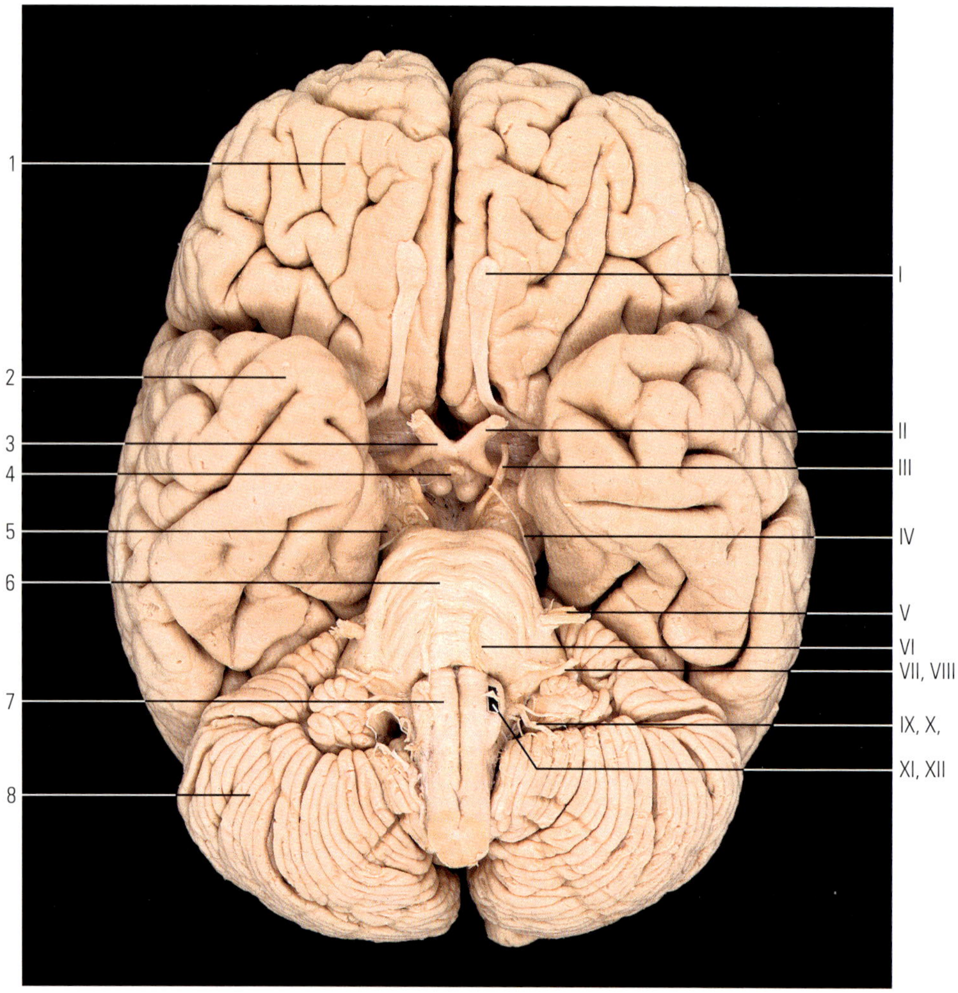

Gehirn mit Hirnnerven (von unten). Stirnpol zeigt nach oben. An der Unterseite treten 12 Hirnnerven aus dem Gehirn aus (I-XII, vgl. Tabelle).

1 Stirnlappen des Großhirns (Lobus frontalis)
2 Schläfenlappen (Lobus temporalis)
3 Sehnervenkreuzung (Chiasma opticum)
4 Hypophysenstiel (Infundibulum)
5 Hirnstiel (Pedunculus cerebri)
6 Brücke (Pons)
7 Pyramide
8 Kleinhirn (Cerebellum)
9 Oberer gerader Augenmuskel (M. rectus sup.)
10 Unterer gerader Augenmuskel (M. rectus inf.)
11 Wangennerv (N. buccalis)
12 Sensibler Zungennerv (N. lingualis)
13 Unterkiefernerv (N. alveolaris inf.) (Ast des N. mandibularis)
14 Thalamus (Teil des Zwischenhirns)
15 Vierhügelplatte (Lamina tecti) (Teil des Mittelhirns)
16 Rautengrube (Fossa rhomboidea)
17 Vordere Schädelgrube
18 Mittlere Schädelgrube
19 Felsenbein (Teil des Schläfenbeins, pars petrosa)
20 Innerer Gehörgang (Meatus acusticus int.)
21 Hintere Schädelgrube
22 Schlund (Pharynx)
23 Grenzstrang des Sympathicus mit oberem Halsganglion (Ggl. cervicale sup.)
24 Gemeinsame Halsschlagader (Teilung in A. carotis int. und ext.)
25 Oberes Zahngeflecht (Plexus dentalis sup.)
26 Unteres Zahngeflecht (Plexus dentalis inf.)
27 Innere Halsschlagader für Gehirn (A. carotis int.)

Hirnnerven		Versorgungsgebiete und Funktion
I	Riechnerv (N. olfactorius)	Riechschleimhaut der Nase – Riechfunktion
II	Sehnerv (N. opticus)	Auge – Teil der Sehbahn
III	Augenmuskelnerv (N. oculomotorius)	äußere Augenmuskeln und Lidheber mit Ausnahme der von N. IV und VI versorgten Muskeln
IV	Augenmuskelnerv (N. trochlearis)	M. obliquus sup. des Auges
V	Drillingsnerv (N. trigeminus) mit Ganglion semilunare oder trigeminale	bildet 3 große Äste: V_1 = Augenhöhlennerv (N. ophthalmicus) für Stirnhaut und Auge V_2 = Oberkiefernerv (N. maxillaris) für Oberkieferregion und -zähne V_3 = Unterkiefernerv (N. mandibularis) für Unterkieferregion, -zähne und Kaumuskulatur
VI	Augenmuskelnerv (N. abducens)	M. rectus lat. des Auges
VII	Gesichtsnerv (N. facialis)	mimische Muskulatur, Platysma, M. stapedius und zwei Halsmuskeln, Geschmacksempfindungen der vorderen $^2/_3$ der Zunge
VIII	Gehör- und Gleichgewichtsnerv (N. vestibulocochlearis)	Innenohr; für Gehör- und Gleichgewichtsempfindungen
IX	Zungenrachennerv (N. glossopharyngeus)	Geschmacksregion der Zunge (hinteres Drittel), Pharynxmuskulatur, Ohrspeicheldrüse
X	Eingeweidenerv (N. vagus)	Kehlkopf und Pharynx, Herz, Respirationstrakt und Magen-Darm-Kanal (parasympathische Innervation)
XI	Akzessorischer Hirnnerv, Halsnerv (N. accessorius)	M. trapezius und M. sternocleidomastoideus
XII	Zungennerv (N. hypoglossus)	Zungenmuskulatur

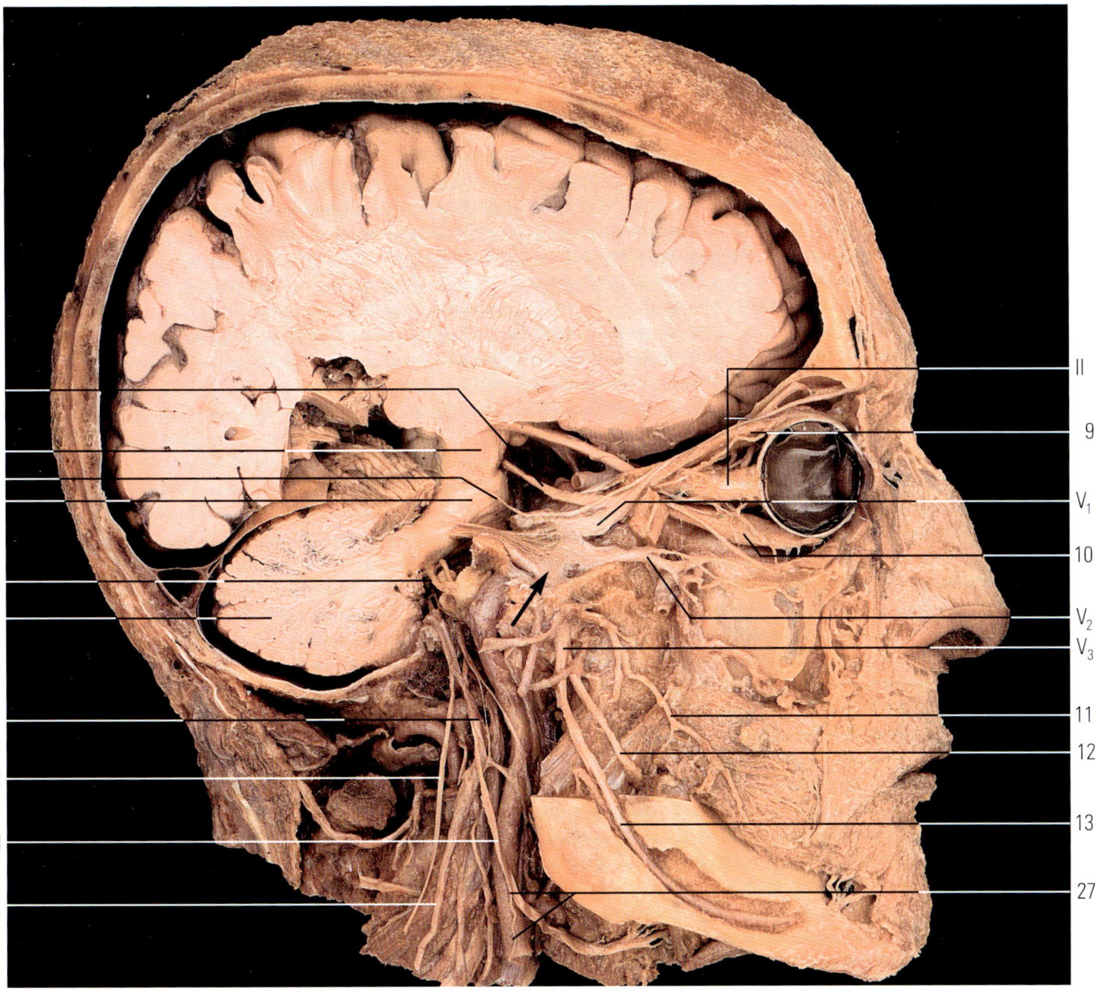

Gehirn mit Hirnnerven (von der Seite). Großhirn, Kleinhirn und Auge wurden halbiert. Die Hirnnerven an der Schädelbasis und im weiteren Verlauf zur Augenhöhle, zur Gesichtsregion und zum Hals wurden dargestellt. Man beachte die Lage der drei großen Äste des N. trigeminus (V_1, V_2 und V_3). Pfeil: Trigeminus-Ganglion.

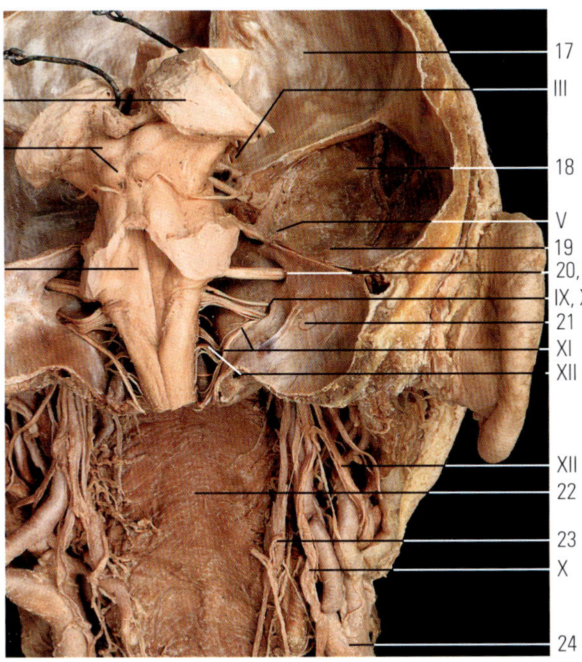

Hirnstamm mit Schädelbasis (von oben). Darstellung der Austrittsstellen der Hirnnerven.

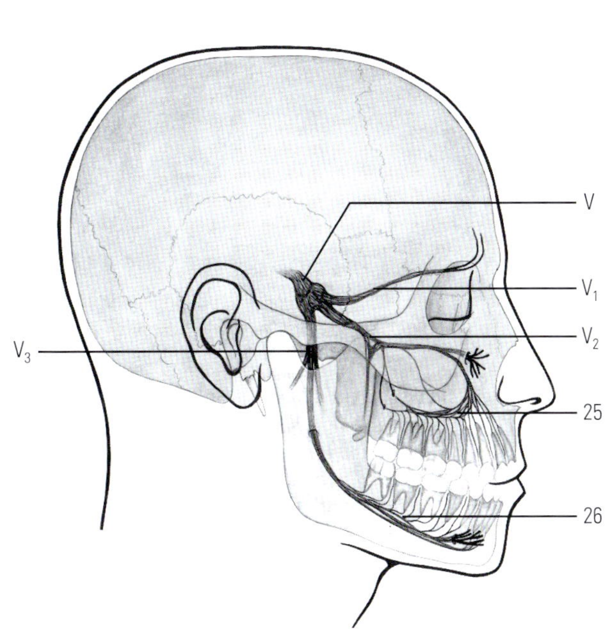

Verzweigungsmuster des V. Hirnnerven (N. trigeminus) mit seinen drei Hauptästen (V_1, V_2 und V_3)

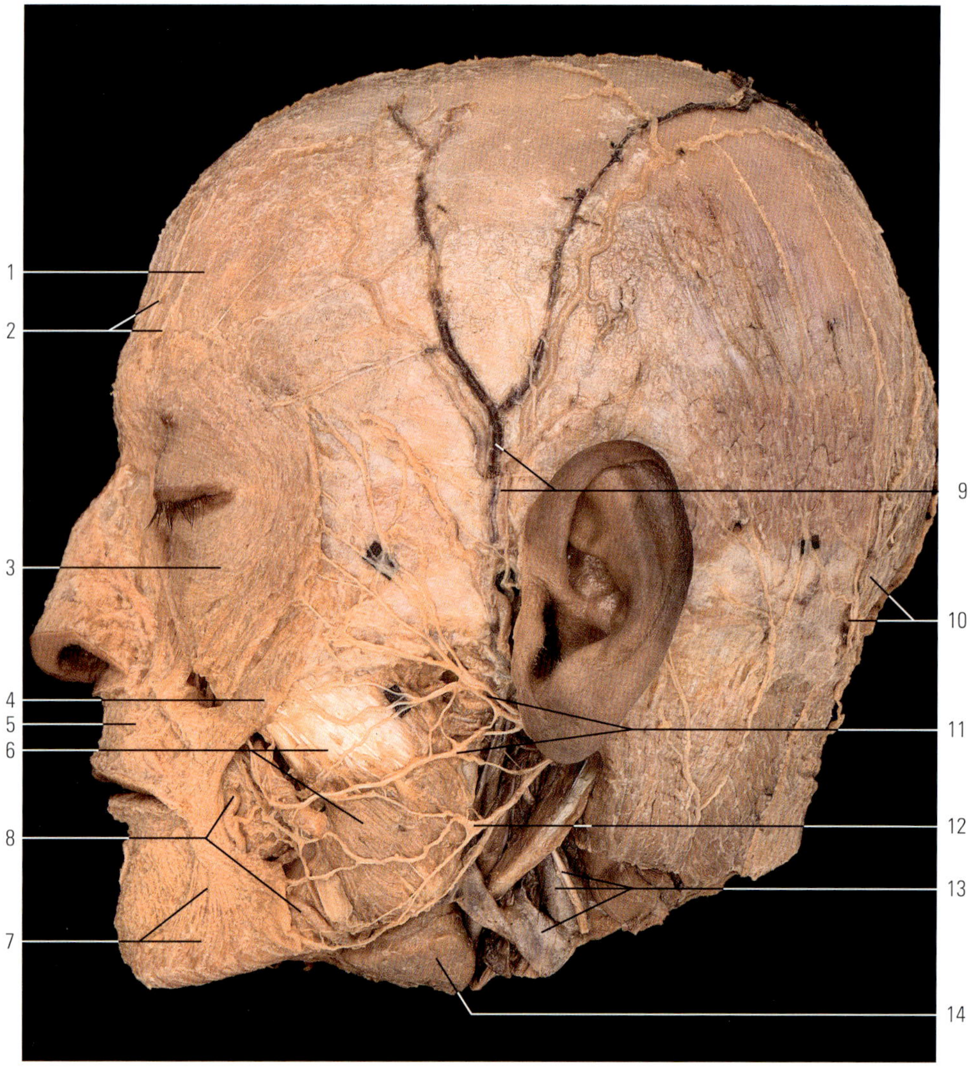

Mimische Muskulatur und Gesichtsnerv (N. facialis). Der N. facialis durchsetzt die Ohrspeicheldrüse (hier entfernt). Der Austritt aus der Schädelbasis (For. stylomastoideum) liegt unter dem äußeren Ohr.

1 Stirnmuskel (M. occipitofrontalis)
2 Hautnerven zur Stirnregion
3 Ringförmiger Augenmuskel (M. orbicularis oculi)
4 Großer Jochbeinmuskel (M. zygomaticus major)
5 Ringmuskel des Mundes (M. orbiculairs oris)
6 Kaumuskel (M. masseter)
7 Mundwinkelsenker (M. depressor anguli oris)
8 Gesichtsgefäße (A. und V. facialis)
9 Gefäße u. Nerven für die Schläfenregion (N. auriculotemporalis, A. und V. temporalis superf.)
10 Hautnerven für Hinterhauptsregion (N. occipitalis major) (C_2)
11 Obere Äste des N. facialis
12 Untere Äste des N. facialis
13 Innere Drosselvene (V. jugularis int.) und N. vagus (N. X)
14 Unterzungendrüse (Gl. submandibularis)
15 N. facialis, Austritt aus der Schädelbasis durch For. stylomastoideum
16 Platysma (flächiger Halsmuskel)
17 Augapfel (Bulbus oculi)
18 Sehnerv (N. opticus, N. II) mit Ziliarnerven und Ziliarganglion
19 Äußerer gerader Augenmuskel (M. rectus lat.) mit N. abducens (N. VI), zurückgeklappt

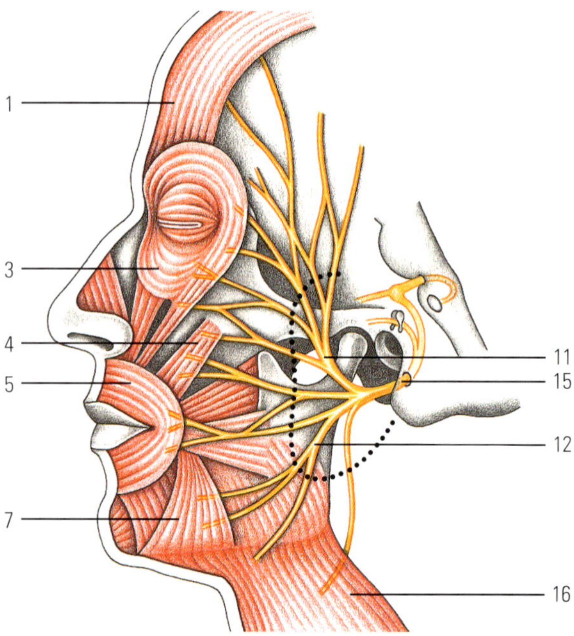

Verlauf des Gesichtsnerven (N. facialis). Der Nerv teilt sich innerhalb der Ohrspeicheldrüse (Grenzen punktiert) in zahlreiche Äste auf, die von unten in die mimischen Muskeln und das Platysma eintreten und diese versorgen.

Augenmuskellähmungen führen zu Fehlstellungen des Auges (Schielen). Ist der **N. abducens** geschädigt, kann der Augapfel nicht mehr nach außen bewegt (abduziert) werden. Es resultiert ein Einwärtsschielen (Strabismus convergens). Der **N. oculomotorius** führt auch autonome (parasympathische) Nervenfasern für die innere Augenmuskulatur (M. ciliaris, M. sphincter pupillae) mit sich. Schädigungen können daher zu Störungen der Akkommodation und der Pupillomotorik führen.

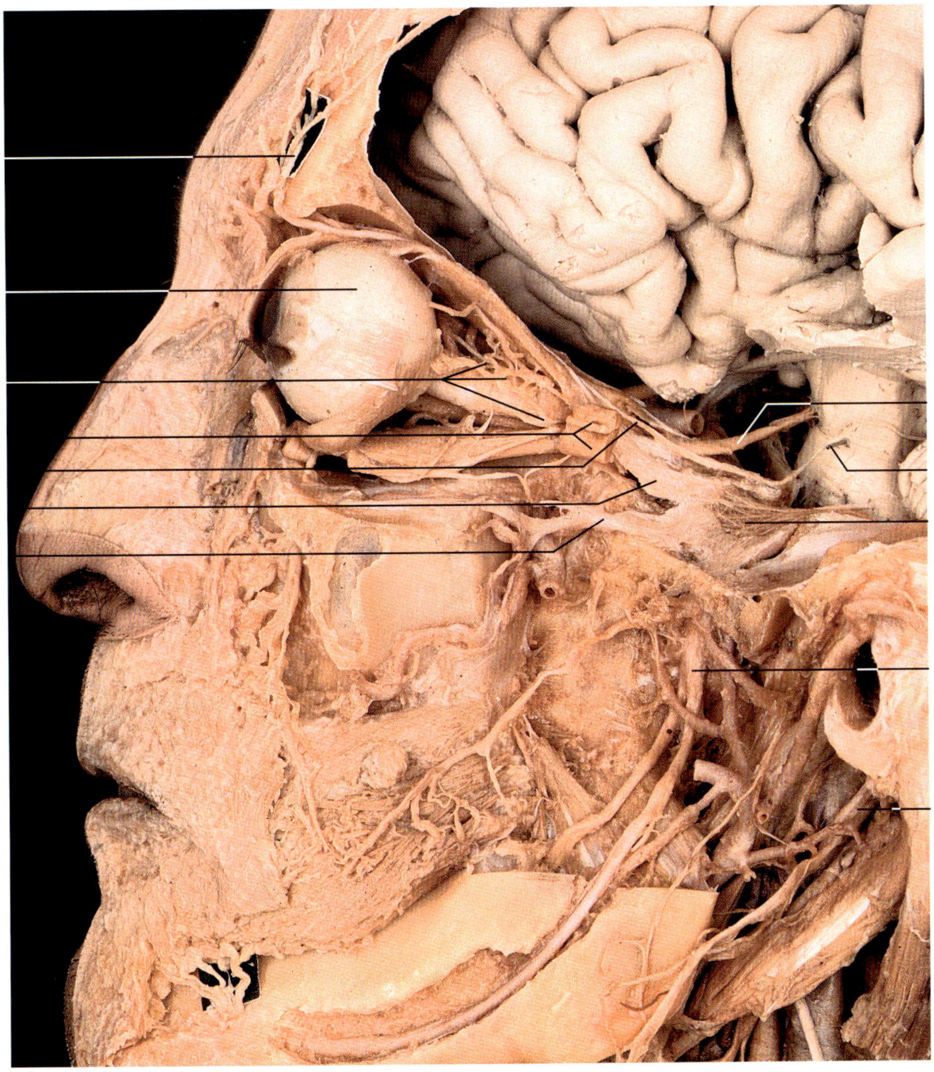

Nerven für Auge und Augenmuskulatur. Der Unterkiefer und die äußere Wand der Augenhöhle wurden teilweise entfernt. Die Äste des N. trigeminus und das zugehörige Ganglion, das auf der Vorderfläche der Felsenbeinpyramide liegt, wurden dargestellt.

20 Augenmuskelnerv (N. trochlearis, N. IV) für oberen schrägen Augenmuskel (M. obliquus sup.)
21 Erster Trigeminusast, für Stirnhaut und Auge (N. ophthalmicus, N. V_1)
22 Zweiter Trigeminusast, für Oberkiefer (N. maxillaris, N. V_2)
23 Trigeminusganglion (Ganglion trigeminale, Ganglion Gasseri), sensibler »Nervenknoten«, Aufteilung in die drei Hauptäste
24 Dritter Trigeminusast (N. mandibularis, N. V_3) für Unterkiefer
25 Gesichtsnerv (N. facialis, N. VII)
26 Augenmuskelnerv (N. oculomotorius, N. III)
27 Zungenrachennerv (N. glossopharyngeus, N. IX)
28 Zungennerv (N. hypoglossus, N. XII)
29 Eingeweidenerv (N. vagus, N. X)
30 Augenmuskelnerv (N. abducens, N. VI)

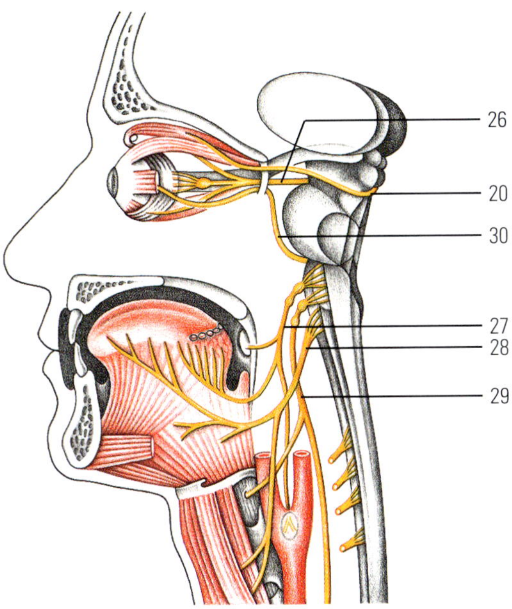

Verlauf der wichtigsten Hirnnerven für Auge, Mund- und Halsorgane (Seitenansicht).

Der **N. facialis** ist der motorische Nerv für die mimische Muskulatur. Er tritt mit dem Gehörnerv ins Felsenbein ein (Porus acusticus int.), zieht dann dicht unter der Schleimhaut des Mittelohres im Fazialiskanal bis zum For. stylomastoideum und teilt sich innerhalb der Ohrspeicheldrüse in seine Äste auf. Schädigungen des Nerven führen zu Lähmungen der mimischen Muskulatur (schlaffes Herunterhängen des Mundwinkels, des Unterlides usw.) und zu Entstellungen des Gesichtes. Auch Hörstörungen treten auf. Alle Töne werden schmerzhaft laut empfunden (sog. Hyperakusis). Bei peripheren Fazialislähmungen sind alle mimischen Muskeln betroffen, bei zentralen Lähmungen bleibt die Stirn- und Lidmuskulatur noch funktionsfähig (Stirnrunzeln noch möglich).

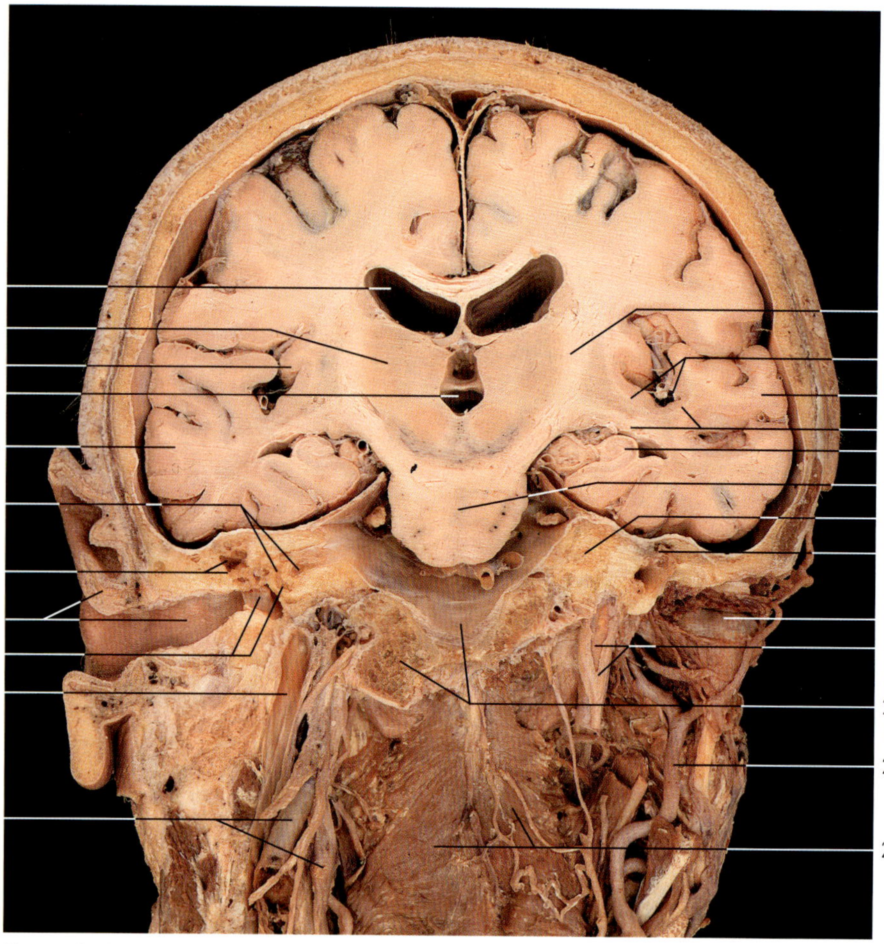

Querschnitt durch den Kopf in Höhe von Gehörgang und Mittelohr (Ansicht von hinten). Das Felsenbein, in dem das Innenohr liegt, ist quer durchtrennt. Der Ansatz des Pharynx an der Schädelbasis ist zu erkennen.

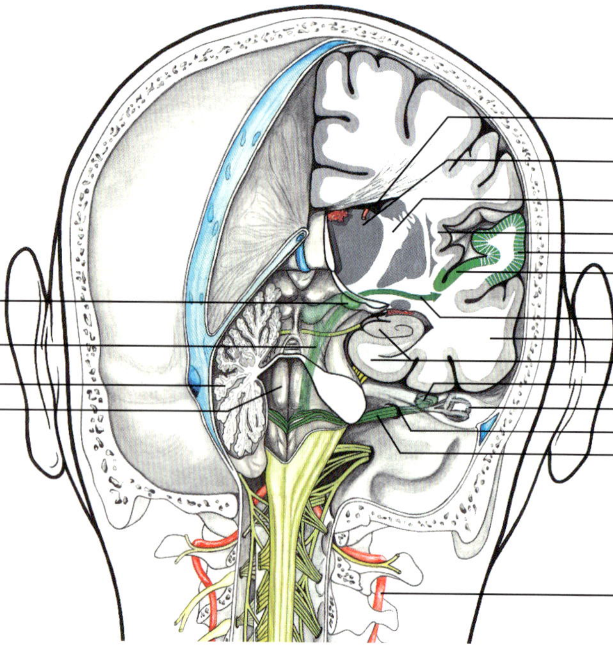

Schema der Hörbahn (von hinten). Die rechte Hirnhälfte wurde quer durchtrennt. Die Nervenverbindungen des Hörnerven (N. VIII) mit den Schaltzentren im Hirnstamm (am Boden der Rautengrube) sowie deren Verbindungen mit den Hörfeldern im Schläfenlappen wurden grün hervorgehoben.

1 Seitenventrikel des Großhirns
2 Thalamus (Zwischenhirn)
3 Inselrinde
4 III. Ventrikel (Zwischenhirn)
5 Schläfenlappen (Lobus temporalis)
6 **Innenohr** im Felsenbein – **Schnecke (Cochlea) und innerer Gehörgang**
7 **Mittelohr mit Gehörknöchelchen**
8 Äußerer Gehörgang und äußeres Ohr
9 Trommelfell (Membrana tympani) und lateraler Bogengang
10 Innere Drosselvene (V. jugularis int.)
11 Innere Halsschlagader (A. carotis int.) und Halsgrenzstrang (Truncus sympatheticus)
12 Innere Kapsel (Capsula int.)
13 Lage der **primären akustischen Rindenfelder** (sog. Heschl-Querwindungen)
14 Lage der **sekundären akustischen Rindenfelder** (Gyrus temporalis sup., Wernicke-Sprachzentrum)
15 Hörstrahlung (Radiatio acustica), Faserbündel der zentralen Hörbahn
16 Hippokampusrinde (limbisches System)
17 Hirnstamm (Mittelhirn)
18 Felsenbein (Pars petrosa)
19 Kiefergelenk und Gelenkkopf des Unterkiefers
20 Schädelbasis
21 Kieferarterie (A. maxillaris)
22 Schlundmuskulatur (Pharynx)
23 **Gehör- und Gleichgewichtsnerv (N. vestibulocochlearis, N. VIII)**
24 **Gesichtsnerv (N. facialis, N. VII)**
25 Innerer Gehörgang (Meatus acusticus int.)
26 **Schnecke (Cochlea)**
27 **Oberer Bogengang** (Ductus semicircularis sup.)
28 Bogengangsausbuchtungen (Ampullen) mit vestibulären Sinnesorganen für Gleichgewichtssteuerungen
29 **Hinterer Bogengang** (Ductus semicircularis post.)
30 **Seitlicher Bogengang** (Ductus semicircularis lat.)
31 Druckausgleichsventil (Ductus und Saccus endolymphaticus)
32 Medialer Kniehöcker (Corpus geniculatum med.) – Schaltstelle der Hörbahn
33 **Seitliche Schleifenbahn (Lemniscus lat.)** – Teil der Hörbahn
34 Kleinhirn (Cerebellum)
35 Rautengrube (Fossa rhomboidea)
36 Fazialiskanal (für N. VII)
37 Grube für S-förmigen Blutleiter des Gehirns (Sinus sigmoideus)

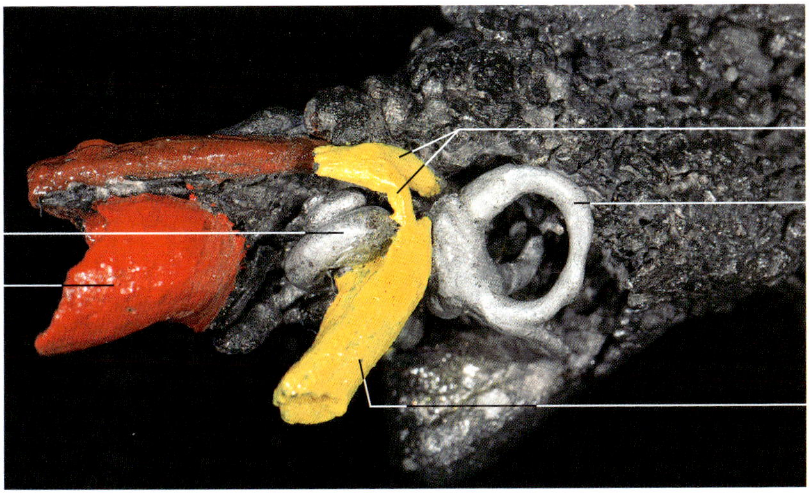

Ausgußpräparat vom Innenohr (rechte Seite, von oben). Die Hohlräume von Schnecke, Vestibulum und Bogengängen wurden mit Wood-Metall ausgegossen. Gelb = Knochenkanäle für N. vestibulocochlearis und N. facialis.

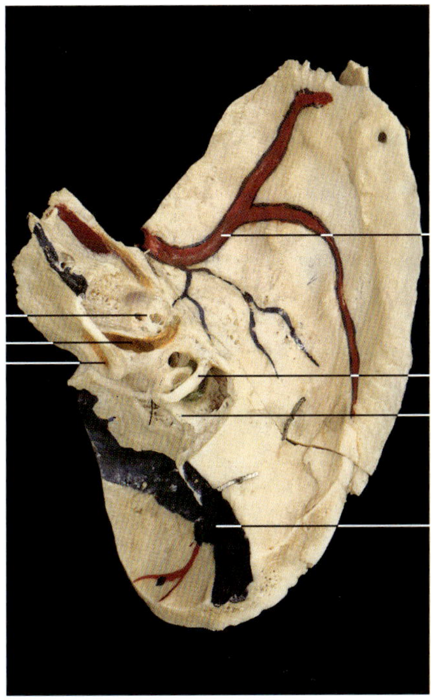

Schläfenbein (von oben). Bogengänge und Schnecke wurden aus dem Felsenbein herausgemeißelt (rechte Seite). Rot = Arterienkanäle; blau = venöse Sinus; gelb = Nervenkanäle.

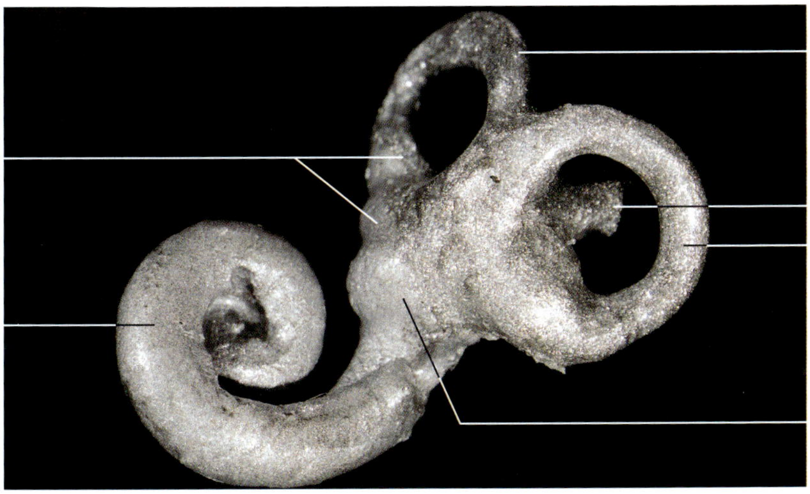

Ausgußpräparat vom Labyrinthorgan (isoliert) (rechte Seite, von hinten).

38 Ausguß der A. carotis int.
39 Grube für A. meningea media
40 Wirbelarterie (A. vertebralis)
41 Vorhof (Vestibulum) des Gleichgewichtorgans mit Utriculus und Sacculus (membranöse Vorhofbläschen)

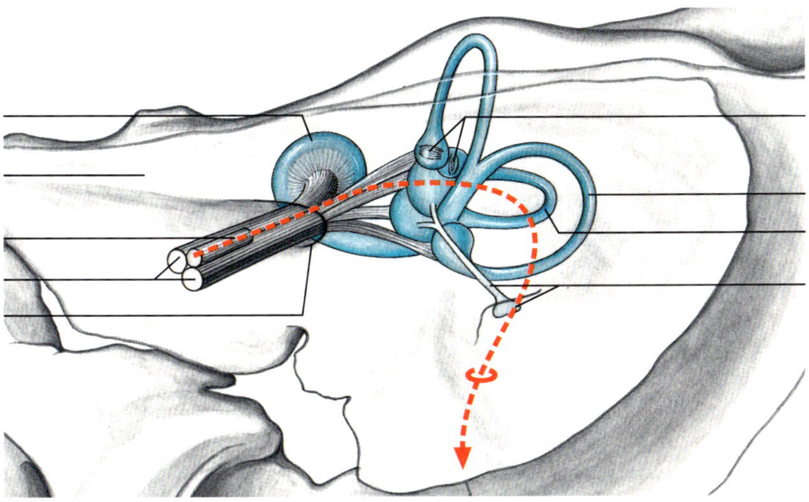

Lage des Labyrinthorgans (Bogengänge und Schnecke) mit den zugehörigen Nerven im Felsenbein (rechte Seite, von hinten gesehen). Rote Linie = Verlauf des N. facialis.

Die **Schnecke** (Cochlea) enthält die Sinneszellen für die Wahrnehmung von Schallreizen. Die nervösen Erregungen werden über den medialen Kniehöcker (Zwischenhirn) dem Schläfenlappen des Großhirns zugeleitet (Hörbahn). Die primären Hörzentren dienen der Hörwahrnehmung, die sekundären der Verarbeitung auditiver Reize (Sprach- und Lautverständnis, Musikalität).

Der **Gesichtsnerv** (N. facialis) zieht mit dem Hörnerv ins Innenohr und läuft unter dem lateralen Bogengang dicht unter der Mittelohrschleimhaut zu seiner Austrittsöffnung an der Schädelbasis. Bei Mittelohrentzündungen oder Schädelbrüchen kann er leicht geschädigt werden, so daß neben Hör- oder Gleichgewichtsstörungen auch Lähmungen der mimischen Muskulatur auftreten können.

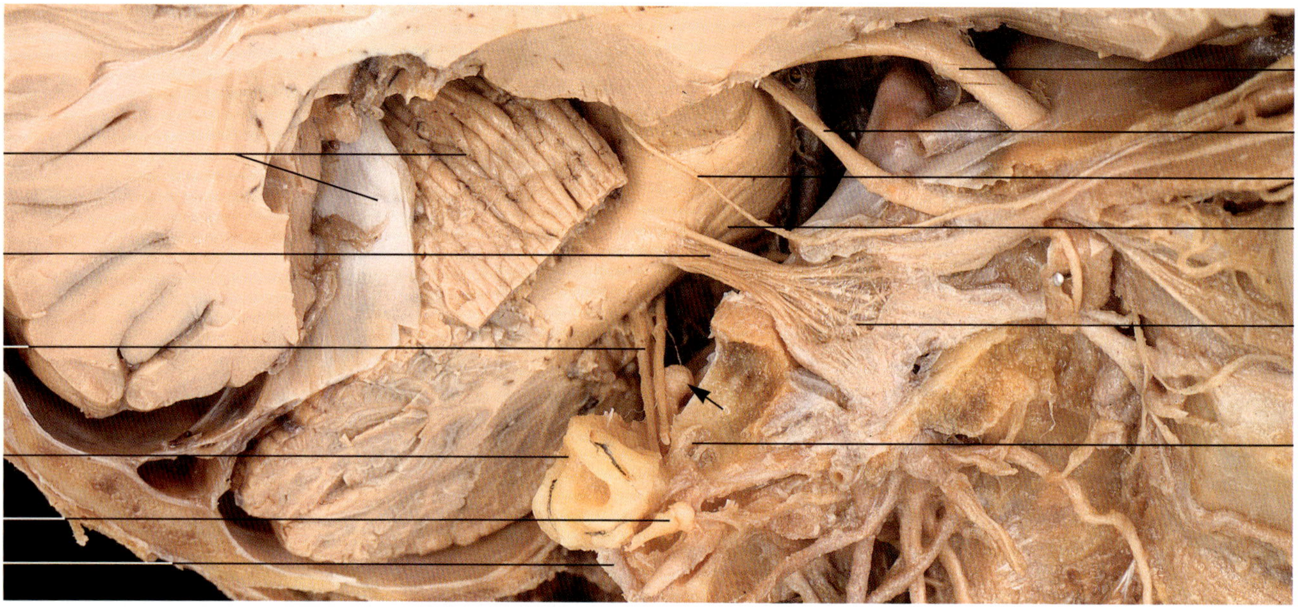

Labyrinthorgan im Felsenbein mit Hirnnerven und Hirnstamm (schräg von lateral-oben). Die drei senkrecht aufeinander stehenden Bogengänge wurden eröffnet. Das Trommelfell wurde zusammen mit dem äußeren Gehörgang und der Ohrmuschel entfernt. Die Gehörknöchelchenbrücke (5) ist noch zu erkennen. Pfeil = kleine Geschwulst im Vestibularnerven (Neurinom).

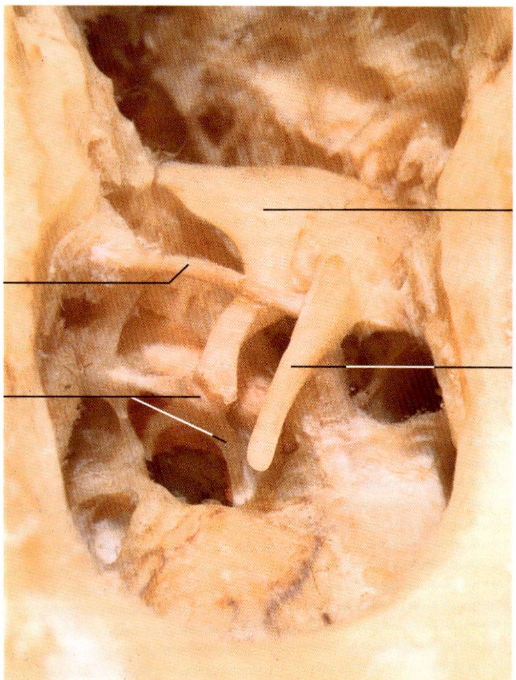

Gehörknöchelchenbrücke im Mittelohr. Das Trommelfell wurde entfernt (rechte Seite, von außen).

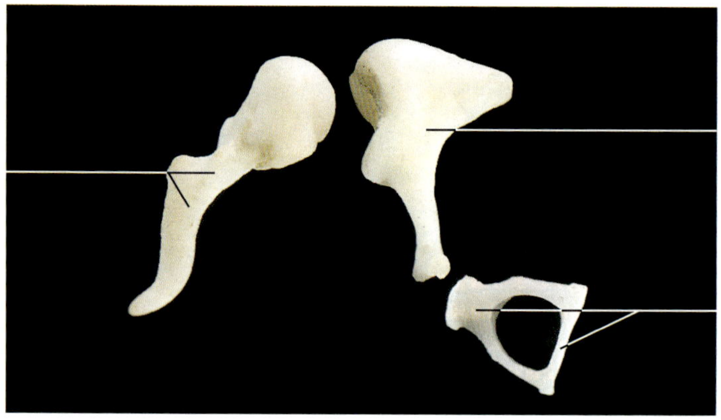

Gehörknöchelchen des rechten Ohres (isoliert).

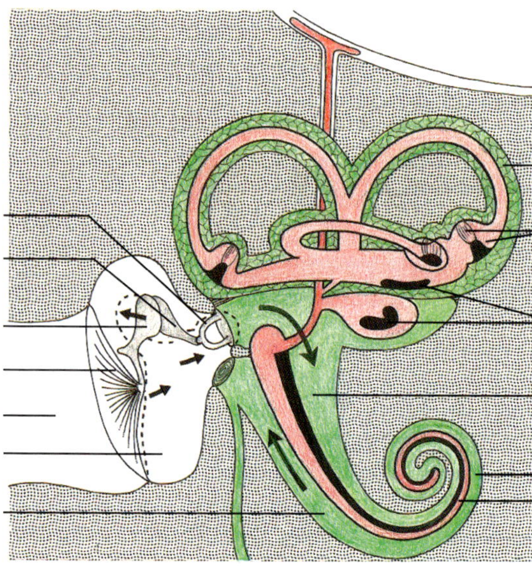

Aufbau des Gehör- und Gleichgewichtsorgans. Pfeile: Schwingungsrichtungen. Rot = Endolymphe; grün = Perilymphe; schwarz = Sinnesorgane.

Gleichgewichtswahrnehmungen. Die Ampullen der **drei Bogengänge**, die senkrecht aufeindanderstehen, enthalten pinselförmige Sinnesorgane, die sich bei Kopfbewegungen in der jeweiligen Ebene des Raumes verformen, was von den Sinneszellen registriert wird. Die zwei **statischen Sinnesfelder (Maculae)** enthalten kleine Kalkkristalle (»Gehörsteinchen«, Statolithen), die bei Vertikalbewegungen des Kopfes auf die Sinneszellen drücken und dadurch eine nervöse Erregung auslösen.

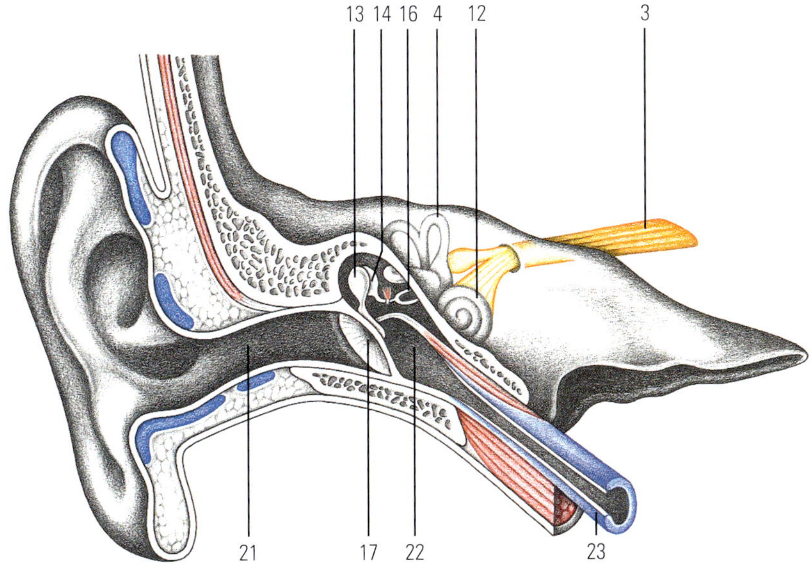

Aufbau des Ohres. Der äußere Gehörgang endet am Trommelfell. Das Mittelohr steht über die Eustachi-Röhre (Tuba auditiva) (23) mit dem oberen Pharynx in Verbindung. Das Labyrinthorgan (für Gehör- und Gleichgewichtsempfindungen) liegt innerhalb des Felsenbeins (Innenohr).

Hörvorgang: Die Schallwellen setzen Trommelfell und Gehörknöchelchen in Schwingungen, die vom Steigbügel auf das ovale Fenster und weiter auf die Perilymphräume der Schnecke übertragen werden. Die Perilymphschwingung überträgt sich auf den Schneckengang (Ductus cochlearis) (20), wo die Deckmembran (Membrana tectoria) die Sinneszellen im **Corti-Organ** (27) mechanisch erregt. Diese Erregungen werden über den Hörnerven (3) und die Hörbahn den Hörzentren des Gehirns zugeleitet.

1 Kleinhirn (Cerebellum) mit Tentorium cerebelli (Kleinhirnzelt)
2 Drillingsnerv (Trigeminusnerv, N. V)
3 **Gehör- und Gleichgewichtsnerv (N. vestibulocochlearis, N. VIII)**
4 Bogengangsystem (3 Bogengänge mit Erweiterung zu Ampullen)
5 Gehörknöchelchenbrücke im Mittelohr
6 Gesichtsnerv (N. facialis, N. VII)
7 Sehtrakt (Tractus opticus)
8 Augenmuskelnerv (N. oculomotorius, N. III)
9 Augenmuskelnerv (N. trochlearis, N. IV)
10 Hirnstamm
11 Trigeminusganglion (Ganglion trigeminale)
12 **Schnecke (Cochlea)**
13 **Hammer (Malleus)**
14 **Amboß (Incus)**
15 Chorda tympani (Ast des N. facialis durch die Paukenhöhle)
16 **Steigbügel (Stapes)**
17 **Trommelfell (Membrana tympani)**
18 Ausbuchtung (Ampulle) eines Bogenganges mit Sinneszellen
19 **Statische Sinnesfelder im Utriculus und Sacculus (Maculae)**
20 **Schneckengang (Ductus cochlearis)** mit Sinnesorgan **(Corti-Organ)**
21 Äußerer Gehörgang
22 **Mittelohr (Cavum tympani)**
23 **Ohrtrompete (Tuba auditiva)**
24 Oberer Perilymphgang (Scala vestibuli)
25 Unterer Perilymphgang (Scala tympani)
26 Deckmembran (Membrana tectoria)
27 **Corti-Organ mit Sinneszellen** (3–5 Reihen äußerer Haarzellen und 1 Reihe innerer Haarzellen)
28 **Basilarmembran** (schwingungsfähige Bindegewebsmembran)
29 Hörnerven
30 Nervenzellen des Hörnerven (Ganglion spirale)
31 Scala vestibuli und Membrana vestibularis (Reissner-Membran)

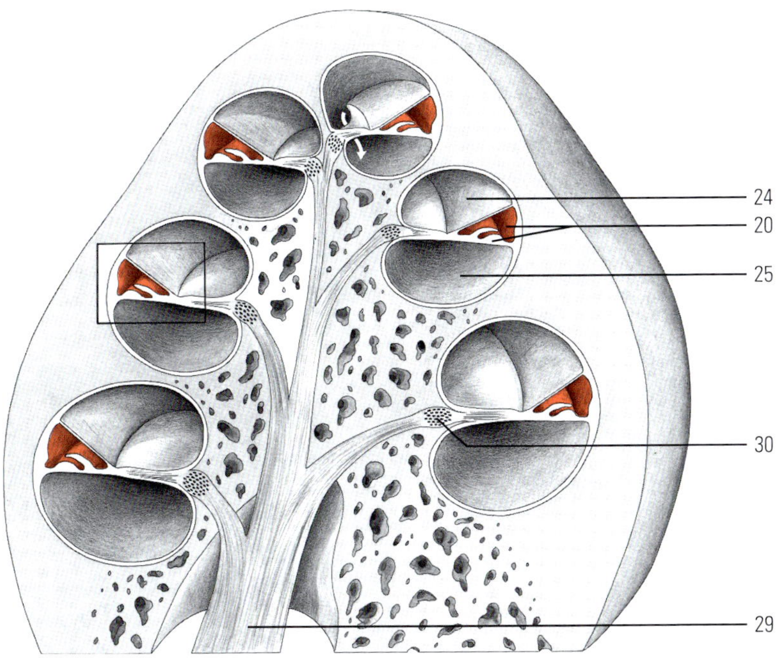

Aufbau der Schnecke (Cochlea). Senkrechter Schnitt durch die Schneckenspindel (schematisch). Rot = Endolymphräume (Ductus cochlearis) (20).

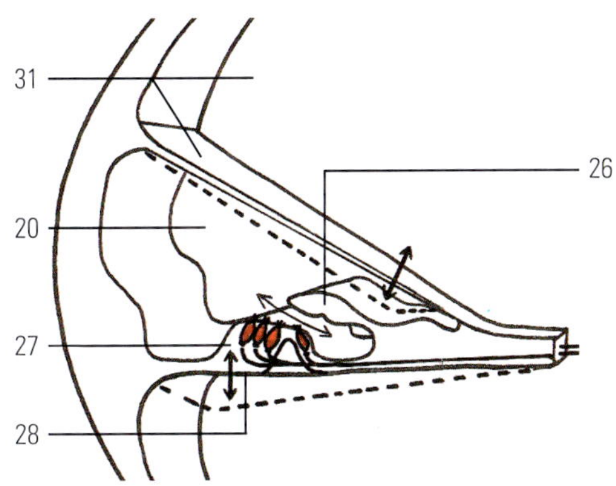

Schema der Schwingungen des Schneckenganges beim Hörvorgang. Rot = Sinneszellen (Ausschnittvergrößerung).

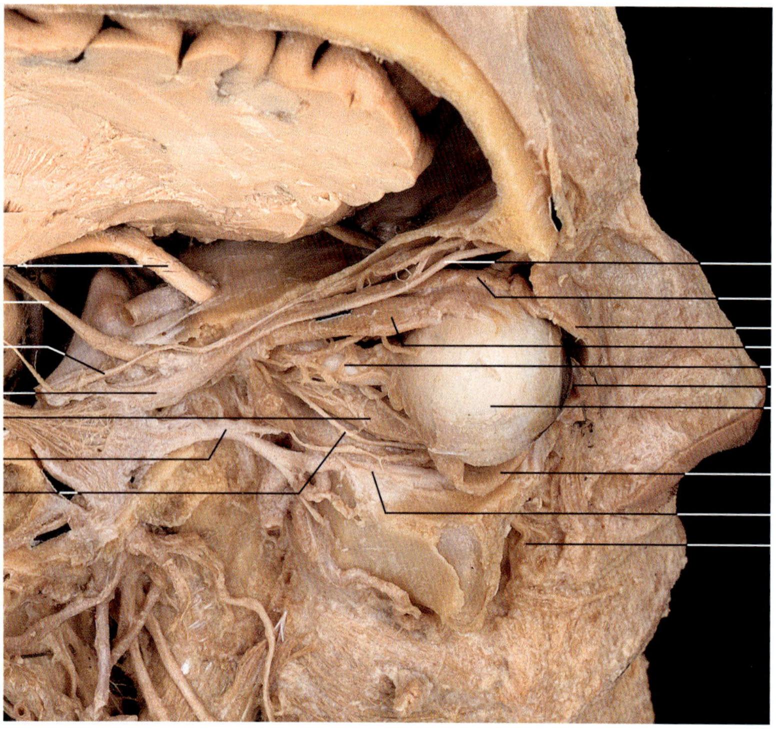

Auge mit Augenmuskeln und zugehörigen Nerven innerhalb der Augenhöhle (Orbita). Jochbogen und M. rectus lat. wurden durchtrennt.

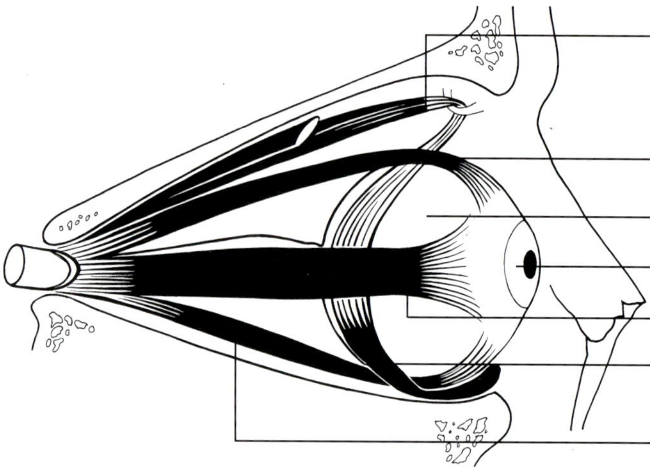

Augenmuskeln (schematisch) (rechtes Auge von lateral).

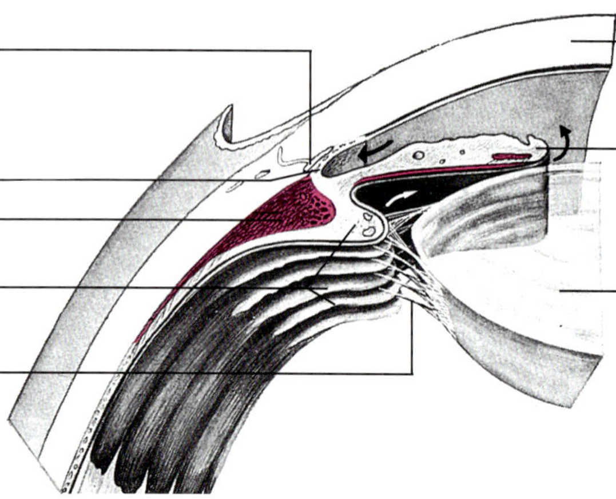

Akkommodationsapparat und Kammerwinkelregion des Auges. Pfeile: Flußrichtung des Augenkammerwassers.

1 Sehtrakt (Tractus opticus)
2 **N. trochlearis** (N. IV) für M. obliquus sup.
3 N. ophthalmicus (N. V_1)
4 **Sehnerv (N. opticus, N. II)**
5 Unterer gerader Augenmuskel (**M. rectus inf.,** N. III)
6 Oberkiefernerv (N. maxillaris, N. V_2)
7 Ast des N. oculomotorius (R. inf., N. III)
8 Stirnnerv (N. frontalis) (aus N. V_1)
9 Lidheber (M. levator palpebrae sup.)
10 Oberer gerader Augenmuskel (**M. rectus sup.,** N. III)
11 Oberlid
12 Hornhaut (Cornea)
13 Lederhaut (Sclera)
14 Unterer schräger Augenmuskel **M. obliquus inf.** (N. III)
15 N. infraorbitalis (aus N. V_2)
16 Hautäste des N. infraorbitalis
17 Oberer schräger Augenmuskel **M. obliquus sup.** (N. IV)
18 Äußerer gerader Augenmuskel **M. rectus lat.** (N. VI)
19 N. oculomotorius (N. III)
20 Trigeminusganglion (Ganglion trigeminale)
21 **Tränendrüse (Gl. lacrimalis)**
22 Lidmuskel (M. orbicularis oculi)
23 Schlemm-Kanal (Kammerwasserabfluß)
24 Trabekelwerk (Filter für Kammerwasser)
25 **Ziliarmuskel** (M. ciliaris)
26 Ziliarfortsätze (Kammerwasserbildung)
27 Regenbogenhaut (Iris)
28 Linse (Lens)
29 Linsenaufhängung (Zonula ciliaris)
30 **Tränenkanälchen**
31 Tränensack
32 Tränen-Nasen-Gang

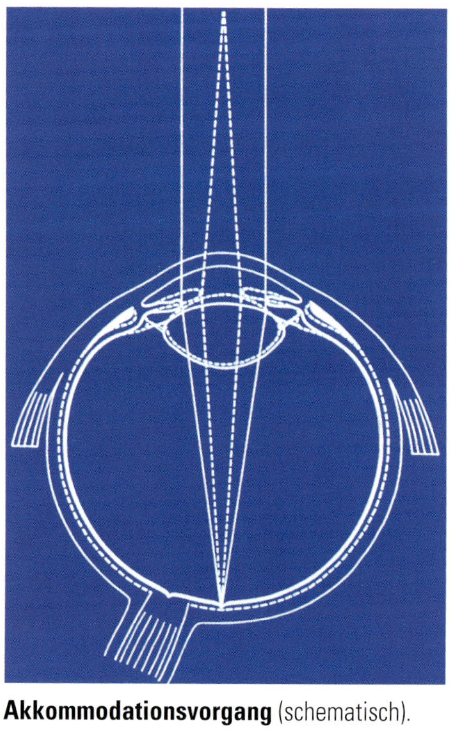

Akkommodationsvorgang (schematisch).

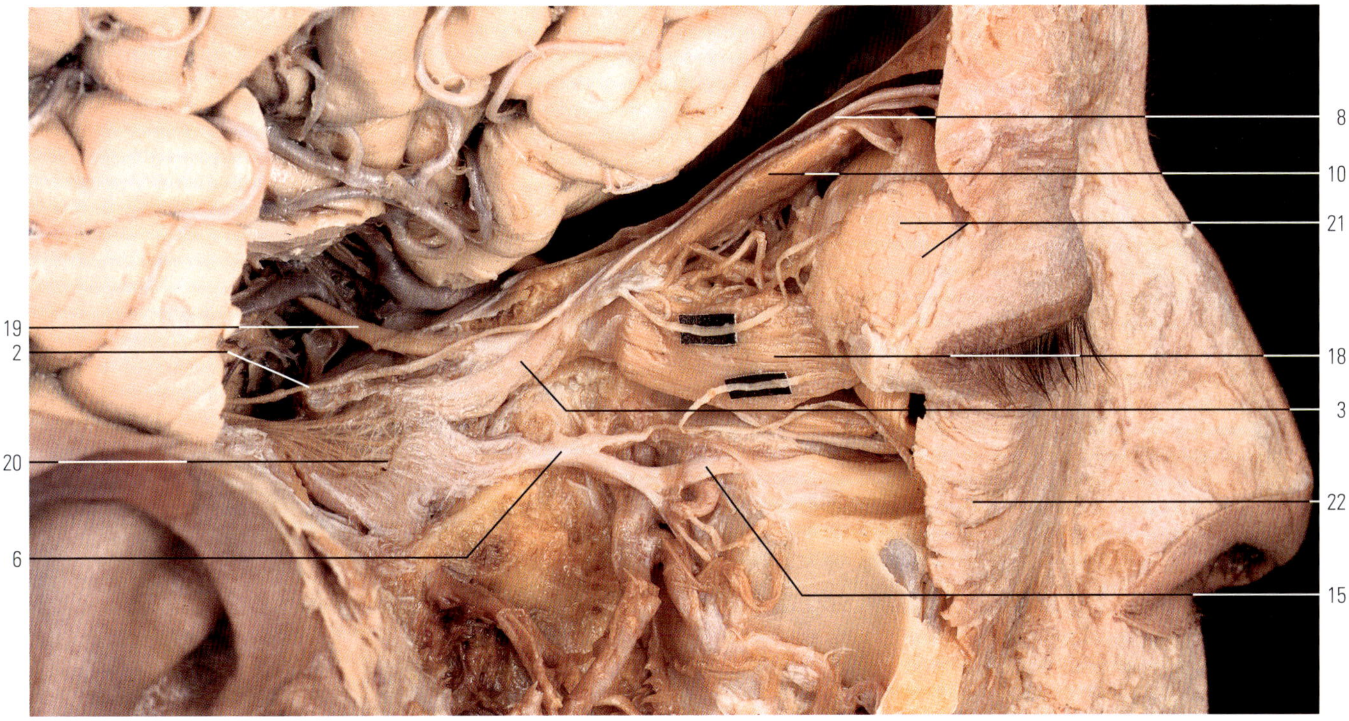

Augenhöhle (Orbita) mit Augenmuskeln, Augenlidern und Tränendrüse (von der Seite). Darstellung von Augenmuskelnerven und Trigeminusganglion. Der Jochbogen wurde entfernt.

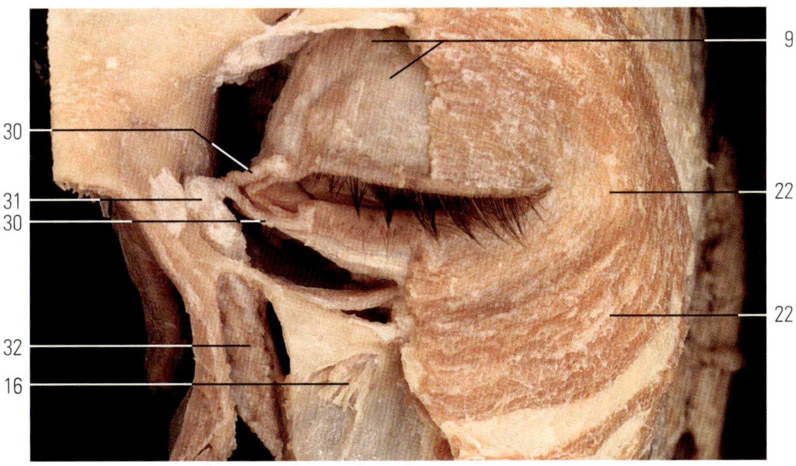

Tränenapparat (linke Seite, von vorne).Tränenkanälchen und Tränen-Nasen-Gang.

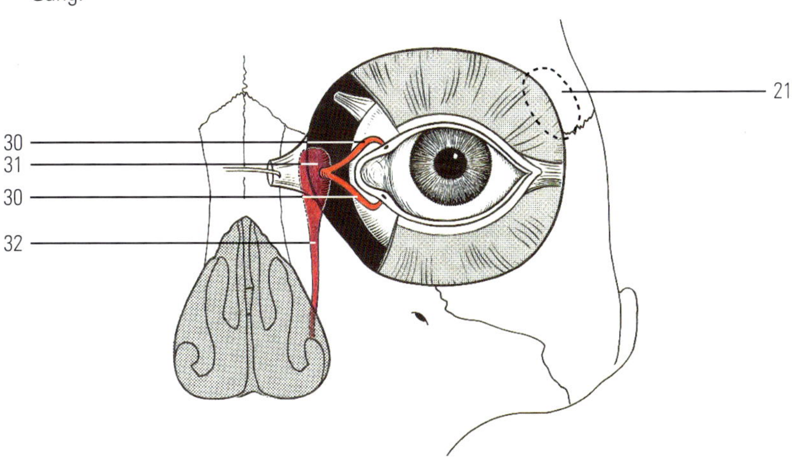

Tränenapparat (schematisch). Punktierte Linie = Lage der Tränendrüse.

Augenmuskulatur (Innervation u. Funktion)		
M. rectus lat.	N. VI	Abduktion (Auswärtsbewegung)
M. rectus med.	N. III	Adduktion (Nasalbewegung)
M. rectus sup.	N. III	Adduktion, **Hebung**, Innenrotation
M. rectus inf.	N. III	Adduktion, **Senkung**, Außenrotation
M. obliquus sup.	N. IV	Abduktion, Senkung, **Innenrotation**
M. obliquus inf.	N. III	Abduktion, Hebung, **Außenrotation**

Akkommodation (Scharfstellen beim Nahsehen) wird durch Kontraktion des Ziliarmuskels und eine stärkere Krümmung der Linsenvorderfläche erreicht, die durch die Erschlaffung der vorderen Zonulafasern ermöglicht wird. Gleichzeitig erfolgt eine Pupillenverengung (Miosis) (s. Schema S. 136).

Kammerwasserzirkulation. Das eiweiß- und zellfreie Kammerwasser wird in den Ziliarfortsätzen gebildet. Es umspült und ernährt die Linse und fließt durch die Pupille in die Vorderkammer, um durch das Trabekelwerk in den Schlemm-Kanal und ins Blut abzufließen. Bei Abflußbehinderungen kann der Augendruck (normal 15–18 mm Hg) ansteigen (grüner Star oder Glaukom).

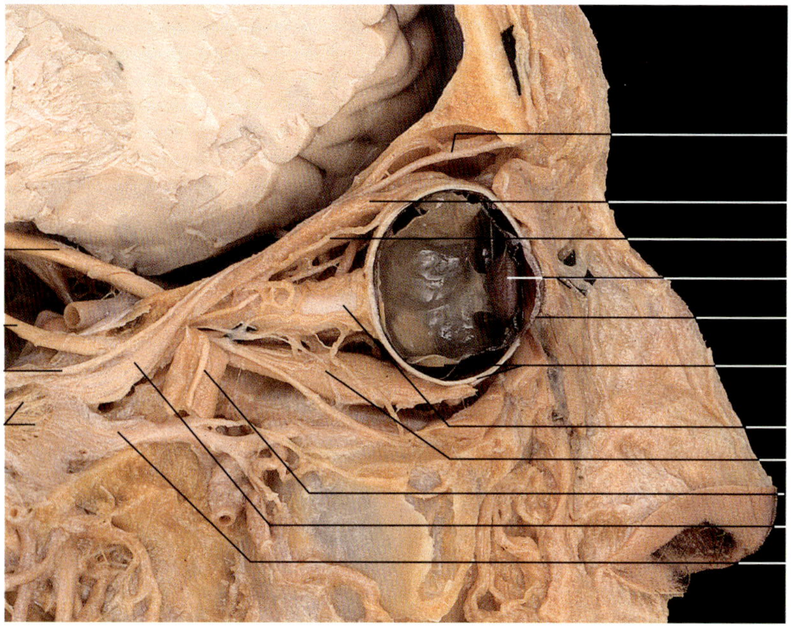

Auge mit Augenmuskeln und Nerven innerhalb der Augenhöhle (Orbita) (von der Seite, Auge halbiert). Der M. rectus lat. (13) wurde durchtrennt und zurückgeklappt. An der Innenseite ist der zugehörige N. abducens (N. VI) erkennbar.

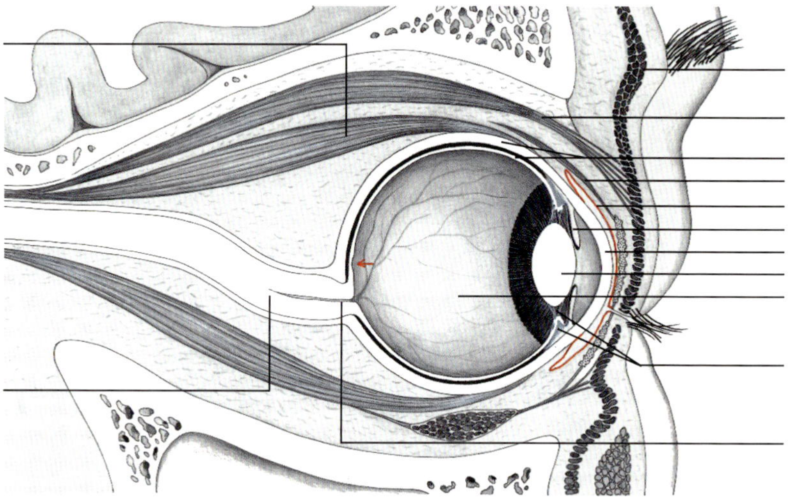

Schnitt durch Auge, Augenhöhle und Lidapparat (schematisch). Rot = Bindehautsack (Conjunctiva); Pfeil = Lokalisation der Fovea centralis.

1 Sehtrakt (Tractus opticus)
2 Augenmuskelnerv (N. oculomotorius, N. III)
3 Augenmuskelnerv (N. trochlearis, N. IV)
4 Trigeminusnerv und Ganglion trigeminale
5 Stirnnerv (N. frontalis)
6 Oberer gerader Augenmuskel (M. rectus sup.)
7 **Augenarterie** (A. ophthalmica)
8 **Linse**
9 Hornhaut (Cornea)
10 Lederhaut (Sclera) und Netzhaut (Retina), abgelöst
11 **Sehnerv (N. opticus)** mit Ziliarnerven
12 Unterer gerader Augenmuskel (M. rectus inf.)
13 Seitlicher Augenmuskel (M. rectus lat.) mit N. abducens (N. VI)
14 Erster Trigeminusast (N. ophthalmicus, N. V_1)
15 Zweiter Trigeminusast (N. maxillaris, N. V_2)
16 Ringförmiger Lidmuskel (M. orbicularis oculi)
17 Oberlidheber (M. levator palpebrae sup.)
18 Oberer Tarsalmuskel (M. tarsalis sup.) – unwillkürlicher, glatter Lidheber
19 **Bindehaut (Conjunctiva)**
20 Regenbogenhaut (Iris)
21 Ziliarkörper und Linsenhalteapparat (Zonula ciliaris)
22 Retinagefäße (A. und V. centralis retinae)
23 Glaskörper (Corpus vitreum) (durchsichtig)
24 Sehnervenpapille (Discus n. optici)
25 Optikusfaserschicht der Netzhaut
26 Optikusganglienschicht der Netzhaut
27 Schicht der bipolaren Ganglienzellen (Schaltelemente der Netzhaut)
28 **Schicht der Sehzellen, Stäbchen und Zapfen**
29 Pigmenthaltige Zellschicht (retinales Pigmentepithel), verhindert durch Lichtabsorption Reflexionen im Augapfel
30 Aderhaut (Choroidea)
31 Lederhaut (Sclera)

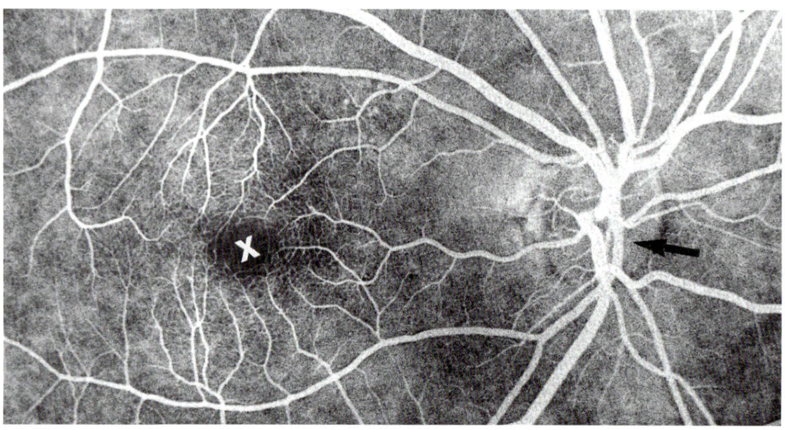

Fluoreszenzangiogramm der Netzhautgefäße. x = Fovea centralis (Stelle des schärfsten Sehens); Pfeil = Sehnervenpapille (24) (blinder Fleck).

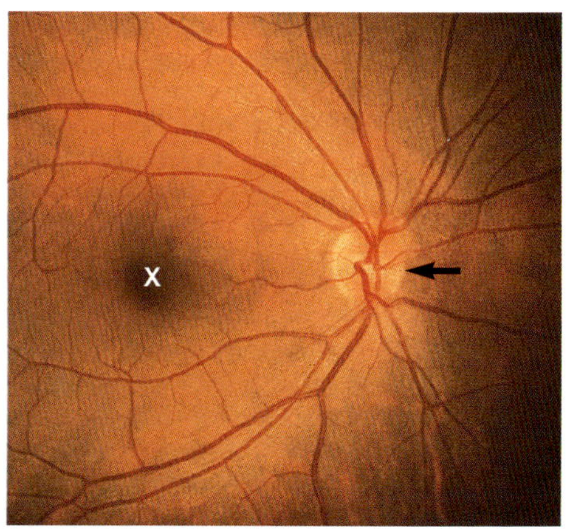

Augenhintergrund mit Fovea centralis (x) und Sehnervenpapille (Pfeil).

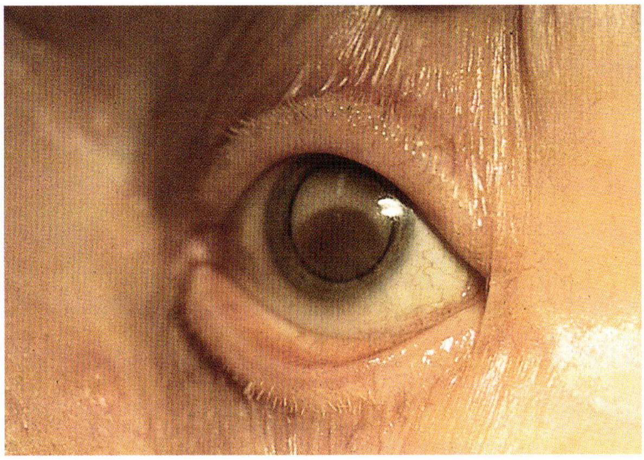

Auge mit einer Trübung der Linse (Grauer Star, Cataracta nuclearis)

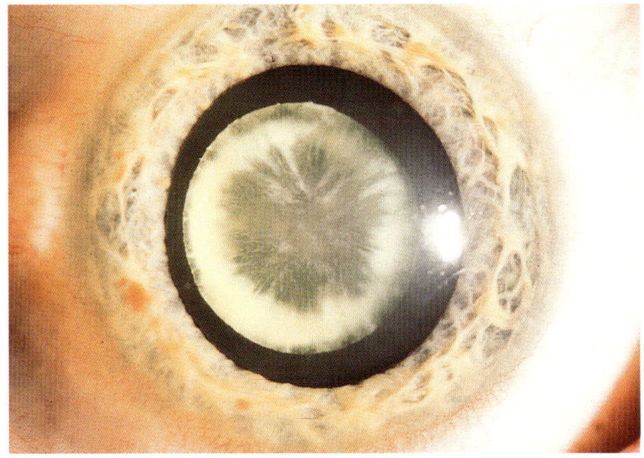

Vorderes Augensegment. Die Iris ist künstlich erweitert. Die Linse zeigt randständige Trübungen (Alterskatarakt).

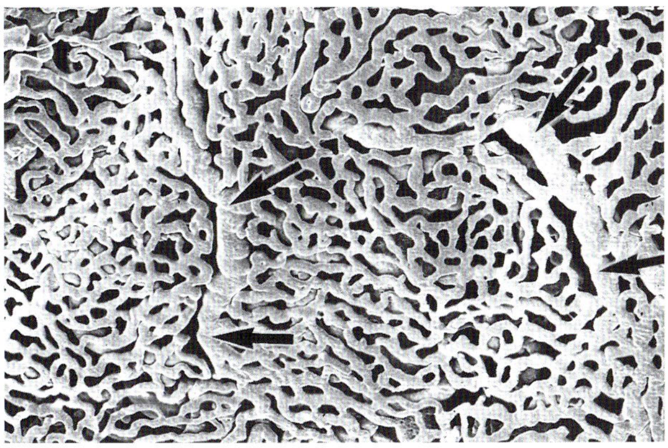

Gefäßausgußpräparat der Aderhautkapillaren (rasterelektronenmikroskopische Aufnahme). Pfeile = abführende Venen.

Die **Netzhaut (Retina)** enthält zwei verschiedene Formen von Sinneszellen, Stäbchen für Hell/Dunkel-Wahrnehmung und Zapfen für Farbwahrnehmung (blau, rot und grün). Die lichtempfindlichen Abschnitte der Sinneszellen sind (lichtabgewandt) nach außen, d. h. dem Pigmentepithel und der Aderhaut zugekehrt. Die inneren Netzhautschichten enthalten die Schaltzellen sowie die Blutgefäße (A. und V. centralis retinae). Im Bereich der Fovea centralis (Stelle des schärfsten Sehens) sind die inneren Schichten nach der Seite verlagert. Hier gibt es nur Zapfen.

Schichtengliederung des Auges		
Äußere Augenhaut	–	Cornea, Sclera
Mittlere Augenhaut	–	Iris, Ziliarkörper und Aderhaut (Uvea)
Innere Augenhaut	–	Pigmentepithelschicht, Netzhaut

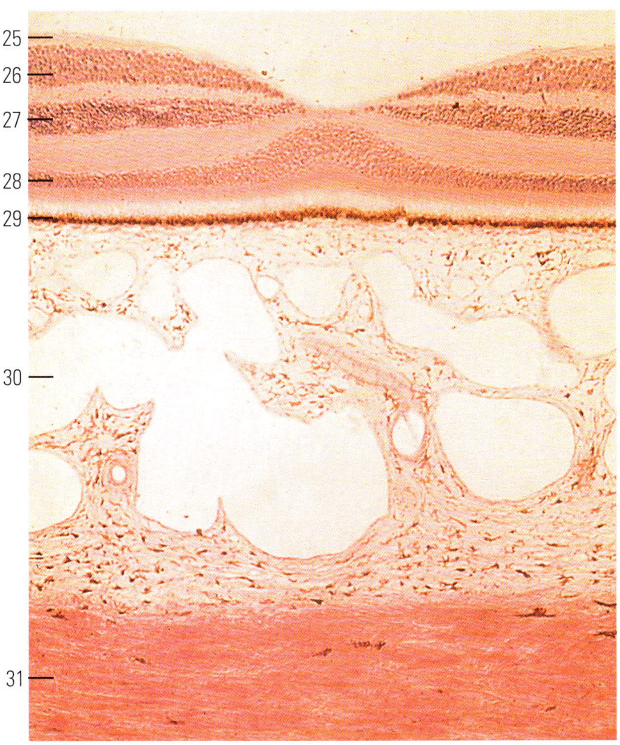

Schnitt durch die Netzhaut im Bereich der Fovea centralis (mikroskopische Aufnahme).

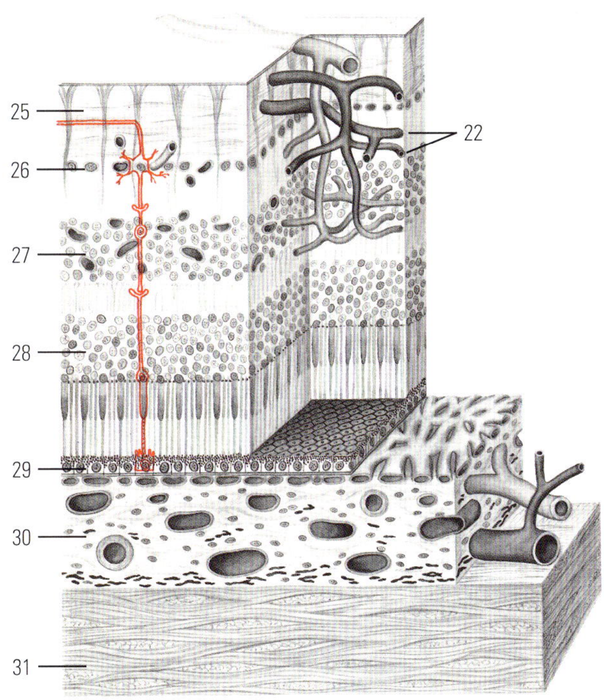

Struktur der Netzhaut und der angrenzenden Schichten (Pigmentepithel, Aderhaut und Sclera) (Schema).

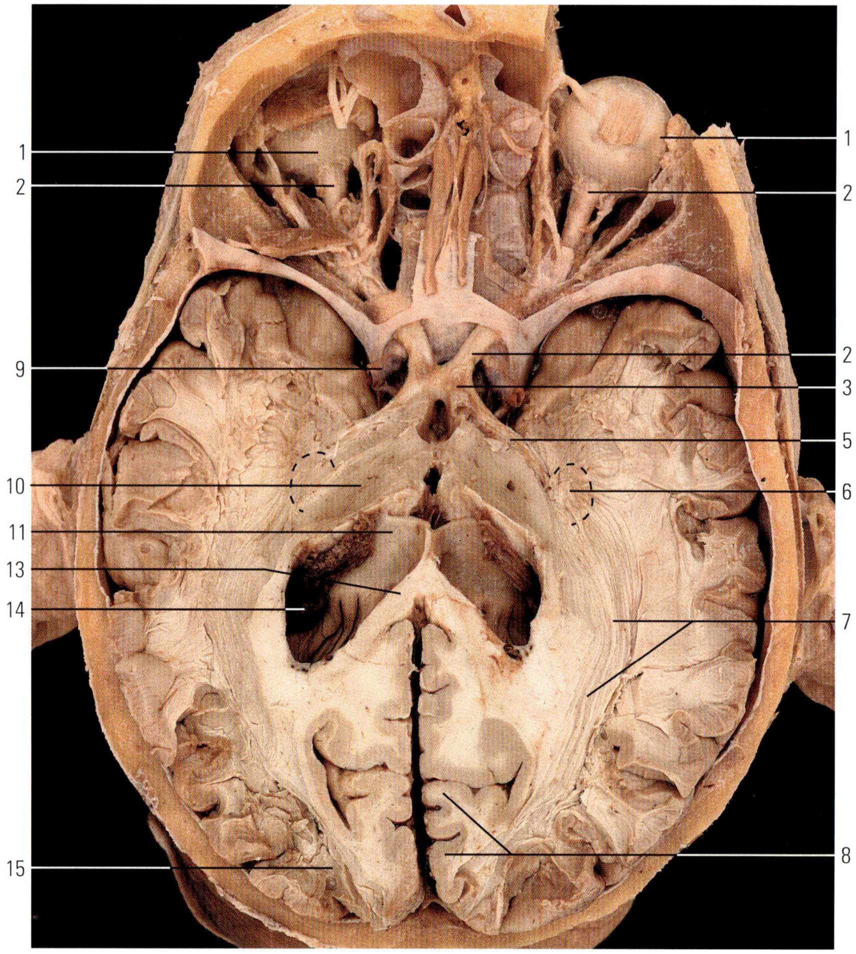

Darstellung des Sehsystems (von oben). Die oberen Teile von Kopf und Gehirn sowie das Dach der Augenhöhle wurden entfernt. Die Sehnervenkreuzung liegt im Bereich des Türkensattels in der Nähe der Hypophyse und der A. carotis int. Die primären Sehzentren befinden sich im Hinterhauptlappen des Großhirns (8).

1 Augapfel (Bulbus oculi)
2 Sehnerv (N. opticus, N. II)
3 Sehnervenkreuzung (Chiasma opticum)
4 Augenmuskelnerv (N. oculomotorius, N. III)
5 Sehtrakt (Tractus opticus)
6 Lateraler Kniehöcker (Corpus geniculatum lat.), Schaltstelle der Sehbahn
7 Gratiolet-Sehstrahlung (Radiatio optica), Sehbahnfasern zwischen Thalamus und primärer Sehrinde
8 Primäres Sehzentrum im Hinterhauptlappen (Area calcarina)
9 Innere Halsschlagader (A. carotis int.)
10 Thalamus (Zwischenhirn)
11 Fornix (Dach des III. Hirnventrikels)
12 Vierhügelplatte des Mittelhirns (Lamina tecti)
13 Balken (Corpus callosum) – Kommissurenbahnen
14 Seitenventrikel
15 Hinterhauptlappen des Großhirns (Lobus occipitalis)
16 Gesichtsfeld
17 Netzhaut (Retina)
18 Sekundäre und tertiäre Sehzentren im Hinterhauptlappen
19 Ganglion ciliare
20 Ziliarnerven für Irismuskulatur und Ziliarmuskel

Schädigungen der Sehbahn und ihre Folgen

A Sehnerv – Erblindung des zugehörigen Auges
B Sehnervenkreuzung (z. B. Hypophysentumor) – Sehstörungen in beiden Augen
C Sehtrakt – halbseitige Gesichtsfeldausfälle (Hemianopsie)
D Primäres Sehzentrum – halbseitige Gesichtsfeldausfälle, jedoch erhaltende Reflexe (»Rindenblindheit«)
E Sekundäre und tertiäre Zentren – Störungen im Bilderkennen und Bilderinnern, jedoch erhaltene Wahrnehmungsfähigkeit (»Seelenblindheit«)

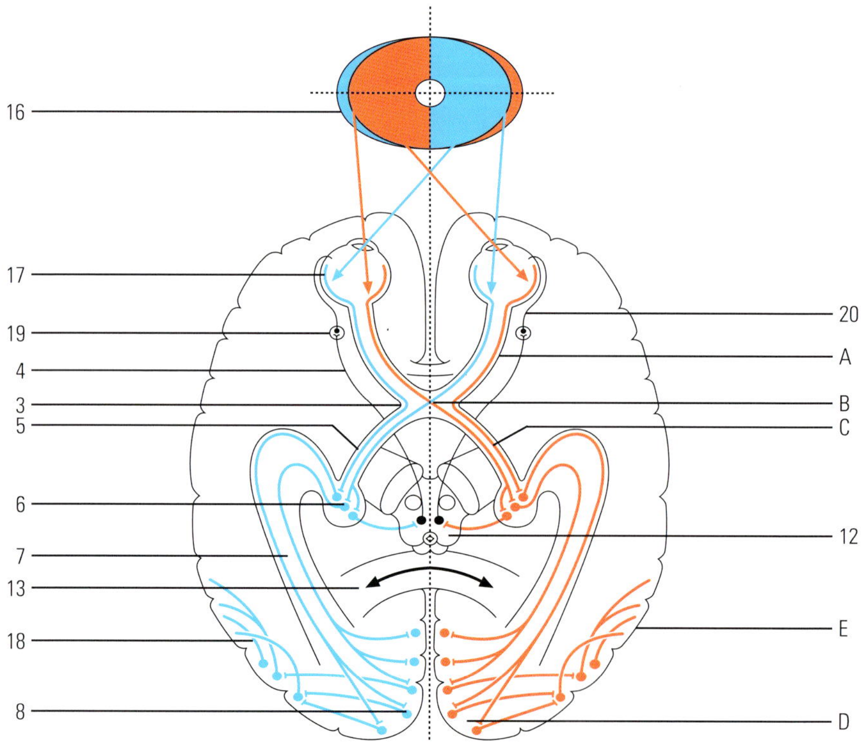

◄ **Schema der Sehbahn.** Die aus der Netzhaut kommenden Optikusfasern kreuzen im Chiasma zur Hälfte auf die andere Seite, zur Hälfte nicht. Dadurch projizieren die Fasern der beiden linken Netzhauthälften auf die linke, die der rechten auf die rechte Hirnhälfte (entspricht umgekehrt der rechten bzw. linken Gesichtsfeldhälfte). Die Pupillen- und Akkommodationsreflexe gehen von Mittelhirnkernen aus und laufen über den III. Hirnnerven (N. oculomotorius) und das Ganglion ciliare (19).

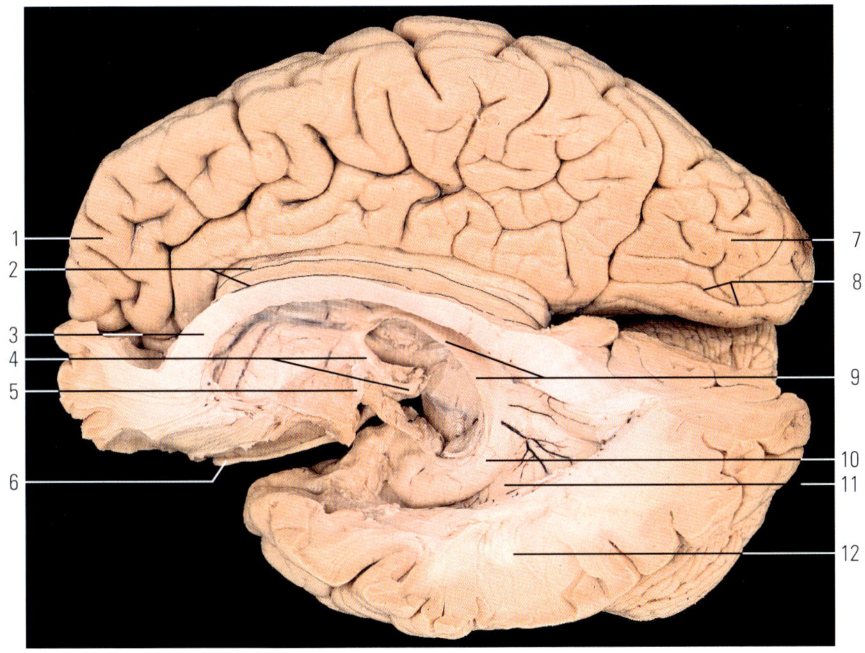

Limbisches System mit Hippokampusformation und Fornix in der linken Hirnhälfte. Die restlichen Teile der linken Großhirnhemisphäre wurden entfernt.

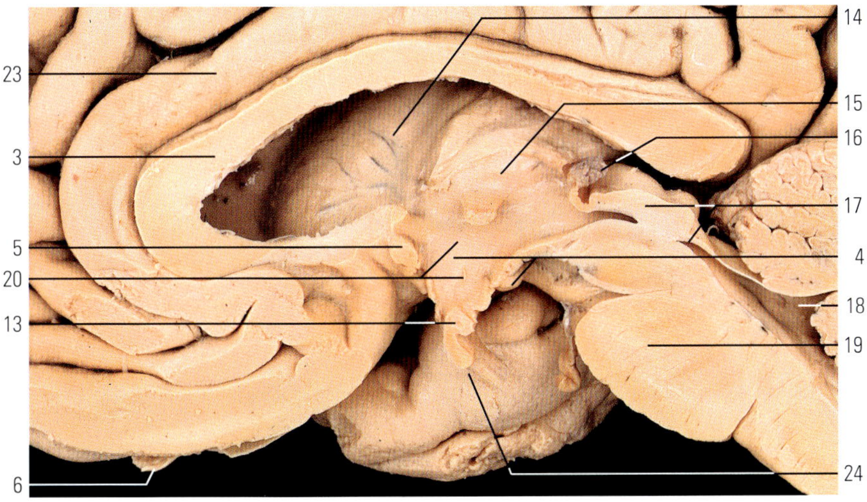

Medianschnitt durch das Gehirn im Bereich von Zwischen- und Mittelhirn. Im Hypothalamus liegen die Steuerungszentren des autonomen Nervensystems (z. B. für Wärmeregulation, Zucker- und Wasserhaushalt, Fortpflanzung usw.).

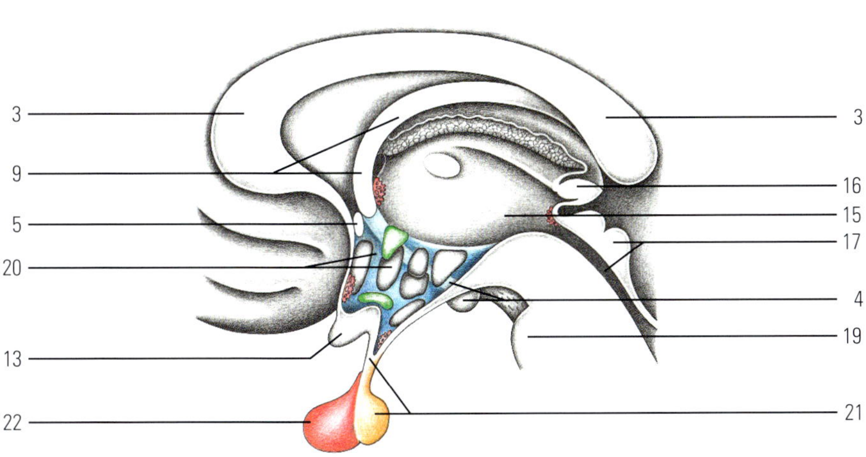

1 Stirnlappen des Großhirns (Lobus frontalis)
2 **Striae longitudinales** (Indusium griseum) – über dem Balken laufende Bahnen des limbischen Systems
3 Balken (Corpus callosum)
4 **Fornixsäulen und Mamillarkörper** – unter dem Balken laufende Bahnen des limbischen Systems
5 **Commissura ant.** (Kommissurenbahnen der Hippokampusformation)
6 Riechlappen (Bulbus olfactorius)
7 Hinterhauptlappen (Lobus occipitalis)
8 **Sehfurche (Sulcus calcarinus)** – primäres Sehzentrum
9 **Fornix** (Dach des III. Hirnventrikels) – Übergang in Hippokampusformation
10 **Hippokampusrinde**
11 Schläfenteil des Seitenventrikels
12 Schläfenlappen (Lobus temporalis)
13 Sehnervenkreuzung (Chiasma opticum)
14 Schweifkern (Nucleus caudatus)
15 **Thalamus** (gehört zum Zwischenhirn)
16 **Zirbeldrüse (Hirnepiphyse, Corpus pineale)**
17 Vierhügelplatte des Mittelhirns (Lamina tecti) und Aquädukt, Verbindung von III. und IV. Hirnventrikel
18 IV. Ventrikel unter dem Kleinhirn
19 Brücke (Pons)
20 **Hypothalamus,** unter dem Thalamus gelegener Teil des Zwischenhirns
21 Stiel der Hirnanhangsdrüse (Hypophysenstiel, Infundibulum) und Hypophysenhinterlappen (Neurohypophyse)
22 **Hypophysenvorderlappen** (Adenohypophyse)
23 Gyrus cinguli, geht hinten in die Hippokampusformation über
24 Vorderes Ende der Hippokampusformation im Schläfenlappen (Uncus hippocampi)

Das **limbische System** schlägt eine Brücke vom (unbewußten) autonomen NS zum (bewußten) zentralen Nervensystem (Hirnrinde). Es hängt zusammen mit Kurzzeitgedächtnis, emotionalen Färbungen von Wahrnehmungen sowie vegetativen Funktionen (Atmung, Kreislauf, Fortpflanzungsverhalten usw.).

◄ **Kerngebiete des Hypothalamus.** Die grün hervorgehobenen Kerne (Nucleus supraopticus und Nucleus paraventricularis) stehen mit dem Hinterlappen der Hypophyse in Verbindung (neurosekretorische Bahnen für Wasserhaushalt und Geburtsvorgang).

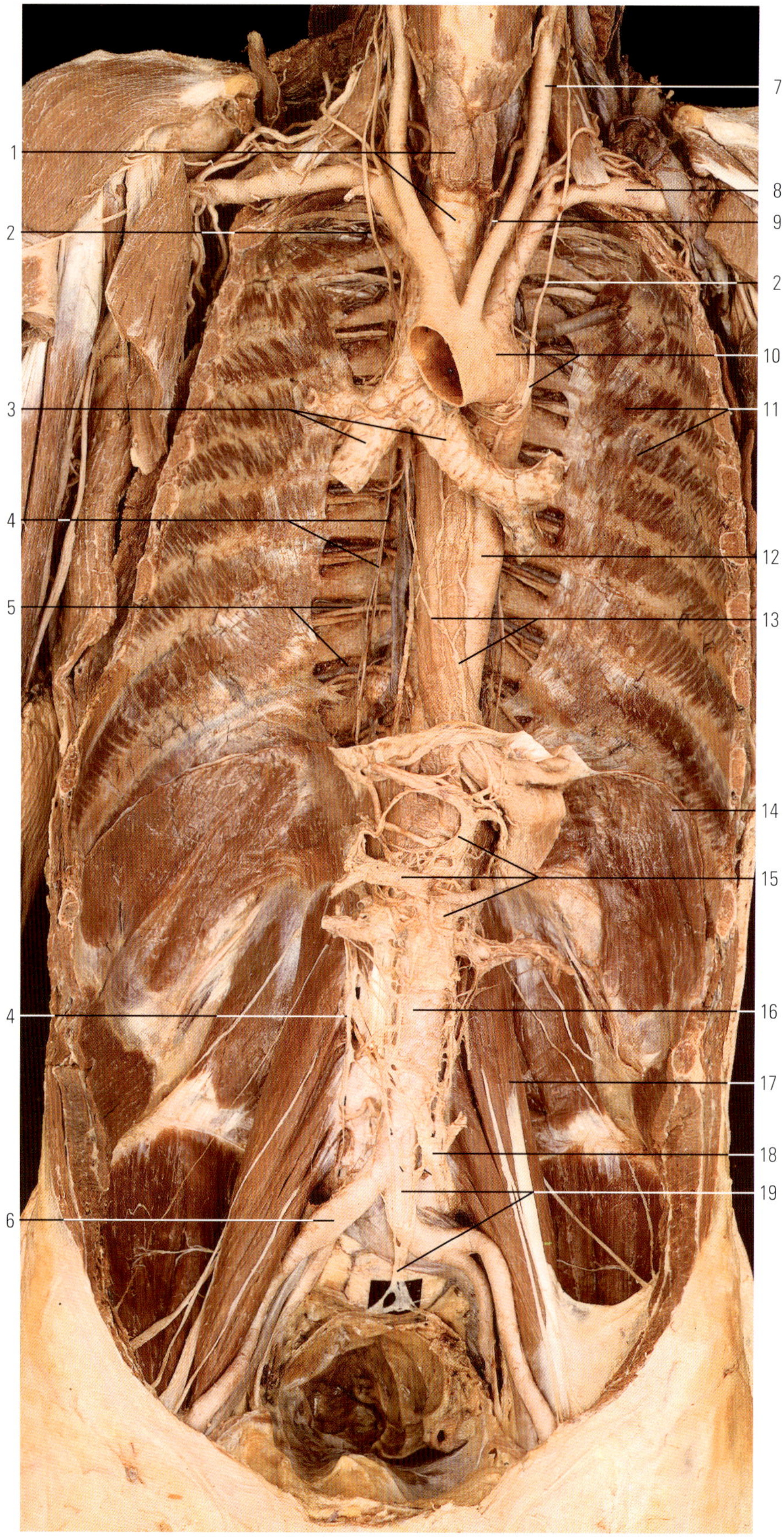

Autonomes Nervensystem im Bereich der Körperhöhlen. Darstellung des Grenzstranges und der prävertebralen Ganglien an der hinteren Brust- und Bauchwand. Das **Sonnengeflecht** (Plexus solaris) (15), das wichtigste Zentrum für die vegetative Innervation der Bauchorgane, liegt unter dem Zwerchfell vor der Bauchaorta in der Umgebung der A. coeliaca und der A. mesenterica sup.

1 Schilddrüse und Luftröhre
2 Eingeweidenerv **(N. vagus, N. X)**
3 Hauptbronchien mit autonomen Nervengeflechten
4 **Grenzstrang (Truncus sympatheticus mit Ganglien)**
5 Zwischenrippennerven (Nn. intercostales)
6 Gemeinsame Beckenarterie (A. iliaca communis)
7 Gemeinsame Halsschlagader (A. carotis communis)
8 Armarterie (A. subclavia)
9 Kehlkopfnerv (N. laryngealis recurrens)
10 Aortenbogen (Arcus aortae) mit N. laryngealis recurrens, Ast des N. vagus
11 Interkostalmuskulatur
12 Brustaorta
13 Vagusgeflecht an der Speiseröhre
14 Zwerchfell (Diaphragma)
15 **Sonnengeflecht (Plexus solaris)** (umfaßt Ganglion coeliacum und Ganglion mesentericum sup.)
16 Bauchaorta mit autonomen Nervengeflechten
17 Großer Lendenmuskel (M. psoas major)
18 Unteres Darmgeflecht (Plexus mesentericus inf.) an der A. mesenterica inf.
19 Oberes Beckengeflecht (Plexus hypogastricus sup.)
20 Seitensäule des Rückenmarks, Lokalisation der Ursprungszellen des Sympathicus (C_8-L_3)
21 Spinalnerv
22 Eingeweidenerven des Sympathikus (Nn. splanchnici)
23 Speiseröhre (Oesophagus), Übergang in Magen
24 Kehlkopf- und Herznerven des N. vagus
25 Unteres Beckengeflecht (Plexus hypogastricus inf., oder pelvicus)
26 Rückenmark mit Spinalnervenwurzeln und Spinalganglien

Head-Zonen

I	Zwerchfell
II	Herz (sowie linker Arm und Kleinfinger)
III	Speiseröhre
IV	Magen
V	Dünndarm
VI	Dickdarm
VII	Nieren, Hoden, Eierstock
VIII	Harnblase
IX	Leber u. Gallenwege

►

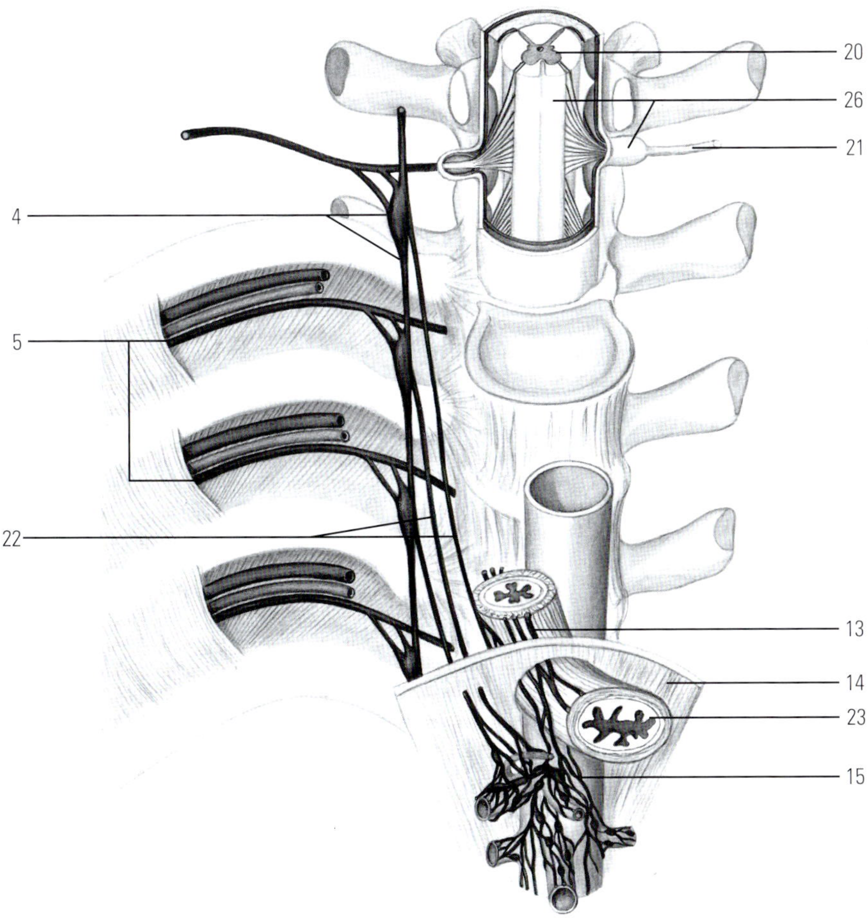

Verbindungen des Grenzstranges mit den Spinalnerven und den peripheren autonomen Nervengeflechten des Magen-Darm-Kanals (schematisch).

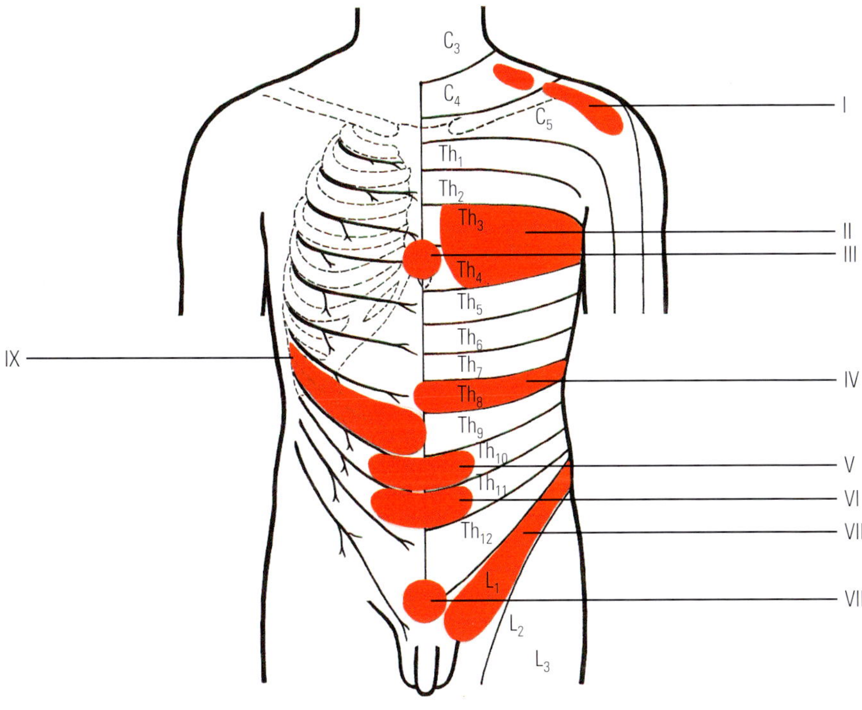

Head-Zonen. Bevorzugte Hautbezirke für ausstrahlende Schmerzen bei Erkrankungen der inneren Organe (C_3–C_5, Th_1–Th_{12}, L_1–L_3 = Hautsegmente).

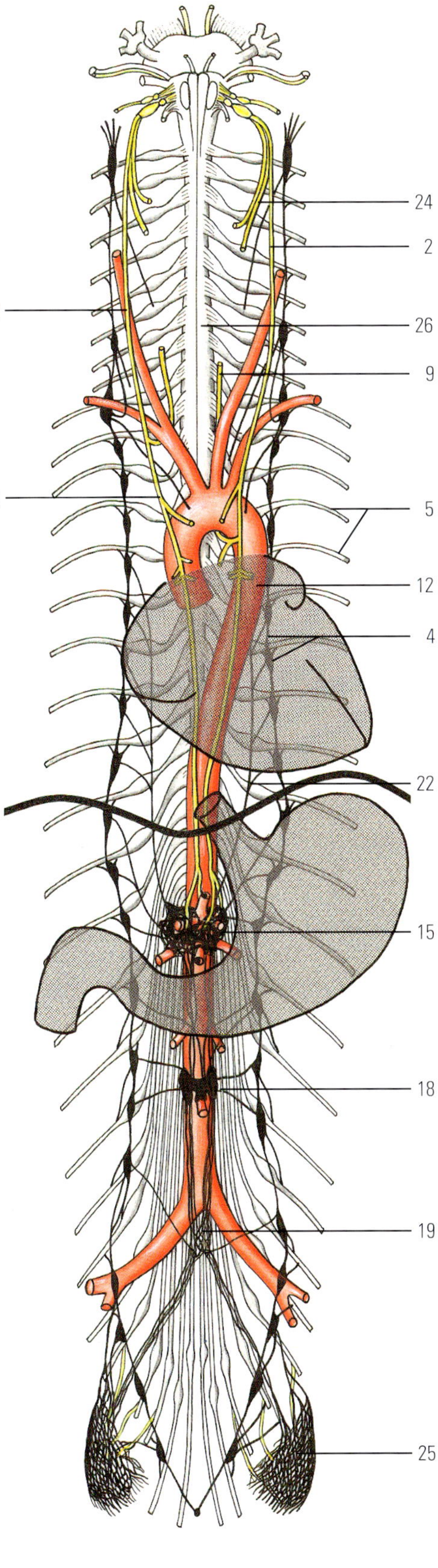

Grenzstrang des Sympathikus und Vagusnerv (Hauptnerv des Parasympathikus) (von vorne). Verbindungen des Grenzstrangs mit den prävertebralen Nervengeflechten und Ganglien.

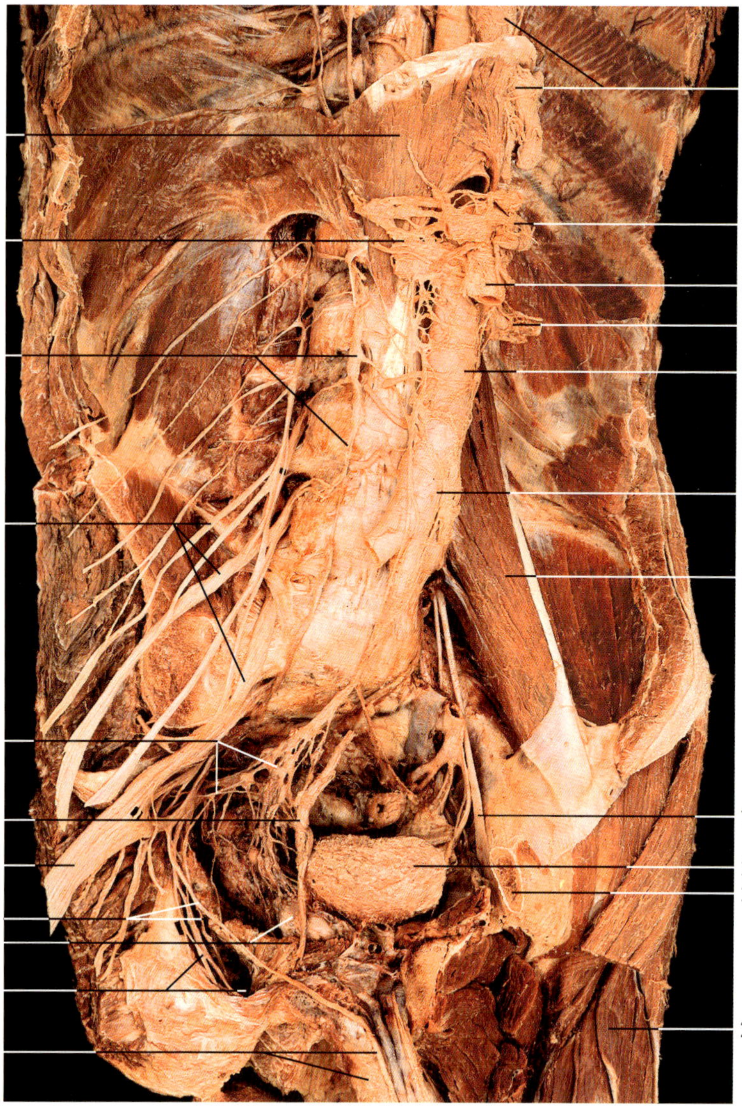

Autonome Nervengeflechte an der dorsalen Bauchwand und im Becken. Innervation der Genitalorgane beim Mann. Darstellung der Verbindungen mit dem Beingeflecht (Plexus lumbosacralis). In den peripheren Geflechten der Organe sind parasympathische und sympathische Nerven gemischt.

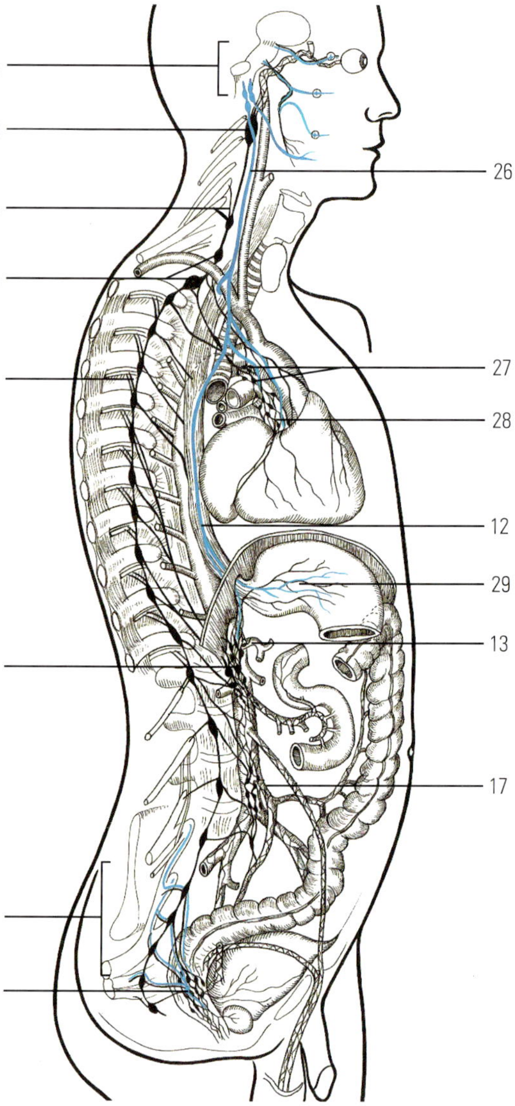

Aufbau des autonomen Nervensystems.
Blau = Parasympathikus (N. vagus)
Schwarz = Sympathikus (Grenzstrang)
A = Kranial-autonomes System
B = Sakral-autonomes System

1 Zwerchfell (Diaphragma)
2 **Sonnengeflecht (Plexus solaris)**
3 Grenzstrang (Truncus sympatheticus) mit Ganglien
4 **Beingeflecht (Plexus lumbosacralis)**
5 Unteres Beckengeflecht (Plexus hypogastricus inf.)
6 Harnleiter (Ureter) und Samenleiter (Ductus deferens)
7 **Ischiasnerv (N. ischiadicus)**
8 Genitalnerven (N. pudendus)
9 Prostata
10 Beckenbodenmuskel (M. levator ani) u. Fossa ischiorectalis mit Nerven (N. pudendus)
11 Peniswurzel und N. dorsalis penis
12 Speiseröhre (Oesophagus) mit Vagusgeflecht
13 Oberbaucharterie (Truncus coeliacus) mit autonomen Nervengeflechten für Oberbauchorgane
14 Obere Darmarterie (A. mesenterica sup.) mit autonomen Nervengeflechten für Dünndarm und aufsteigenden Abschnitt des Dickdarms (rechtes Colon)
15 Linke Nierenarterie (A. renalis sin.) mit Plexus renalis
16 Bauchaorta mit autonomen Nervengeflechten
17 Untere Darmarterie (A. mesenterica inf.) mit Plexus mesentericus inf. für linken Dickdarm (Colon)
18 Großer Lendenmuskel (M. psoas major)
19 Hüftlochnerv (N. obturatorius)
20 **Harnblase (Vesica urinaria)**
21 Schambein (Os pubis) (durchtrennt)
22 Oberschenkelmuskulatur
23 **Oberes Halsganglion (Ganglion cervicale sup.)** für sympathische Innervation des Kopfes
24 Halsgrenzstrang (enthält nur 3 Ganglien)
25 Sternganglion (Ganglion stellatum oder cervicothoracicum) für Arminnervation
26 Eingeweidenerv **(N. vagus, X. Hirnnerv,** Parasympathikus)
27 Bronchopulmonales Geflecht
28 Herzgeflechte (Plexus cardiacus)
29 Magengeflecht (Plexus gastricus)

Sachverzeichnis